高等学校材料科学与工程类专业"十二五"规划教材

金属挤压与拉拔工程学

邓小民　谢玲玲　闫亮明　编著

合肥工业大学出版社

内容提要

本书为安徽省高等学校"十二五"省级规划教材。本书系统地介绍了金属材料挤压与拉拔成形的基本原理和理论知识,介绍了挤压和拉拔成形设备的结构类型以及所使用工模具的设计方法;重点介绍了与工程实践密切相关的挤压与拉拔工艺的制定方法、常见缺陷的预防处理方法等。

本书可作为高等院校材料成形及控制工程专业的专业课教材,也可供从事金属材料挤压与拉拔生产、科研的相关工程技术人员以及现场实际生产操作人员参考使用。

图书在版编目(CIP)数据

金属挤压与拉拔工程学/邓小民,谢玲玲,闫亮明编著 . —合肥:合肥工业大学出版社,2013.9(2017.1 重印)

ISBN 978 - 7 - 5650 - 1519 - 9

Ⅰ.①金…　Ⅱ.①邓…②谢…③闫…　Ⅲ.①有色金属—挤压—高等学校—教材②黑色金属—挤压—高等学校—教材③有色金属—拉拔—高等学校—教材④黑色金属—拉拔—高等学校—教材　Ⅳ.①TG379②TG359

中国版本图书馆 CIP 数据核字(2013)第 218864 号

金属挤压与拉拔工程学

邓小民　谢玲玲　闫亮明　编著　　　　责任编辑　汤礼广　石金桃

出　版	合肥工业大学出版社	版　次	2014 年 1 月第 1 版
地　址	合肥市屯溪路 193 号	印　次	2017 年 1 月第 2 次印刷
邮　编	230009	开　本	787 毫米×1092 毫米　1/16
电　话	理工编辑部:0551—62903087	印　张	24.75
	市场营销部:0551—62903198	字　数	578 千字
网　址	www.hfutpress.com.cn	印　刷	安徽联众印刷有限公司
E-mail	hfutpress@163.com	发　行	全国新华书店

ISBN 978 - 7 - 5650 - 1519 - 9　　　　　定价:49.00 元

如果有影响阅读的印装质量问题,请与出版社市场营销部联系调换。

前　言

挤压和拉拔都是金属材料塑性成形的最基本方法。挤压按照被加工对象的属性分为一次塑性成形挤压和二次塑性成形挤压。一次塑性成形挤压是指常规的挤压生产方法，所使用的坯料通常为铸造坯料，主要用于挤压半成品金属材料，如管材、棒材、型材等，其中铝型材是最具代表性的挤压产品。二次塑性成形挤压的生产方法和原理、金属的变形特点、所使用的设备以及挤压的产品等都与一次塑性成形挤压有很大差别，通常被称为冷挤压，所使用的坯料通常是经过塑性加工后的金属材料（线料、棒料、管料、板料等），主要用于零件的挤压成形，如用轧制的板料挤压杯形件等。本书中涉及挤压方面的所有内容，都是指常规的一次塑性成形挤压。

本书的主要内容包括：金属挤压和拉拔的基本原理和方法、金属变形流动规律、组织性能特点及力能计算，挤压和拉拔设备的类型及工模具的结构、设计原理，挤压和拉拔工艺的制定方法，挤压和拉拔制品的缺陷与预防等。

本书可作为高等学校材料成形及控制工程专业的专业课教材，与一些同类教材相比较，本书在编写时不仅注重内容的精练和知识的更新，尤其注重理论与工程实践的结合，目的是开拓学生视野和加强对学生工程能力的培养。

本书主要是根据铝合金加工工业生产的实际情况进行编写，但对铜合金及其他金属材料的挤压、拉拔方面的内容也有所反映。为帮助读者理解和运用书中的一些原理、原则和计算式，作者在书中相应部位适当地增加了一些实例和例题，在每一章节的后面还配有若干思考题。

本书为安徽省高等学校"十二五"省级规划教材。本书由安徽工业大学邓小民、谢玲玲和内蒙古工业大学闫亮明共同编著。本书在编写过程中借鉴和参考了许多学者与专家的资料,在此一并表示感谢。由于编者的学识和水平有限,书中难免存在错误之处,敬请读者批评指正。

作　者

目　　录

上篇　金属挤压

第1章 挤压概述

1.1 挤压的基本概念

1.1.1 挤压的原理及基本方法

所谓挤压,就是对放在容器(挤压筒)内的金属坯料从一端施加外力,强迫其从特定的模孔中流出,获得所需要的断面形状、尺寸及一定力学性能的制品的一种塑性成形方法,其原理如图1-1所示。

挤压是金属塑性成形的主要方法之一,可以直接生产管、棒、型、排材等半成品金属材料,并可为拉拔生产管材、棒材、型材、线材等提供相应的坯料,在铝加工、铜加工、钛合金及高熔点稀有金属材料加工、钢铁材料加工以及电缆包覆等行业有着广泛的应用。

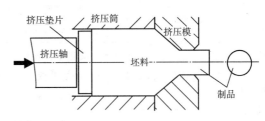

图1-1 金属挤压的基本原理图

挤压的方法可按照不同的特征进行分类,有几十种(见表1-1)。工业上最常见的有4种方法:正向挤压、反向挤压、侧向挤压和连续挤压。最基本的挤压方法仍然是正向挤压和反向挤压。

表1-1 挤压方法分类

分类特征	挤压方法	特点及适用范围
按照坯料与挤压筒间有、无相对运动分类	正向挤压	坯料与挤压筒之间有相对运动,二者之间存在着很大的外摩擦,挤压力的很大一部分用来克服这种外摩擦;金属变形流动不均匀。其适用于各种金属及合金制品挤压。
	反向挤压	坯料与挤压筒之间无相对运动,二者之间无外摩擦,挤压力较小;金属变形流动较均匀。其适用于各种金属及合金制品挤压。

（续表）

分类特征	挤压方法	特点及适用范围
按照出料方向分类	卧式挤压	挤压制品的出料方向与地面平行，可以使用较长的坯料并挤压较长的制品，生产效率和成品率较高。其适用于各种金属及合金制品挤压。
	立式挤压	挤压制品出料方向与地面垂直，使用的坯料较短，挤压制品的长度受限。其主要用于挤压无缝管材，偏心较小。
	侧向挤压	制品的出料方向与挤压方向垂直。利用侧向挤压时强烈的附加剪切变形，可提高材料的力学性能，生产高性能材料。其主要用于电缆包覆等生产。
按照变形状态分类	平面变形挤压	常规的挤压生产方式。其适用于普通产品挤压生产。
	三维变形挤压	模孔四个边中的三边是固定的，有一个边是可以转动的，其上有凹凸不平的图案，在挤压出的制品的一个面上就会出现相应的图案，可用于装饰。
按照润滑方式及状态分类	不润滑挤压	不施加任何润滑剂，外摩擦大。其适用于铝合金、镁合金、铜及含锌15%以下的黄铜等挤压。
	润滑穿孔针挤压	只在穿孔针表面涂抹润滑油，减少摩擦，改善其工作条件。其适用于硬铝合金和部分铜及铜合金等管材挤压。
	普通全润滑挤压	采用普通润滑剂对坯料内外表面进行润滑，或润滑挤压筒和穿孔针，减少摩擦，改善金属流动的均匀性。其适用于挤压温度不高的金属及合金挤压。
	玻璃润滑挤压	在坯料外表面和穿孔针上涂抹玻璃粉或包玻璃丝布，在模子端面放置玻璃盘等，减少摩擦并起到隔热作用，延长工具使用寿命。其适用于钢材、钛合金等高温金属材料挤压。
	静液挤压	坯料与工具之间完全被高压液体所隔开，摩擦很小，金属变形均匀。其适用于低塑性合金、复合金属材料等挤压。
	特殊润滑挤压	如在塑性较差的坯料外面加软金属套或前端加软金属垫挤压等。其适用于塑性较差的金属及合金挤压。
按照坯料的种类分类	实心圆坯料挤压	常规挤压方法，其主要用于挤压各种型材、棒材；采用穿孔法可以挤压铜合金、钛合金及软铝合金等无缝管材。
	空心圆坯料挤压	常规管材挤压方法，生产无缝管材时，减少了穿孔操作，降低了穿孔针的消耗。其适用于硬铝合金、钢铁等高温金属材料管材挤压。
	扁坯料挤压	坯料断面不是常规的圆形断面，呈扁椭圆形。其适用于在扁挤压筒上挤压宽厚比很大的壁板等扁宽型材。
	复合坯料挤压	将多种金属坯料或金属与非金属坯料预先加工好组装在一起，挤压双金属管或其他层状复合材料制品。

（续表）

分类特征	挤压方法	特点及适用范围
按照挤压坯料的数量分类	单坯料挤压	常规的挤压方法。其一个挤压筒孔,一次挤压一个坯料。
	多坯料挤压	在一个挤压筒体上开设多个挤压筒孔,在各个筒孔内装入尺寸和材质相同或不同的坯料,然后同时进行挤压,使其流入带有凹腔的挤压模内焊合成一体后再由模孔挤出。适用于挤压硬合金空心型材、不同金属材料或金属与非金属材料的复合材料等制品。
按照坯料状态分类	普通固态坯料挤压	常规的挤压方法。其适合于各种金属材料挤压生产。
	粉末材料挤压	将粉末材料装入金属筒内,或采用等静压、喷射沉积等方法制成所需要形状、尺寸的坯料进行热挤压。其适合于特殊用途产品的生产。
	半固态挤压	坯料为液固共存的半固态状态,其中的固相成分占 $70\%\sim80\%$ 。采用半固态坯料挤压可有效降低金属的变形抗力,减少摩擦,特别适合于强度较高的低熔点金属材料挤压。
	液态挤压	坯料为熔融的液体状态。可用于挤压低熔点金属材料,如铅及其合金;采用 CASTEX 连续铸挤法,可实现对高熔点金属材料的连续挤压。
按照挤压温度高低不同分类	冷挤压	挤压温度在回复温度以下,通常指室温下进行的挤压过程。其适合于变形抗力较低的纯铝以及其他软金属材料挤压。
	温挤压	挤压温度在回复温度以上、再结晶温度以下的挤压过程,应用较少。
	热挤压	挤压温度在再结晶温度以上的挤压过程。绝大多数金属及合金的挤压都是采用热挤压方式。
按照穿孔针与挤压轴的关系分类	固定针挤压	挤压过程中穿孔针固定不动,仅仅挤压轴前进。实现固定针挤压必须是双动挤压机,可采用瓶式针,有利于提高管材内表面质量,但在挤压过程中作用在穿孔针上的摩擦大,易断针。其适合各种金属及合金管材挤压。
	随动针挤压	挤压过程中穿孔针随着挤压轴一起前进,作用在穿孔针上的摩擦小,针不易损坏,但必须使用圆柱形针,通常在无独立穿孔系统的挤压机上使用较多。其适合各种金属及合金的中小规格管材挤压。

(续表)

分类特征	挤压方法	特点及适用范围
按照挤压机的结构分类	双动挤压机挤压	挤压机具有独立的穿孔系统,其主要用于挤压无缝管材。可用实心坯料穿孔挤压,也可用空心坯料不穿孔或半穿孔挤压,固定针方式和随动针方式都可以使用。采用实心坯料和实心挤压垫,也可以挤压棒材和型材。
	单动挤压机挤压	挤压机无独立穿孔系统,通常用于挤压棒材、型材。使用空心坯料,采用随动针方式也可以挤压无缝管材。
按照模具种类或结构分类	平模挤压	模角为90°,正向挤压时的死区大,有利于提高制品的表面质量,但所需要的挤压力大。其主要用于挤压铝合金型材、棒材。
	锥模挤压	模角在45°~60°范围内的挤压力最小,但死区也最小甚至消失,不利于保证制品表面质量。其主要用于挤压铝合金管材和高温、难变形合金的管棒材。
	双锥模挤压	锥模的模角由两个锥度构成,兼顾了平模和锥模的优点。其挤压铜合金时可提高其使用寿命;挤压铝合金管材时可增大轴向压应力,从而提高挤压速度。
	平锥模挤压	模子端面的外缘部分是平面、中心部分是锥面,兼顾了平模和锥模的优点。其主要用于挤压钢材和钛合金材。
	流线模挤压	模孔呈流线型,死区小,金属变形流动均匀。其适合钢材和钛合金挤压。
	平流线模挤压	模子端面的外缘部分是平面、中心部分是流线型,兼顾了平模和流线模的优点。其主要用于挤压钢材和钛合金材。
	碗形模挤压	模孔断面呈碗形,其主要用于铝合金的润滑挤压、锭接锭无压余挤压。
	舌型模挤压	模子一般为凸桥式结构。与平面分流模相比较,挤压力较小,但压余较多,其主要用于挤压硬合金空心型材。
	平面分流模挤压	与舌型模相比较,压余少,但挤压力较大,其主要用于挤压软合金空心型材。
	分瓣模挤压	模子是由多块拼装组成的,用于挤压阶段变断面型材。
	穿孔针挤压	其用于挤压各种无缝管材。

（续表）

分类特征	挤压方法	特点及适用范围
按照制品形状或数目分类	棒材挤压	铝合金棒材通常使用平模挤压。棒材挤压对称性好，模具简单，挤压过程容易，生产效率高。其适合用卧式挤压机生产。
	管材挤压	铝合金管材通常使用锥模挤压。变形区内金属流动较挤压棒材时均匀，需要使用穿孔针（或芯棒）。可以在双动挤压机上用实心坯料穿孔或空心坯料不穿孔挤压，也可以在单动挤压机上用空心坯料不穿孔挤压；在卧式和立式挤压机上都可以生产（立式挤压机主要用于生产无缝管）。
	实心型材挤压	通常使用平模挤压。与空心型材挤压相比较，挤压力较小，挤压速度快，生产效率高，模具寿命长。
	空心型材挤压	一般需要使用舌型模或分流模挤压，模具结构较复杂，寿命较短。
	变断面型材挤压	通常使用分瓣模挤压，难度大，成材率低，生产效率很低。
	单孔模挤压	一次只能挤压一根制品。
	多孔模挤压	一次可以挤压多根制品。
按挤压金属的种类分类	有色金属挤压	挤压铝、镁合金时挤压力较小，挤压温度低，润滑容易，模具寿命长。
	黑色金属挤压	挤压温度高，润滑较困难，模具损耗大。
按生产的连续性分类	非连续挤压	间歇时间长，生产效率低，成品率低。
	连续挤压	间歇时间少，生产效率高，成品率高。
按照有无压余分类	有压余挤压	常规的挤压生产方式。
	无压余挤压	锭接锭的挤压方式，成品率高。其主要用于电缆包覆等。
按照挤压速度分类	低速挤压	常规的挤压方法。
	高速挤压	通常是指金属流出速度在100m/s以上的挤压。用这种方法生产铝合金材料，可以提高生产效率几倍，甚至几十倍。
	冲击挤压	其主要有爆破挤压、电液成形挤压、电磁成形挤压等。

1.1.2 正向挤压

挤压时，制品从模孔流出的方向与挤压轴的运动方向相同的挤压方式，称为正向挤压。正向挤压是最基本的、应用最广泛的挤压方法。正向挤压方法具有技术成熟；设备简单（相对于反向挤压）、维修方便，且造价低；操作简便，更换工具容易，且辅助时间较短；在相同规格的挤压筒上可生产尺寸规格更大的产品，甚至可以生产外接圆尺寸比挤压筒直径还要大的产品（宽展挤压）；生产灵活性大等优点，适合于各种材料的加工成形。

正向挤压的基本特征是，挤压时坯料与挤压筒之间有相对滑动，存在着很大的外摩擦。这种外摩擦，在多数情况下对挤压制品的质量和挤压生产过程会带来不利的影响，它造成了金属流动不均匀，导致挤压制品头部与尾部、表层部位与中心部位的组织性能不均匀；使挤压力增加,一般情况下,挤压筒内壁上的摩擦力占挤压力的30%~40%,甚至更高;由于挤压力的一部分被用于克服摩擦力,从而也限制了使用较长坯料;由于摩擦发热,使得金属与模具易发生黏结,加快了挤压筒、模具的磨损,导致制品表面质量下降,限制了挤压速度提高,并易造成制品头部、尾部尺寸不均一。

然而,这种外摩擦也不是绝对不利的,如:用挤压筒驱动的有效摩擦挤压法,其挤压筒前进过程中作用在坯料上的摩擦力,是构成使金属产生塑性变形并从模孔中挤出的挤压力的一部分。CONFORM连续挤压则是利用挤压轮旋转过程中与坯料之间的摩擦发热使金属温度达到塑性变形所需要的温度,并提供使金属产生塑性变形从模孔挤出所需要的挤压力。由于摩擦等在挤压筒与模子端面交界处所形成的死区,可以较为有效地阻碍铸造坯料表面的偏析瘤、氧化物、其他表面缺陷及污物等进入制品表面,提高制品的表面质量。

1.1.3　反向挤压

挤压时,金属的流动方向与支承模子的空心模子轴的相对运动方向相反的挤压方式,称为反向挤压,如图1-2所示。

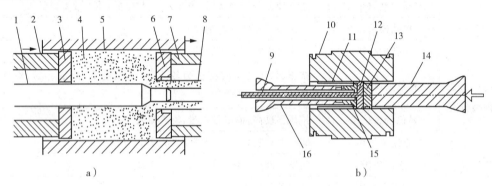

a)　　　　　　　　　　　　　　　　　　　b)

图1-2　双轴反向挤压示意图

a)反向挤压管材 b)反向挤压棒材

1—穿孔针;2—空心挤压轴;3—挤压垫;4—坯料;5—挤压筒;6—模子;7—空心模子轴;8—制品;9—挤压制品

10—挤压筒;11—残皮;12—坯料;13—挤压垫;14—主挤压轴;15—模子;16—空心模子轴

反向挤压的基本特征是,挤压过程中坯料与挤压筒内壁之间无相对滑动,二者之间无外摩擦。

与正向挤压相比较,反向挤压时的挤压力较小,能耗小;在同样能力的设备上可以实现比正向挤压更大变形程度的挤压变形,或挤压变形抗力更高的合金;可以使用比正向挤压更长的坯料,坯料的长、径比可达6:1,从而可以减少几何废料所占的比例,提高成品率。采用长坯料,还可使一个挤压周期中的挤压时间延长,间隙时间相对缩短,弥补反向挤压间隙时间较长对挤压生产效率所带来的不利影响;可以采用较低的坯料加热温度以提高挤压速度,提高生产效率;制品沿横向上的组织性能比较均匀;挤压过程中的温升小,有利于制品纵向上的组织性能均匀一致,且尺寸均匀一致;可以生产粗晶环很浅的制品;压余少,成品率高;可以提高挤压筒的使用寿命等。

但是,反向挤压也存在一些缺陷,如:工具结构较复杂,强度(特别是空心模轴的抗弯强度)要求高;反向挤压制品的表面质量较正向挤压的差,为了克服这一缺陷,坯料在挤压前需要进行车皮或剥皮,增加了生产线的复杂性,提高了成本;受空心模轴的限制,在同样能力的设备上所能生产制品的最大外接圆尺寸较正向挤压的小;设备的造价高;辅助时间较长,操作较复杂,特别是当出现"闷车"事故时处理起来非常麻烦。

1.1.4 侧向挤压

挤压时,金属从模孔中流出的方向与挤压轴运动方向垂直的挤压生产方式,称为侧向挤压或横向挤压(如图1-3所示)。

侧向挤压的特征是,挤压模与挤压筒轴线成90°夹角。挤压过程中,金属先沿着挤压轴运动的方向流动,然后急转弯90°从模孔中流出。金属的这种流动形式,有利于减小制品组织(特别是纵向)的不均匀性,将使制品纵向力学性能差异最小化;金属在变形流动过程中产生比较大的附加剪切变形,晶粒破碎程度严重,晶粒细化,制品强度高。但是,相应地也要求工模具有高的强度和刚度。

侧向挤压主要用于电线电缆行业各种包覆导线成形(如电缆包铅套和铝套等),一些特殊包覆材料成形等。

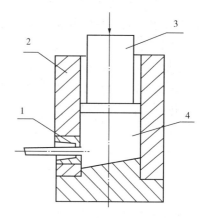

图1-3 侧向挤压方法

1—挤压模;2—挤压筒;3—挤压轴;4—坯料

近年来,利用侧向挤压时附加的强烈剪切变形来细化晶粒组织,以提高高塑性材料力学性能的研究成为热点之一,如侧向摩擦挤压、等通道转角挤压等。

1.1.5 连续挤压

以上所述的几种方法的一个共同特点是挤压生产的不连续性,即在前后两个坯料的挤压之间需要进行压余分离、充填坯料等一系列辅助操作,影响了挤压生产效率,且不利于生产连续长尺寸的制品。

连续挤压是采用连续挤压机,将金属坯料连续不断地从模孔中挤出,获得无限长制品的挤压方法(如图1-4所示)。连续挤压法主要有CONFORM连续挤压法(见图1-4a)和CASTEX连续铸挤法(见图1-4b)。其中,以CONFORM连续挤压法应用最为广泛。

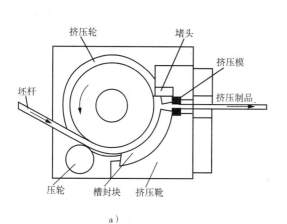

a)

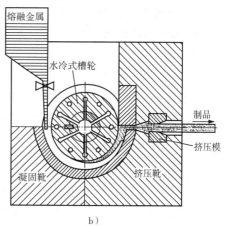

b)

图1-4 连续挤压方法的原理

a)CONFORM连续挤压法;b)CASTEX连续铸挤法

CONFORM 连续挤压法是利用工具与变形金属之间的摩擦力实现挤压的。由旋转挤压轮上的矩形断面槽和固定模座（挤压靴）上的槽封块所组成的环行通道起到普通挤压法中挤压筒的作用。当挤压轮旋转时，借助于槽壁对坯料的摩擦作用将其连续不断地送入模腔而实现挤压。

CONFORM 挤压法的主要优点是：

（1）挤压型腔与坯料之间的摩擦大部分得到有效利用，使挤压变形的能耗大大降低。与常规挤压法相比较，能降低能耗 30% 以上。

（2）摩擦不仅为连续挤压提供了挤压力，而且由于摩擦发热，加上塑性变形热，可以使坯料的温升达到很高的值，以至于坯料不需要加热（铝合金）或采用较低温度预热（铜合金）就可以实现热挤压，大大降低电耗。据估计，比常规挤压法可节约 3/4 左右的热电费用。

（3）只要连续喂料，就可以连续地挤压出长度达数千米乃至万米长的成卷制品。从而显著减少了间歇性非生产时间，简化了生产工艺，缩短了生产周期，提高了生产效率；无压余，切头切尾量很少，可使挤压成品率达到 95%～98.5%；挤压过程稳定，制品组织性能的均匀性好。

（4）挤压坯料的适应性很强，可以是杆状坯料、金属颗粒料或粉末料。

（5）设备紧凑，轻型化，占地面积小，设备造价及基建费用低。

然而，由于成形原理与设备结构上的原因，CONFORM 挤压法也存在着对坯料表面预处理（除氧化皮、清洗、干燥等）质量要求高；生产大断面、形状较复杂制品的难度较大；生产空心制品的焊缝强度比正常挤压的低；对工模具材料的耐磨性、耐热性要求高；工模具的更换比较困难以及要求使用超高压液压元件等方面的缺点。

CONFORM 连续挤压法适合于铝包钢线等包覆材料，小断面尺寸的管材、线材、型材、排材等挤压成形，在电冰箱和空调器等用散热管、导电用铜铝排材生产中应用较为广泛。

CASTEX 连续铸挤法则是将连续铸造与 CONFORM 连续挤压结合成一体的连续成形方法。坯料以熔融金属的形式通过电磁泵或重力浇铸连续供给，由水冷式槽轮（铸挤轮）与槽封块构成的环形型腔同时起到结晶器和挤压筒的作用。

与通常的 CONFORM 连续挤压法相比较，CASTEX 连续铸挤法具有如下优点：

（1）由于轮槽中的金属处于液态与半固态（凝固区）或接近熔点的高温状态（挤压区），实现挤压成形所消耗的能量低。

（2）金属从凝固开始至结束的过程中，始终处于变形状态下，有利于细化晶粒，减少偏析、疏松、气孔等缺陷。

（3）直接由液态成形，省略了坯料预处理等工艺，工艺流程简单，设备结构紧凑。

（4）适用于变形抗力较高的金属材料的连续挤压生产。

1.1.6 其他挤压方法

1. 微通道铝管挤压

自 1981 年美国斯坦福大学的 Tuckerman 和 Pease 这两位教授开辟微通道换热研究以来，微通道换热研究引起了全球行业内高度的重视。全铝微通道换热器作为一种新型高效换热器正成为目前国内外空调领域研究的重点之一。目前，越来越多的世界知名空调企业已开始在他们的产品中应用全铝微通道换热器。

微通道铝扁管是新一代平行流微通道换热器用关键材料,主要用于汽车空调、家用商用空调的以铝代铜。欧盟从1996年起、中国从2002年起,该材料已应用于所有以R134A为冷媒的环保汽车空调系统,其环保节能效果显著。微通道铝扁管的截面宽度一般为10~30mm,厚度为1.0~4.0mm,壁厚为0.16~0.35mm,孔数为5~40个,外表面喷涂8~12g/m²的锌。其主要合金为1050、1100、1197、3003、3102等纯铝和铝-锰系防锈铝合金。

微通道铝扁管的挤压方法与普通正向挤压没有区别,但其所要求的技术难度却远大于普通产品挤压。2010年之前,世界上仅有挪威的海德鲁、日本的三菱和古河铝、韩国一进等少数企业生产。中国瑞斯乐复合金属材料有限公司于2009年在国内率先试制成功微通道铝扁管,现在已具有年产量达10000t的生产能力。

微通道铝扁管挤压技术的难点主要表现在以下几方面:

(1)超大挤压比。由于微通道铝扁管的截面积非常小,重量一般只有30~40g/m,即便是采用多孔模挤压(目前最多挤压8支),通常挤压比要达到400~500,远远大于这些合金常规产品生产的挤压比。

(2)产品尺寸精度要求极高。其宽度尺寸偏差要求为±0.01~0.03mm,远远超过国家标准对高精度挤压产品的要求。

(3)模具工作条件恶劣。超大挤压比使得模具在挤压过程中承受极高的压力,而扁管的微孔尺寸细小,使得模具很容易损坏。因此,对模具材料的强度、韧性和耐磨性要求高,普通的H13钢难以满足要求,需要选用优质钨钢、高强韧热作模具钢,需要将类金刚石复合涂层等最新技术应用于模具的加工制造。

(4)采用多孔模挤压需要在一个母模体上镶嵌多个小的扁管模,因此,对模具的设计、制造、装配技术要求高。

(5)在生产前需要对模具均匀加热,在挤压过程中为防止模具局部过热则需要进行整体或局部液氮冷却。

(6)对原材料的品质要求高。微通道铝扁管的最小壁厚仅为0.13mm,坯料中细小的气孔和夹渣都可能造成管壁泄漏。因此,在坯料的熔铸方面需要用到当今先进的在线精炼、电磁搅拌、管式过滤、气滑模铸造等技术,并要对坯料进行超声波探伤。

(7)挤压时对坯料进行梯度加热,挤压筒则按相应的温度梯度进行梯度保温,实现等速等温挤压。

(8)铝扁管外表面喷锌采用自动化跟随喷锌。一般在距离模孔出口2m左右,采用施加在一对锌丝上的高压电火花激发,将锌丝瞬间高温汽化并吹附在铝扁管表面。为防止锌层脱落,喷锌后需要通过水雾或直接用水进行快速非接触式冷却,然后再快速烘干。

(9)在生产过程中需要对制品进行在线红外线温度测量、速度测量、激光尺寸测量、涡流探伤以及各环节与挤压速度的自动匹配等。

图1-5是我国某厂1出6挤压微通道铝扁管生产线及部分产品。

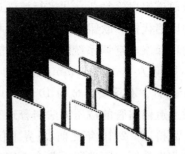

图1-5 挤压微通道铝扁管生产线及产品

2. 静液挤压

静液挤压又称高压液体挤压,是利用高压黏性介质给坯料施加外力而实现挤压的,其原理如图1-6所示。挤压时,坯料不与挤压筒直接接触,二者之间被高压介质(黏性液体或黏塑性体)所隔开,施加于挤压轴上的力,通过高压介质传递到坯料上实现挤压。

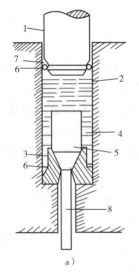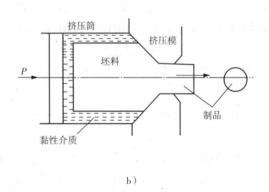

a)	b)

图1-6 静液挤压工作原理图

a)立式静液挤压;b)卧式静液挤压

1-挤压轴;2-挤压筒;3-模子;4-高压液体;5-坯料;6-O形密封环;7-斜切密封环;8-制品

与常规挤压法相比较,静液挤压具有以下优点:

(1)坯料不与挤压筒直接接触,作用在坯料表面上的摩擦力很小,仅为高压介质的黏性摩擦阻力,因而金属的变形非常均匀,产品质量好。

(2)可以使用较长的坯料,其长度与直径之比可达40。由于坯料周围有高压液体,挤压时不会弯曲,利用这一特点,在挤压线材时,甚至可将线坯绕成螺旋管状或绕在轴上放入挤压筒内进行挤压。

(3)由于坯料与模子之间处在液体流动润滑状态,摩擦力很小,模子的磨损小,制品表面质量高。

(4)挤压力比通常的正向挤压力小20%～40%,从而可选用大的挤压比。根据材料性能不同,挤压比可达2～400,对纯铝可达20000,甚至更大。

(5)可实现高速挤压。挤压铜线时流出速度可达 3300m/min;挤压 7A04 铝合金管材时,挤压比为 200 的流出速度可由通常的 1m/min 提高到 120m/min。

(6)由于挤压时坯料处于高压介质中,有利于提高其变形能力,实现低温、大变形加工,因而更适合于难加工材料成形、精密型材成形。

(7)由于金属流动均匀,接近于理想状态,特别适合于各种包覆材料的挤压成形,如钛包铜电极、多芯低温超导线材的成形。

但是,由于静液挤压中使用了高压介质,需要进行坯料的预加工、介质充填与排泄等操作,降低了生产效率,在实际生产中其应用受到了很大限制。

3. 有效摩擦挤压

有效摩擦挤压又称为快速摩擦辅助挤压或挤压筒速超前挤压。其特点是,在挤压时,挤压筒沿金属流出方向以高于挤压轴的速度运动,使挤压筒作用给坯料的摩擦力方向与挤压轴的运动方向相同,促使金属向模孔流动。其原理如图 1-7 所示。

表征挤压筒对坯料滑动的重要指数是有效摩擦挤压的速比(挤压筒速度/挤压轴速度)。有效摩擦挤压的速比应大于 1,最佳值是 1.4~1.6。

实现有效摩擦挤压的必要条件是挤压筒与坯料之间不能有润滑剂,以便建立起高的摩擦应力。

有效摩擦挤压的主要优点:金属变形流动均匀,无缩尾缺陷,坯料表面层在变形区中不产生大的附加拉应力,可使流出速度显著提高,如挤压2A12 铝合金棒材时,流出速度比正挤压的高 4~5倍,比反挤压的高 1 倍。挤压制品的强度也有所提高。

这种挤压方法的主要困难之处是设备结构较复杂,模具需要承受挤压轴和挤压筒的双重压力,其强度要求较高。

4. 无压余挤压——锭接锭挤压

无压余挤压时,挤压垫片被固定在挤压轴上,或与挤压轴加工成一体。在挤压过程中,当挤压筒内前一个坯料还有较长的余料(一般为 1/3 坯料长度左右)时,装入下一个坯料继续进行挤压。具有半连续挤压的性质。

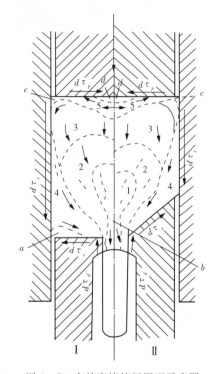

图 1-7 有效摩擦挤压原理示意图

无压余挤压最早用于两类产品成形:一类是需要连续长度的包覆电缆,包覆层主要为纯铅、纯铝等软金属;另一类是焊合性能良好的金属或合金的长尺寸制品,如纯铝、3000 系、6063、6061 合金小尺寸盘管(采用分流模挤压)和小断面型材等。

另一种无压余挤压法,主要着眼于消除压余、提高挤压成品率、缩短非挤压的间隙时间,一般采用润滑挤压和具有凹形曲面的挤压垫,其挤压过程如图 1-8 所示。由于采用润滑挤压,故不能采用分流模。润滑的目的是改善金属流动均匀性,防止挤压过程产生死区;采用凹形曲面挤压垫是为了补偿挤压时中心部位金属流速快,防止产生缩尾,使得前后两个坯料的端面所形成的界面在进入模孔时近似成为平面,使得焊合面的延伸长度减小,从而减少制品的切头尾量。润滑无压余挤压的成品率可提高10%～15%。

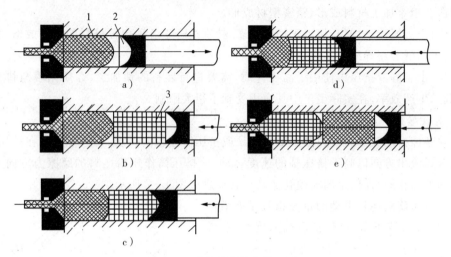

图 1-8 有润滑锭接锭挤压过程

1—第一块坯料;2—挤压垫;3—第二块坯料

润滑无压余挤压要注意两个问题:

一是由于润滑挤压,不产生死区,要防止产生皮下缩尾、中心缩尾。最理想的是采用碗形模孔和凹形端面的挤压垫。

二是由于密封形成的高压气体有可能被压入制品中,形成表面起皮、气泡等缺陷,要解决挤压筒的排气问题。可采用坯料梯温加热、挤压筒抽真空、在挤压垫或挤压筒内衬上设置排气孔等措施。

5. 半固态挤压法

将处于液相与固相共存状态(半固态)的坯料充填到挤压筒内,通过挤压轴加压,使坯料流出模孔并完全凝固,获得具有均匀断面的长尺寸制品的加工方法,如图 1-9 所示。

由于金属在半固态条件下具有变形抗力低、流动性好等特点,因此这种方法具有下列特点:

(1)挤压力显著下降,相当于正常热挤压的 1/5～1/10。

(2)可实现大挤压比挤压。

(3)可以获得晶粒细小、断面和长度方向组织性能较均匀的制品。

(4)有利于低塑性、高强度合金,金属基复合材料等难加工材料的成形。尤其是对于金属基复合材料,有利于消除常规制备与成形过程中强化相偏析、与基体润湿差等缺陷,增强复合效果。

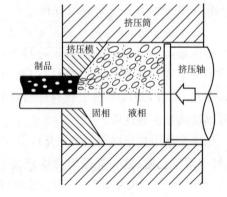

图 1-9 半固态挤压示意图

（5）为了实现稳定挤压，希望合金的液相与固相成分的控制比较容易，因而要求液固相共存温度（两相区温度）比较宽。因此，对于纯金属、结晶温度范围窄的合金，实现稳定半固态挤压的难度较大。

（6）对挤压筒、挤压模的温度控制要求严格。

（7）由于挤压筒、挤压模与坯料中的液相接触，其使用寿命较短。

（8）只能得到完全软化的制品。

实现半固态挤压成形的关键是半固态坯料的制备，主要有两种方法：

一种方法是在金属凝固过程中，进行强烈的搅拌，将形成的枝晶打碎或完全抑制枝晶的生长，获得由液相与细小等轴晶组成的糊状组织（称为半固态浆料），然后直接充填到挤压筒内进行挤压。这种方式称为流变成形（Rheoforming），或称为流变铸造（Rheocasting）。

另一种方法是将半固态浆料迅速冷却到室温，制备半固态坯料，再通过快速加热方式使坯料局部重熔，然后进行挤压。这种方式称为触变成形（Thixoforming）。

半固态挤压时最主要的参数是金属中的固相成分的重量百分比，一般为 $70\% \sim 80\%$ 较合适。当固相成分的比例在 $90\% \sim 100\%$ 之间时，挤压力变化非常大；当固相成分小于 60% 时，坯料在自重作用下容易产生变形，给输送和充填操作带来困难。另外，固相组分低还容易在挤压过程中产生液相与固相分离现象。当固相成分为 $70\% \sim 80\%$ 时，坯料在外观上与普通的加热坯料几乎没有区别，可采用与常规挤压基本相同的工艺实现稳定成形。

为了实现稳定挤压，要求制品在流出模孔时达到或接近完全凝固。因此，挤压模出口温度和挤压速度的控制十分重要。对于铝合金等中低熔点的金属，为了使制品有充分的时间进行凝固，可以采用较低的速度挤压。对于铜合金、钢等高熔点的金属材料，为了减轻挤压筒、挤压模的热负担，须采用较高速度挤压，并需对挤压模和制品采取强制冷却手段。

6. 多坯料挤压法

根据需要，在一个挤压筒体上开设多个挤压筒孔，在各个筒孔内装入尺寸和材质相同或不同的坯料，然后同时进行挤压，使其流入带有凹腔的挤压模内焊合成一体后再由模孔挤出，如图 1 - 10 所示。

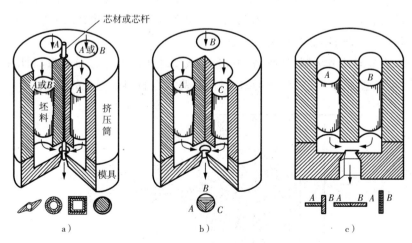

图 1 - 10 多坯料挤压原理图

对于高强度合金空心型材，采用分流模挤压往往不能成形，而采用多坯料挤压法，不存在常规分流模挤压时的坯料分流过程,挤压模的强度条件较分流模大为改善。多坯料挤压法的主要缺点是坯料的表面容易进入焊合面,因此必须对坯料表面进行预处理以及防止加热过程中的过氧化问题。

如果在各个挤压筒内装入不同材料的坯料,并相应地改变挤压模的结构,则可以成形多种层状复合材料,如双金属管、包覆材料、特种层状复合材料等。

7. 双金属管挤压

双金属管挤压主要有上述的多坯料挤压法和复合坯料挤压法。

复合坯料挤压法是在挤压前,将两个空心坯料组装成一个复合坯,然后进行挤压,如图 1-11 所示。

为了提高界面结合强度,需要将内外层坯料的接触面清洗干净。同时,要采取措施防止坯料在加热过程中产生氧化而影响界面的结合,其方法是在复合坯组装后,采用焊接或包套的方法对坯料两端端面上的内外层之间的缝隙进行密封。

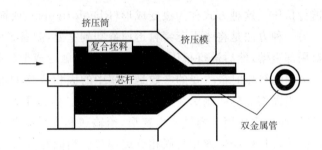

图 1-11　双金属管复合坯料挤压

复合坯料挤压法的最大优点是:挤压时的延伸变形将使界面上产生较大比例的新生表面,同时模孔附近挤压变形区内的高温、高压条件非常有利于界面原子的扩散,从而达到冶金结合。该方法的主要缺点是:由于挤压时内外层金属流动不均匀,容易造成挤压管材沿长度方向内外层壁厚不均匀;当内外层金属的变形抗力相差较大时,容易产生外形波浪、界面呈竹节状甚至较硬层产生破断的现象。

8. 金属基复合材料挤压

对于金属基复合材料,采用粉末冶金法、高压铸造法、普通铸造法制取坯料,然后通过挤压加工成所需要的制品。对于粉末冶金法制备的复合材料,利用高温挤压时强烈的三向压应力和强剪切变形作用,可以破坏粉末表面的氧化膜,改善粉末颗粒之间的接触状态,压合内部的空洞和孔隙,提高制品的致密度和性能。

采用粉末冶金或铸造法制得的坯料中,晶须或短纤维呈无序分布状态,利用挤压时金属的塑性流动,可以增加晶须或短纤维的取向性,提高复合材料的强化效果,如图 1-12 所示。

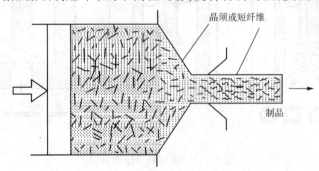

图 1-12　复合材料挤压时晶须或短纤维在挤压过程中取向的变化

9. 包覆材料挤压

包覆材料可分为普通包覆材料(或称单芯包覆材料)与多芯包覆材料两大类。最常见的单芯包覆材料有各种包覆线材、异型复合导电材料和一些特殊用途的包覆材料,其代表性的挤压包覆方法有芯材产生塑性变形的普通挤压法、静液挤压法、连续挤压法、带张力挤压法、多坯料挤压法。其中前两种为采用复合坯料挤压的方法,包覆材料与芯材同时产生塑性变形;后三种方法属于单纯包覆法,芯材不产生塑性变形。

1.2 挤压的特点及适用范围

1.2.1 挤压生产的特点

1. 挤压法的主要优点

(1)提高金属材料的塑性变形能力。挤压时金属在变形区中处于最强烈的三向压应力状态,金属可以发挥其最大塑性,获得大变形量。如纯铝的挤压比可以达到500,纯铜可达到400,钢铁材料可以达到40~50。对于一些采用轧制、锻压等方法加工困难或不能加工的低塑性金属材料,甚至一些如铸铁一类的脆性材料,也可以通过挤压进行加工。

(2)提高材料的接合性。采用挤压方法,可以实现金属粉末材料的加工成形;实现不同金属材料的复合成形;还可以实现金属材料与非金属材料的复合成形,获得所需要的不同类型的层状复合材料。

(3)产品范围广,品种、规格多。挤压法不仅可以生产普通断面的管材、棒材、型材,还可以生产断面非常复杂的实心及空心型材,可以生产制品断面沿长度方向分阶段变化和逐渐变化的变断面型材,其中许多断面形状的制品是采用其他塑性加工方式所无法生产的。

(4)生产灵活性大,适合小批量生产。在同一台设备上可以生产出很多规格、不同品种的制品。当改变产品品种和规格时,有时只需要更换相应的模具就可以实现,操作极为方便、简单。挤压法非常适合小批量、多品种和多规格的产品生产。

(5)产品尺寸精度高,表面质量好。挤压制品的尺寸精度、表面质量介于热轧与冷轧、拉拔等塑性加工制品之间。许多铝合金挤压制品,只需要经过简单的表面处理就可以直接用于装饰等方面。

2. 挤压法的主要缺点

(1)几何废料损失大,成品率较低。采用常规的非连续挤压法时,挤压终了时所留的压余量一般可占坯料重量的10%~15%。特别是采用正向挤压时,受挤压力的限制,受坯料长度与其直径之比的限制(一般不超过3~4),不能通过增加坯料长度来减少固定的压余损失。另外,为了消除挤压缩尾和前端的低性能区,还需要增加较多的切头、切尾损失。

(2)沿制品长度和断面上的组织和性能不够均一。挤压时,由于坯料的前后端、内外层金属变形不均匀,从而造成制品组织和性能不均匀。

(3)挤压速度慢,生产效率较低。挤压时的一次变形量大,坯料与工具的摩擦大,而塑性变形区又完全被挤压筒所封闭,造成金属在变形区内的温度升高,从而有可能达到金属的脆性区温度;加上金属变形流动的不均匀性所造成的外层受拉、内层受压的应力状态,会引起制品表面出现裂纹而报废。因此,金属从模孔流出的速度受到一定的限制。另外,由于挤压过程的非连续性,在一个挤压周期内,充填坯料、分离压余等辅助工序所占的时间较长。所以,挤压生产效率比轧制时的低。

(4)工模具损耗大,成本高。挤压工具与坯料接触面上的单位压力高(一般为 400～1000MPa)、温度高(铝合金 400℃左右,钢铁材料 1200℃左右,钨 1600℃左右)、摩擦大,接触时间长,工模具损耗大。而挤压工模具一般为价格较昂贵的高级耐热合金钢所制造,成本高。

1.2.2　挤压生产的适用范围

挤压技术所具有的以上主要特点,使得挤压加工在以下几方面得到了更为广泛的应用:

(1)品种、规格繁多、批量小的有色金属管材、棒材、型材及线坯的生产。

(2)复杂断面、超薄、超厚、超不对称的长尺寸制品生产。

(3)低塑性、脆性材料的成形。

1.3　挤压技术的发展进步

挤压技术是金属塑性成形技术(轧制、挤压、拉拔、锻造、冲压等)中出现比较晚的一门技术,距今只有 200 多年历史。挤压方法最早应用于变形抗力较低的有色金属材料生产,而变形抗力较高的钢铁材料挤压则是在 20 世纪 40 年代后才出现的。

1797 年,英国人布拉曼(S. Braman)设计了世界上第一台"制造铅和其他软金属所有尺寸和任意长度管子"的机器——机械式挤压机,并取得了专利。他是将熔融铅注入容室,利用手动柱塞,强迫其通过环形缝隙,在出口处凝固并形成管材。

1820 年,英国人托马斯(B. Thomas)设计制造了液压式铅管挤压机。这台挤压机具有现代管材挤压机的基本组成部分:挤压筒、可更换挤压模、装有垫片的挤压轴、通过螺纹连接在挤压轴上的随动挤压针。从此,管材的挤压得到了较快的发展。

1837 年,汉森(J. Hanson)设计了可更换模桥和舌芯的桥式组合模用于挤压管材。

1863 年,英国人肖(Shaw)设计的铅管挤压机是一个重大的进展,用预先铸造好的空心坯料,代替熔融铅送入挤压筒,从而大大节约了等待金属凝固的时间,与现代铝合金管材的挤压方法基本上完全一样。著名的 Tresca 屈服准则就是法国人 Tresca 在 1864 年通过铅管的挤压实验建立起来的。

1867 年,法国人哈蒙(Hamon)对铅管挤压机进行了改进,采用固定穿孔针挤压管材,并研制了用煤气加热的双层挤压筒。

1870 年,英国人海利斯(Haines)和威姆斯(Weems)兄弟发明了铅管反向挤压法,即在立式挤压机上,将挤压筒的一端封闭,并在这一端上用螺纹拧上穿孔针,待注入挤压筒内的铅凝固后,将挤压模固定在空心挤压轴上实现挤压。

1879 年,法国的 Borel、德国的 Wesslau 先后开发了铅包覆电缆生产工艺,开创了挤压法制备复合材料的工艺。

1893 年,英国人 J. Robertson 发明了静液挤压法,但由于当时没有发现这种方法有何工业应用价值,直到 1955 年才开始得到实际应用。

1894 年,英国人迪克(A. Dick)设计了第一台可用于挤压熔点和硬度较高的黄铜的卧式挤压机,其操作原理与现代的挤压机基本相同。

1903 年和 1906 年,美国人 G. W. Lee 申请并公布了铝、黄铜的冷挤压专利。

1904 年,美国阿尔考(Alcoa)公司安装了世界上第一台 4000kN 的铝材立式反向挤压机,又于 1907 年安装了一台铝材立式正向挤压机。但这两台挤压机仍使用的是液态金属,直到 1918 年该公司才安装了第一台采用铸造坯料进行挤压的卧式挤压机。

1923 年,Duraaluminum 最先报道了采用复合坯料成形包覆材料的方法。

1927 年出现了可移动挤压筒,并采用了电感应加热技术。

1930 年,欧洲出现了钢的热挤压,但直到 1942 年,杰克·塞茹内尔(J. Sejourenl)发明了玻璃润滑剂后才被用于工业生产。

1941 年,美国人 H. H. Stout 报道了铜粉末直接挤压的实验结果。

1944 年,德马克(Demag)液压公司和施劳曼-西马克(Schloemam - Siemam)公司制造出了当时世界上最大的 125MN 卧式挤压机,并改进了辅助设备,提高了机械化水平。

1965 年,德国人 R. Schnerder 发表了等温挤压实验研究结果;英国的 J. M. Sabroff 等人申请并公布了半连续静液挤压专利。

1971 年,英国原子能局(UKAEA)斯普林菲尔德研究所格林(D. Green)申请了 CONFORM 连续挤压专利。1975 年,英国巴伯考克(Babcock)线材设备公司制造了第一台轮靴式连续挤压机,用于生产铝导线。

1984 年,英国霍尔顿(Holten)公司与美国南方线材公司机器制造部在 CONFORM 连续挤压技术基础上,建立了第一台卡斯特克斯(CASTEX)连续铸挤试验机,并于 1985 年制造了用于工业生产软铝材的设备。

20 世纪 70 年代 Flemings 提出的半固态金属加工(Semisolid metal forming or processing,SSM)技术以其独特的优点,引起了人们的极大兴趣,20 世纪 80 年代特别是 90 年代,在西方工业发达国家得到了大力研究,取得了重要进展,被称为跨世纪重大技术,是 21 世纪金属材料成形研究领域的新技术之一。目前,铝合金等低熔点金属材料的半固态挤压技术研究已进入工业生产阶段。

经过 200 多年的发展,挤压技术现状大致可归纳为以下几方面:

(1)挤压设备的台数和能力不断在增加,挤压生产线的自动化程度不断提高。截止 2012 年底,全世界的铝材挤压机的数量约 7000 多台,其中中国大约有 4500 多台。目前,最大吨位的立式挤压机为中国河北宏润重工有限公司的 50000t 垂直式钢管热挤压机,可挤压直径达 1320mm、壁厚 200mm、最大长度为 12m 的大规格无缝钢管;最大吨位的卧式挤压机是俄罗斯的 196MN 挤压机,可挤压管材直径达 1000mm。

(2)单独传动的自给油压机发展迅速。在挤压机的液压传动方面,以前主要是由高压泵——蓄能站集中供给工作液体的水压机,现在各国的生产设备基本上都是单独传动的自给油压机。目前世界上最大吨位的油压机是中国山东兖矿集团的 150MN 挤压机。

(3)新的挤压技术不断出现。例如,在铝合金挤压方面,由于挤压过程中变形区内温度逐渐升高,将导致制品晶粒组织头部细小而尾部粗大,头尾端尺寸不均一,还可能在制品表面出现周期性裂纹。这种现象严重地制约着挤压速度的提高。为了提高挤压速度,提高制品质量,出现了坯料采用梯温加热挤压、控制速度挤压,以便使制品流出模孔时的温度保持恒定的等温挤压技术。为了提高硬铝合金的生产效率和成材率,在制品出模孔后,利用其自身的余热在出料台上直接进行在线淬火的挤压技术。为了解决高强度铝合金、铜及铜合金等异型空心型材,由于金属的变形抗力高或挤压温度高,无法采用常规的分流模挤压法成形的问题,发明了在一个筒体上开设多个挤压筒孔,在各个筒孔内装入尺寸和材质相同或不同的坯料,然后同时进行挤压,使其流入带有凹腔的挤压模内焊合成一体后再由模孔挤出的多坯料挤压方法。为了细化晶粒、提高材料的力学性能,利用传统的侧向挤压技术所附加的强烈剪切变形来制备高性能新材料的等通道转角挤压技术;为了提高大跨度过江、过山输电线的强度,开发了铝包钢线挤压技术;节能环保空调器用大挤压比微通道铝扁管挤压技术;等等。

(4)产品品种、规格不断扩大。挤压法生产的铝合金产品目前已达到 50000 多种,除了普通的实心型材、空心型材、等壁厚管材外,还能够生产逐渐变断面和阶段变断面型材、管材、复杂形状的多孔腔空心型材,能够生产某一个装饰面上呈周期性的具有一定几何形状图案的型材等。

挤压法过去主要用来生产铜和铝合金材,随着挤压技术的不断进步,一些高熔点和变形抗力大的金属,如镍合金、钛合金、钨、钼、钢铁等材料的挤压也可以实现工业化生产。不仅可以生产实体金属和单一的金属制品,还可以用金属粉末、颗粒料挤压成材,能够挤压双金属、多层金属以及复合材料制品。

尽管挤压法在 18 世纪末就已出现,但对其理论研究却较晚。1913 年,H. C. 库尔纳柯夫首先进行了挤压时金属流动和压力的研究。稍后,施维斯古特研究了挤压黄铜时的金属流动规律和挤压缩尾的形成机理。H. 温凯尔则用塑胶泥研究了挤压时的流动景象。

直到 1931 年,E. 西贝尔利用了 C. 芬克导出的轧制变形功的解析法,首先建立了计算挤压力的简略算式。由于在该算式中未考虑不均匀变形和摩擦的影响,其计算结果与实际相差甚远。随后,G. 萨克斯,С. И. 古布金相继利用平截面法得出各自的挤压力算式。然而,平截面法仍存在不能考虑不均匀变形影响的问题。

R. 希尔于 1948 年经严密的数学处理,将滑移线场理论运用到解决挤压变形问题。此后,主要是 W. 约翰逊等人运用了滑移线场理论解决各种挤压条件下的平面应变问题。但由于用滑移线场理论求解时计算很烦琐,且不大适用于轴对称问题,因此,在 20 世纪 50 年代末期,W. 约翰逊与工藤发展了上界定理在各种挤压条件下的平面应变和轴对称问题的解法。

此外,在 20 世纪 50 年代中期,E. G. 汤姆逊等人发展了一种将金属流动实验测量与应力计算结合起来的方法——视塑性法。利用此方法可以成功地解析挤压时的平面应变和轴对称问题,确定变形区中的应变速率和应力分布等。但此方法的前提是必须先做实验。

到了 20 世纪六七十年代,P. V. 马尔卡、山田、小林等人相继将有限元技术应用于解决塑性成形问题。这种方法能满意地给出塑性成形时变形区中的应力、应变、应变速率的分布及温度场。目前,有限元法已被广泛应用于分析挤压过程、大断面复杂型材的挤压成形和挤压工模具的优化设计研究。

思 考 题

1. 什么是挤压？挤压与其他加工方法相比较有什么优点、缺点？

2. 按照不同的特征,挤压方法主要有哪些类型？

3. 什么是正向挤压？什么是反向挤压？各自的主要特征是什么？

4. 与正向挤压相比较,反向挤压有什么优点和缺点？

5. 试说明正向挤压、反向挤压、侧向挤压、连续挤压时金属的变形流动特点是什么？

6. 挤压方法适用于哪些产品的生产？

7. 根据对各种挤压方法的了解,你认为挤压法在哪些产品生产中还能够发挥更好的作用？

第2章 挤压时金属的变形流动规律

挤压时金属变形流动的均匀性,对挤压制品的组织性能、形状、尺寸及表面质量都有重要影响,而不同的挤压方法及挤压条件对金属变形流动的均匀性影响不同。

2.1 正向挤压时金属的变形流动规律

根据挤压时金属的变形流动特征和挤压力的变化规律,可将挤压变形过程划分为三个阶段:填充挤压阶段、基本挤压阶段和终了挤压阶段。这三个阶段分别对应于挤压力-行程曲线上的Ⅰ、Ⅱ、Ⅲ区,如图2-1所示。

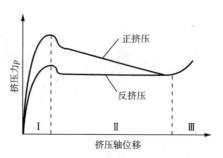

图2-1 正、反向挤压力-行程曲线

2.1.1 填充挤压阶段金属的变形流动

为了把加热膨胀后的金属坯料能顺利地装入挤压筒中,坯料的直径必须小于挤压筒的内径。根据金属流动的最小阻力定律,坯料金属在挤压轴压力的作用下,首先发生横向流动,填充到坯料与挤压筒之间的间隙中。同时,靠近模孔部位,也有少量金属流入模孔中。

1. 填充挤压阶段金属变形流动特点

在填充挤压阶段,坯料在纵向压缩的同时,产生横向延伸被镦粗。当坯料的原始长度与直径之比值中等(3~4)时,填充过程中在挤压筒内会产生单鼓变形(如图2-2所示),坯料中部表面层金属首先与挤压筒壁接触,于是在挤压筒和模子端面交界处就会形成封闭的空间,在这个封闭的环形空间中存在有气体。这时,在挤压筒与挤压垫的交界处也会形成一个类似的空间,但由于挤压垫与挤压筒之间存在着间隙,故这个空间实际上不是封闭的。当坯料的长度与直径之比过大(大于4~5)时,会产生双鼓变形(如图2-3所示),除了在挤压筒和模子端面交界处形成环形的封闭空间外,在挤压筒的中部也会形成一环形封闭空间,这两个封闭空间中都存在有气体。

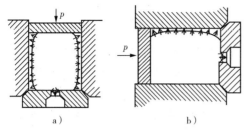

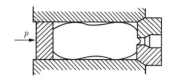

图2-2 短坯料填充过程中的单鼓变形　　　图2-3 长坯料填充过程中的双鼓变形

a)在立式挤压机上挤压;b)在卧式挤压机上挤压

用空心坯料不穿孔挤压管材时,坯料除了与挤压筒之间存在着间隙外,其内孔还与穿孔针之间存在着间隙。挤压时,先将坯料装入挤压筒中,将涂抹润滑油的穿孔针穿过筒中的坯料内孔,并使其前端(瓶式针为针尖部)位于模孔中,然后挤压轴前进进行填充挤压。图2-4所示是在卧式挤压机上用空心坯料、固定穿孔针方式挤压管材时,填充挤压前坯料与挤压筒和穿孔针的相对位置。假定穿孔针、挤压筒和模子完全同心,则放在筒中的坯料由于自重,其断面中心低于筒和针的中心,即在挤压筒横断面上,填充前金属的分布是不均匀的,筒中心线下方金属比上方的多。坯料与挤压筒和穿孔针的间隙越大,筒和针中心线下方的金属就越多,分布越不均匀。在填充过程中,由于金属的不均匀横向流动,会带动穿孔针偏离原中心位置(偏向上方)。

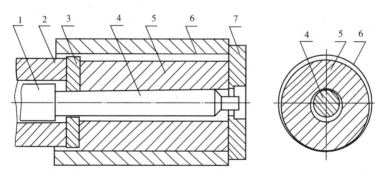

图2-4 坯料填充前在挤压筒中的位置

1—针支承;2—挤压轴;3—挤压垫;4—穿孔针;5—坯料;6—挤压筒;7—模子

填充挤压过程中金属的横向变形量大小,对挤压制品的机械性能和质量有一定的影响。通常用填充系数 λ_c 表示填充挤压时的变形量:

$$\lambda_c = F_t / F_p \qquad (2-1)$$

式中:F_t——挤压筒内孔断面积或挤压筒与穿孔针之间的环形面积,mm^2;

　　　F_p——坯料原始断面积,mm^2。

坯料与挤压筒及穿孔针的间隙越大,填充系数 λ_c 越大,填充过程中金属的横向变形量越大,穿孔针偏离原中心位置的量也越大。另外,填充过程中流出模孔的料头也越长,而这部分料头由于未受到充分变形,基本上保留了原始的铸态组织,机械性能低劣,必须切除而成为废料。在通常情况下,取 $\lambda_c = 1.04 \sim 1.15$,其中小直径挤压筒取上限,大直径挤压筒取下限。

2. 填充挤压时的金属受力分析

在填充阶段，坯料的受力情况是变化的。在填充初期，坯料只受到来自挤压轴方向传递的正压力 P、模子端面的反作用力 N 和挤压垫、模子端面的摩擦力 T 作用，除模孔附近外，其受力状态与圆柱体自由镦粗时的基本相同。随着填充过程进行，坯料的长度缩短，直径增大，其中间部分首先与挤压筒壁接触，这时的受力情况如图 2-5a 所示。

在纵向上，在坯料长度的中部两侧，挤压筒壁作用在坯料表面的摩擦力方向是相反的。这是因为，根据金属流动的最小阻力定律，位于坯料中部两侧的金属，在纵向压缩过程中将分别向各自距离最近的空间流动。在坯料与挤压垫的接触面上，垫片的摩擦作用，限制了金属向两侧空间的自由流动。在坯料与模子端面的接触面上，靠近模孔附近的金属在向模孔流动中受到了模子端面的摩擦阻力作用；在靠近挤压筒与模子交界的角落一侧的金属，受到了与模孔方向一侧相反的摩擦阻力作用，不能自由地向模子端面与挤压筒壁交界处的空间流动。正是由于受挤压筒壁和挤压垫及模子端面摩擦的作用，在坯料与工具接触面上出现了阻碍金属流动的摩擦阻力，从而在挤压筒与模子端面、挤压筒与挤压垫交界的角落部位的坯料表面上，出现了阻碍金属向前后两个空间流动的纵向附加拉应力。随着填充过程中坯料直径不断增大，在坯料的表面层出现了周向附加拉应力。由挤压轴通过挤压垫作用在金属上的压力和模子端面反作用力产生的轴向应力沿径向和纵向的分布规律如图 2-5b 所示。在径向上，边部的压应力大，中心部位小。这是由于中心部位的金属正对着模孔的缘故。在纵向上，靠近挤压垫一侧的压应力大，而靠近模子一侧的小。这是因为，靠近模子一侧的金属向模孔中流动的阻力较小，特别是位于中心部位最前端的金属，在无反压力的情况下，向模孔中流动将不受阻碍，其轴向应力为零，而后面金属向前流动都会受到前面金属的阻碍。

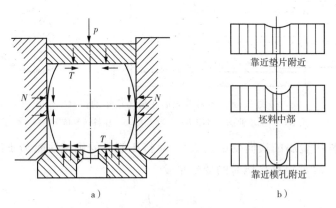

图 2-5　填充挤压阶段坯料的受力状态

a)表面受力状态；b)轴向应力分布

3. 填充系数大小对挤压制品质量的影响

(1)当作用在坯料表面的拉应力超过其表面金属的强度时，在坯料表面会出现微裂纹。这时，位于模子端面与挤压筒角落中的空气，或润滑剂燃烧的产物，在挤压过程中受到剧烈压缩并明显发热，就会进入到坯料表面的微裂纹中。随着金属从模孔流出，如果裂纹被焊合，在制品表面出现气泡缺陷；如果未能焊合，则出现起皮缺陷。坯料与挤压筒的间隙越大，产生这些缺陷的可能性就越大，也越严重。位于挤压垫与挤压筒角落中的空气，则会从挤压垫与挤压筒的间隙中排除,不会造成影响。

为了防止上述缺陷,除了控制适当的填充系数外,坯料的长度与直径之比最好不大于3～4,否则坯料在挤压筒内会被压弯或出现双鼓,使填充过程中金属的变形流动更复杂。较有效的措施是对坯料进行"梯温加热",即沿坯料长度方向上形成温度梯度,并使变形抗力低的高温端靠向模子,使变形抗力高的低温端靠向挤压垫。填充过程中,金属从前向后依次产生横向变形,将气体从挤压垫处排除。梯温加热法已应用于铝合金等温挤压和电缆铝保护套连续挤压方面。另外,在挤压筒上设置排气孔也可以解决此问题。

(2)当在卧式挤压机上采用空心坯料不穿孔挤压管材时,由于金属的不均匀横向变形流动,易造成穿孔针偏移原中心位置而出现偏心缺陷。

(3)对于具有挤压效应的铝合金来说,填充系数大,金属的横向变形量增大,会使制品淬火时效后纵向上的抗拉强度降低,挤压效应损失增大。

但是,在挤压如图 2-6 所示的航空工业用 2A12 和 7A04 铝合金阶段变断面型材(或称大头型材)时,对于与飞机的钢梁进行连接的型材大头部分,则要求有较高的横向机械性能,为此,需要采用较大的填充变形量。一般情况下,其填充变形量要达到 25%～35%。

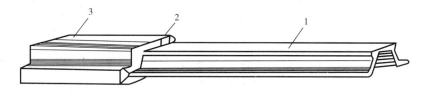

图 2-6　铝合金阶段变断面型材示意图
1—基本型材部分;2—过渡区;3—大头部分

4. 挤压力的变化规律

在填充挤压阶段,随着金属的横向变形流动,挤压力呈直线上升。这是因为,随着填充过程中坯料直径增大,需要克服模子端面和挤压垫的表面摩擦阻力增大;当坯料中部与挤压筒壁、坯料内表面与穿孔针接触后,还要克服挤压筒壁和穿孔针的摩擦阻力,从而需要继续增大挤压力。当填充过程结束,金属刚开始从模孔中流出时,挤压力上升到最大值。

2.1.2　基本挤压阶段金属的变形流动

当变形金属将坯料与挤压筒之间的间隙以及模孔填充满后,金属开始从模孔中流出。这时,填充挤压阶段结束,进入基本挤压阶段。

基本挤压阶段的变形指数常用挤压比 λ(也称为挤压系数)来表示:

$$\lambda = F_t / \sum F_1 \qquad (2-2)$$

式中:F_t——挤压筒断面积或挤压筒与穿孔针之间的环形面积,mm²;

$\sum F_1$——挤压制品总的断面积,mm²。

1. 基本挤压阶段变形区内的应力与变形状态

正向挤压时,作用在金属上的外力有:挤压轴通过挤压垫传递的正压力 P;挤压筒壁、模子端面(或压缩锥面)和工作带的反作用力 N;以及各接触面上的摩擦应力 T。在一定条件下,挤压垫与金属接触面上也会出现摩擦力;当采用牵引挤压时,还有牵引力;以及由于挤压速度变化所产生的惯性力。由于这些外力的作用,决定了挤压时的基本应力状态为三向压应力状态:轴向压应力 σ_1,径向压应力 σ_r,周向压应力 σ_θ。挤压时的变形状态为一向延伸变形和两向压缩变形,即轴向延伸变形 ε_1,径向压缩变形 ε_r,周向压缩变形 ε_θ。作用在金属上的力、应力及变形状态及主应力的分布规律如图 2-7 所示。

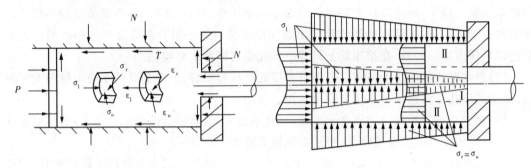

图 2-7　作用在金属上的力、应力及变形状态

(1)轴向主应力 σ_1

轴向主应力 σ_1 沿径向上的分布规律是边部大(图中Ⅱ区),中心小(图中Ⅰ区),即 $|\sigma_{1边}|>|\sigma_{1中}|$。这是因为,中心部位正对着模孔,根据金属流动的最小阻力定律可知,其流动阻力比存在很大摩擦阻力的边部要小,故中心部位的主应力 σ_1 也最小。

轴向主应力 σ_1 沿轴向上的分布规律是,由挤压筒入口端(挤压垫方向)向出口端(模子方向)逐渐减小,即 $|\sigma_{1入}|>|\sigma_{1出}|$。这是因为,越靠近出口端,摩擦面积越小,摩擦阻力就越小,所需要的挤压力也就越小。在无反压力的挤压条件下,模子出口处的轴向主应力 $\sigma_1=0$;在有反压力时,σ_1 正好等于单位反压力。

(2)径向主应力 σ_r 和周向主应力 σ_θ

根据塑性方程($|\sigma_1|-|\sigma_r|=K$,K 为金属的变形抗力)可知,径向主应力 σ_r 的分布规律与轴向主应力 σ_1 是相同的。即在径向上,边部大,中心小,$|\sigma_{r边}|>|\sigma_{r中}|$;在轴向上,入口端大,出口端小,$|\sigma_{r入}|>|\sigma_{r出}|$。

由于挤压过程是轴对称变形问题,所以 $\sigma_r=\sigma_\theta$,$\varepsilon_r=\varepsilon_\theta$,故周向主应力 σ_θ 的分布规律与径向主应力 σ_r 及轴向主应力 σ_1 都是相同的。即在径向上,边部大,中心小,$|\sigma_{\theta边}|>|\sigma_{\theta中}|$;在轴向上,入口端大,出口端小,$|\sigma_{\theta入}|>|\sigma_{\theta出}|$。

2. 基本挤压阶段金属的变形流动特点

研究金属变形流动方法有许多种,如坐标网格法、视塑性法、组合试件法、低倍与高倍组织法、光塑性法、云纹法、硬度法以及数值模拟法等等。最直观、最常用的是坐标网格法(如图 2-8 所示)。通过挤压过程中坐标网格的变形,研究金属的变形流动特点。

(1)纵向网格线的变化

① 变形前后均保持平行直线,间距仍相等。这说明,在挤压过程中金属的变形流动是平稳的,不发生内外层金属的交错流动,原来位于坯料表面层的金属,流出模孔后仍位于制品的表面层;位于坯料中心部位的金属,流出模孔后仍位于制品的中心部位。

② 每条线(除中间一条外)发生了两次方向相反的弯曲,且各条线的弯曲角度不同,越靠近边部,弯曲角度越大。这说明,内外层金属的变形流动是不均匀的,这种变形的不均匀

性是由内层向外层逐渐增大的。

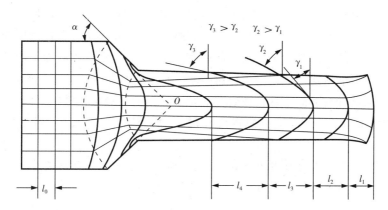

图 2-8 正挤压圆棒材金属流动示意图

③ 在挤压制品的最前端,除了中间一条外,其他线分别向外弯曲。这说明,中心部位金属的流动速度比外层的快。

分别连接各条纵向线的两个拐点,形成两个曲面。把这两个曲面与模孔锥面或死区界面间包围的体积称为挤压变形区或变形区压缩锥(见图 2-8 中虚线)。

(2)横向网格线变化

① 进入变形区后横向线向前发生弯曲,越靠近模孔,弯曲越大,出模孔后不再发生变化。这说明,在横向上金属的变形流动速度是不均匀的,中心部位金属的变形流动速度比外层的快;这种流动速度的差异是从变形区的入口向出口方向逐渐增大的,到达变形区出口处达到最大值;当出变形区后,就不再发生变形。

② 靠近挤压垫一方有部分横向线未变化。这说明,在进入变形区之前,不存在横向上的流动速度差,挤压筒内的金属是整体向前推进的。

③ 出模孔后的横向线的弯曲程度由前向后逐渐增加,最后趋于稳定。这说明,这种变形流动的不均匀性是由制品前端向尾端逐渐增大的,前端内外层金属的流动速度差小,向后端逐渐加大。当挤压过程进行到一定程度时,这种流速差将基本稳定,不再发生变化。

④ 横向线距离不等,前小后大,最后趋于稳定。这说明,在纵向上的延伸变形是不均匀的,前端的延伸变形小,向后端逐渐增大。当挤压过程进行到一定程度时,这种延伸变形趋于稳定。

(3)坐标网格的变化

① 在进入变形区前,坐标网格没有变化。这说明,挤压过程中,在挤压筒内存在着金属没有发生塑性变形的未变形区。

② 变形前为正方形,变形后横向压缩、纵向拉长为矩形或平行四边形,且其长边的长度是由前向后逐渐增大的。这说明,挤压过程中,变形区中金属变形规律是横向压缩、纵向延伸,这种延伸变形是由前端向后端逐渐增大的。

③ 挤压制品中心部位近似矩形,边部为平行四边形,且平行四边形向前的部位靠近制品内部。这说明,位于制品中部的金属主要发生了延伸变形,而位于外层的金属,在发生延伸变形的同时,还存在着剪切变形。外层金属流速慢,中部流速快。

④ 越靠近边部,平行四边形的短边与原横向线之间的夹角越大($\gamma_3 > \gamma_2 > \gamma_1$)。这说明剪切变形量在制品横断面上的分布也是不均匀的,越靠近外层,剪切变形量越大。

当采用固定针、不润滑穿孔针方式挤压管材时,在坯料外层受到挤压筒壁和模子表面的摩擦作用的同时,坯料内层受到了穿孔针的摩擦作用,从而使得在横断面上内外层金属的流速差减小,金属变形的不均匀性比挤压棒材时小。特别是挤压管壁较薄的管材时,由于变形能够深入到内部,这种变形的不均匀性会明显减小。但如果对穿孔针进行润滑,就会减小穿孔针对内层金属的摩擦阻力,从而使得内外层金属的流速差增大,金属变形的不均匀性增大。

当采用随动针、不润滑穿孔针方式挤压管材时,由于在进入变形区之前坯料与穿孔针之间无相对运动,只有进入变形区后金属的流动速度才会超过穿孔针的运动速度,这时虽然穿

图 2-9　正向挤压管材坐标网格图

孔针对金属的流动也有阻碍作用,但由于穿孔针本身也在向前运动,故内层金属的流速比固定针挤压时快,内外层金属的流速差比固定针挤压时要大。如果采用随动针并润滑穿孔针方式挤压管材,内层金属的流动受穿孔针的影响较小,内外层金属的流速差会达到最大值。图 2-9 所示是用随动针、润滑穿孔针方式挤压管材时的金属流动模拟实验曲线。从图中的网格线变化情况来看,管材内表面层金属流动速度没有受到穿孔针摩擦的影响。

3. 难变形区

挤压过程中,在挤压筒内还存在着两个难变形区:一个是位于挤压筒和模子端面交界的角落处,称为前端难变形区或死区;另一个是位于挤压垫前端处,称为后端难变形区,如图 2-10 所示。

(1)前端难变形区——死区

挤压时由于受工具的摩擦、冷却等作用,在挤压筒与模子端面的交界处,形成了一个难变形的环形区域(见图 2-10 中 1 区),这个区域内的金属,在基本挤压阶段基本上不发生塑性变形,只产生弹性变形,故称为死区。死区的产生主要与下列因素有关:

① 强烈的三向压应力状态,金属不

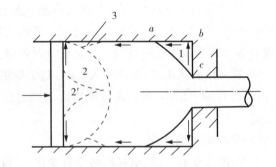

图 2-10　挤压筒内的金属难变形区

容易达到屈服条件。在挤压过程中,位于挤压筒内的金属都处于三向压应力状态。但是,各部位的压应力状态的强烈程度不同,位于挤压筒与模子交界的角落部位的金属,比靠近模孔附近的金属处于更强烈的三向压应力状态。

② 受工具冷却作用的影响,金属的变形抗力 σ_s 增大。在热挤压时,在通常情况下,坯料的加热温度比挤压筒和模子的温度高。当热的坯料与相对较冷的工具接触后,会产生温降,使得靠近挤压筒壁和模子端面处的金属温度降低,变形抗力升高,更不容易发生塑性变形。

③ 摩擦阻力大。位于这个角落部位金属的流动,会受到挤压筒壁和模子端面的双重摩擦阻力作用,流动更困难。

从能量学角度来看,金属沿着图中 ac 曲面流动所消耗的能量较沿着 abc 直角面流动的小。

在挤压过程中,死区的大小和形状并非绝对不变化。如图 2-11 所示,挤压过程中,死区界面上的金属随流动区金属会逐层流出模孔而形成制品表面,死区界面外移,高度减小,体积变小。

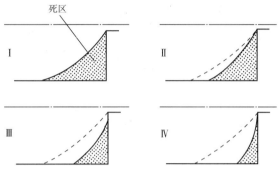

图 2-11　挤压 6A02 合金的死区变化示意图

Ⅰ—挤压初期;Ⅱ、Ⅲ—挤压中期;Ⅳ—挤压末期

影响死区大小的因素有以下几个:

①模角 α

随着模角增大,死区增大。平模的死区大,锥模的死区小。在一定的挤压条件下(例如一定的挤压比和外摩擦条件下),存在着一个不产生死区的最大模角 α_{cr}。B. Avitzur 用上限法分析的结果表明,这个无死区最大模角 α_{cr} 与挤压比 λ 和摩擦因子 m 有关,如图 2-12 所示。

②外摩擦条件

死区的形成与外摩擦有关。如图 2-12 所示,摩擦因子越大,无死区最大模角越小,即在同一模角和变形程度条件下,外摩擦越大,死区越大。

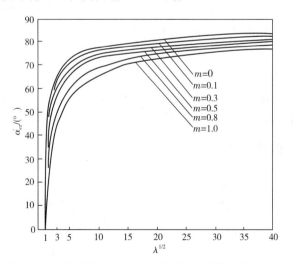

图 2-12　无死区最大模角与挤压比和摩擦因子的关系

③挤压比

从图 2-12 中还可以看出,挤压比增大,无死区最大模角增大。当润滑充分,挤压比大到一定程度后,甚至采用平模挤压也不会产生死区。这是因为,在同一润滑条件和模角条件下,随着挤压比增大,死区边界附近的滑移变形更加剧烈,金属流动对死区的冲刷作用大,死区的体积减小。

挤压比与压缩锥角 α_{max} 的关系如图 2-13 所示。当挤压比增加时,α_{max} 增加,此时死区边界附近滑移变形更为剧烈,死区边界向死区内凹进,尽管此时的死区高度 h_s 可能增加,但死区的体积是减小的。

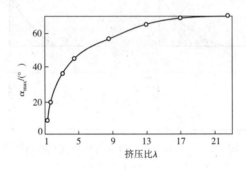

图 2-13　挤压比与压缩锥角的关系曲线

④挤压温度

挤压温度越高,死区越大,热挤压的死区比冷挤压的大。这是因为挤压温度高,金属变软,大多数金属在热态时的表面摩擦较大,外摩擦的作用相对增大。同时,对于热挤压过程来说,在通常情况下金属的加热温度比工具的温度高,二者之间存在着温差,如果提高挤压温度,则二者之间的温差就更大,与工具接触部位的金属的温降也就越大,使变形抗力升高而更难于变形流动。

⑤挤压速度

金属在向模孔中流动过程中对死区有"冲刷"作用。挤压速度越快,流动金属对死区的冲刷越厉害,会使死区边界向死区内凹进,死区的体积减小。

⑥挤压方式

正向挤压死区大,反向挤压死区小。如图 2-14 所示,反向挤压时的死区位于模子端面处,是由于模子端面的摩擦和冷却作用形成的,体积很小且比较容易参与流动,使得坯料表面层金属容易流入制品的表面或表皮下,形成起皮、成层、起泡等缺陷。

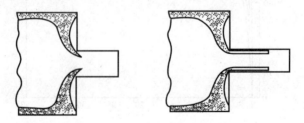

图 2-14　反向挤压时坯料表面金属流入制品示意图

采用润滑挤压工艺,可有效地减少外摩擦,使死区明显减小。

⑦模孔位置

采用多孔模挤压时,模孔越靠近挤压筒内壁,则死区越小。

从挤压工艺角度来看,死区的存在使挤压力升高,死区越大,所需要的挤压力也越大。但是,死区的存在,可阻碍坯料表面的杂质、氧化物、偏析瘤、灰尘及表面缺陷进入变形区压缩锥而流入制品表面,有利于提高制品表面质量。因此,在铝合金挤压生产中,对于无缝管材,常采用锥模挤压,减小死区,可降低挤压力,抵消由于穿孔针的摩擦作用所带来的挤压力升高。而对于表面质量要求较高的型材,则采用平模挤压,希望产生大的死区。

(2)后端难变形区

在挤压过程中,位于挤压垫前端的一部分金属,由于受到挤压垫的冷却和摩擦作用,在挤压过程中通常也不容易发生变形流动,这个区域被称为后端难变形区(见图 2 - 10 中 2 区)。后端难变形区在挤压过程中也是变化的,在基本挤压阶段的初期,后端难变形区的体积较大,随着挤压过程的进行,后端难变形区受到周围流动金属的压缩和冲刷而逐渐变小。到了基本挤压阶段的末期,后端难变形区的体积逐渐变小成为一楔形(见图 2 - 10 中 2′区)。

在挤压过程中,当挤压筒与坯料之间的摩擦力较大时,将促使后端难变形区的金属向中心流动。但是,由于该区域的金属受到了挤压垫冷却和摩擦作用而难以流动,从而引起附近的金属向中间压缩而形成细颈区(见图 2 - 10 中 3 区)。

在挤压管材时,由于中心部位有穿孔针存在,后端难变形区的体积更小,甚至消失。

4. 剧烈滑移区

在挤压过程中,在死区与塑性变形区交界处存在着剧烈滑移区,如图 2 - 15 所示。这个区域内的金属,由于强烈的金属内摩擦作用,发生了剧烈的剪切变形,使晶粒破碎非常严重。

图 2 - 15　一次挤压棒材金属流动情况

剧烈滑移区内的金属流出模孔后位于制品的表面层,造成了制品内外层晶粒大小不同,外层细小,内层粗大,从而造成机械性能不均匀,外层强度高,内部强度低。对于硬铝合金挤压制品,在淬火后易在表面层形成粗晶环组织,使机械性能下降。

剧烈滑移区的大小与金属流动的不均匀性有关。金属流动越不均匀,剧烈滑移区越大,晶粒破碎的程度也越严重。

5. 挤压力的变化规律

在基本挤压阶段,随着挤压轴向前移动,金属不断从模孔中流出,挤压力几乎呈直线下降。这是因为,随着金属不断从模孔流出,挤压筒内坯料的长度逐渐缩短,筒壁和穿孔针上的摩擦阻力逐渐减小。到了基本挤压阶段的末期,挤压力达到最小值。

2.1.3 终了挤压阶段金属的变形流动

1. 终了挤压阶段金属的变形流动特点

如图 2-16 所示,在挤压垫未进入变形区之前,变形区体积保持不变,金属从模孔中流出的量与进入变形区中的量相等,处于一个动态的平衡状态。当挤压垫进入变形区后,变形区体积减小,原来的动态平衡状态被打破,仅依靠变形区中金属的纵向流动已不能满足其正常流出模孔的需要。在挤压速度和挤压比不变的条件下,要满足体积不变条件,势必要增加横向流动以弥补纵向流动供应量的不足,建立新的供应与流出的动态平衡关系。于是,与挤压垫接触的后端难变形区金属,将克服垫片的摩擦作用产生横向流动;位于死区部位的金属,在横向流动的同时,一部分沿着挤压筒壁向后回流再向中心横向流动,进入模孔流向制品中,形成一种环形流动景象。

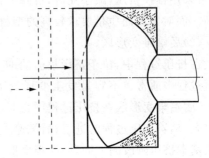

图 2-16 挤压垫进入变形区示意图

2. 终了挤压阶段挤压力的变化

终了挤压阶段的显著特点之一,是挤压力由最低又开始迅速上升。这主要是因为以下原因所造成:

(1)挤压垫进入变形区,金属横向流动速度增加,并导致金属与挤压垫间的滑动速度增加,为了克服挤压垫的摩擦必须增加挤压力。

(2)死区金属的横向流动及环流使得所需要的挤压力增大。

(3)由于死区和后端难变形区金属受到了工模具的冷却作用,其本身的变形抗力就比较高,要使这部分金属产生变形必须再增大挤压力。

3. 挤压缩尾

如果当压余的厚度较薄时,在挤压制品的尾端会形成一种组织缺陷——挤压缩尾。关于挤压缩尾缺陷将在后面的挤压制品的组织部分加以详细分析。

2.2 反向挤压时金属的变形流动规律

如前所述,反向挤压时的主要特征是变形金属与挤压筒壁之间无相对运动,二者之间无摩擦。因此,外摩擦对反向挤压过程金属的变形流动影响较小。

2.2.1 金属变形流动特点分析

图 2-17 所示为在 50MN 挤压机的 $\phi420mm$ 挤压筒上反向挤压棒材时,挤压筒内坐标网格变化情况的实验结果。

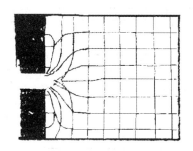

图 2-17　反向挤压棒材时的坐标网格变化

1. 坐标网格线的变化情况

（1）横向网格线的变化

除了靠近模子端面附近外，挤压筒内的横向网格线与挤压筒壁基本垂直，没有发生明显变化，直至模孔附近时，中间部位才突然向前发生剧烈弯曲进入模孔。这说明，反向挤压时，金属的流动比较均匀，基本上没有出现内层、外层金属的流速差，坯料中心层与周边无相对位移，基本上是同时流入模孔。

（2）纵向网格线的变化

纵向网格线在挤压筒内基本上没有变化，也只有快进入模孔时才发生弯曲，且弯曲程度比正向挤压大得多。这说明，反挤压时金属的变形只集中在模孔附近，且变形比正向挤压更剧烈。

由于反向挤压时金属的变形仅集中在模孔附近，在挤压筒内不存在坯料内外层的流速差别，所以，反向挤压时金属的变形流动要比正向挤压时均匀得多。由于在挤压筒内的坯料是整体向前推进，前面的从模孔流出而后面的没有发生变形，边部与中心基本上是同时流出模孔，因此在挤压末期不会出现金属的环流现象。

图 2-18 所示为正向、反向挤压棒材轴向主延伸变形的实测结果。图 2-18a 所示为压出长度是棒材直径的 1 倍，图 2-18b 所示为 2 倍，图 2-18c 所示为 5 倍。从图中可以看出：

① 开始挤压时，模孔附近坯料中心部位的变形量为 5.582，而正向挤压的是 1.767，反向挤压的变形量是正向挤压的 3 倍以上。这说明，反向挤压制品的头部中心变形程度大于正向挤压的，因而其前端的组织性能比正向挤压的好。因此，反向挤压制品的切头损失比正向挤压的小。

② 随着被挤出棒材长度从 $1d_{棒} \rightarrow 2d_{棒} \rightarrow 5d_{棒}$，正向挤压中心部位的主延伸变形程度的变化为 $1.767 \rightarrow 3.904 \rightarrow 6.32$，前后端的变形程度差别较大；反向挤压的为 $5.582 \rightarrow 7.608 \rightarrow 8.638$，前后端的变形程度差别小。这说明，反向挤压制品纵向上的变形程度比正向挤压的要均匀得多。因此，反向挤压制品纵向上的力学性能较均匀。

③ 边部与中心部的主延伸变形之比，正向挤压的为 $1.09/1.767 \rightarrow 4.028/3.906 \rightarrow 20.44/6.32$，边部与中心部位的变形程度差别较大；反向挤压的为 $1.005/5.582 \rightarrow 1.648/7.608 \rightarrow 15.55/8.638$，边部与中心部位的变形程度差别较小。这说明，反向挤压制品中心与边部的变形程度比正向挤压的要均匀。因此，反向挤压制品横向上的组织性能也比正向挤压的要均匀得多。

因此，采用反向挤压方法，可以获得比正向挤压的组织性能更加均匀一致的制品。

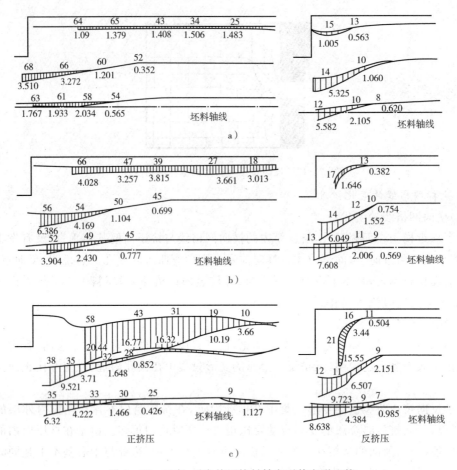

图 2-18　正向、反向挤压棒材轴向延伸变形比较

2. 变形区及死区

(1)反向挤压的死区

从图 2-17 中可以看出,反向挤压时的死区体积很小,只在紧靠模子端面处形成了一个环形薄层死区。死区的产生是由于模子端面的摩擦和冷却作用的结果。死区的高度为挤压筒直径的 1/12～1/8。反向挤压的死区大小除了与模子端面的摩擦和冷却条件等有关外,还与变形金属的强度有关。根据对 $\phi420mm$ 挤压筒上反向挤压 2A50、7A04 合金 $\phi120mm$ 棒材的实验结果,当压余厚度为 30mm 时,从其子午面纵向剖开成两半,检查其高倍组织发现,在压余的前端(与模子端面接触处)和后端(与堵头接触处)的中心部位均为变形组织;在压余的后端边部(挤压筒与堵头接触的角落部位)为铸造组织;在压余的前端边部(挤压筒与模子接触的角落部位),强度低的 2A50 合金压余中残留有铸造组织,而强度高的 7A04 合金则为完全的变形组织。这也说明,反向挤压时的死区金属与模子端面的结合不是很牢固,容易参与流动。特别是挤压变形抗力高的合金时,在挤压末期基本上看不到死区。

(2)反向挤压的变形区

反向挤压时的变形区也很小,变形区紧靠模子端面处,集中在模孔附近。变形区的形状近似于圆筒形,筒底为曲面且曲率半径很大。变形区的高度与摩擦系数及挤压温度有关,一般小于挤压筒直径的 1/3。

2.2.2　反向挤压时挤压力的变化

通常认为,反向挤压时,由于坯料与挤压筒之间无摩擦,挤压力大小与坯料的长度无关,在挤压过程中挤压力是不变化的。但是,近年来的研究发现,反向挤压铝合金棒材时,随着挤压过程的进行,挤压力是逐渐增加的,特别是在挤压后期,增加的较明显(如图 2 - 19 所示)。其主要原因有以下几方面:

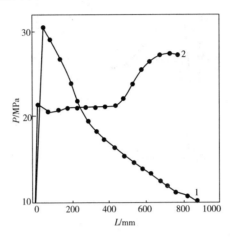

图 2 - 19　正向、反向挤压 2A12 棒材的挤压力变化
1—正向挤压;2—反向挤压

(1)由于坯料与挤压筒壁间无摩擦,不存在来自筒壁上的摩擦阻力对挤压力的影响。因此,挤压力大小与坯料的长度无关,不会因为筒内坯料长度的逐渐缩短而下降。

(2)挤压过程中的主延伸变形量随着压出制品长度的增加而增大(如图 2 - 18 所示),而挤压力与主延伸变形量的大小成正比关系。

(3)挤压所使用的坯料为铸造组织,内部不可避免存在着疏松、气孔等,在连续、强烈的三向压应力作用下,挤压筒内坯料的密度逐渐增大,变形抗力提高,使挤压力增大。

(4)由于无外摩擦的影响,且变形区的体积又很小,反向挤压过程变形区中的温升小(当金属温度明显高于挤压筒温度,且挤压速度较慢时,甚至会出现降温),软化作用小,加工硬化作用明显。而热加工时的加工硬化是在变形过程进行到一定程度时才会表现出来。

(5)在热挤压过程中,挤压工具的温度一般低于金属温度,特别是在两个挤压垫循环使用的情况下,其温度远低于金属温度,受其冷却作用的影响,后端温降较明显。

反向挤压铝合金管材时,在开始阶段,挤压力呈缓慢下降的趋势,随着挤压过程继续进行,逐渐趋于稳定(如图 2 - 20 所示)。这主要是因为,虽然反向挤压管材时坯料与挤压筒壁之间无摩擦,但在内部与穿孔针之间有摩擦,坯料越长、穿孔针直径越粗,穿孔针上的摩擦阻力就越大,挤压力就越大。随着筒内坯料长度缩短,摩擦阻力逐渐减小,挤压力下降。当摩擦力的减小使挤压力下降与上述因素使挤压力升高的作用接近时,挤压力将趋于稳定。

如前所述,在其他条件相同的情况下,反向挤压时的挤压力比正向挤压时的小,从而有利于采用相对较低的挤压温度以便提高挤压速度,提高生产效率;可以在同样能力的设备上实现比正向挤压更大变形程度的挤压变形,或挤压变形抗力更高的合金。知道反向挤压时的最大挤压力比正向挤压时的小多少,对于合理的制订反向挤压工艺是很重要的。

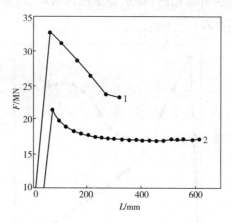

图 2-20　正向、反向挤压管材的挤压力变化
1—正向挤压;2—反向挤压

一般认为,反向挤压时的挤压力比正向挤压时的小 30%～40%,这与图 2-20 中正向、反向挤压管材时的实验结果是一致的。但是,从图 2-19 中可以看出,正向、反向挤压棒材时的最大挤压力只相差 15% 左右,与之差异较大。造成差异的主要原因可能有两个方面:一方面,金属的反向挤压技术是从反向挤压管材发展起来的,这一观点是在反向挤压管材的实验基础上得出的。另一方面,基于对反向挤压过程中挤压力无变化的认识,那么,正向、反向挤压时的最大挤压力之差,就是基本挤压阶段开始时的挤压力之差,而忽略了两种挤压方法的最大挤压力出现的时间是不同的,正向挤压棒材时的最大挤压力出现在基本挤压阶段开始时,而反向挤压则是挤压过程结束时。正是由于对反向挤压棒材时的最大挤压力估计上的偏差,有时在实际生产中,当挤压温度较低或工具温度低时,在反向挤压过程进行到中途时,会出现挤不动的"闷车"现象。

2.2.3　反向挤压制品的质量

1. 反向挤压制品的表面质量

由于反向挤压时的死区体积较小且比较容易参与流动,使得坯料表面层带有氧化物、偏析瘤、污物及其他缺陷的金属易流入制品表面或表皮之下,形成起皮、气泡等缺陷。因此,反向挤压制品的表面质量比正向挤压的差。为了提高反向挤压制品的表面质量,最有效的方法是提高坯料的表面质量,如对坯料采用热剥皮方法等。

2. 反向挤压的挤压缩尾

与正向挤压棒材一样,反向挤压时在挤压末期也会出现挤压缩尾,只是缩尾的形式及形成过程与正向挤压不完全相同。这部分内容将在挤压制品的组织部分加以详细分析。

2.3　影响金属流动的因素

2.3.1　接触摩擦及润滑的影响

摩擦是产生金属流动不均的主要原因,以挤压筒壁影响最大。

(1)不润滑挤压筒时,筒壁对变形金属的流动产生很大的摩擦阻力,使变形区增大,死区增大,坐标网格的变形及歪扭严重,外层金属流动滞后于中心层金属,流动不均匀。

(2)润滑挤压可减少摩擦,并可以防止工具黏金属,减小金属流动不均性。

(3)正常挤压时不允许润滑挤压垫,避免产生严重的挤压缩尾;用分流模挤压空心型材不允许润滑模子,避免焊合不良或不能焊合。

(4)挤压管材时,由于穿孔针的摩擦及冷却作用,降低了内层金属的流动速度,从而减小了内外层金属的流速差,减小了金属流动的不均匀性。

(5)挤压型材时,根据其断面各部位的壁厚尺寸大小及距模子中心的距离、外摩擦状况等,利用模具的不等长工作带,可调整金属的流速,减少金属流出模孔的不均匀性。

2.3.2　坯料与工具温度的影响

1. 坯料本身的加热温度

挤压时,金属的变形流动本身就是不均匀的。坯料加热温度高,强度降低,摩擦系数增大。对于外层金属来说,一方面,由于摩擦系数增大,其流动阻力增大;另一方面,坯料出炉后,受到空气及温度较低的输送工具和挤压筒的冷却作用,其表面温度降低,强度升高,塑性降低,不易变形。而对于内层金属来说,由于温度高,强度低,容易变形流动。从而导致不均匀流动性增大。

2. 坯料断面上的温度分布

影响坯料断面温度分布均匀性的因素有:坯料加热的均匀性、坯料与所接触的工具(特别是挤压筒)间的温度差、坯料金属的导热性以及其他外界条件等。

(1)如果坯料断面上的温度分布不均匀,在挤压时必然发生不均匀变形。这种情况在火焰炉加热的情况下表现比较明显。

(2)对于坯料的加热温度远高于挤压筒温度的金属及合金(如铜合金、钛合金、钢铁材料等)来说,挤压筒的冷却作用会造成坯料表面层温度降低,变形抗力升高,使得变形的不均匀性增大。

(3)一般情况下,不同合金的导热性不同。同一种合金,加热温度升高,其导热性降低。变形金属的导热性好,坯料断面上的温差小,挤压时的不均匀变形小。图 2-21 所示为紫铜与$(\alpha+\beta)$黄铜坯料均匀加热后,控制空冷 20s 和挤压筒内冷却 10s,测定出的两种坯料横断面上的温度与硬度。

由于紫铜的导热系数比$(\alpha+\beta)$黄铜的高,不论是在空气中还是在挤压筒内停留一段时间后,坯料断面上的温度和硬度分布都比$(\alpha+\beta)$黄铜的均匀。

(4)在润滑挤压条件下,润滑剂的传热系数越小,坯料表面的热量不易传导到工具上,有利于保证坯料断面上的温度均匀分布。例如,挤压钛合金、其他高温合金及钢铁材料等时,采用传热系数比较小的玻璃润滑剂,能有效地防止热量向工具传导,防止工具与金属黏结,延长工具寿命,提高制品表面质量,并且有利于保证坯料断面温度均匀分布,减小变形不均匀性。

3. 相变的影响

对于某些存在着相变的合金,由于不同的合金相具有不同的变形抗力,因此,金属处于不同的相组织,会产生不同的流动情况。例如,HPb59-1铅黄铜的相变温度是720℃。在720℃以上挤压时,相组织是β组织,摩擦系数为0.15,金属流动比较均匀;在720℃以下挤压时,相组织是(α+β)组织,摩擦系数为0.24,流动不均匀。又如钛合金,在875℃以上的高温时,其相组织为β组织,挤压时流动不均匀;在875℃以下为α组织,挤压时流动较均匀。

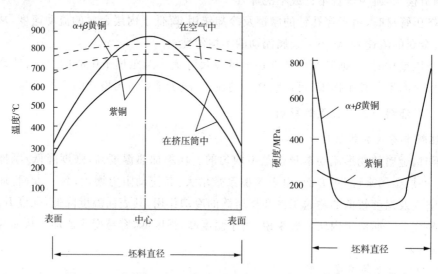

图2-21 紫铜和(α+β)黄铜坯料横断面上的温度与硬度分布

4. 摩擦条件变化

(1)对于绝大多数金属来说,在不同的温度下会产生不同的氧化表面,其摩擦系数不同。一般情况下,随着坯料加热温度升高,摩擦系数增大,挤压时金属流动的不均匀性增大。

(2)对于某些在挤压过程中可能产生相变的合金,不同的相组织,其摩擦系数不同,挤压时金属流动的均匀性也不同。例如上面提到的HPb59-1铅黄铜,如果开始挤压时的温度在720℃以上,β相的摩擦系数小,金属流动均匀。但由于该合金的塑性较差,挤压速度很慢,随着挤压过程的缓慢进行,受挤压筒的冷却作用(挤压筒温度为400℃~450℃),挤压筒内的坯料温度会逐渐降低。当坯料温度降低到720℃以下时,其相组织由β组织转变为(α+β)组织,摩擦系数增大,金属流动变得不均匀。

(3)在高温、高压下极容易发生金属与工具的黏结,使金属流动的不均匀性增大。

5. 工具温度的影响

(1)通常情况下,挤压筒的温度比坯料的温度低,随着挤压筒温度升高,金属的变形流动趋于均匀。这是因为,挤压筒温度升高后虽然摩擦系数有所增大,但挤压筒的温度与坯料的温度接近,有利于减小坯料断面上内外层的温度差,金属的变形流动较均匀。

(2)在润滑穿孔针挤压管材时,如果穿孔针的温度高,而润滑油的闪点又相对较低,润滑油涂抹在穿孔针上后会发生燃烧,降低润滑效果。

(3)反向挤压时,如果工具的温度过低,在挤压后期可能会出现挤不动的"闷车"现象。

2.3.3 金属性质的影响

变形抗力高的金属比变形抗力低的流动均匀;同一种金属,合金比纯金属的流动均匀;同一种合金,低温时的强度高,其流动比高温时的均匀。这是因为,一方面,强度高,外摩擦对金属流动的影响相对较小,流动较均匀;另一方面,强度较高的金属产生的变形热效应和摩擦热效应较强烈,这种热量改变了坯料内的热量分布,使得温度分布更均匀,有利于金属的均匀流动。

2.3.4 工具形状的影响

工具形状对金属流动均匀性的影响主要是模角的影响。模角 α 越大,则死区越大,金属流动的不均匀性也越大,如图 2-22 所示。采用平模($\alpha=90°$)挤压时的死区最大,金属流动最不均匀。

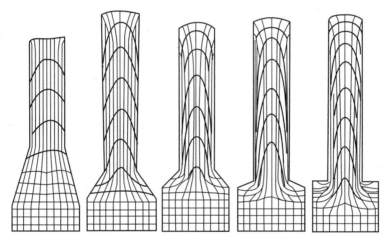

图 2-22 模角变化对挤压时金属流动的影响

另外,挤压垫的形状对金属流动的均匀性也有影响。挤压垫有平挤压垫和凹挤压垫。采用凹挤压垫,在挤压后期金属的流动比平挤压垫均匀。但由于使用凹挤压垫时的压余多且分离压余较困难,一般不太使用。

通常情况下,挤压筒为圆形,如果制品的断面形状与挤压筒相似,则金属流动均匀。

2.3.5 变形程度的影响

一般来说,随着变形程度增大,金属的不均匀流动增加。这是因为,当挤压筒直径一定时,变形程度增大,意味着模孔直径减小,则外层金属向模孔中流动的阻力增大,使内外层金属的流动速度差增大,变形不均匀性增大。但是,当变形程度增加到一定程度时,由于剪切变形从表面深入到内部,反而会使金属的不均匀流动减小。

通常情况下,要求挤压变形程度不应小于 90%,即挤压比 $\lambda \geqslant 10$。

2.4 挤压时的金属流动模型

在不同的工艺条件下挤压各种制品,金属的流动景象是不一样的。根据对各种条件下挤压时金属的流动特性分析,归纳起来主要有4种流动模型,如图2-23所示。

(1)流动模型Ⅰ(图2-23a)

这种流动模型在反向挤压时出现。反向挤压时,坯料与挤压筒壁之间绝大部分无相对运动,只有靠近模子附近的筒壁上由于金属向模孔流动才存在很小的摩擦,金属流动均匀,几乎沿坯料整个高度上在周边层都没有发生剪切变形。所以,从坐标网格上看,绝大部分保持原始状态,只有到模孔附近才发生变化。塑性变形区很小,集中在模孔附近。死区体积很小,位于模子端面处。

(2)流动模型Ⅱ(图2-23b)

这种流动模型在润滑挤压筒时出现。在润滑挤压时,坯料与挤压筒壁间的摩擦很小,金属的流动比较均匀。变形区和死区都比反向挤压时的流动模型Ⅰ大。一般情况下,挤压紫铜、H96黄铜、锡磷青铜、铝、镁合金、钢等属于此类流动模型。

(3)流动模型Ⅲ(图2-23c)

这种流动模型在外摩擦较大时出现。当坯料的内外温差较大,且金属流动过程中受到挤压筒壁和模子端面较大摩擦作用时,塑性变形区几乎扩展到整个坯料,但在基本挤压阶段尚未发生外部金属向中心径向流动的情况,只有到了挤压末期,才会出现金属的径向流动及环流,产生挤压缩尾。一般情况下,挤压 α 黄铜、白铜、镍合金、铝合金等属于此类流动模型。

(4)流动模型Ⅳ(图2-23d)

这种流动模型在外摩擦很大时出现。当挤压筒与坯料间的摩擦很大,且坯料内外温差也很大时,金属流动严重不均匀,挤压一开始,外层金属由于沿挤压筒壁流动受阻而向中心流动,易出现较严重的挤压缩尾。一般情况下,挤压 $(\alpha+\beta)$ 黄铜、铝青铜、钛合金等属于此类流动模型。

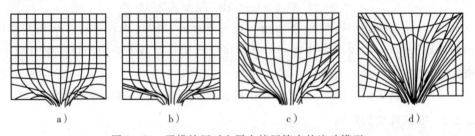

a)   b)   c)   d)

图2-23 平模挤压时金属在挤压筒内的流动模型

必须指出的是,上述所提到的金属及合金所属于的流动模型是在常规生产条件下获得的,并非绝对不变,而且有些合金的流动景象本身也是介于某两种流动模型之间,因此,挤压条件一旦发生某些变化,就可能导致金属的流动景象发生变化,所属的流动模型发生变化。

思 考 题

1. 正向挤压过程分为哪几个阶段? 各阶段金属的变形流动特点是什么? 各阶段的挤压力是如何变化的?

2. 什么是填充系数,填充系数大小对挤压过程的顺利进行有何影响? 用空心坯料穿孔针方式挤压管材和用实心坯料挤压时的填充系数各是如何计算的?

3. 什么是单鼓变形和双鼓变形? 它们各是在什么条件下产生的?

4. 试分析填充变形过程中坯料表面金属的受力情况。

5. 影响填充变形过程中坯料表面产生微裂纹的主要因素有哪些? 为什么?

6. 结合填充变形过程中的金属受力分析,谈一谈填充系数大小对挤压制品的表面质量有何影响?

7. 填充系数大小对挤压制品横向力学性能有何影响? 为什么挤压阶段变断面型材时要采用较大的填充变形量?

8. 如何减小或消除填充变形过程中坯料的单鼓或双鼓变形?

9. 如何防止或消除因填充系数过大造成的挤压制品表面气泡、起皮等缺陷?

10. 在填充变形过程中,为什么挤压力呈现出直线上升的趋势?

11. 什么是挤压比(或称挤压系数)? 用实心坯料挤压型棒材、用实心坯料穿孔挤压管材、用空心坯料不穿孔挤压管材时的挤压比各是如何计算的?

12. 基本挤压阶段变形区中的金属处于什么样的应力与变形状态?

13. 试分析基本挤压阶段变形区中的应力(轴向应力 σ_1、径向应力 σ_r、周向应力 σ_θ)沿轴向和径向的分布规律。

14. 研究挤压过程中金属变形流动规律的实验方法主要有哪些? 为什么大多采用坐标网络法?

15. 用坐标网格法研究挤压过程金属变形流动情况的实验操作程序是什么?

16. 根据正向挤压过程中坐标网格的变化情况,回答下列问题:

(1)各条横向网格线在挤压过程中是如何变化的? 它们相互之间的关系如何? 这些都说明了什么问题?

(2)各条纵向网格线在挤压过程中是如何变化的? 它们相互之间的关系如何? 这些也都说明了什么问题?

(3)各坐标网格在挤压过程中是如何变化的? 它们相互之间的关系如何? 这些也都说明了什么问题?

(4)什么是正向挤压的变形区?

(5)影响各条网格线及坐标网格发生变化的主要原因各是什么?

17. 挤压筒内的金属是如何分区的?

18. 什么是正向挤压的死区? 产生死区的主要原因是什么?

19. 影响死区大小的因素有哪些? 各是如何影响的?

20. 死区的存在有什么好处? 又有什么不好? 为什么?

21. "死区"是否是绝对的"死区",如果不是,在挤压过程中又是如何变化的? 为什么?

22. 什么是正向挤压的后端难变形区? 是如何产生的? 在挤压过程中又是如何变化的?

23. 什么是正向挤压的剧烈变形区? 产生剧烈变形区的主要原因是什么?

24. 剧烈变形区在挤压过程中是如何变化的? 影响剧烈变形区大小的主要因素是什么?

25. 剧烈变形区大小对挤压制品的组织性能有何影响?

26. 基本挤压阶段挤压力大小是如何变化的? 为什么?

27. 终了挤压阶段金属的变形流动特征是什么? 为什么?

28. 终了挤压阶段挤压力大小是如何变化的? 为什么?

29. 与正挤压相比较,反挤压时的坐标网格线及坐标网格的变化特点是什么?

30. 根据反向挤压过程坐标网格法的实验结果,回答下列问题:

(1)各条横向网格线在挤压过程中是如何变化的? 说明了什么问题?

(2)各条纵向网格线在挤压过程中是如何变化的? 说明了什么问题?

(3)反向挤压的死区位于什么地方? 与正向挤压相比,其形状、体积大小如何?

(4)反向挤压的变形区位于什么地方? 与正向挤压相比,其体积大小如何?

31. 与正向挤压相比,反向挤压时,金属变形流动的均匀性如何? 为什么?

32. 在相同条件下,正向、反向挤压时的变形量大小有何区别? 说明了什么问题?

33. 反向挤压铝合金型材、棒材时的挤压力大小是如何变化的? 为什么?

34. 反向挤压铝合金管材时的挤压力大小是如何变化的? 为什么?

35. 反向挤压制品的表面质量和组织性能与正向挤压有何区别? 为什么?

36. 如何提高反向挤压制品的表面质量?

37. 影响挤压时金属流动均匀性的主要因素有哪些? 各是如何影响的?

38. 在实际生产中,如何减小正向挤压时金属流动的不均匀性?

第3章 挤压制品的组织与性能特征

3.1 挤压制品的组织特征

3.1.1 挤压制品组织的不均匀性

与其他加工方法(如轧制、锻造等)相比较,挤压制品的组织特征是在制品的断面和长度方向上都很不均匀。一般来说,对于正向挤压制品,在进行热处理以前,沿制品长度方向上头部晶粒较粗大,尾部晶粒较细小,在最前端可能还保留有铸态组织轮廓;在断面上外层晶粒细小,中心层晶粒粗大(在挤压过程中产生粗晶环的制品除外)。这种组织特征在正向挤压棒材中表现得非常明显。

图 3-1 所示为 2A70 铝合金 ϕ80mm 热挤压棒材的显微组织。其中,图 3-1a、图 3-1b 分别是棒材前端边部和中心部位的横向组织。经挤压变形后,铸造晶粒被破碎成许多小碎块,边部晶粒更细小,在中心部位还残存着铸造组织。图 3-1c、图 3-1d 分别是棒材后端边部和中心部位的横向组织。与前端比较,铸造晶粒已完全破碎,晶粒更细小。

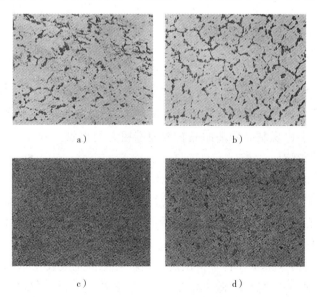

a)   b)

c)   d)

图 3-1　2A70 铝合金 H112 状态 ϕ80mm 棒材不同部位的横向组织
a)前端边部;b)前端中心;c)后端边部;d)后端中心

影响挤压制品组织不均匀的主要原因有以下几方面:

(1)由于摩擦引起的不均匀变形的影响

挤压制品的组织在断面和长度上的不均匀性，主要是由于变形不均匀引起的。挤压时金属的变形程度是由制品的中心向外层，由头部向尾部逐渐增加的。在挤压过程中，处在变形区以外的金属虽然整体上没有发生塑性变形，但镦粗后坯料在被挤压垫向前推进过程中，外层金属在进入塑性变形区之前实际上就已经承受了挤压筒壁的剧烈摩擦作用，产生了附加剪切变形，晶格歪扭，晶粒出现破碎现象；进入塑性变形区之后，外层金属进入到死区与塑性变形区压缩锥交界处的剧烈滑移区，发生强烈的剪切变形，晶粒被严重破碎。而对于中心层金属来说，在进入变形区前，不存在这种附加剪切变形；进入变形区后，远离剧烈变形区，金属流动平稳，不发生剪切变形，晶粒沿轴向延伸被拉长。处于中间层的金属，其剪切变形由内向外逐渐增大。因此，在横向上，外层金属的变形程度比中心大，晶粒破碎程度比中心要剧烈，晶粒比中心细小。很显然，坯料外层越靠近尾部，承受挤压筒壁摩擦作用的时间就越长，外层的附加剪切变形越强烈。随着挤压筒内坯料长度缩短，变形程度越来越大，剪切变形区不断增大，并逐渐深入到坯料内部，从而使得晶粒破碎程度由头部向尾部逐渐加剧，并向内部深入，甚至整个断面上的晶粒都很细小。

对于不润滑穿孔针挤压管材来说，在坯料外层金属受到挤压筒壁剧烈摩擦作用的同时，其内层金属也受到了穿孔针的剧烈摩擦作用，产生了附加剪切变形，同样也会产生晶粒破碎现象，但破碎的程度没有外层剧烈。因此，与挤压棒材相比，在横向上，制品内外层的变形不均匀程度会显著减小，管材的横向组织相对较均匀。

(2)挤压温度与速度变化的影响

导致挤压制品组织不均匀的另一个因素是挤压温度和速度的变化。当挤压速度较慢时，如挤压锡磷青铜时，由于挤压速度很慢，坯料在挤压筒内停留的时间长。开始挤压时，坯料的前端部分是在较高温度下变形，金属在变形区内和出模孔后可以进行充分的再结晶，制品前端的晶粒较粗大。受挤压筒壁的冷却作用，坯料后端部分是在较低的温度下变形，金属在变形区内和出模孔后再结晶不充分，特别是在挤压后期，金属流动速度加快，更不利于再结晶，制品尾端的晶粒较细小，甚至出现纤维状冷加工组织。但对于纯铝和某些软铝合金，坯料的加热温度与挤压筒温度相差不太大，开始挤压时的温度比较低，当挤压比较大或挤压速度较快时，产生的变形热和摩擦热较大且不易散失，致使变形区内金属的温度在挤压过程中逐渐升高，也可能会出现制品后端的晶粒较前端粗大的现象。

(3)合金相变的影响

挤压具有相变的合金时，由于温度的变化使合金有可能在相变温度下变形，造成组织不均匀。例如前面提到的 HPb59-1 铅黄铜，其相变温度为 720℃。在高于 720℃的温度下挤压时，其组织是单相的 β 组织。在挤压结束后的冷却过程中，温度降至相变温度时，从 β 相中均匀析出呈多面体的 α 相晶粒，制品组织比较均匀。但是，如果挤压过程中温度降低到 720℃以下时，挤压筒内未挤压坯料中析出的 α 相就会被挤压成长条状的带状组织。这种带状组织在以后的正常热处理温度(低于相变温度)下多数是不能消除的。β 相的常温塑性比 α 相的低，在冷加工过程中由于不同相组织的变形流动不均匀，在内部产生附加应力，易使制品产生裂纹。

3.1.2　挤压制品的层状组织

在挤压制品中,有时可观察到层状组织(也称为片状组织),如图 3-2 所示。其特征是折断后的制品断口呈现出与木质相似的形貌,分层的断口表面凹凸不平并带有裂纹,分层的方向与挤压制品轴向平行,继续进行塑性加工或热处理均无法消除这种层状组织。

图 3-2　QAl10-3-1.5 铝青铜挤压管的层状组织

层状组织对挤压制品的纵向力学性能影响不大,会使横向力学性能有所降低。例如,使用有层状组织的管材制作轴承后,它所能承受的内部压力比无此缺陷的轴承低 30% 左右。

层状组织的产生,主要是由于坯料组织不均匀,存在着大量的微小气孔、缩孔,或是在晶界上分布有未溶入固溶体的第二相质点或杂质等,在挤压时被拉长,从而呈现出层状组织。层状组织一般出现在制品的前端及中部,在尾部很少出现,这是由于挤压后期金属变形过程中的横向流动加剧,破坏了杂质薄膜的完整性,使层状组织变得不明显。

在铝合金中最容易出现层状组织的是 6A02、2A50 等锻铝合金。在铜合金中最易出现层状组织的是含铝的青铜(如 QAl10-3-1.5、QAl10-4-4)和含铅的黄铜(如 HPb59-1)等。防止层状组织出现的主要措施是,改善坯料的铸造组织,减少柱状晶区,扩大等轴晶区,同时使晶间杂质分散或减少。例如,使 6A02 合金中 Mn 的含量(质量分数)超过 0.18% 时,层状组织即可消失。

3.1.3　挤压制品的粗晶环

许多合金(特别是铝合金)的热挤压制品,在经过热处理后的制品断面上,经常会出现一些粗大晶粒组织,其尺寸超过原始晶粒尺寸的(10～100)倍,比临界变形后热处理所形成的再结晶晶粒大得多。这种粗大晶粒在制品中的分布通常是不均匀的,多数情况下呈环状分布在制品断面的周边上,被称之为粗晶环,如图 3-3 所示。

1. 粗晶环的分布规律

从图 3-3 中可以看出,粗晶环在棒材、厚壁管材和型材中都可能出现。一般情况下,单孔模挤压的圆棒材和厚壁管材中,粗晶环均匀地分布在制品截面的周边上;单孔模挤压的异形棒材、管材和型材中,粗晶环在制品截面上的分布是不均匀的,在制品有棱角或转角部位,粗晶环深度较大,晶粒较粗大。

图 3-3a 所示为在 50MN 挤压机的 ϕ420mm 挤压筒上,正向挤压 2A50 合金 ϕ120mm 棒材经淬火后,从尾端切去 300mm,其 1/6 截面上的粗晶环照片。粗晶环的深度达 26mm,粗晶晶粒为 7.5 级。

图 3-3b 所示为正向挤压厚壁管材淬火后尾端截面的粗晶环照片。其分布规律与正向挤压棒材完全一致。

图 3-3c 所示为正向挤压空心型材淬火后尾端截面的粗晶环照片。在其角部粗晶环深度较大。

图 3-3d 所示为正向挤压实心型材淬火后尾端截面的粗晶环照片。在其角部和转角区的粗晶环深度较大；在型材厚度较薄的部位，整个截面上的晶粒都比较粗大。

图 3-3e 所示为正向挤压六角棒材淬火后尾端截面的粗晶环照片。在其角部粗晶环深度较大。

图 3-3f 所示为正向挤压四筋管淬火后尾端截面的粗晶环照片。在其筋条部位粗晶环深度较大。

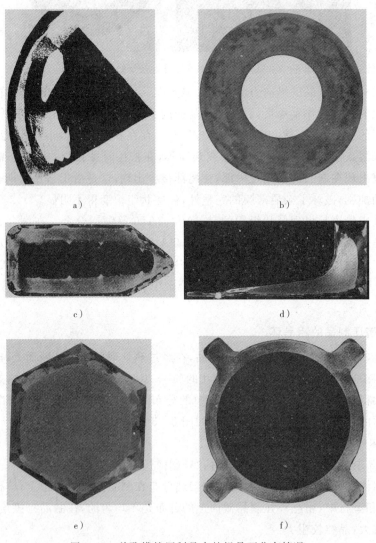

a)　　　　　　　　　　　b)

c)　　　　　　　　　　　d)

e)　　　　　　　　　　　f)

图 3-3　单孔模挤压制品中的粗晶环分布情况

多孔模挤压的圆棒材中，粗晶环呈月牙状分布在靠向模子边缘一边棒材断面的周边上，如图 3-4a 所示。若模孔的数目少，则月牙形粗晶环长；若模孔的数目多，则月牙形粗晶环短。

以上所描述的是挤压制品断面上的粗晶环沿径向的分布情况。沿挤压制品长度方向上的粗晶环的分布规律是头部深度浅(或者没有),尾部深,严重的时候,制品尾端的粗晶区可能扩展到整个断面。如图 3-4 所示,7A04 铝合金多孔模挤压 ϕ60mm 棒材,经淬火人工时效后棒材的头尾端组织。从图中可以看出,棒材前端晶粒细小均匀,没有粗晶环;尾端有明显的呈月牙状分布的粗晶环。

a)　　　　　　　　　　　　b)

图 3-4　7A04 合金 T6 状态 ϕ60mm 多孔模挤压棒材的粗晶环

a)制品尾端;b)制品前端

2. 粗晶环的形成机制

根据粗晶环的分布规律可以看出,粗晶环产生的部位常常是金属材料承受了较大附加剪切变形,晶格歪扭、晶粒破碎比较严重的部位。

根据粗晶环出现的时间不同,可将其分为两类。第一类是在挤压过程中已经形成粗晶环,第二类是在挤压后的热处理过程中形成的。对于再结晶温度比较低的纯铝及铝镁系合金,在挤压温度下易发生完全再结晶,从而易形成第一类粗晶环。正如前面所分析,外层金属在进入变形区前由于受到挤压筒壁的摩擦作用产生了附加剪切变形;进入变形区后,外层金属进入到剧烈滑移区,发生强烈的剪切变形,导致晶格畸变、晶粒破碎程度严重,使该部位金属处于能量较高的热力学不稳定状态,降低了该部位金属的再结晶温度,在挤压温度下易发生再结晶并长大,形成粗晶组织。有的研究者指出,制品周边层的完全再结晶温度比中心部位的要低 35℃ 左右。在纵向上,外层金属与挤压筒壁摩擦作用的时间长短不同,前端作用的时间短,后端作用的时间长。作用时间越长的部分,外层的附加剪切变形越强烈,并向内部逐渐扩展,甚至可能深入到坯料中心,即金属的不均匀变形从制品的头部向尾部逐渐增大。正是由于挤压不均匀变形程度是从制品的头部到尾部逐渐增大的,故粗晶环的深度也是由头部到尾部逐渐增加的。

由于挤压时的不均匀变形是绝对的,所以任何一种挤压制品均有出现第一类粗晶环的倾向,只是由于有些合金的再结晶温度比较高,在挤压温度下不易产生再结晶和晶粒长大(如铝锰系的 3A21 防锈铝合金),或者挤压流动相对较为均匀,不足以使外层金属的再结晶温度明显降低,而不容易出现粗晶环。

如果挤压温度较低、变形程度较小,在制品的尾部仅仅只发生了再结晶而没有出现晶粒长大现象,则尾端的晶粒尺寸比头部细小,且不会出现粗晶环。图 3-5 所示为正向挤压1060 合金 ϕ90mm 棒材头端、尾端的宏观组织照片。制品头部边缘为细晶粒区域,深约10mm,中间及中心部位晶粒粗大,仍保持铸态组织轮廓;尾部为再结晶组织,晶粒细小。

图 3-5　1060 合金热挤压棒材的宏观组织

a)制品头端；b)制品尾端

对于再结晶温度比较高的硬铝（如 2A11、2A12、2A02 等）、超硬铝（如 7A04、7A09 等）以及锻铝合金（如 6A02、2A50、2A14 等），在挤压温度下一般不会发生再结晶（或部分开始再结晶），只有在随后进行的热处理过程中才能够发生完全再结晶。这些合金挤压制品在淬火后常常出现较为严重的粗晶环组织，形成第二类粗晶环。这类粗晶环的形成原因除了与不均匀变形有关外，还与合金中含有一定量的 Mn、Cr 等过渡族元素及其不均匀分布有关。由于 Mn、Cr 等过渡族元素本身的自扩散系数低，固溶于铝合金中将降低固溶体的扩散系数，增加了扩散的激活能，导致再结晶温度提高。合金中的第二相质点，如化合物 $MnAl_6$、$CrAl_7$ 等以弥散质点状态析出并聚集在晶界上，可阻碍再结晶晶粒的长大。挤压时，由于外摩擦（挤压筒壁、死区边界及模孔工作带与变形金属之间）的作用以及金属流径路线相对较长，外层金属的流动滞后于中心部分，使外层金属内呈现出很大的应力梯度和拉附应力状态，促进了 Mn 的析出，使固溶体的再结晶温度降低，产生一次再结晶，但因第二相由晶内析出后呈弥散质点状态分布在晶界上，阻碍了晶粒的聚集长大。因此，在挤压后的制品外层呈现出细晶组织。在淬火加热时，由于温度高，析出的第二相质点又重新溶解，使阻碍晶粒长大的作用消失，在这种情况下，一次再结晶的一些晶粒开始吞并周围的晶粒迅速长大，发生二次再结晶，形成粗晶组织，即粗晶环。而在制品的中心区，由于挤压时呈稳定的流动状态，金属变形较均匀，且受压附应力作用，不利于 Mn 的析出，其再结晶温度较高，不易形成粗晶组织。

3. 影响粗晶环的因素

(1)合金元素的影响

铝合金中 Mn、Cr、Ti、Zr 等元素的含量与分布状态对粗晶环的形成有明显影响。实验研究表明，当硬铝合金中 Mn 的含量（质量分数）为 0.2%～0.6% 时，出现粗晶环的深度最大；当继续增加 Mn 的含量，粗晶环减少以至完全消失。其主要原因正如前面所述，Mn 元素固溶于铝合金中能够提高其再结晶温度，而且随着 Mn 元素含量的增加，合金的再结晶温度提高。例如，含 0.56% Mn 的铝合金挤压制品中，在 500℃ 加热时出现粗晶环，而在含 1.38% Mn 的铝合金挤压制品中，在高达 560℃ 的加热温度下才出现粗晶环。这就是说，合金中含锰量的增加并不是完全避免了粗晶环的形成，而是提高了粗晶环的形成温度，在正常的淬火温度范围内不会出现粗晶环。这样，若合金的淬火加热温度保持不变，就可以通过增加锰元素含量来防止粗晶环形成。例如,当 2A12 合金中的锰含量提高到 0.8%~0.9% 时,就可以完全避免粗晶环的产生。

(2)坯料均匀化退火的影响

坯料均匀化退火对不同铝合金的影响是不一样的。铝合金坯料的均匀化退火温度一般为 470℃~510℃。在此温度范围内,6A02 一类合金中的 Mg_2Si 相将大量溶入基体金属,可以阻碍晶粒的长大;而对于 2A12 一类合金,却会促使其中的 $MnAl_6$ 相从基体中大量析出。这是由于在铸造过程中的冷却速度快,$MnAl_6$ 相来不及充分地从基体中析出,而在均匀化退火时,则有条件进一步充分地从基体中析出。在长时间的高温条件下,$MnAl_6$ 相弥散质点聚集长大。均匀化退火时锰以 $MnAl_6$ 相质点形态析出后,大大削弱了其对再结晶的抑制作用,而析出并聚集长大以后的 $MnAl_6$ 质点抑制再结晶的作用更弱,使再结晶温度降低,导致粗晶环深度增加。均匀化退火温度越高,保温时间越长,制品中的粗晶环越深。因此,对于 2A12 等硬铝合金挤压制品,根据产品的具体要求,可以考虑采用不均匀化处理的坯料。对于不含 Mn 的铝合金坯料,无论是否进行均匀化退火,挤压制品淬火后都存在粗晶环,均匀化对粗晶环的产生影响不大。

(3)挤压温度的影响

随着挤压温度升高,粗晶环的深度增加。这是由于挤压温度升高后,金属的变形抗力降低,变形的不均匀性增加,使得外层金属的结晶点阵经挤压变形后产生更大的畸变,降低了再结晶温度;同时,高温挤压也有利于第二相的析出与聚集,削弱了对晶粒长大的阻碍作用。因此,降低挤压温度,有利于减小粗晶环的深度。

(4)挤压筒加热温度的影响

当挤压筒的温度高于坯料的温度时,减少了坯料外层的冷却,使坯料内外层温度均匀,不均匀变形减小,从而可减小粗晶环的深度。例如,挤压 6A02、2A50、2A14 等铝合金时,采用此方法可使制品中的粗晶环深度明显减小。

(5)应力状态的影响

实验证明,合金中存在的拉应力将促使扩散速度增加,而压应力则能降低扩散速度。挤压时,由于金属的不均匀变形流动引起了沿横向上不均匀分布的轴向附加应力,中心部分是附加压应力,外层是附加拉应力。对于含 Mn 的铝合金,在压应力的地方,扩散不容易进行,Mn 的扩散速度慢;在拉应力的地方,扩散容易进行,Mn 的扩散速度快。其结果,外层金属中析出的 $MnAl_6$ 比中心部位的多,降低了对再结晶的抑制作用,使得外层金属更容易发生再结晶。

(6)淬火加热温度的影响

一般来说,淬火加热温度越高,粗晶环的深度越大。这是因为,加热温度高,将使铝合金中的 Mg_2Si、$CuAl_2$ 等能够阻碍晶粒长大的第二相弥散质点的溶解增加,使 $MnAl_6$ 弥散质点聚集长大,抑制再结晶的作用减弱,粗晶环深度增加。而适当地降低加热温度,则能够使粗晶环深度减小,甚至不出现粗晶环。但必须指出,在实际中,对于硬铝合金挤压制品,其淬火温度范围往往是很严格的。淬火温度过高,易造成过烧;降低淬火温度虽然能减小粗晶环的深度,但同时也会降低制品的抗拉强度。例如,对于 2A12 铝合金,其主要强化相是 S 相,其次是 $CuAl_2$ 相。当淬火温度低于 480℃,二元共晶中的 $CuAl_2$ 变化很小,三元共晶中的 S 相

和 $CuAl_2$ 都有明显的固溶,强度较低。当淬火温度达到 490℃ 时,除了三元共晶中的 S 相和 $CuAl_2$ 都有明显的固溶外,二元共晶中的 $CuAl_2$ 也开始固溶,强度升高。当淬火温度达到 502℃ 时,二元共晶中的 $CuAl_2$ 则有明显固溶,强度也明显升高。但是,当淬火温度达到 505℃ 时,合金中出现共晶球体和局部的晶界复熔现象(合金已经过烧)。因此,在生产条件下,对于 2A12 合金的淬火温度,通常控制为 495℃～500℃。

3.1.4 反向挤压制品的粗晶环、粗晶芯、纺锤体核组织

1. 反向挤压制品的粗晶环

在反向挤压制品中同样也会出现粗晶环,但与相同条件下的正向挤压相比较,粗晶环的深度较浅,粗晶区的晶粒尺寸较细小。这是因为,反向挤压时,虽然坯料外层与挤压筒之间没有相对运动,不会出现正向挤压时来自于筒壁上的摩擦而产生的附加剪切变形所造成的晶粒破碎和晶格畸变,但外层金属在进入模孔时会与位于模子端面处的死区金属发生摩擦而产生较轻微的剪切变形;反向挤压虽然没有正向挤压那样明显的剧烈变形区,但外层金属在进入模孔时的变形比正向挤压的剧烈。这些都导致了外层金属在一定程度上发生晶格畸变,晶粒产生破碎,在淬火加热时也会出现粗晶环。但由于反向挤压时的晶格畸变和晶粒破碎的程度远没有正向挤压的强烈,挤压制品淬火后产生的粗晶环的深度浅甚至不明显,粗晶区的晶粒尺寸较细小,与内层的差别不大。图 3-6 所示为在 50MN 挤压机的 $\phi420mm$ 挤压筒上,反向挤压 2A50 铝合金 $\phi120mm$ 棒材经淬火后,从尾端切去 300mm,其 1/6 截面上的粗晶环照片。与图 3-3a 所示的正向挤压相比较,可以看出,反向挤压棒材横截面边缘只有较轻微的粗晶环,深度较正向挤压的浅得多,晶粒尺寸也小得多。正向挤压的粗晶环深度达 26mm,晶粒度达到 7.5 级;而反向挤压的粗晶环深度小于 15mm,晶粒度仅为 3 级。

2. 反向挤压棒材的粗晶芯

从图 3-6 中还可以看出,在反向挤压棒材中心部位的低倍组织上,有一个特殊的粗晶区——粗晶芯,这是正向挤压所没有的组织特征。

如前所述,反向挤压时,由于在挤压筒内的坯料是整体向前推进,前面的从模孔流出而后面的没有发生变形,边部与中心基本上是同时流出模孔。在挤压后期,在中心金属补充困难的情况下,位于模孔侧面的金属,在向模孔流动过程中,与位于堵头前面的金属发生摩擦,并夹持着沿堵头表面径向流动的金属进入棒材尾部中心。这部分金属受表面摩擦作用,晶格歪扭、晶粒破碎较严重,在淬火后形成粗大晶粒(如 2A11 和 2A50 铝合金)。但是,如果这部分金属淬火时再结晶不充分,则可能形成细晶芯(如 7A04 铝合金)。反向挤压棒材的粗晶芯存在于制品的尾端部分,通过增大切尾长度可将其切除。

图 3-6 反向挤压 2A50 铝合金棒材的粗晶环和粗晶芯

3. 纺锤体核组织

对于单孔模反向挤压铝合金棒材,在切尾

300mm 的缩尾处或缩尾前端,存在一沿纵向分布的类似"纺锤体"的核状组织,如图 3 - 7a 所示。

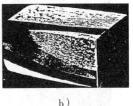

a)　　　　　　　　　　　　b)

图 3 - 7　2A50 铝合金反挤压棒材的纺锤体核组织
a)纺锤体核在棒材中位置;b)纺锤体核的低倍组织

形成纺锤形核组织的主要原因是在反向挤压过程快要结束时,正对着模孔中心并紧靠堵头的坯料金属,基本上未产生变形而被边部流动的金属夹持进入到制品中心所致。

纺锤体核组织的结构主要由残留的铸造组织和加工组织组成。纺锤体核组织在棒材纵向中心剖面上的形状不一,有的呈核桃形,有的呈枣核形。核周围的组织也不完全相同,有的是粗晶组织(如 2A50、2A11 铝合金),有的是细晶组织(如 7A04 铝合金),这与其淬火时的再结晶过程进行得是否充分有关。图 3 - 7b 所示为 2A50 铝合金 ϕ120mm 棒材 1/8 个纺锤体核立体低倍组织,核的中心部位为铸造组织,没有发生塑性变形;边部有加工组织,是由于边部金属流动过程中摩擦作用的结果。

3.1.5　挤压缩尾

在挤压快要结束时,挤压筒内剩余的坯料金属逐渐减少,金属开始发生径向流动及环流,将坯料表面的氧化物、润滑剂及污物、气泡、偏析榴、裂纹等缺陷带入制品内部,形成的具有一定规律的破坏制品组织连续性、致密性的缺陷,这种组织缺陷被称为挤压缩尾。挤压缩尾是挤压制品尾端最常见的一种组织缺陷,特别在挤压圆棒材中表现最为明显。

1. 挤压缩尾的形式

根据挤压缩尾在制品断面上的分布情况,可将其分为三种类型:中心缩尾、环形缩尾和皮下缩尾,如图 3-8 所示。

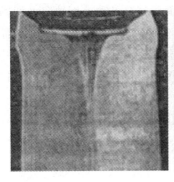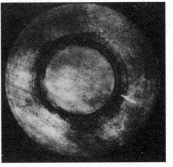

a)　　　　　　　　　　　　b)

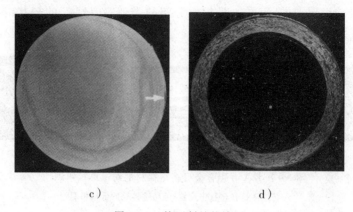

c）　　　　　　　　　　d）

图 3-8　挤压制品的缩尾

a)中心缩尾;b)环形缩尾;c)、d)皮下缩尾

2. 挤压缩尾的形成

挤压缩尾形成过程如图 3-9 所示。

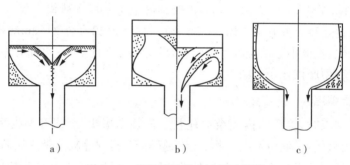

a）　　　　　　　　　b）　　　　　　　　　c）

图 3-9　挤压缩尾形成过程示意图

a)中心缩尾;b)环形缩尾;c)皮下缩尾

（1）中心缩尾

终了挤压阶段后期,筒内剩余的坯料高度较小,整个挤压筒内的剩余金属处于紊流状态（径向流动和环流）,且随着坯料高度的不断减小,金属径向流动速度不断增加,以用来补充坯料中心部位金属的短缺。于是,位于坯料表面层带有各种表面缺陷及污物的金属,发生环流向后流动进入坯料尾端并沿挤压垫前端向坯料中心流动,坯料后端表面的氧化物、污物等,也集聚到中心部位,并进入制品内部,从而形成了中心缩尾。而且随着挤压过程的进一步进行,径向流动的金属无法满足中心部位的短缺,于是在制品中心部位出现了漏斗状的空缺,即中空缩尾。

对于挤压管材来说,坯料的中心部位有穿孔针存在,所以这部分金属不可能流入到制品的中心部位形成中心缩尾;但在多数情况下,会流到穿孔针表面附近,出现在管材的内表面层,因此通常也称为内成层。

（2）环形缩尾

挤压过程中,坯料表面层带有氧化物、偏析物、各种表面缺陷及污物的金属,由于受到挤压筒壁的摩擦作用,其流动滞后于皮下金属,被随后到来的挤压垫向前推进而堆积在挤压垫与挤压筒的角落部位。随着挤压过程进行,堆积在这个角落部位中带有各种缺陷和污物的金属会越来越多。到了挤压过程末期,当中间部位金属供应不足,边部金属开始发生径向流动时,这部分金属将沿着挤压垫前端的后端难变形区的边界流入制品中,由于这部分金属还没有流到坯料中心部位就从模孔中流出进入到制品中,于是就形成了环形状的缩尾。

挤压管壁尺寸比较大的厚壁管时,也会出现环形缩尾。

(3)皮下缩尾

皮下缩尾也称外成层。在挤压过程中,当死区与塑性流动区界面因剧烈滑移使金属受到很大剪切变形而断裂时,表面层带有氧化物、偏析物、各种表面缺陷及污物的金属,会沿着断裂面流出。与此同时,由于挤压末期死区金属也逐渐流出模孔包覆在制品的表面上,从而形成了皮下缩尾。如果死区金属流出较少,不能完全将这些带有各种缺陷和污物的金属包覆住,则形成起皮。

3. 减少挤压缩尾的措施

挤压缩尾的实质是坯料表面上的氧化膜、偏析瘤及其他铸造缺陷和污物等进入到制品中所造成。因此,只要在挤压前除去了坯料表面上的这些缺陷和污物,或者在挤压后期不使其从模孔流出,均能防止产生挤压缩尾。

(1)对坯料表面进行机械加工——车皮。先将铸造坯料在车床上车去一定厚度(一般为3～5mm)的表皮,除去坯料表面的氧化膜、偏析瘤及其他铸造缺陷后再进行挤压,对于减少挤压缩尾具有重要的作用。车皮分为冷车皮和热车皮。冷车皮是在常温下进行加工作业,可提前将坯料加工好放在库房中等待使用。热车皮是将加热好的坯料,经过位于挤压生产线上的高速自动车床车去表皮后再进行挤压。

(2)热剥皮。将加热好的坯料,在剥皮机上剥除厚度为3～5mm的表皮,然后再进行挤压。

(3)采用脱皮挤压。如图3-10所示,在铜合金棒材挤压生产中,先用一个直径较小的挤压垫进行挤压生产;在挤压过程中,由于坯料表层金属与挤压筒发生黏结不能正常流动,在挤压垫作用下,皮下金属正常流动,发生剪切变形;挤压后,在挤压筒壁上留下一个完整的金属套,坯料表面层带有各种氧化物、偏析瘤、其他表面缺陷及污物的金属被留在了这个金属套内,从而可防止挤压缩尾的产生。挤压结束后,用一个直径相对较大的清理垫将留在筒内的金属套清理出去。

(4)进行不完全挤压——留压余。在挤压后期,当这些带有各种缺陷和污物的金属快要流出模孔时,停止挤压,留在压余中被切除。

(5)保持挤压垫工作面的清洁,减少坯料尾部径向流动的可能性。

3.1.6 反向挤压制品的挤压缩尾

同正向挤压一样,反向挤压时也会出现挤压缩尾。但是,由于反向挤压时金属的变形集中在模孔附近,并不波及整个坯料,也就是说,变形区是恒定的且随着挤压的进行由坯料的前端逐渐向后端推移,前端的金属流出模孔,滞后的金属却没有发生挤压变形。这种流动特征,不可能将边部带有氧化膜、偏析瘤及其他表面缺陷和污物的金属带进制品中,也就不会形成环形缩尾,但反向挤压同样会出现中心缩尾和皮下缩尾。

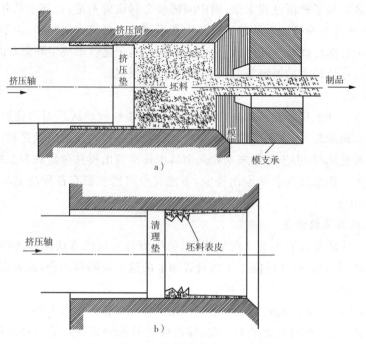

图 3-10　铜合金棒材脱皮挤压示意图
a)挤压;b)清除脱皮

1. 反向挤压制品的中心缩尾

反向挤压的中心缩尾的形成机制与正向挤压是不相同的。反向挤压快要结束时,当位于堵头前端的一小部分未变形坯料被边部流动金属夹持进入制品中形成纺锤体核后,中心部位无金属供应,周围残留的金属进入模孔,形成漏斗状的中心缩尾,如图 3-11 所示。由于这个缩尾中没有金属,通常被称为中空缩尾。

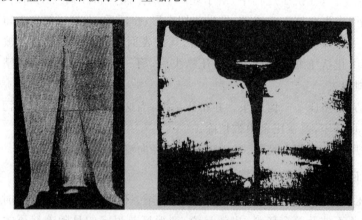

图 3-11　铝合金反向挤压棒材的中空缩尾

2. 反向挤压制品的皮下缩尾

对于反向挤压来说,由于死区很小,对于坯料表层带有的氧化膜、偏析瘤及其他缺陷和污物的阻挡作用很小,它们几乎会全部进入制品的表面层。因此,即使在稳定的挤压阶段也有可能形成明显的皮下缩尾。

3.2 挤压制品的力学性能特征

3.2.1 挤压制品力学性能的不均匀性

挤压制品组织的不均匀性,必然引起制品内部力学性能的不均匀性。一般来说,对于未经热处理的实心挤压制品,其外层和后端的强度(σ_b、$\sigma_{0.2}$)较高,中心部位和前端的强度较低,如图 3-12 所示;而伸长率($\delta\%$)的变化则相反。对于铝合金来说,强度较高的硬铝合金制品的力学性能分布如上所述,但对于挤压纯铝和软铝合金来说,由于挤压温度较低,挤压速度较快,挤压过程中的温升有可能使得制品的力学性能出现与上述相反的情况。

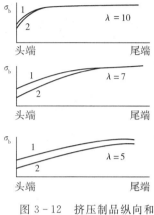

图 3-12 挤压制品纵向和
横向上的强度变化
1—外层;2—内层

挤压制品力学性能的这种不均匀性与挤压变形程度大小有关。当挤压比较小时,制品外层与中心部位的力学性能差异较大,不均匀性较为严重;当挤压比较大时,由于变形的深入,这种不均匀性逐渐减小;当挤压比很大时,内部与外层的力学性能基本一致。对于空心的厚壁管材,其断面上的机械性能分布与挤压棒材原则上是一样的;但当管材的壁厚尺寸较薄时,由于工具摩擦作用以及较大的变形程度,会使断面上的性能趋于均匀。挤压镁合金棒材的实验结果显示(如图 3-13 所示),当变形程度 $\varepsilon \leqslant 20\%$ 时,变形量很小,制品内部与外层的力学性能基本相同,差异很小;当 $\varepsilon > 20\%$ 以后,随着变形程度增加,力学性能差异逐渐增大;当 $\varepsilon > 60\%$ 以后,力学性能的差异逐渐减小;当 $\varepsilon > 90\%$ 以后,制品内部与外层力学性能的差异基本消失。虽然变形程度不大于 20% 和大于 90% 时制品内部与外层的力学性能差异都很小,但变形程度小于 20% 时制品的力学性能太低,不能使用。因此,在实际生产中为了保证制品的性能,一般要求变形程度大于 90%(挤压比大于 10)。

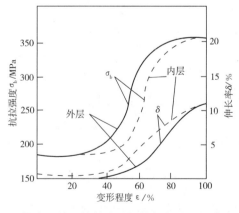

图 3-13 镁合金挤压棒材力学性能与变形量的关系

对于反向挤压制品,由于制品组织比较均匀,制品内部与外层力学性能的不均匀性明显减小。表 3-1 所示为部分铝合金反向挤压制品纵向上不同部位的力学性能。

表 3-1　铝合金反向挤压制品纵向不同部位的力学性能

合金牌号	制品规格 /mm	取样部位	力学性能		
			σ_b/MPa	$\sigma_{0.2}$/MPa	δ/%
7A04	ϕ110	头部	631	594	9.5
		中部	636	600	10.8
		尾部	639	601	10.3
2A12	ϕ105	头部	533	391	16.6
		中部	549	398	19.0
		尾部	545	395	18.2
2A11	ϕ110	头部	467	303	17.5
		中部	493	323	19.1
		尾部	478	311	21.0
2A50	ϕ120	头部	441	313	17.4
		中部	453	323	18.8
		尾部	450	316	17.0
5A02	ϕ77×3.5	头部	171		22.5
		中部	178		21.8
		尾部	178		22.3
5A02	ϕ70×5	头部	175		24.4
		中部	179		23.1
		尾部	177		24.0
2A12	ϕ70×5	头部	504	336	19.3
		中部	529	352	18.9
		尾部	521	345	19.3
2A11	ϕ70×5	头部	474	303	20.1
		中部	483	316	19.6
		尾部	472	310	19.5

　　挤压制品的力学性能不均匀还表现在制品纵向性能和横向性能的差异上,即存在着各向异性。一般来说,挤压制品纵向上的强度、伸长率和冲击韧性值都相对较高。这主要是由于挤压时的主变形图是两向压缩一向延伸变形,使得金属纤维都朝着挤压方向取向;同时,

存在于晶间界面上的金属化合物、杂质等也沿挤压方向排列,从而使挤压制品内部组织呈现出具有取向性的纤维组织,对提高纵向力学性能具有重要作用。表 3 - 2 所示为 7055 - T77511、7150 - T76511 和 7150 - T77511 铝合金 25.4mm 挤压件各方向上的力学性能。

表 3 - 2　铝合金挤压制品各方向上的力学性能

合金状态		7055 - T77511	7150 - T76511	7150 - T77511
抗拉强度 /MPa	纵向	661	675	648
	横向	620	606	599
拉伸屈服强度 /MPa	纵向	641	634	613
	横向	606	558	572
压缩屈服强度 /MPa	纵向	655	634	634
	横向	655	606	613
伸长率 /%	纵向	10	12	12
	横向	10	11	8
平面应力 K_{IC}	纵-横向	33	31.9	29.7
	横-高向	27.5	25.3	24.2

挤压制品中出现粗晶环这一组织缺陷,也将导致力学性能降低。通常情况下,对于铝合金挤压制品,其粗晶区的室温抗拉强度比细晶区的低 20%～30%。表 3 - 3 所示为几种铝合金挤压制品中粗晶区和细晶区的力学性能。

挤压制品中的粗晶环不仅影响制品的力学性能,在淬火时易沿着粗细晶粒的界面处产生应力裂纹;以挤压件作为坯料在锻造时易产生表面裂纹。因此,为保证挤压制品的质量,对粗晶环的深度必须加以限制,并设法减少或消除粗晶环。

表 3 - 3　铝合金挤压制品不同区域的力学性能

合金牌号	抗拉强度/MPa		屈服强度/MPa		伸长率/%	
	粗晶区	细晶区	粗晶区	细晶区	粗晶区	细晶区
6A02	241.5	361.5	170.5	293	25.6	16.8
2A14	345.2	497.8	240	337	31.2	14.5
2A11	407.5	500	256.5	328	24.2	18.3
2A12	444	545	332.5	411	26.4	14.7
7A04	400	559	301	415	21.3	11.8

3.2.2　挤压效应

某些铝合金挤压制品与其他加工方法(如轧制、锻造等)得到的制品,经过相同的热处理(淬火与时效)后,发现前者纵向上的抗拉强度比后者的高,而伸长率比后者的低,通常将这种现象称为"挤压效应"。表3-4所示为几种铝合金采用不同方法热加工后,采用相同的热处理制度进行淬火时效后的抗拉强度。

表3-4 几种不同方法加工的铝合金制品淬火后的抗拉强度(单位:MPa)

合金牌号	6A02	2A14	2A11	2A12	7A04
轧制板材	312	540	433	463	497
锻　件	367	612	509		470
挤压棒材	452	664	536	574	519

1. 挤压效应的产生原因

研究发现,凡是含有过渡族元素 Mn、Cr、Ti、Zr 等元素的热处理可强化铝合金,都会产生挤压效应,如 2A11、2A12、6A02、2A50、2A14、7A04、7A09 等牌号的铝合金。而且,这些铝合金的挤压效应只有用铸造坯料挤压时才十分明显。

产生挤压效应的原因,一般认为有以下两个方面:

(1)变形与织构

挤压时,变形金属处于强烈的三向压应力状态和二向压缩一向延伸的变形状态,变形区内的金属流动平稳。挤压制品的晶粒沿轴向延伸被拉长,形成了较强的[111]织构,即制品内大多数晶粒的[111]晶向和挤压方向趋于一致。对于面心立方晶格的铝合金制品来说,[111]晶向是其强度最高的方向,从而使得制品的纵向强度提高。

(2)合金元素

由于铝合金中存在着能够抑制再结晶的 Mn、Cr 等过渡族元素,使得挤压制品在热处理后其内部仍保留着未发生再结晶的变形组织,这是其强度增加的本质。这是因为,合金中 Mn、Cr 等元素与铝组成的二元系状态图,具有结晶温度范围窄和在高温下固溶体中的溶解度小的特点。在铸造过程中,所形成的过饱和固溶体在结晶过程中分解出含锰、铬的金属间化合物 $MnAl_6$、$CrAl_7$ 弥散质点,并分布在固溶体内树枝状晶的周围构成网状膜。由于挤压过程中变形区内金属流动平稳,这个网状膜不破坏,只是沿挤压方向被拉长;又因为过渡族元素 Mn、Cr 在铝中的扩散系数很低,且 Mn 在固溶体内也妨碍金属自扩散的进行,从而阻碍了合金再结晶过程的进行,使金属的再结晶温度提高。制品在淬火加热过程中不易发生再结晶,甚至不发生再结晶,在热处理后的制品中仍保留着变形组织。

需要指出的是,具有挤压效应的铝合金挤压制品经淬火后,其制品的周边部位往往会出现粗晶环,使其力学性能降低而削弱甚至抵消挤压效应,但中心部位则充分显示出挤压效应的特征。

在大多数情况下,铝合金的挤压效应是有益的,它可以保证构件有较高的强度,从而节省材料消耗,减轻构件重量。但对于要求各个方向力学性能均匀的构件(如飞机的大梁型材、变断面型材的大头部位等),则希望挤压效应不太明显或不希望有挤压效应。

2. 影响挤压效应的因素

(1)其他添加元素的影响

除了过渡族元素以外,合金中的其他杂质元素也会对挤压效应产生一定程度的影响。

在 Al-Zn-Mg 和 Al-Zn-Mg-Cu 系合金中,如果提高杂质 Fe、Si 的含量,会形成粗大的不固溶的 $Al_9(FeMn)$ 和 Mg_2Si 相,降低了对再结晶的抑制作用,使挤压效应减弱。

(2)坯料均匀化退火的影响

对坯料进行充分的均匀化退火处理,可削弱或消除挤压效应。这是因为,在长时间的高温均匀化退火过程中,影响再结晶的化合物将被溶解,包围枝晶的网状膜组织消失,对再结晶的抑制作用减弱。均匀化退火温度越高,保温时间越长,冷却速度越慢,挤压效应的损失就越大。

(3)挤压温度的影响

挤压温度的影响主要取决于合金中的含 Mn 量。这是因为,合金中 Mn 的含量直接影响到淬火前加热过程中制品的组织能否发生再结晶和再结晶进行的程度。

对于含 Mn 量很少的 6A02 铝合金挤压制品,由于在淬火前的加热过程中能充分发生再结晶,故挤压温度对其性能的影响不大。

对于含 Mn 量超过 0.8% 的硬铝合金挤压制品,由于合金中的含 Mn 量高,对再结晶的抑制作用明显,提高了合金的再结晶温度,在淬火前的加热过程中不易发生再结晶,故挤压温度对其性能的影响也不大。

对于含 Mn 量中等(含 0.3%~0.6%Mn)的硬铝和 6A02 铝合金,挤压温度对制品挤压效应有明显的影响,在不同的挤压温度下获得的挤压效应的程度不同。在含 Mn 量一定的情况下,挤压温度越高,挤压效应越明显。这是因为,挤压温度低时,会使金属产生冷作硬化,使晶粒破碎和在淬火前加热过程中 Al-Mn 固溶体分解加剧,易产生再结晶,其结果使挤压效应消失或减弱。挤压温度越高,发生再结晶的程度就会越小,挤压效应就会越显著。表3-5所示为含 Mn 量分别为 0.4%、0.46% 的 2A12 合金制品不同挤压温度下的力学性能。

表 3-5　2A12 合金 T4 状态制品不同挤压温度下的力学性能

Mn 元素含量/%	挤压温度/℃	抗拉强度/MPa	屈服强度/MPa	伸长率/%
0.4	380	460	295	22
	490	580	410	14
0.46	370	452	335	17
	400	540	399	15.3

(4)变形程度的影响

变形程度对硬铝合金挤压效应的影响也与合金中的含 Mn 量有关。当 2A12 铝合金中不含 Mn 或含少量 Mn(0.1%Mn)(严格来说这时已不能称为是 2A12 合金)时,增大挤压变形程度,会使合金的挤压效应减弱,制品的强度降低。这是因为,随着挤压变形程度增大,使得制品组织的晶格歪扭和晶粒破碎的程度加剧,使其处于能量较高的热力学不稳定状态,降低了合金的再结晶温度,在淬火加热过程中易发生再结晶;而合金中又不含或只含少量抗再结晶的 Mn 元素,使得再结晶过程更容易发生,从而使挤压效应减弱甚至消失。表 3-6 所示为不含 Mn 的硬铝合金 T4 状态挤压制品当变形量分别为 72.5%、95.5% 时的力学性能。

表 3-6　不含 Mn 的硬铝合金 T4 状态挤压制品不同变形量的力学性能

挤压变形量/%	抗拉强度/MPa	屈服强度/MPa	伸长率/%
72.5	460	314	14
95.5	414	260	21.4

当硬铝合金中的含 Mn 量为 0.36%～1.0% 时,随着含 Mn 量的提高,变形程度越大,挤压效应越显著。据实验,对于含 0.36% Mn 的 2A12 铝合金,当变形量 $\varepsilon=72.5\%$ 时,其强度低;当 $\varepsilon=83.5\%$ 时,强度中等;当 $\varepsilon=95.5\%$ 时,强度高。与合金中不含或含少量 Mn 时呈现出相反的情况。这是因为,对于含 Mn 量中等的硬铝合金,经过高温均匀化退火的坯料,合金中的锰以 $MnAl_6$ 相质点形态析出并聚集长大,削弱了对再结晶的抑制作用。在挤压过程中,在均匀化过程中聚集长大了的 $MnAl_6$ 相质点又发生破碎并弥散分布到基体中去,对再结晶过程的发生起到了阻碍作用。挤压时的变形程度越大,第二相质点的破碎越严重,分布更加弥散,对再结晶的阻碍作用越大,挤压效应也就越显著。

变形程度对不同含 Mn 量的 7A04 铝合金挤压效应的影响也与 2A12 铝合金相似。

（5）二次挤压的影响

二次挤压是指用大吨位挤压机提供的挤压坯料在小吨位挤压机上再挤压较小规格制品的挤压生产方式。二次挤压工艺在生产小规格铝合金管材、棒材、型材时经常被采用。采用二次挤压,合金的挤压效应将减弱甚至全部消失。根据 X 光分析结果,二次挤压引起合金在一定程度上发生了再结晶,是造成挤压效应减弱或消失的主要原因。

（6）淬火温度与保温时间的影响

产生挤压效应的实质是在淬火后的制品中仍保留有未发生再结晶的变形组织。淬火时的加热温度越高,保温时间越长,越容易发生完全再结晶,挤压效应损失越大甚至完全消失。

3. 挤压效应的实际应用

挤压效应在实际生产中具有一定的应用价值:

（1）为了得到具有较高纵向强度（σ_b、$\sigma_{0.2}$）的铝合金挤压制品,希望挤压效应显著一些。为此,可采用较高温度进行挤压,这是最简便的方法。除此之外,可考虑适当提高合金中过渡族元素和主要合金元素的含量,或采用不进行均匀化退火的坯料。

（2）对于要求横向性能的大断面型材,则应适当减小挤压效应。一般可对坯料进行长时间均匀化退火;采用较低的挤压温度;增大填充时的横向变形量;延长淬火保温时间等。

（3）对于机械性能要求不高的制品、退火状态交货的制品、冷加工用坯料等,不需要考虑对挤压效应的影响,宜采用低温挤压,以获得易于在退火时完全再结晶的组织,并可以提高挤压速度。

思 考 题

1. 挤压制品组织不均匀性的特征是什么?

2. 造成挤压制品组织不均匀（纵向、横向）的主要原因是什么?

3. 在实际生产中,采用哪些方法可以减小挤压制品组织的不均匀性?

4. 什么是挤压制品的粗晶环？粗晶环在制品断面（横向、纵向）上的分布规律、特点是什么？

5. 粗晶环的形成机制是什么？

6. 影响粗晶环的主要因素有哪些？各自是如何影响的？

7. 粗晶环对挤压制品力学性能有何影响？

8. 在实际生产中，如何减小粗晶环的深度？

9. 何为挤压制品的层状组织？层状组织产生的主要原因是什么？

10. 层状组织对挤压制品的力学性能有何影响？如何防止产生层状组织？

11. 反向挤压制品粗晶环的特征是什么？

12. 何为反向挤压棒材的粗晶芯？它是如何产生的？

13. 何为反向挤压棒材的纺锤体核组织？它是如何产生的？其组织结构、形状有何特征？

14. 什么是挤压缩尾？其形式有哪几种？

15. 正向挤压棒材时的挤压缩尾有哪几种形式？各是如何产生的？

16. 用穿孔针方式挤压厚壁管材时，主要出现哪几种形式的挤压缩尾？是如何产生的？

17. 根据挤压缩尾的产生原因，试说明不同形式挤压缩尾产生的先后顺序。

18. 影响挤压缩尾的因素有哪些？

19. 减少挤压缩尾的主要措施有哪些？

20. 通常为什么不能润滑挤压垫？

21. 反向挤压的缩尾形式有哪几种？与正向挤压缩尾有何不同？为什么？

22. 挤压制品性能不均匀的特点表现在什么地方（纵向、横向）？

23. 造成挤压制品性能不均匀的主要原因是什么？

24. 什么是挤压效应？产生挤压效应的原因是什么？产生挤压效应的本质是什么？

25. 影响挤压效应的主要因素有哪些，各自都是如何影响的？

26. 联系实际，谈谈你对挤压效应在实际应用中的看法。

第4章 挤压力计算

通过挤压轴及挤压垫作用在金属坯料上并使金属从模孔中流出所需要的外力(P)，称为挤压力。单位挤压垫面积上的挤压力称为单位挤压力(p)。

$$p = \frac{P}{F_t} \tag{4-1}$$

式中：F_t——挤压垫端面面积，即挤压筒面积或挤压筒与穿孔针之间的环形面积。

在挤压过程中，随着挤压轴的移动，挤压力是变化的。对于正向挤压，一般在填充挤压阶段结束，金属开始从模孔中流出时挤压力达到最大值，在基本挤压阶段结束时达到最小值。

4.1 挤压时的受力状况

图4-1所示为正向挤压管材时挤压筒内变形金属的受力状况。变形金属所受的力包括挤压筒、模子锥面（或死区界面）、模孔工作带和穿孔针作用在金属上的正压力和摩擦力，以及挤压轴通过挤压垫作用在金属上的挤压力。在一定的条件下，挤压垫与金属接触面上也会出现摩擦力。

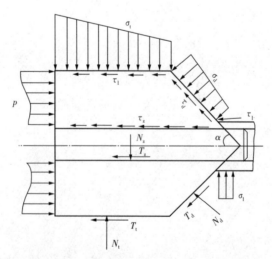

图4-1 正向挤压管材基本挤压阶段金属受力情况

对于不同的挤压生产方式，变形金属的受力状况是不一样的。反向挤压时，坯料与挤压筒壁之间无相对运动，故挤压筒壁与金属之间的摩擦力 T_t 为零。有效摩擦挤压时，挤压筒沿金属流出方向以稍快于挤压轴的速度运动,筒壁与金属之间的摩擦力的方向与图 4-1 中所示的方向相反,成为挤压力的一部分。随动针方式挤压管材时,穿孔针与金属之间的摩擦力 T_z 只出现在针的运动速度与金属流动速度不一致的部位。挤压型棒材时,没有穿孔针的作用,但挤压型材时模孔工作带的摩擦力比挤压管材和棒材的大。用分流模挤压空心型材时,变形金属从进入分流孔到从模孔流出过程中发生了二次变形,则挤压力是由两部分构成的,进入分流孔的一次变形所需要的力和从模孔中流出的二次变形所需要的力。

在不同的挤压条件下,接触表面的应力分布及大小是变化的,且不一定按线性规律变化。通过挤压垫作用在变形金属上的挤压应力沿径向的分布规律是:靠向挤压筒壁的边部最大;靠近穿孔针的内层次之;中间部位最小。这是因为,中间部位的金属正对着模孔,所需要的挤压相对边部的较小;与中间部位的相比较,虽然与穿孔针接触的内表面层金属更靠近中心,但其流动还要受到穿孔针的摩擦作用,故所需要的挤压力相对较大。挤压棒材时,由于没有穿孔针,则中心部位的挤压应力最小。挤压应力沿纵向的分布规律是:靠近挤压垫的入口方向最大;靠近挤压模的出口方向最小,如果没有反压力作用,在模孔定径带出口处为零。这是因为,如果不考虑挤压过程中的加工硬化或软化对金属变形抗力的影响,则使金属产生塑性变形所需要的力是不变的,距离模孔方向越近,需要克服的外摩擦阻力越小。

在一般情况下,全挤压力 P 主要由以下各分力组成:

$$P = R_塑 + T_锥 + T_筒 + T_针 + T_定 + T_垫 + Q + I \tag{4-2}$$

式中:$R_塑$——用以使金属产生塑性变形所必需的挤压力,即基本变形力;

$T_锥$——用以克服变形区压缩锥侧表面上的摩擦力所需要的挤压力;

$T_筒$——用以克服挤压筒壁上的摩擦力所需要的挤压力,对于反向挤压过程,此分力为零;

$T_针$——用以克服穿孔针侧表面摩擦力所需要的挤压力,挤压型棒材时此分力为零;

$T_定$——用以克服模孔工作带上的摩擦力所需要的挤压力;

$T_垫$——用以平衡金属与挤压垫接触表面上所产生的摩擦力;

Q——用以平衡作用在制品上的反压力或牵引力;

I——用以平衡挤压速度变化所引起的惯性力。

在一般的挤压过程中,挤压垫对金属流动所产生的摩擦,只是在终了挤压阶段,当位于挤压垫前端面上的后端难变形区金属进入塑性变形区压缩锥后,后端难变形区金属开始沿挤压垫端面流动时才起作用。牵引力一般是在金属从模孔流出一段后作用在制品上,主要作用是防止制品偏离出料台并可起到减少其弯曲和扭拧的作用,牵引力大小一般只有 1.5~2.5kN,远远小于挤压力。在正常挤压过程中,对于给定合金、规格、形状的制品来说,在挤压温度一定的情况下,其挤压速度的变化是比较平稳且变化不大,所引起的惯性力是比较小的。因此,在挤压过程中,上式中的后三项力可以忽略不计。于是,挤压力的组成可简化为

$$P = R_塑 + T_锥 + T_筒 + T_针 + T_定 \tag{4-3}$$

4.2　影响挤压力的主要因素

4.2.1　金属变形抗力的影响

挤压力大小与金属的变形抗力成正比。但是,如果坯料的成分不均匀或坯料加热温度的分布不均匀,以及受变形过程中热效应的影响,金属的变形抗力往往也不均匀,因此,实际中往往不能保持严格的线性关系。

4.2.2　坯料状态的影响

挤压力大小与坯料的状态有关。坯料内部组织性能均匀时,所需要的挤压力较小。经过充分均匀化退火的坯料,可以使其中的不平衡共晶组织在基体中分布均匀,过饱和固溶元素从固溶体中析出,消除铸造应力,提高塑性,减小变形抗力,使挤压力降低,这一效果在挤压速度低时表现更明显,如图 4-2 所示。

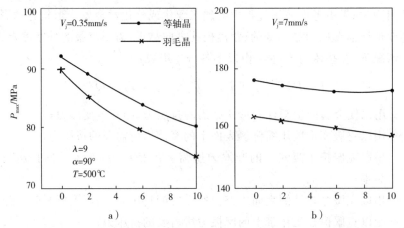

图 4-2　纯铝坯料组织、均匀化退火时间及挤压速度对挤压力的影响
a)挤压速度较慢;b)挤压速度较快

从图 4-2 中还可以看出,挤压力大小与坯料内部的结晶组织也有一定关系。当结晶组织为沿挤压方向取向的羽毛状晶组织时,其挤压力比等轴晶时的小。这是因为,此时具有最大剪应力的滑移面与孪晶面平行,易产生滑移变形,而等轴晶组织的各向异性小,变形均匀。

在实际生产中,有些生产厂家用小吨位挤压机生产中小规格管材、棒材、型材时,所用的坯料常常是由大吨位挤压机经过一次挤压后提供的二次挤压用坯料。例如用 35MN 挤压机为 6MN 立式单动挤压机提供二次挤压用空心坯料,用 50MN 挤压机为 7.5MN 挤压机提供二次挤压用实心坯料等。在相同的工艺条件下,二次挤压时所需要的单位挤压力比直接用铸造坯料进行一次挤压所需要的单位挤压力大。这是因为,坯料经过一次挤压变形后,其组织已经由铸造组织转变为变形组织,变形抗力明显提高。

4.2.3　坯料规格及长度的影响

坯料的规格和长度对挤压力的影响是通过摩擦力产生作用的。坯料的直径越粗,与挤压筒壁接触的摩擦面积越大,挤压力就越大。当挤压筒直径一定时,穿孔针直径越粗,金属与针的接触摩擦面积也越大,挤压力也越大。当挤压筒、穿孔针直径一定时,坯料越长,金属与筒和针的接触摩擦面积也就越大,挤压力也就越大。由于在不同的挤压条件下金属与挤压筒和穿孔针接触表面的摩擦状态不同,坯料的规格和长度对挤压力的影响规律也不一样。

(1)正向无润滑挤压

无润滑挤压时,坯料与挤压筒壁之间直接接触,在高温、高压作用下,金属与工具产生黏结,使摩擦应力达到极限值,$\tau = k$,为常摩擦应力状态,随着坯料规格和长度的减小,挤压力呈线性降低。这是因为,坯料表面层金属与挤压筒壁之间由于发生黏结而不能正常流动,从而在坯料的次表层发生剪切变形,使得接触面上摩擦的性质由变形金属与铁之间的外摩擦转变为坯料表面层金属的内摩擦,由二者之间的滑动摩擦转变为坯料内部金属的剪切变形,接触面由微观结构上的不相称(晶粒尺度和取向不同,变形金属与铁的性质不同)自发地趋于相称。根据能量学观点,当接触表面微结构处于相称时,可达到能量最低状态,即势能处在某个谷底时,表面必须克服势垒才能发生相对运动,从而表现出很大的摩擦。如果接触表面微观结构不相称,由于分子间作用势的随机叠加,就不可能形成能量最低的势谷,其摩擦就会相对减小。

图 4-3 所示为纯铝热挤压时挤压力与坯料长度之间关系的实测曲线。但是,如果坯料长度上有温度变化(梯温加热时),这个关系一般是非线性的。另外,受热效应的影响,金属变形抗力会发生变化。因此,在无润滑挤压过程中,实际上这个关系一般都是非线性的。

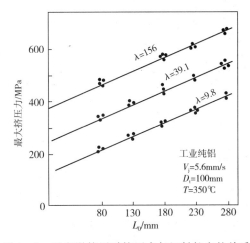

图 4-3　无润滑挤压时挤压力与坯料长度的关系

(2)正向润滑穿孔针挤压管材

挤压铝合金管材时,在多数情况下都对穿孔针进行润滑,而挤压筒不润滑。这时,坯料与穿孔针之间服从常摩擦系数规律,而与挤压筒之间仍服从常摩擦应力规律。由于接触表面正压力沿轴向非均匀分布,故摩擦应力也非均匀分布。另外,由于受挤压过程中润滑条件变化的影响,摩擦应力的分布也不是均匀的。这是因为,涂抹在穿孔针上的润滑剂往往是不均匀的,各处的摩擦状态不完全相同;随着挤压过程的进行,润滑剂会逐渐消耗减少,使摩擦状态发生改变;摩擦热的影响也会使摩擦状态发生变化,从而造成摩擦应力发生变化。因此,润滑穿孔针挤压管材时,实际上挤压力与坯料规格和长度的关系一般也都是非线性的。

（3）反向挤压

反向挤压型棒材时，挤压力大小与坯料长度无关。但是，反向挤压管材时，虽然坯料与挤压筒之间无相对运动，不产生摩擦阻力，但坯料与穿孔针之间还存在着相对运动，还有摩擦阻力。因此，挤压力大小与坯料长度和穿孔针直径有关，无论是不润滑穿孔针，还是润滑穿孔针，实际上挤压力与坯料长度和穿孔针直径的关系一般也都是非线性的。在无润滑挤压铝合金时，由于金属与穿孔针之间因摩擦产生的温升会使金属的变形抗力降低，使挤压力降低；而摩擦又会使挤压力升高，当二者所起的作用相当时，挤压力将基本稳定在一定的数值上，表现出挤压力与坯料长度和穿孔针直径无关的倾向。

4.2.4 挤压工艺参数的影响

1. 变形程度（或挤压比）

挤压力大小与变形程度成正比关系，即随着变形程度增大，挤压力成正比升高。根据所采用的变形指数不同，所得到的变形程度对挤压力影响的特性也不同。图 4-4a 所示为用挤压比的自然对数值 $\ln\lambda$ 表示的变形程度与挤压应力之间的关系曲线，实验材料为 5A06 防锈铝合金。图 4-4b 所示为不同挤压温度下 6063 铝合金挤压力与挤压比之间关系的实验曲线。

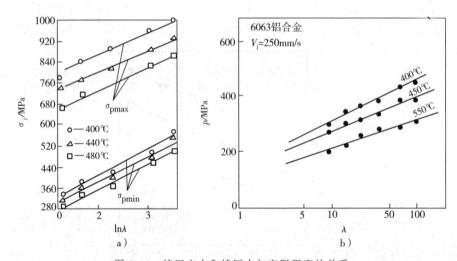

图 4-4 挤压应力和挤压力与变形程度的关系

a)5A06 合金挤压应力与变形程度的关系；b)6063 合金挤压力与挤压比的关系

2. 挤压温度

挤压温度对挤压力的影响，是通过变形抗力的大小反映出来的。一般来说，随着变形温度的升高，金属的变形抗力下降，挤压力降低（如图 4-5 所示）。实际上，大多数金属和合金的变形抗力随温度升高而下降的关系是非线性的，故挤压力与变形温度的关系也一般为非线性关系。图 4-6 所示为当挤压比 $\lambda=4.0$ 时实测的 QAl10-4-4 铝青铜的挤压温度与挤压应力的关系曲线。

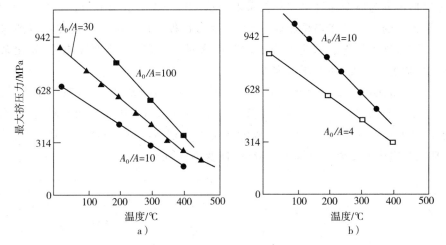

图 4-5 最大挤压应力与挤压温度的关系

a) 纯铝; b) Al-Zn-Mg-Cu 系合金

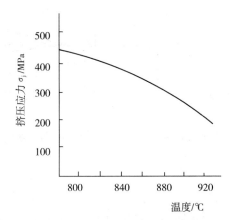

图 4-6 挤压温度对挤压应力的影响

3. 变形速度

变形速度对挤压力大小变化的影响,也是通过变形抗力的变化起作用的。挤压速度对金属变形抗力的影响与挤压温度有关,在不同的挤压温度条件下,挤压速度对变形抗力影响是不一样的。一般来说,在冷挤压或低温挤压时,由于材料本身的抗力较大,变形的热效应显著,挤压速度提高所引起的抗力相对增加量就小,故挤压速度对挤压力的影响较小。

在热挤压过程中,如果无温度、外摩擦条件的变化,挤压力与挤压速度之间呈线性关系,即随着挤压速度增加,所需要的挤压力增大,如图 4-7 所示。这种线性关系

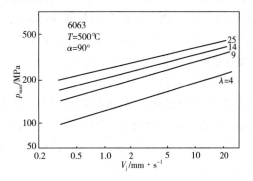

图 4-7 6063 铝合金挤压力与挤压速度的关系

可以通过变形抗力与应变速度之间的关系来表示,图4-8所示为不同金属及合金应变速度与挤压变形抗力的关系。在热挤压时,金属在变形过程中产生的加工硬化可以通过再结晶予以软化,但是,这种软化过程需要充足的时间来进行,当挤压速度较快时,软化来不及进行,将导致变形抗力增加,使挤压力增大。

但是,对于挤压像铜及铜合金一类挤压温度较高的金属及合金时,在挤压阶段的前期,随着挤压速度的升高,挤压力增大;而在挤压阶段的后期,当挤压速度较慢时,挤压力反而较高,如图4-9所示。这是因为,这些金属的挤压温度较高,与挤压筒的温差大,当挤压速度较慢时,坯料后端由于受到冷却而产生温降,使变形抗力升高。

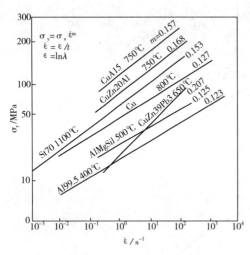

图4-8 应变速度对挤压变形抗力的影响

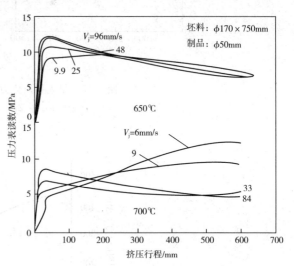

图4-9 挤压速度对H68黄铜挤压力的影响

4.2.5 外摩擦条件的影响

挤压过程中,变形金属与挤压筒壁、穿孔针及挤压模之间的摩擦阻力对挤压力的大小有很大影响,特别是挤压筒壁的摩擦阻力对挤压力大小的影响最大。

坯料与挤压筒、穿孔针及挤压模之间的摩擦状态因挤压温度、工具表面状况和润滑条件不同而异。一般来说,随着挤压温度升高,摩擦系数增大,在润滑穿孔针挤压管材条件下还会使润滑条件恶化,从而使摩擦阻力增大,使挤压力增大;但另一方面,挤压温度升高,金属的变形抗力下降,又会使挤压力下降。但综合来说,变形抗力降低对挤压力的影响比摩擦系数增加的大。特别对于铝合金挤压来说,挤压时都不润滑挤压筒,在允许的挤压温度范围内,无论温度高或低,金属都会与挤压筒产生黏结,二者之间服从常摩擦应力规律,与摩擦系数大小无关。因此,温度变化对挤压力大小的影响主要取决于金属变形抗力的变化。

工具表面越粗糙,摩擦阻力越大。采用润滑挤压,可有效降低摩擦阻力,使挤压力减小。同时,随着外摩擦的增加,金属流动的不均匀程度增大,因而所需要的挤压力也会增大。这也是外摩擦增加导致挤压力增大的一个原因,但最主要的是使摩擦阻力增大所致。图4-10所示为不同工具表面状况对挤压力的影响规律。

4.2.6 挤压方式的影响

挤压方式不同,其摩擦条件也不一样,所需要的挤压力大小也不同。反向挤压比同等条件下正向挤压在突破阶段所需要的挤压力低 30% 以上。润滑穿孔针挤压时作用在穿孔针上的摩擦拉力约是同等条件下不润滑穿孔针的四分之一。随动针挤压时管材时作用在穿孔针上的摩擦拉力只出现在穿孔针运动速度与金属流动速度不一致的部位,故比固定针挤压时的小。

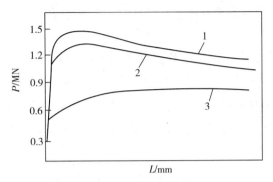

图 4 - 10　工具表面状况对挤压力的影响

1—粗糙表面;2—光滑表面;3—光滑表面并润滑

4.2.7　挤压模的影响

1. 模角

用锥形模挤压时,模角对挤压力有明显影响。如图 4 - 11 所示,随着模角 α 的增大,由于金属进出变形区时的附加弯曲变形增加,变形所需要的挤压力分量 R_M 增加;但用于克服模子锥面上的摩擦阻力的分量 T_M 由于摩擦面积的减小而下降。以上两方面因素综合作用的结果,使 $R_M + T_M$ 在某一模角 α_{opt} 下为最小,从而总的挤压力也在模角为 α_{opt} 时最小,这个模角 α_{opt} 称为最佳模角。

一般情况下,当模角在 $45° \sim 60°$ 的范围时挤压力最小,即最佳模角的范围为 $45° \sim 60°$。实际上,最佳模角是随着挤压条件的变化而不同的,主要与变形程度和外摩擦有关。图 4 - 12所示为挤压铅时得到的最佳模角与挤压比的实验曲线。可以看出,随着挤压比的增加,最佳模角 α_{opt} 是增大的。

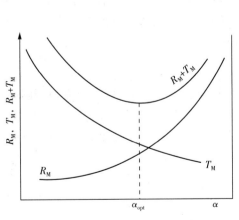

图 4 - 11　挤压力与模角关系示意图

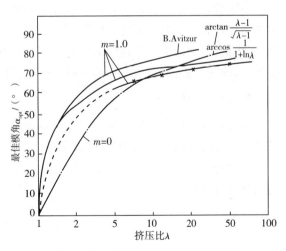

图 4 - 12　最佳模角与挤压比的关系

2. 模子的结构形式

挤压断面形状比较复杂的普通实心型材所需要的挤压力大于挤压棒材。挤压空心型材所需要的挤压力大于挤压实心型材。在其他条件相同的情况下,采用平面分流模挤压空心型材所需要的挤压力比用舌型模挤压空心型材的大30%左右。

3. 模孔工作带长度

随着模子工作带长度增加,克服工作带摩擦阻力所需要的挤压力增大。消耗在克服工作带摩擦阻力的挤压力占总挤压力的5%~10%。

4.2.8 制品断面形状的影响

在其他挤压变形条件一定的情况下,制品断面形状越复杂,所需要的挤压力越大。制品断面的复杂程度可用系数 f 表示:

$$f = 型材断面周长/等断面圆周长 \tag{4-4}$$

f 值越大,所需要的挤压力越大。一般情况下,只有当 $f > 1.5$ 时,制品断面形状对挤压力才有明显的影响。

4.3 挤压力计算

目前,可适用于计算挤压力的算式有很多种,根据推导时求解方法的归纳,大致可分为4组:借助塑性方程式求解应力平衡微分方程式所得到的计算式;利用滑移线法求解平衡方程式所得到的计算式;根据最小功原理和采用变分法所建立起来的计算式;基于对挤压力与对数变形指数 $\ln\lambda$ 之间存在的线性关系建立起来的经验算式或简化算式。

评价一个计算式的适用性,首先是看它的精确度是否高,是否能够满足计算要求,而这与该算式本身建立的理论基础是否完善、合理,考虑的影响因素是否全面有关。其次是与计算式中所包含的系数、参数能否正确选取有关。另外,能否应用于各种不同的挤压条件。

尽管滑移线法、上限法、有限元法等在解析挤压力学方面已经有了长足的进展,但目前用在工程计算上尚有一定的局限性,它们或者由于只限于解平面应变,或者由于计算手续繁杂,工作量大,而尚未在工程实际中获得广泛应用。因此,在挤压界一般仍广泛使用一些经验算式、简化算式,或按照上述第一种方法得到的计算式。

4.3.1 经验算式

经验算式是根据大量实验结果建立起来的,其优点是算式结构简单,应用方便;其缺点是具有一定的局限性,不能够准确反映各挤压工艺对挤压力的影响,计算误差较大。在工艺设计中,经验算式可用来对挤压力进行初步估计。在这里介绍一个半经验算式可用于估算正向挤压时的挤压力。

$$p = ab\sigma_s \left(\ln\lambda + \mu \frac{4L_t}{D_t - d_z} \right) \tag{4-5}$$

式中:p——单位挤压力,MPa;

σ_s——变形温度下金属静态拉伸时的屈服应力,MPa;

μ——摩擦系数,无润滑热挤压可取 $\mu=0.5$,带润滑热挤压时可取 $\mu=0.2\sim0.25$,冷挤压时可取 $\mu=0.1\sim0.15$;

D_t——挤压筒直径,mm;

d_z——穿孔针直径,mm,挤压型棒材时 $d_z=0$;

L_t——坯料填充后的长度,mm;

λ——挤压比;

a——合金材质修正系数,可取 $a=1.3\sim1.5$,其中强度高的取下限,强度低的取上限;

b——制品断面形状修正系数,简单断面的棒材和圆管材挤压取 $b=1.0$;型材断面根据其复杂程度在 $1.1\sim1.6$ 范围内选取,具体见表 4-1 所示。

此经验算式的最大优点是简单、计算方便。存在的最明显问题,一是没有考虑挤压温度、速度变化对金属变形抗力的影响;二是对于只润滑穿孔针而不润滑挤压筒的挤压过程来说,正确选择摩擦系数存在一定困难。

表 4-1 型材挤压力计算时的制品断面形状修正系数

型材断面复杂系数 f	$\leqslant1.1$	1.5	1.6	1.7	1.8	1.9	2.0	2.25	2.5	2.75	$\geqslant4.0$
修正系数 b	1.0	1.1	1.17	1.27	1.35	1.4	1.45	1.5	1.53	1.55	1.6

部分金属及合金变形温度下静态拉伸时的屈服应力可分别按表 4-2、表 4-3、表 4-4、表 4-5、表 4-6、表 4-7、表 4-8 中所示选取。在这里需要指出的是,由于进行试验的材料合金成分的波动,加上坯料规格与状态的不同,以及试验条件的差异,下述表中所列出的数据可能与其他资料中的数据有一定的出入,在选用时应加以注意。

表 4-2 铝合金不同变形温度下的屈服应力 σ_s(MPa)

合金牌号	变形温度/℃						
	200	250	300	350	400	450	500
纯铝	57.8	36.3	27.4	21.6	12.3	7.8	5.9
5A02			63.7	53.9	44.1	29.4	17.8
5A05				73.5	56.8	36.3	25.5
5B06			78.4	58.8	39.2	31.4	28.6
3A21	52.9	47.0	41.2	35.3	31.4	23.5	15.5
6A02	70.6	51.0	38.2	32.4	28.4	25.7	18.5
2A50				55.9	39.2	31.4	24.5
6063				39.2	24.5	16.7	14.7
2A11			53.9	44.1	34.3	29.4	24.5
2A12			68.6	49.0	39.2	34.3	27.4
7A04			88.2	68.6	53.9	39.2	34.3

表 4-3　镁合金不同变形温度下的屈服应力 σ_s(MPa)

合金牌号	变形温度/℃					
	200	250	300	350	400	450
纯镁	117.6	58.8	39.2	24.5	19.6	12.3
MB1			39.2	33.3	29.4	24.5
MB2，MB8	117.6	88.2	68.6	39.2	34.3	29.4
MB5	98.0	78.4	58.8	49.0	39.2	29.4
MB7			51.0	44.1	39.2	34.3
MB15	107.8	68.6	49.0	34.3	24.5	19.6

表 4-4　钛合金不同变形温度下的屈服应力 σ_s(MPa)

合金牌号	变形温度/℃							
	600	700	750	800	850	900	1000	1100
TA2、T3	254.8	117.6	49.0	29.4	29.4	24.5	19.6	
TA6	421.4	245	156.8	132.3	107.8	68.6	35.3	16.7
T7		303.8	163.7		122.5			
TC4		343	205.8		63.7			
TC5		215.6	73.5		68.6		24.5	19.6
TC6		225.4	98.0		73.5		24.5	19.6
TC7		274.4	98.0		89.0		29.4	19.6
TC8		499.8	230.3		96.0			

表 4-5　铜合金不同变形温度下的屈服应力 σ_s(MPa)

合金牌号	变形温度/℃								
	500	550	600	650	700	750	800	850	900
铜	58.8	53.9	49.0	43.1	37.2	31.4	25.5	19.6	17.6
H96			107.8	81.3	63.7	49.0	36.3	25.5	18.1
H80	49.0	36.3	25.5	22.5	19.6	17.2	12.3	9.8	8.3
H68	53.9	49.0	44.1	39.2	34.3	29.4	24.5	19.6	
H62	78.4	58.8	34.3	29.4	26.5	23.5	19.6	14.7	
HPb59-1			19.6	16.7	14.7	12.7	10.8	8.8	
HAl77-2	127.4	112.7	98.0	78.4	53.9	49.0	19.6		
HSn70-1	80.4	49.0	29.4	17.6	7.8	4.9	2.9		

（续表）

合金牌号	变形温度/℃								
	500	550	600	650	700	750	800	850	900
HFe59-1-1	58.8	27.4	21.6	17.6	11.8	7.8	3.9		
HNi65-5	156.8	117.6	88.2	78.4	49.0	29.4	19.6		
QAl9-2	173.5	137.2	88.2	38.2	13.7	10.8	8.2	3.9	
QAl9-4	323.4	225.4	176.4	127.4	78.4	49.0	23.5		
QAl10-3-1.5	215.6	156.8	117.6	68.6	49.0	29.4	14.7	11.8	7.8
QAl10-4-4	274.4	196.0	156.8	117.6	78.4	49.0	24.4	19.6	14.7
QBe2					98.0	58.8	39.2	34.3	
QSi1-3	303.8	245.0	196.0	147.0	117.6	78.4	49.0	24.5	11.8
QSi3-1			117.6	98.0	73.5	49.0	34.3	19.6	14.7
QSn4-0.3			147.0	127.4	107.8	88.2	68.6		
QSn4-3			121.5	92.1	62.7	52.9	46.1	31.4	
QSn6.5-0.4			196.0	176.4	156.8	137.2	117.6	35.3	
QCr0.5	245	176.4	156.8	137.2	117.6	68.6	58.8	39.2	19.6

表 4-6　锌、锡、铅不同变形温度下的屈服应力 σ_s(MPa)

金　属	变形温度/℃							
	50	100	150	200	250	300	350	400
锌		76.4	51.9	35.3	23.5	13.7	11.8	8.8
锡	31.4	19.1	11.3	2.9				
铅	12.7	7.8	7.4	4.9				

表 4-7　白铜、镍及镍合金不同变形温度下的屈服应力 σ_s(MPa)

合金牌号	变形温度/℃								
	750	800	850	900	950	1000	1050	1100	1150
B5	53.9	44.1	34.3	24.5	19.6	14.7			
B20	101.9	78.9	57.8	41.7	27.4	16.7			
B30	58.8	54.9	50.0	42.7	36.3				
BZn15-20	53.4	40.7	32.8	27.4	22.5	15.7			
BFe5-1	73.5	49.0	34.3	24.5	19.6	14.7			
BFe30-1-1	78.4	58.8	47.0	36.3					

（续表）

合金牌号	变形温度/℃								
	750	800	850	900	950	1000	1050	1100	1150
镍		110.7	93.1	74.5	63.7	52.9	45.1	37.2	
NMn2－2－1		186.2	147.0	98.0	78.4	58.8	49.0	39.2	29.4
NMn5		156.8	137.2	107.8	88.2	58.8	49.0	39.2	29.4
NCu28－2.5－1.5		142.1	119.6	99.0	80.4	61.7	50.0	39.2	

表 4－8　热加工温度下常用钢铁材料的屈服应力 σ_s (MPa)

钢　号	变形温度/℃				
	800	900	1000	1100	1200
A3	80.0	50.0	30.0	21.0	15.0
10	68.0	47.0	32.5	26.0	15.8
15	58.0	45.0	28.0	24.0	14.0
20	91.0	77.0	48.0	31.0	20.0
30	100.0	79.0	49.0	31.0	21.0
35	111.0	75.0	54.0	36.0	22.0
45	110.0	83.0	51.0	31.0	27.0
55	165.0	115.0	75.0	51.0	36.0
T7	61.0	38.0	31.0	19.0	11.0
T7A	96.0	64.0	37.0	22.0	17.0
T8	93.0	61.0	38.0	24.0	15.9
T8A	93.0	56.0	34.0	21.0	15.0
T10A	92.0	56.0	30.0	18.0	16.0
T12	69.0	28.0	24.0	15.0	13.0
T12A	102.0	61.0	35.0	18.0	15.0
20Cr	107.0	76.0	52.8	38.0	25.0
40Cr	149.0	93.2	59.5	43.7	27.0
45Cr	89.0	43.0	26.0	21.0	14.0
20CrV	58.6	48.7	33.0	24.0	17.0
30CrMo	117.4	89.5	57.0	37.0	25.0
40CrNi	135.0	92.7	63.2	46.0	33.0
12CrNi3A	81.0	52.0	40.0	28.0	16.0

（续表）

钢 号	变形温度/℃				
	800	900	1000	1100	1200
37CrNi3	130.3	91.6	60.5	41.5	27.7
18CrMnTi	140.0	97.0	80.0	44.0	26.0
30CrMnSiA	74.0	42.0	36.0	22.0	18.0
40CrNiMn	135.0	93.0	63.2	46.0	22.3
45CrNiMoV	104.0	67.0	44.0	29.0	18.5
18Cr2Ni4WA	113.0	66.0	49.0	27.0	19.0
60Si2Mo	81.0	57.0	34.0	26.0	33.0
60Si2	81.0	57.0	34.0	26.0	33.0
10Mn2	74.0	50.0	33.4	22.0	15.1
30Mn	83.0	54.5	35.5	23.2	15.2
60Mn	87.0	58.0	36.0	23.0	15.0
GCr15	100.0	74.0	48.0	30.0	21.0
Cr12Mo	198.0	101.0	54.0	25.0	8.0
Cr12MoV	125.0	83.0	47.0	25.0	8.0
W9Cr4V	222.0	95.0	64.0	33.0	21.0
W9Cr4V2	92.0	83.0	57.0	33.0	21.0
W18Cr4V	280.0	135.0	68.0	33.0	21.0
Cr9Si2	52.0	50.0	46.0	23.0	16.0
Cr17	41.0	22.0	21.0	14.0	8.0
Cr28	26.0	19.0	11.0	8.0	8.0
1Cr13	66.0	49.0	37.0	22.0	12.0
2Cr13	130.0	106.0	63.0	37.0	
3Cr13	133.0	113.0	78.0	44.0	30.0
4Cr13	135.0	127.0	76.0	54.0	33.0
4Cr9Si2	88.0	85.0	50.0	28.0	16.0
1Cr18Ni9	122.0	69.0	39.0	31.0	16.0
1Cr18Ni9Ti	185.0	91.0	55.0	38.0	18.0
Cr17Ni2		64.0	41.0	28.0	
Cr23Ni18	141.0	92.0	56.0	53.0	30.0
Cr18Ni25Si2	180.0	102.0	63.0	31.0	22.0
1Cr14Ni14W2Mo		146.0	72.0	44.0	27.0
2Cr13Ni14Mn9	127.0	76.0	42.0	23.0	14.0

钢　号	变形温度/℃				
	800	900	1000	1100	1200
1Cr25A15	83.0	49.0	21.0	10.0	6.2
Cr13Ni14Mn9	146.0	71.0	44.0	23.0	14.0
4Cr14Ni14W2Mo	250.0	155.0	90.0		
4Cr9Si2	88.0	80.0	50.0	26.0	16.0
18CrNi11Nb	221.0		62.0		22.0
Cr18Ni11Nb	151.0		54.0		20.0
Cr25Ti	26.0	19.0	11.0	8.0	8.0
Cr15Ni60	170.0	106.0	65.0	44.0	29.0
Cr20Ni80	228.0	105.0	58.0	38.0	23.0
CrW5	160.0	120.0	55.0		
4CrW2Si	100.0	90.0	55.0	30.0	
5CrW2Si	140.0	120.0	8.0		

4.3.2　简化算式

下面介绍一个简便、适用于现代挤压机的挤压力计算的简化算式。该式经过适当变换,可以适合各种挤压过程,其具体表达式如下:

$$p = \beta A_0 \sigma_0 \ln\lambda + \mu\sigma_0 \pi (D+d) L \tag{4-6}$$

式中:p——单位挤压力,MPa;

A_0——挤压筒面积或挤压筒与穿孔针之间的环形面积,cm^2;

σ_0——与变形速度和温度有关的变形抗力,MPa;

λ——挤压比;

μ——摩擦系数;

D——挤压筒直径,cm;

d——穿孔针直径(用实心坯料挤压型材、棒材时 $d=0$),cm;

L——填充后的坯料长度,cm;

β——修正系数,取 $\beta=1.3\sim1.5$,其中强度高的合金取下限,强度低的合金取上限。

此计算式的表达形式简单、明了,第一项表示的是为了使金属产生塑性变形而需要施加的挤压力;第二项则是为了克服作用在挤压筒壁和穿孔针侧面上的摩擦力而需要施加的挤压力。该计算式的主要难点是如何确定不同挤压温度和应变速度下金属的真实变形抗力 σ_0。不同合金,在不同挤压温度和挤压速度下的变形抗力,需要通过大量的实验来测定,由于目前有关这一方面的资料还很不全面,在实际中,可以用一个应变速度系数 C_v 来近似确定变形抗力:

$$\sigma_0 = C_v \sigma_s \tag{4-7}$$

式中:σ_s——变形温度下金属静态拉伸时的屈服应力,其值的选取见表 4-2~表 4-8 所示。

铝、铜合金不同挤压温度下变形抗力的应变速度系数 C_v 可按图 4-13 所示确定。图中的横坐标 $\dot{\varepsilon}$ 为平均应变速度,可根据下式计算:

$$\dot{\varepsilon} \approx \frac{\varepsilon_e}{t_s} \tag{4-8}$$

式中:ε_e——挤压时的真实延伸应变,$\varepsilon_e = \ln\lambda$;

t_s——金属质点在变形区中停留的时间,s。

挤压过程中,金属质点在变形区中停留的时间可按照秒体积流量来计算:

$$t_s = \frac{B_M}{B_S} \tag{4-9}$$

式中:B_M——塑性变形区的体积,mm³;

B_S——挤压变形过程中金属的秒体积流量,mm³/s。

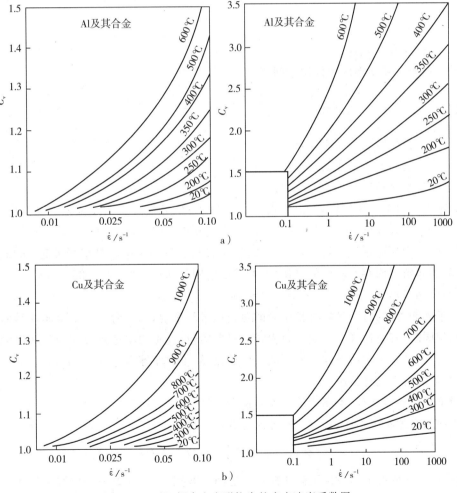

图 4-13 铝、铜合金变形抗力的应变速度系数图
a)铝合金;b)铜合金

单孔模挤压圆棒材时的塑性变形区体积可用下式计算：

$$B_M = \frac{\pi(1-\cos\alpha)}{12\sin^3\alpha}(D_t^3 - d^3) \qquad (4-10)$$

式中：D_t——挤压筒直径，mm；

$\quad d$——棒材直径，mm；

$\quad \alpha$——模角。

金属质点在变形区中停留的时间为

$$t_s = \frac{(1-\cos\alpha)(D_t^3 - d^3)}{3\sin^3\alpha d^2 V_f} = \frac{(1-\cos\alpha)(D_t^3 - d^3)}{3\sin^3\alpha D_t^2 V_j} \qquad (4-11)$$

式中：V_f——制品流出模孔的速度，mm/s；

$\quad V_j$——挤压杆前进的速度，mm/s。

挤压管材时的塑性变形区体积可用下式计算：

$$B_M = 0.4\left[(D_t^2 - 0.75d_Z^2)^{3/2} - 0.5(D_t^3 - 0.75d_Z^3)\right] \qquad (4-12)$$

式中：D_t——挤压筒直径，mm；

$\quad d_Z$——穿孔针直径，mm。

则金属质点在变形区中停留时间为

$$t_s \frac{0.4\left[(D_t^2 - 0.75d_Z^2)^{3/2} - 0.5(D_t^3 - 0.75d_Z^3)\right]}{F_f V_f} \qquad (4-13)$$

式中：F_f——挤压制品的断面积，mm²；

$\quad V_f$——制品流出模孔的速度，mm/s。

(1)无润滑热挤压

对于无润滑热挤压过程来说，其表达式与式(4-6)相同。式中摩擦系数的选取，可视金属与工具的黏结状况而定。当金属与工具发生剧烈黏结(如铝合金挤压，真空挤压)时，根据密塞斯(Mises)屈服准则，可取 $\mu=0.577$；当金属与工具的黏结不是很严重时，可取 $\mu=0.4\sim0.45$；当坯料表面存在较软的氧化皮(如挤压紫铜等)时，可取 $\mu=0.25\sim0.3$。

(2)全润滑热挤压

对于既润滑穿孔针，又润滑挤压筒的热挤压过程来说，当二者与变形金属接触面上的摩擦状态相同时，其表达式与式(4-6)相同。根据实验，这时的摩擦系数大约是无润滑挤压时的四分之一，考虑到润滑条件不同可能产生的差异，可取摩擦系数 $\mu=0.15\sim0.2$。

(3)只润滑穿孔针挤压

对于只润滑穿孔针、不润滑挤压筒的铝合金管材挤压过程来说，由于金属与挤压筒和穿孔针表面的摩擦状况不同，式(4-6)可改写成：

$$p = \beta A_0\sigma_0\ln\lambda + \sigma_0\pi(\mu D + \mu_1 d)L \qquad (4-14)$$

式中：μ、μ_1——变形金属与挤压筒和穿孔针之间的摩擦系数，其取值分别按无润滑和全润滑挤压时选取。

（4）反向挤压

对于反向挤压过程来说，变形金属与挤压筒壁无摩擦，式（4-6）可改写成：

$$p = \beta A_0 \sigma_1 \ln\lambda + \mu\sigma_1 \pi dL \qquad (4-15)$$

式中：σ_1——反向挤压时金属的变形抗力。

需要指出的是，即便是挤压温度、挤压速度相同，反向挤压时金属的变形抗力与正向挤压时也是不相同的，反向挤压时金属的真实变形抗力比相同变形条件下正向挤压时的大。这是因为，反向挤压过程中变形金属与挤压筒壁间无摩擦，由于摩擦产生的热量少，变形区中的温升很小。根据实测，在 50MN 挤压机的 $\phi420mm$ 挤压筒上，反向挤压 2A11 合金 $\phi110mm$ 棒材时，其温升只有 $25℃\sim60℃$，加上变形区的体积很小且紧靠模子端面，而挤压速度又较相同条件下的正向挤压时的快，金属质点通过变形区的时间很短，所以加工硬化作用较显著。据资料介绍，正向挤压 2A11 合金时的温升可高达 $216℃$，加上变形区的体积大，挤压速度较慢，金属质点通过变形区的时间长，有较足够的温度和时间条件发生软化，故其加工硬化程度较低，金属实际的变形抗力相对较低。

金属的真实变形抗力值是很难直接得到的，特别是对于反向挤压过程来说，由于其变形区的体积很难准确的确定，加上实际挤压时的温度、速度等条件的变化对热效应及加工硬化程度的影响，以及不同金属的加工硬化程度也不同，从而很难准确地知道金属在变形区中的硬化情况。较切实可行的办法是，根据不同合金，不同挤压温度、速度条件下挤压力的大量实测值，代入挤压力计算式，反推出相应条件下的金属变形抗力。这是因为，对于某一牌号的合金来说，其挤压温度、速度等是基本稳定的，变动的范围不是很大，故将推出的变形抗力用于计算相同牌号合金的挤压力不会有太大误差。式（4-16a）、式（4-16b）分别是通过实测方法得到的 2A11、2A12 硬铝合金反向挤压的变形抗力与挤压温度的关系式。根据此关系式，可以很方便地计算出适用于计算这两种合金反向挤压力用的变形抗力。对于其他金属及合金，也可以通过大量实验，建立起这种适用于计算反向挤压力用变形抗力的算式。

$$\sigma_{1-2A11} = 126.8 - 0.155t \qquad (4-16a)$$

$$\sigma_{1-2A12} = 121.5 - 0.124t \qquad (4-16b)$$

目前，在对其他铝合金反向挤压时的真实变形抗力还没有试验数据的情况下，在 $350℃\sim500℃$ 范围内，其取值可按静态拉伸时的屈服应力乘以系数 $1.5\sim2.0$ 来选取，挤压温度高的取上限，挤压温度低的取下限。

4.3.3 塑性方程基础上推导的挤压力算式

1. 单孔模挤压棒材时的挤压力

如图 4-14 所示，正向挤压棒材时，根据金属的受力情况，可将其分成 4 个区域：

1 区：定径区。金属进入模孔后不再发生塑性变形，只有弹性变形。在无反压力或牵引力的作用情况下，金属从模孔流出时，除了受到模子工作带的正压力和摩擦阻力作用外，在与 2 区的分界面上还受到来自 2 区的压应力 σ_{x1} 的作用。

2 区：变形区。金属在此区域内受到了来自 3 区的压应力 σ_{x2} 的作用，受到了来自 4 区的压应力 σ_n 和摩擦应力 τ_s 的作用，同时还受到了 1 区的反压应力 σ_{x1} 的作用。

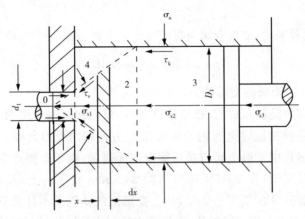

图 4-14　棒材挤压时的受力状态

3 区:未变形区。金属在此区域内受到了来自挤压垫片的压应力 σ_{x3} 作用,受到了挤压筒壁上的正压力 σ_n 和摩擦力 τ_k 的作用,同时还受到了来自 2 区的反压应力 σ_{x2} 的作用。

4 区:死区。此区域内的金属处于弹性变形状态。

下面从 1 区开始逐步推导挤压应力的计算式。

(1)作用在定径区上的压应力 σ_{x1}

定径区金属的受力如图 4-15 所示。金属从模孔流出时受到工作带的摩擦阻力而产生的摩擦应力 τ_{k1} 可按库仑摩擦定律确定,并近似取 $\sigma_n = \sigma_s$。则

$$\tau_{k1} = f_1 \sigma_n = f_1 \sigma_s \tag{4-17}$$

根据静力平衡方程

$$\sigma_{x1} \frac{\pi}{4} d_1^2 = \tau_{k1} \pi d_1 l_1$$

$$\sigma_{x1} \frac{\pi}{4} d_1^2 = f_1 \sigma_s \pi d_1 l_1$$

$$\sigma_{x1} = \frac{4 f_1 \sigma_s l_1}{d_1} \tag{4-18}$$

式中: l_1——工作带长度,mm;

d_1——工作带直径,mm;

f_1——工作带与金属间的摩擦系数。

(2)作用在变形区上的压应力 σ_{x2}

在变形区单元体上的受力情况如图 4-16 所示。在塑性变形区与死区的分界面上金属发生剪切变形,其应力达到极大值,即 $\tau_{k2} = \frac{1}{\sqrt{3}} \sigma_s = \tau_s$。作用在单元体锥面上的应力沿 x 轴方向的平衡方程为

$$\frac{\pi}{4}(D + \mathrm{d}D)^2 (\sigma_x + \mathrm{d}\sigma_x) - \frac{\pi}{4} D^2 \sigma_x - \pi D \frac{\mathrm{d}x}{\cos\alpha}$$

$$\times \sigma_n \sin\alpha - \frac{1}{\sqrt{3}} \sigma_s \pi D \mathrm{d}x = 0 \tag{4-19}$$

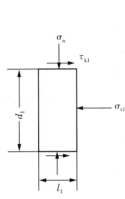

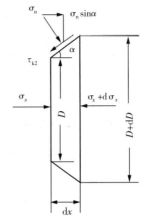

图 4-15　定径区受力分析　　　图 4-16　变形区单元体受力分析

整理后,略去高阶微量

$$\frac{\pi D}{4}(D\mathrm{d}\sigma_x + 2\sigma_x\mathrm{d}D) - \frac{1}{2}\sigma_n\pi D\mathrm{d}D - \frac{\sigma_s}{\sqrt{3}}\cdot\frac{\pi D}{2\tan\alpha}\mathrm{d}D = 0$$

$$(4-20)$$

$$2\sigma_x\mathrm{d}D + D\mathrm{d}\sigma_x - 2\sigma_n\mathrm{d}D - \frac{2}{\sqrt{3}}\sigma_s\cdot\frac{\mathrm{d}D}{\tan\alpha} = 0$$

将近似塑性条件$(\sigma_n - \sigma_x = \sigma_s)$代入

$$D\mathrm{d}\sigma_x - 2\sigma_s\mathrm{d}D - \frac{2}{\sqrt{3}}\sigma_s\cot\alpha\mathrm{d}D = 0$$

$$(4-21)$$

$$\mathrm{d}\sigma_x = 2\sigma_s\left(1 + \frac{1}{\sqrt{3}}\cot\alpha\right)\frac{\mathrm{d}D}{D}$$

将两边积分得:

$$\sigma_x = 2\sigma_s\left(1 + \frac{1}{\sqrt{3}}\cot\alpha\right)\ln D + C \qquad (4-22)$$

当 $D = d_1$, $\sigma_x = \sigma_{x1} = \dfrac{4f_1l_1}{d_1}\sigma_s$

$$\frac{4f_1l_1\sigma_s}{d_1} = 2\sigma_s\left(1 + \frac{1}{\sqrt{3}}\cot\alpha\right)\ln d_1 + C \qquad (4-23)$$

式(4-23)与式(4-22)相减得:

$$\sigma_x = 2\sigma_s\left(1 + \frac{1}{\sqrt{3}}\cot\alpha\right)\ln\frac{D}{d_1} + \frac{4f_1l_1}{d_1}\sigma_s$$

$$(4-24)$$

$$\sigma_x = \sigma_s\left(1 + \frac{1}{\sqrt{3}}\cot\alpha\right)\ln\left(\frac{D}{d_1}\right)^2 + \frac{4f_1l_1}{d_1}\sigma_s$$

当 $D = D_t$, $\sigma_x = \sigma_{x2}$,则

$$\sigma_{x2} = \sigma_s \left(1 + \frac{1}{\sqrt{3}}\cot\alpha\right)\ln\left(\frac{D_t}{d_1}\right)^2 + \frac{4f_1 l_1}{d_1}\sigma_s$$

(4 - 25)

$$\sigma_{x2} = \sigma_s \left(1 + \frac{1}{\sqrt{3}}\cot\alpha\right)\ln\lambda + \frac{4f_1 l_1}{d_1}\sigma_s$$

(3)挤压垫作用在金属上的压应力 σ_{x3}

未变形区,挤压筒壁与金属间的压应力 σ_n 数值很大,可按常摩擦应力区确定,即 $\tau_k = \tau_s = \frac{1}{\sqrt{3}}\sigma_s$。则挤压垫上的压应力 σ_{x3}(即挤压应力 σ_j)为

$$\sigma_j = \sigma_{x3} = \sigma_{x2} + \frac{1}{\sqrt{3}}\sigma_s \frac{\pi D_t l_3}{\frac{\pi}{4}D_t^2}$$

$$\sigma_j = \sigma_{x2} + \frac{1}{\sqrt{3}}\frac{4l_3}{D_t}\sigma_s$$

(4 - 26)

将式(4 - 25)代入式(4 - 26),得

$$\sigma_j = \sigma_s\left[\left(1 + \frac{1}{\sqrt{3}}\cot\alpha\right)\ln\lambda + \frac{4f_1 l_1}{d_1} + \frac{4}{\sqrt{3}}\frac{l_3}{D_t}\right]$$

(4 - 27)

挤压力为

$$P = \sigma_j \frac{\pi}{4}D_t^2$$

(4 - 28)

其中,

$$l_3 = l_0 - l_2 = l_0 - \frac{D_t - d_1}{2\tan\alpha}$$

式中:P——挤压力,N;

σ_j——挤压应力,MPa;

α——死区角度,平模挤压时取 $\alpha = 60°$,锥模挤压时可取 α 为模角;

λ——挤压比;

D_t——挤压筒直径,mm;

l_3——未变形区的长度,mm;

l_0——镦粗后的坯料长度,mm;

l_2——变形区长度,mm;

σ_s——金属的变形抗力,MPa,可按照 4.3.2 的方法确定。

2. 挤压型材时的挤压力

挤压型材时,其挤压力的计算方法可以在单孔模挤压棒材计算式的基础上加以修正得到。其挤压应力 σ_j 可按下式计算:

$$\sigma_j = \sigma_s\left[\left(1 + \frac{\sqrt[3]{a}}{\sqrt{3}}\cot\alpha\right)\ln\lambda + \frac{\sum Z l_1 f_1}{\sum F} + \frac{4l_3}{\sqrt{3}D_t}\right]$$

(4 - 29)

其中，

$$u = \frac{\sum Z}{1.13\pi\sqrt{\sum F}}$$

式中：$\sum Z$——制品断面总周长，mm；

$\sum F$——制品的总断面积，mm^2；

a——经验系数，主要考虑制品断面形状的复杂性及模孔数的多少对挤压力变化的影响而对单孔模挤压力计算式的修正。

3. 挤压管材时的挤压力

管材挤压有两种方式：固定针挤压和随动针挤压。挤压方式不同，挤压力的大小也不一样。与棒材挤压所不同的是，管材挤压时，由于增加了克服穿孔针的摩擦力作用，故使挤压力有所增加。

(1)固定穿孔针挤压时的挤压力

$$\sigma_j = \sigma_s\left[\left(1+\frac{1}{\sqrt{3}}\cot\alpha \cdot \frac{\overline{D}+d}{\overline{D}}\right)\ln\lambda + \frac{4f_1l_1}{d_1-d} + \frac{4}{\sqrt{3}}\frac{l_3}{D_t-d'}\right]$$

$$P = \sigma_j\frac{\pi}{4}(D_t^2 - d'^2)$$

$$(4-30)$$

其中，

$$\overline{D} = \frac{1}{2}(D_t + d_1)$$

式中：$\overline{D}$——变形区金属的平均直径，mm；

d——制品内径，mm；

d_1——制品外径，mm；

d'——瓶式针为针杆直径，圆柱形针 $d'=d$，mm。

(2)随动针挤压时的挤压力

与固定针挤压不同，随动针挤压时，未变形区部分金属与穿孔针之间没有相对运动，无摩擦力。摩擦力只出现在金属的流动速度大于穿孔针的前进速度的部分。挤压力计算式为

$$\sigma_j = \sigma_s\left[\left(1+\frac{1}{\sqrt{3}}\cot\alpha \cdot \frac{\overline{D}+d}{\overline{D}}\right)\ln\lambda + \frac{4f_1l_1}{d_1-d} + \frac{4}{\sqrt{3}}\frac{l_3 D_t}{D_t^2-d^2}\right]$$

$$P = \sigma_j \cdot \frac{\pi}{4}(D_t^2 - d^2)$$

$$(4-31)$$

4. 反向挤压时的挤压力

(1)反向挤压棒材时的挤压力

反向挤压棒材时，坯料与挤压筒之间无摩擦，故只需要将式(4-27)中的最后一项去掉。但必须注意，在其他条件相同的情况下，反向挤压时的 σ_s 选取与正向挤压的不同。

$$\sigma_j = \sigma_s \left[\left(1 + \frac{1}{\sqrt{3}} \cot\alpha \right) \ln\lambda + \frac{4 f_1 l_1}{d_1} \right]$$

(4-32)

$$P = \sigma_j \frac{\pi D_t^2}{4}$$

（2）反向挤压管材时的挤压力

反向挤压管材时,坯料与挤压筒之间无摩擦,可将式（4-30）中的最后一项去掉。同样也要考虑到反向挤压时的 σ_s 选取与正向挤压的不同。

$$\sigma_j = \sigma_s \left[\left(1 + \frac{1}{\sqrt{3}} \cot\alpha \cdot \frac{\overline{D}+d}{\overline{D}} \right) \ln\lambda + \frac{4 f_1 l_1}{d_1 - d} \right]$$

$$P = \sigma_j \frac{\pi(D_t^2 - d_1^2)}{4}$$

(4-33)

5. 分流模挤压时的挤压力

分流模是挤压铝合金空心型材和有焊缝管材最常用的模具,如图 4-17 所示。

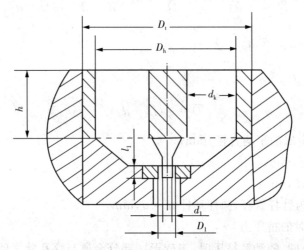

图 4-17 分流模示意图

挤压时,坯料金属在强大的挤压力作用下分成若干股从挤压筒流入分流孔并进入焊合室,当金属充满焊合室后从模芯与模孔形腔所构成的间隙流出形成所需要的空心制品。在这个过程中,金属的变形是分两个过程完成的。第一步,由实心坯料分成若干股从分流孔进入焊合室并在模芯周围形成二次变形的空心坯料;第二步,把焊合室中这个二次变形的空心坯料从模孔中挤出得到所需要的空心制品。因此,分流模挤压时的挤压力也是由两部分组成:一是坯料由挤压筒进入分流孔的变形力 P_1;二是金属由焊合室进入模孔的变形力 P_2。在计算总挤压力时,金属由焊合室进入模孔的变形力 P_2 要乘以延伸系数（即分流比）λ_k,是由于挤压垫上的压力传递给焊合室内的金属,必须经过分流孔才能实现。则总的挤压力为

$$P = P_1 + \lambda_k P_2$$

(4-34)

其中,

$$\lambda_k = \frac{F_t}{n F_k}$$

式中:λ_k——由挤压筒进入分流孔的延伸系数;

F_t——挤压筒断面积,mm^2;

F_k——一个分流孔的断面积,mm^2;

n——分流孔数目。

如果各分流孔的断面积不相等,则 nF_k 为分流孔的总断面积。

(1)金属充满焊合室阶段所需要的挤压力 P_1 为

$$P_1 = R_s + T_y + T_t + T_f \tag{4-35}$$

式中:R_s——实现金属进入分流孔的纯塑性变形所需要的力,N;

T_y——克服挤压筒中塑性变形区压缩锥面上的摩擦所需要的力,N;

T_t——克服挤压筒壁上的摩擦所需要的力,N;

T_f——克服分流孔道中的摩擦所需要的力,N。

对于圆柱形分流孔道,P_1 为

$$P_1 = 4.83F_t\bar{\tau}\ln\lambda_k + 4.7D_t(L_0 - 0.9D_t)\tau_1 + 0.5\lambda_k F_k \tau_2 \tag{4-36}$$

式中:$\bar{\tau}$——塑性变形区压缩锥内金属的平均剪切应力,MPa;

D_t——挤压筒直径,mm;

L_0——坯料长度;mm;

τ_1——塑性变形区入口处金属的剪切应力,MPa;

τ_2——塑性变形区压缩锥出口处金属的剪切应力,MPa。

(2)金属由焊合室进入模孔的挤压力 P_2 为

$$P_2 = 3F_h\left(\ln\frac{F_{k1}}{F_1} + \ln\frac{Z_Z}{Z_u}\right)\bar{\tau} + \lambda F_f \tau_2$$

$$+ 1.8(D_h^2 - d_1^2)\ln\frac{D_h - d_1}{D_1 - d_1}\bar{\tau} + 0.5\lambda(Z_n + Z_w)l_1\tau_2 \tag{4-37}$$

式中:F_h——焊合室的断面积,mm^2;

D_h——焊合室的直径,mm;

F_{k1}——焊合室一端分流孔的总断面积,mm^2;

F_f——分流孔道的总侧面积,mm^2;

Z_Z、Z_u——制品断面周长及等断面圆周长,mm;

Z_n、Z_w——制品断面内周长、外周长,mm;

l_1——模子工作带长度,mm;

F_1——制品断面积,mm^2;

D_1、d_1——制品的外径、内径,mm;

λ——总的挤压比。

4.3.4 穿孔力及穿孔针摩擦拉力计算

1. 穿孔力计算

在双动挤压机上采用实心坯料穿孔法挤压管材时,完成穿孔所需要的穿孔力 P_z 是由穿孔缸提供的。在挤出管材的前端,会产生一段外径与模孔一致的实心穿孔料头。

在穿孔时,一旦穿孔针进入坯料中,就会受到来自针前端面上坯料金属的正压力和侧表面上金属向后流动的摩擦力的作用(见图 4-18 所示)。

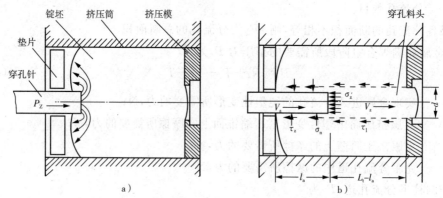

图 4-18   穿孔过程中金属流动和穿孔针受力情况
a)穿孔开始阶段金属流动情况;b)穿孔力达到最大时金属流动与穿孔针受力情况

随着穿孔深度 l_z 的逐渐增加,金属向后流动的阻力逐渐增大,穿孔针侧表面所受摩擦力也逐渐增大,从而使得穿孔所需要的力也迅速增大。当穿孔深度达到一定值(l_a)时,作用在针前端面上的力足以使针前面的一个金属圆柱体与坯料之间产生剪切变形而被完全剪断做刚体运动,此时穿孔力达到最大值。当穿孔针继续前进时,随着料头逐渐被推出模孔,穿孔力降低。在穿孔结束时,穿孔力下降至最小值。

如图 4-19 所示,在穿孔过程中,穿孔力出现峰值的时间或穿孔力达到最大值时的穿孔深度 l_a 与穿孔针的直径 d_z 有关。一般情况下,小直径穿孔针的穿孔应力峰值相对于大直径针时出现得较晚,即 l_z/L_t 的值较大。这是因为,在挤压筒的直径 D_t 一定的情况下,当穿孔针的直径很粗,d_z/D_t 趋于 1 时,穿孔过程类似于型棒材的挤压过程,最大穿孔应力出现在穿孔初期;当穿孔针很细,d_z/D_t 趋于 0 时,在穿孔过程中所需要克服的阻力,主要是穿孔针侧表面上的摩擦力,因而穿孔应力达到峰值时的穿孔深度大,在快要穿出坯料时达到最大值,而且所需要的穿孔力也大。

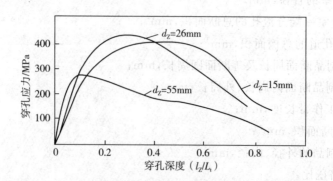

图 4-19   不同针径时穿孔过程中穿孔应力的变化

作用在穿孔针前端面上的压力 P_{Z1} 为

$$P_{Z1} = \frac{\pi}{4} d_Z^2 \sigma_Z' \tag{4-38}$$

式中: d_Z——穿孔针直径, mm;

σ_Z'——作用在穿孔针前端面单位面积上的正压力, MPa。

当穿孔力达到最大值时, P_{Z1} 与作用在穿孔料头侧表面上的剪切力相等, 即

$$P_{Z1} = \pi d (L_t - l_a) \tau_1 \tag{4-39}$$

式中: d——管材外径, mm;

L_t——坯料填充后的长度, mm;

l_a——穿孔力达到最大值时的穿孔深度, mm;

τ_1——被穿孔金属的塑性剪切应力, MPa; 可取 $\tau_1 = 0.5\sigma_s$。

作用在穿孔针侧表面上的摩擦力 P_{Z2} 为

$$P_{Z2} = f\pi d_Z l_a \sigma_n = \pi d_Z l_a \tau_2 \tag{4-40}$$

式中: f——穿孔针接触表面的摩擦系数;

σ_n——作用在穿孔针侧表面上的单位正压力, MPa;

τ_2——作用在穿孔针侧表面上的摩擦应力, $\tau_2 = f\sigma_n$。由于正确确定单位正压力 σ_n 的值比较困难, 可近似取 $\tau_2 = \tau_1$。

于是, 最大穿孔力为

$$P_Z = P_{Z1} + P_{Z2} = \pi d (L_t - l_a) \tau_1 + \pi d_Z l_a \tau_2 \tag{4-41}$$

将 $\tau_2 = \tau_1 = 0.5\sigma_s$ 代入式(4-41)中, 于是有:

$$P_Z = \frac{\pi d_Z}{2} \sigma_s \left[(L_t - l_a) \frac{d}{d_Z} + l_a \right] \tag{4-42}$$

在实际生产中, 由于要对穿孔针进行润滑、冷却, 将使穿孔针与坯料之间的温差加大。穿孔时, 穿孔针对刚出炉的坯料金属起着冷却作用, 使金属的变形抗力升高, 从而使穿孔应力增大。为此, 在式(4-42)中考虑一个温度修正系数(或称为金属冷却系数)Z, 即

$$P_Z = Z \frac{\pi d_Z}{2} \sigma_s \left[(L_t - l_a) \frac{d}{d_Z} + l_a \right] \tag{4-43}$$

温度修正系数为

$$Z = 1 + \frac{39.12 \times 10^{-7} \lambda' \Delta T t}{D_t \left(1 - \frac{d_Z}{D_t} \right)} \tag{4-44}$$

式中: ΔT——穿孔针与坯料的温差, ℃;

t——填充挤压开始到穿孔终了的时间, s;

λ'——变形金属的热导率, J/(s·m·℃)。铝及铝合金在 300℃、400℃、500℃、600℃ 的热导率 λ' 的值分别为 15.6J/(s·m·℃)、18.2J/(s·m·℃)、21.3J/(s·m·℃)、24.2J/(s·m·℃)。

2. 穿孔针摩擦拉力计算

用实心坯料穿孔挤压管材时,在穿孔过程中,穿孔针受压应力作用;在穿孔结束后的挤压过程中,穿孔针又受到摩擦拉力作用。

(1)圆柱针挤压时的摩擦拉力计算

圆柱针挤压时金属流动作用在穿孔针上的摩擦拉力 Q 可用下式计算:

$$Q=2.72DL\mu C_v\sigma_s \qquad (4-45)$$

式中:D——穿孔针直径,mm;

L——填充后的坯料长度,mm;

μ——摩擦因素;

C_v——应变速度系数,按图 4-13 所示确定;

σ_s——变形温度下金属静态拉伸时的屈服应力,按表 4-2~表 4-8 所示确定。

(2)瓶式针挤压时的摩擦拉力计算

瓶式针挤压时穿孔针受力情况如图 4-20 所示。金属在变形流动过程中作用在穿孔针上的轴向拉力 Q 由以下几部分组成:

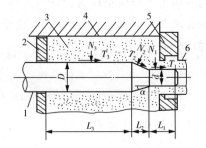

图 4-20 瓶式针挤压时穿孔针受力示意图

1—穿孔针;2—挤压垫;3—坯料;4—挤压筒;5—模子;6—制品

$$Q=T_1+T_2\cos\alpha+T_3-N_2\sin\alpha \qquad (4-46)$$

式中:T_1——金属流动作用在针尖圆柱段侧表面上的摩擦拉力,N;

T_2——金属流动作用在针尖与针杆过渡锥面上的摩擦力,N;

T_3——金属流动作用在针杆侧表面上的摩擦力,N;

N_2——变形金属作用在针尖与针杆过渡锥面上的正压力,使穿孔针受到向后的压应力作用,N;

α——针尖与针杆过渡锥面斜角。

在实际操作中,一般控制模孔工作带位于针尖圆柱段的中间部位,这样,出模孔后的管材内表面仍与针尖表面接触,但此时对针产生的摩擦拉力远小于出模孔前,可以不计,故

$$T_1=\pi d l_1\mu C_v\sigma_s/2$$

$$T_2=\frac{\pi}{4}(D^2-d^2)\frac{1}{\sin\alpha}\mu C_v\sigma_s$$

$$T_3 = \pi D l_3 \mu C_v \sigma_s = \pi D \mu C_v \sigma_s \left(L - l_1/2 - \frac{D-d}{2}\text{ctg}\alpha \right)$$

$$N_2 = \frac{\pi}{4}(D^2 - d^2)\frac{1}{\sin\alpha}C_v\sigma_s$$

式中：d、l_1——针尖圆柱段的直径、长度，mm；

D——穿孔针针杆直径，mm。

最后整理得：

$$Q = \frac{\pi}{4}\left[4\mu DL - 2\mu(D-d)l_1 - \mu(D-d)^2\text{ctg}\alpha - D^2 + d^2\right]C_v\sigma_s \qquad (4-47)$$

（3）摩擦因素的确定

挤压时的摩擦因数大小与挤压温度、速度条件下金属的变形抗力有关。不同合金，在不同挤压温度、速度条件下的变形抗力是不相同的，故其摩擦因数有一定的差异。因此，摩擦因数的正确选择应根据实验测定来确定。

图 4-21 所示为 5A02、2A11、2A12 三种牌号铝合金无润滑热挤压时的摩擦因素 μ 与挤压温度、速度条件下的金属变形抗力 $C_v\sigma_s$ 的实验曲线。

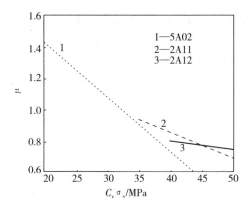

图 4-21　铝合金摩擦因素与变形抗力的关系

其数学表达式为

$$\mu_{5A02} = 2.1366 - 0.0353C_v\sigma_s \qquad (4-48a)$$

$$\mu_{2A11} = 1.5380 - 0.0170C_v\sigma_s \qquad (4-48b)$$

$$\mu_{2A12} = 1.0470 - 0.0061C_v\sigma_s \qquad (4-48c)$$

根据对 2A12 铝合金管材的挤压实验，润滑穿孔针挤压时，作用在穿孔针上的摩擦拉力大约是不润滑挤压时的四分之一。

目前，在尚缺乏其他金属及合金实验资料的情况下，其摩擦因素可以按照下述方法近似确定：

①挤压筒、穿孔针和变形区内的表面摩擦因数 μ_t 和 μ_{zh}

带润滑热挤压时可取，$\mu_t = \mu_{zh} = 0.25$；

无润滑热挤压，但坯料表面存在软的氧化皮（如紫铜挤压）时，可取 $\mu_t = \mu_{zh} = 0.5$；

无润滑热挤压，金属黏结工具不严重时，可取 $\mu_t = \mu_{zh} = 0.75$；

无润滑热挤压，金属剧烈黏结工具（如铝合金挤压、真空挤压）时，可取 $\mu_t = \mu_{zh} = 1.0$。

②模孔工作带摩擦因数 μ_g

带润滑热挤压时，可取 $\mu_g=0.25$；

无润滑热挤压时，可取 $\mu_g=0.5$。

4.4　挤压力计算举例

【例4-1】　在49MN挤压机的 $\phi360$mm挤压筒上，用 $\phi350\times1000$mm坯料，挤压2A12铝合金 $\phi110$mm棒材。模子工作带长度5mm，挤压温度420℃，挤压速度1.55mm/s。分别用简化算式和解析式计算挤压力（实测挤压力为45.9MN）。

解1　用简化算式计算挤压力

根据式(4-6)，挤压棒材时挤压力的计算式变化为 $P=\beta A_0\sigma_0\ln\lambda+\mu\sigma_0\pi DL$。

(1)选取修正系数，取 $\beta=1.3$；

(2)计算挤压筒断面积， $A_0=101736$mm²；

(3)计算挤压比， $\lambda=10.71$；

(4)根据式(4-8)、式(4-9)、式(4-10)、式(4-11)及图4-13，确定应变速度系数 $C_v=1.13$；

(5)根据表4-2确定挤压温度下材料的屈服应力 $\sigma_s=37$MPa；

(6)根据式(4-7)确定挤压温度速度条件下金属的变形抗力 $\sigma_0=41.81$MPa；

(7)根据式(4-48c)确定摩擦因素 $\mu=0.79$；

(8)计算镦粗后的坯料长度 $L=945$mm；

(9)将有关数据代入上式中计算出挤压力为48.06MN。与实测挤压力的误差为4.7%。

解2　用解析式计算挤压力

根据题意，工作带长度 $l_1=5$mm，工作带直径 $d_1=110$mm， $D_t=360$mm。按照式(4-27)和式(4-28)计算挤压棒材时挤压力。

(1)计算挤压比， $\lambda=10.71$；

(2)确定模角，平模挤压时取 $\alpha=60°$；

(3)确定摩擦系数，无润滑热挤压时可取工作带与金属间的摩擦系数 $f_1=0.5$；

(4)计算镦粗后的坯料长度 $l_0=945$mm；

(5)计算未变形区长度， $l_3=l_0-l_2=l_0-\dfrac{D_t-d_1}{2\tan\alpha}=872.83$mm；

(6)根据表4-2确定挤压温度下材料的屈服应力为37MPa；

(7)根据式(4-7)确定挤压温度速度条件下金属的变形抗力 $\sigma_s=41.81$MPa；

(8)将有关数据代入式(4-27)计算得： $\sigma_j=370.144$MPa；

(9)将有关数据代入式(4-28)计算挤压力得： $P=37.66$MN。与实测挤压力的误差为17.95%。

【例4-2】在25MN反向挤压机的 $\phi260$mm挤压筒上，用 $\phi255/97\times350$mm空心坯料，无润滑挤压2A12铝合金 $\phi98\times4$mm管材。平模，模子工作带长度5mm，瓶式穿孔针的针杆直径为95mm,针尖直径为90mm,针尖过渡锥面斜角为45°,挤压温度为411℃,挤压速度0.6mm/s。分别用简化算式和解析式计算挤压力(实测挤压力为22.73MN)。

解1 用简化算式计算挤压力

(1)选取修正系数,取 $\beta=1.3$;

(2)计算挤压筒与穿孔针之间的环形面积,$A_0=45981mm^2$;

(3)计算挤压比,$\lambda=38.9$;

(4)根据式(4-16b)计算挤压温度、速度条件下反向挤压的变形抗力 $\sigma_1=70.54MPa$;

(5)取摩擦系数 $\mu=0.577$;

(6)计算镦粗后的坯料长度 $L=332.3mm$;

(7)根据式(4-15)计算挤压力为21.86MN。与实测挤压力的误差为3.8%。

解2 用解析式计算挤压力

根据题意,模孔工作带长度 $l_1=5mm$,制品内径 $d=90mm$,制品外径 $d_1=98mm$。

(1)计算挤压比,$\lambda=38.9$;

(2)计算变形区金属的平均直径 $\overline{D}=\frac{1}{2}(D_t+d_1)=179mm$;

(3)确定模角,平模挤压时取 $\alpha=60°$;

(4)确定摩擦系数,无润滑热挤压时可取工作带与金属间的摩擦系数 $f_1=0.5$;

(5)根据式(4-16b)计算挤压温度、速度条件下反向挤压的变形抗力 $\sigma_1=70.54MPa$;

(6)根据式(4-33)计算挤压应力为 $\sigma_j=475.8MPa$;

(7)根据式(4-33)计算挤压力为 $P=21.66MN$。与实测挤压力的误差为4.7%。

思 考 题

1. 目前,常用于挤压力计算的算式有哪几类? 各自的主要特点是什么?

2. 根据挤压时的受力分析,挤压力主要由哪几部分构成?

3. 影响挤压力大小的主要因素有哪些? 各是如何影响的?

4. 目前,在工程计算中广泛使用的挤压力计算式基本上都是按照正向挤压的条件推导出来的,如何用来正确计算反向挤压时的挤压力? 应注意哪些问题?

5. 掌握不同条件下挤压力的计算方法,并能正确选择有关参数。

第5章 挤压机及挤压工模具设计

5.1 挤压机简介

目前,在普通的管材、棒材、型材生产中使用的挤压机主要有两大类:普通挤压机和CONFORM连续挤压机。这是两类结构完全不同的挤压机。

5.1.1 普通挤压机

普通挤压机按传动类型分为机械传动挤压机和液压传动挤压机。机械传动挤压机是通过曲轴或偏心轴将回转运动转变成往复运动,从而驱动挤压轴对金属进行挤压。机械传动挤压机的主要特点是挤压速度快。但是,由于挤压速度是变化的,在负荷变化时易产生冲击,对工具的寿命等不利,现在很少应用。

液压传动挤压机是挤压机的主体,具有运行平稳、对过载的适应性好、速度易调整等优点,已得到广泛应用,下面所介绍的都是液压传动的挤压机。

液压传动挤压机所使用的传动介质有乳化液和油两种。使用乳化液做传动介质的称为水压机,使用油做传动介质的称为油压机。水压机是由高压泵——蓄能站集中供给工作液体,供多机使用。油压机是油泵直接供油,单机使用。以前的挤压机绝大多数都是水压机,现在已逐渐被油压机所取代。

液压传动挤压机按总体结构分为卧式挤压机和立式挤压机。按其用途和结构分为型棒挤压机和管棒挤压机,或者称为单动式挤压机和双动式挤压机。按挤压方法可分为正向挤压机和反向挤压机,但其基本结构没有原则性差别。按照主柱塞行程的长短或装坯料的方式不同可分为长行程挤压机和短行程挤压机,二者的结构基本相同。

1. 卧式挤压机

卧式挤压机是应用最为广泛的挤压机,其主要特点是其主要工作部件的运动方向与地面平行,制品从模孔沿水平方向流出。卧式挤压机具有以下特点:

(1)挤压机本体和大部分附属设备均可布置在地面上,安装方便,有利于工作时对设备状况进行监视、保养和维护。

(2)各种机构可布置在同一水平面上,易实现机械化和自动化。

(3)可制造和安装大型挤压机,挤压大规格制品。

(4)实现反向挤压工艺较容易。

(5)由于水平出料,可以用长坯料挤压很长的制品,可以为盘管拉拔提供中小规格盘卷管坯,为小规格棒材连续拉拔和拉线提供成卷坯料,提高生产效率和成品率。

(6)由于各运动部件的自重都加压在导套和导轨面上,易磨损,某些部件因受热膨胀易改变正确位置,导致挤压机中心失调,易造成管材偏心。这也是卧式挤压机挤压管材的最大缺点。

(7)与立式挤压机相比较,卧式挤压机的占地面积较大。

卧式挤压机有单动式挤压机和双动式挤压机,有正向挤压机和反向挤压机。

2. 立式挤压机

立式挤压机主要部件的运动方向和出料方向与地面垂直。

由于立式挤压机的运动部件垂直于地面运动,各运动部件间的磨损小,部件受热膨胀后变形均匀,挤压机中心不易失调,挤出管材的偏心小,这是立式挤压机的主要优点。但是,由于立式挤压机的主要运动部件是依靠立柱支撑起来,受厂房高度的限制,挤压机的吨位一般都比较小,为 6~10MN。加上受出料地坑深度的限制,一般只能挤压中小规格管材,且长度也比较短。

立式挤压机也有单动式挤压机和双动式挤压机,其中以单动式挤压机应用最广泛。双动式挤压机则因其结构较复杂,以及挤压机行程长需要更高的厂房等因素的限制应用较少。二者主要都是用于挤压无缝管材的。

立式挤压机有正向挤压机和反向挤压机。生产普通的有色金属管材用的立式挤压机一般都是吨位较小的正向挤压机,从挤压机下方出料。立式反向挤压机主要用于生产大直径厚壁钢管,如中国河北宏润重工集团的 500MN 挤压机是目前世界最大吨位的立式挤压机,可生产直径达 1320mm、壁厚 200mm 的大规格无缝钢管,从挤压机上方出料。

3. 单动式挤压机

单动式挤压机是指没有独立穿孔系统的挤压机。单动式挤压机有卧式挤压机和立式挤压机。

单动卧式挤压机主要用于挤压型材、棒材。如果要挤压无缝管材,则必须采用随动针方式并使用空心坯料。单动卧式挤压机挤压管材的偏心较大且不易消除,实际生产中使用较少。

单动立式挤压机主要用于挤压无缝管材,挤压时也必须采用随动针方式并使用空心坯料。

单动挤压机有正向挤压机和反向挤压机。

4. 双动式挤压机

双动式挤压机的结构比单动式挤压机复杂,与单动式挤压机最大的区别是它有一套独立的穿孔系统,主要用于挤压无缝管材。用双动式挤压机挤压管材时,可以用实心坯料穿孔后挤压,也可以用空心坯料不穿孔或半穿孔挤压;可以采用固定穿孔针的方式挤压,也可以采用随动针方式挤压;采用实心坯料和实心挤压垫也可以挤压型材、棒材。

5. 正向挤压机

正向挤压机是应用最广泛的挤压机,以其设备简单(相对于反向挤压机)、维修方便,且造价低;操作简便,更换工具容易,且辅助时间较短;挤压制品尺寸规格范围大;生产灵活性大等优点,广泛应用于各种金属材料的加工成形。

图 5-1、图 5-2 和图 5-3 所示分别为单动卧式挤压机、双动卧式挤压机和单动立式挤压机的结构示意图。

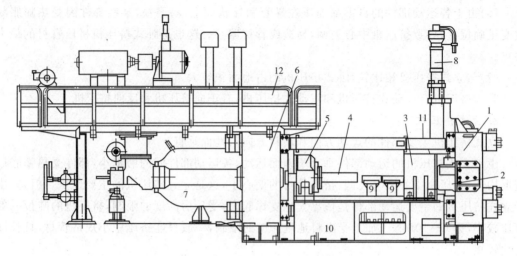

图 5-1　单动卧式正向挤压机本体结构示意图

1—前机架；2—滑动模座；3—挤压筒；4—挤压轴；5—活动横梁；6—后机架；7—主缸；
8—残料分离剪；9—送坯料机构；10—机座；11—张力柱；12—油箱

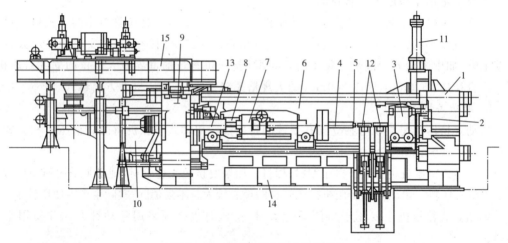

图 5-2　25MN 双动卧式挤压机

1—前机架；2—滑动模座；3—挤压筒；4—挤压轴；5—穿孔针；6—活动横梁；7—穿孔横梁；8—穿孔压杆；
9—后机架；10—主缸；11—残料剪；12—送坯料机构；13—穿孔缸；14—机座；15—油箱

6. 反向挤压机

虽然反向挤压方法产生得很早，反向挤压制品的尺寸精度高、组织性能均匀等许多优点也早已为人们所认识，但由于受技术、设备及工具等条件的限制，一直未能得到广泛应用。直到 20 世纪 80 年代，随着挤压技术日益成熟，设备和工具的设计、制造技术的不断进步，反向挤压技术又逐渐受到人们的重视。目前，已研制、开发、制造了许多专用反向挤压机。

反向挤压机按挤压方法分为正向、反向两用和专用反向挤压机两种形式，每种又可分为单动式和双动式两种。反向挤压机按本体结构大致可分为挤压筒剪切式、中间框架式以及后拉式等三大类。

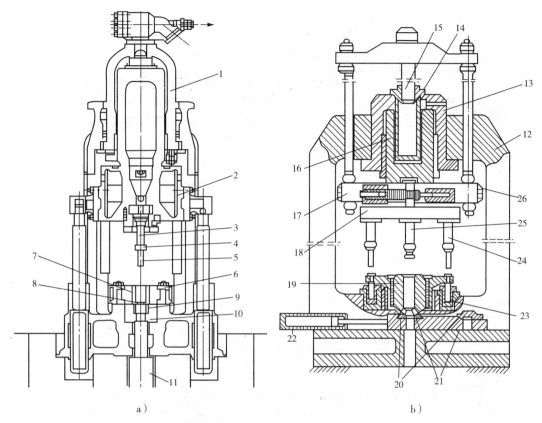

a)　　　　　　　　　　　　　　　b)

图 5-3　单动立式挤压机结构示意图

a)主缸和回程缸分别在上、下横梁上；b)主缸和回程缸同在上横梁上

1—主缸；2—活动梁；3—挤压轴；4—轴头；5—芯棒(穿孔针)；6—挤压筒外套；7—挤压筒内衬；8—挤压模；

9—模套；10—模座；11—挤压制品护筒；12—机架；13—主缸；14—主柱塞回程缸；15—回程缸 3 的柱塞；

16—主柱塞；17—滑座；18—回转盘；19—挤压筒；20—模支承；21—模子；22—模座移动缸；

23—挤压筒锁紧缸；24—挤压轴；25—冲头；26—滑板

图 5-4、图 5-5 所示分别是挤压筒剪切式双动和单动反向挤压机示意图。残料分离剪安装在挤压筒上方。

图 5-6 所示为中间框架式正向、反向两用挤压机示意图。在前机架和挤压筒之间有一个活动框架，上面安装着残料分离剪。此图为反向挤压机正在分离残料时的状况。当进行正向挤压时，卸下模子轴，把挤压筒移到紧靠前机架位置。

图 5-7 所示为后拉式反向挤压机示意图。后拉式反向挤压机的结构特点是：在前、后机架的中间有一个固定梁，主缸和挤压筒移动缸等固定在上面，前、后机架都可以移动，通过4 根张力柱连成一个整体的活动框架。此图为该反向挤压机正在进行挤压的状况。挤压时，挤压筒紧靠中间的固定梁，在主缸压力作用下，主柱塞向后拉，带动前、后机架向后移动。固定在前机架上的空心模子轴亦随着前机架一起向后移动，逐渐进入挤压筒内进行反向挤压。在中间固定梁与后机架之间有热锭剥皮装置，挤压前的热坯料在此剥皮之后直接送入挤压筒内，这种结构仅适用于单动式挤压机。

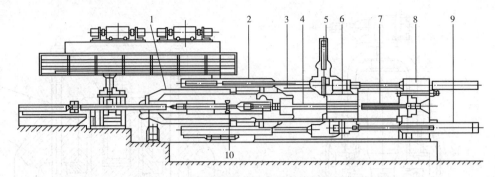

图 5-4　挤压筒剪切式双动反向挤压机示意图

1—主缸;2—液压连接缸;3—张力柱;4—挤压轴;5—残料分离剪;6—挤压筒;
7—空心模子轴;8—前机架;9—挤压筒移动缸;10—穿孔针

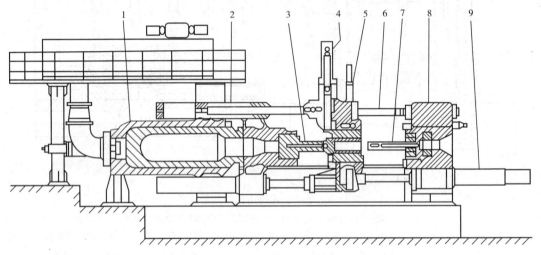

图 5-5　挤压筒剪切式单动反向挤压机示意图

1—主缸;2—液压连接缸;3—挤压轴;4—残料分离剪;5—挤压筒;
6—张力柱;7—空心模子轴;8—前机架;9—挤压筒移动缸

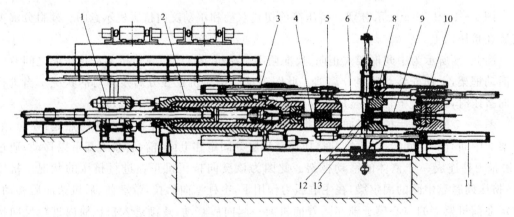

图 5-6　中间框架式正向、反向两用挤压机示意图

1—穿孔针锁紧装置;2—主缸;3—液压连接缸;4—挤压轴;5—挤压筒;6—张力柱;7—残料分离剪;
8—中间框架;9—空心模子轴;10—前机架;11—挤压筒移动缸;12—挤压垫;13—分离下来的残料

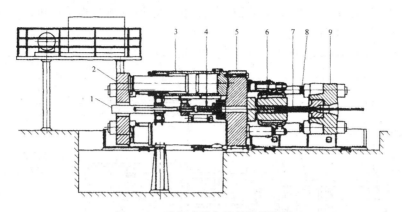

图 5-7 后拉式反向挤压机示意图

1—剥皮缸;2—后移动机架;3—主缸;4—坯料;5—中间固定梁;6—挤压筒;7—空心模子轴;8—张力柱;9—前移动机架

7. 短行程挤压机

上述所介绍的卧式挤压机都是长行程挤压机。长行程挤压机都是从挤压筒后面装入坯料,在装坯料时挤压轴和穿孔针必须先后退一个坯料长度加挤压垫厚度的距离。考虑到坯料可能的最大长度加上挤压垫的厚度与挤压筒的长度接近,所以在设计挤压轴、穿孔针及驱动它们的工作柱塞的最短行程时,必须使其大于挤压筒长度的两倍。长行程挤压机的装坯料方式如图 5-8a、图 5-8b 所示。

短行程挤压机是近些年发展起来的一种挤压机,主要有两种型式:一种是坯料从挤压筒前面装入,供坯料时,挤压筒后退套在挤压轴上,送坯料机构将其送到挤压机中心线上后,挤压筒前进并将坯料套入挤压筒内;另一种的供坯料位置与普通的长行程挤压机相同,挤压轴位于供坯料位置处,送坯料时,挤压轴移开,由一个推坯料杆将其推入挤压筒内。无论是哪一种型式,其挤压轴、穿孔针及驱动它们的工作柱塞的最短行程只需大于挤压筒的长度,从而可比长行程挤压机减少近一半。因此,短行程挤压机工作缸的长度也可以比长行程的缩短近一半。短行程挤压机的装坯料方式如图 5-8c、图 5-8d 和图 5-8e 所示。

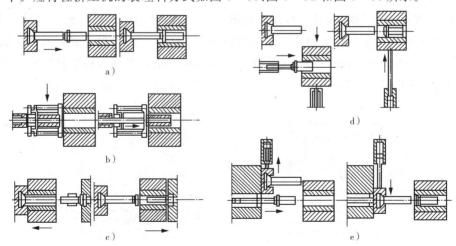

图 5-8 挤压机主柱塞行程长短与装坯料方式

a)、b)长行程挤压机的装坯料方式;c)、d)、e)短行程挤压机的装坯料方式挤压机的本体长度与工作柱塞的行程有直接关系,所以短行程挤压机的本体长度比长行程挤压机大为缩短,这是短行程挤压机的突出优点。但是,对于双动式挤压机,由于穿孔针在挤压轴内不易暴露出来,所以穿孔针的润滑和冷却不易进行。短行程单动式挤压机的结构如图5-9所示。

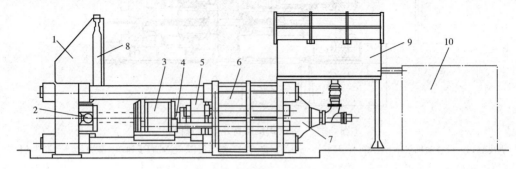

图5-9　短行程单动式挤压机示意图

1—前机架;2—滑动模架;3—挤压筒;4—挤压轴;5—活动横梁;6—后机架;7—主缸;8—残料分离剪;9—油箱;10—泵站

5.1.2　CONFORM连续挤压机

CONFORM连续挤压机在铜及黄铜和软铝合金小规格型材、管材及导线包覆等方面得到了较为广泛的应用。这种挤压机在结构及原理上与上述的普通挤压机不同,其结构也比较简单。

CONFORM连续挤压法是1971年由英国原子能局(UK-AEA)斯普林菲尔德研究所的D·格林发明的。这种挤压方法克服了常规挤压法的过程不连续性和变形金属与工具接触摩擦所带来的许多不足,是对常规挤压工艺和设备的一次重大革新。

普通的CONFORM连续挤压机的结构形式主要有立式(挤压轮轴铅直配置)和卧式(挤压轮轴水平配置)两种,其中以卧式占多数。根据挤压轮上凹槽的数目和挤压轮的数目,挤压机的类型可分为单轮单槽、单轮双槽、双轮单槽等几种。

1. 单轮单槽连续挤压机

单轮单槽式是CONFORM连续挤压机的主流,一般采用卧式结构和直流电机驱动方式。卧式单轮单槽连续挤压机的基本结构如图5-10所示。生产铝合金和铜合金线材、管材和型材时,一般采用径向出料方式(见图5-10a);生产铝包钢线等包覆材料时,一般采用切向出料方式(见图5-10b)。

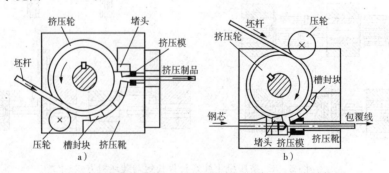

图5-10　卧式单轮单槽CONFORM连续挤压机基本结构图

CONFORM 连续挤压机主要由四大部件组成：

(1)挤压轮。轮缘上车制有凹形沟槽,它由驱动轴带动旋转。

(2)挤压靴。它是固定的,与挤压轮相接触的部分为一个弓形的槽封块,该槽封块与挤压轮的包角一般为90°,起到封闭挤压轮凹形沟槽的作用,构成一个方形的挤压型腔,相当于常规挤压机的挤压筒。由于槽封块固定在挤压靴上不动,挤压轮在旋转,这一方形挤压筒的三面为旋转挤压轮凹槽的槽壁,第四面是固定的槽封块。

(3)堵头。固定在挤压型腔的出口端,其作用是把挤压型腔出口端封住,迫使金属只能从挤压模孔流出。

(4)挤压模。它或安装在堵头上,实行切向挤压;或安装在挤压靴上实行径向挤压。在多数情况下,挤压模安装在挤压靴上,因这里有较大的空间,允许安装较大的挤压模,以便挤压尺寸较大的制品。

CONFORM 连续挤压机主要部件布置如图 5-11 所示。

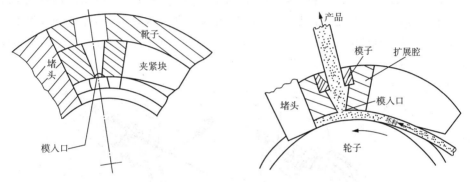

图 5-11 CONFORM 连续挤压机的主要部件布置

a)普通模具;b)扩展模

当从挤压型腔的入口端连续喂入坯料时,由于型腔的三面是向前运动的可动边,在摩擦力的作用下,轮槽咬着坯料,并牵引金属向模孔移动。当夹持长度足够长时,摩擦力的作用足以在模孔附近产生高达 1000MPa 的挤压应力,并使室温下喂入的铝合金坯料在模孔附近的温度高达 400℃～500℃,铜合金坯料的温度达到 500℃ 或更高一些,迫使金属从模孔流出成形。

CONFORM 连续挤压机设备本体的结构比较简单,体积较小。通常情况下,它与坯料的矫直、清洗、冷却、检测及卷取等装置组合在一起组成一个连续挤压生产线,如图 5-12、图 5-13 所示。

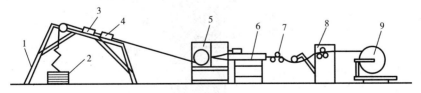

图 5-12 线材连续挤压生产线示意图

1—放线架;2—坯料卷;3—坯料矫直机;4—坯料清刷装置;5—连续挤压机;
6—冷却槽;7—导线装置;8—张力调节装置;9—卷取装置

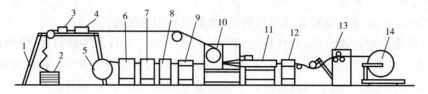

图 5-13　C300H 包覆连续挤压生产铝包钢线示意图

1—放线架；2—铝杆卷；3—铝杆矫直机；4—铝杆清刷装置；5—钢丝卷；6—钢丝矫直机；

7—钢丝超声波清洗装置；8—钢丝喷丸装置；9—钢丝感应加热；10—连续挤压机；

11—冷却槽；12—尺寸检测、超声波探伤；13—张力调节装置；14—卷取装置

2. 单轮双槽连续挤压机

单轮双槽连续挤压机是巴布科克公司的独创性技术，其基本原理是在挤压轮上制作两个凹槽，同时供应两根坯料，两个凹槽内的坯料通过槽封块上的两个进料孔，汇集到挤压模前的预挤型腔内，焊合成一体后再通过挤压模挤出产品，如图 5-14 所示。单轮双槽连续挤压机有两种结构形式：一种是径向挤压方式，挤压制品沿挤压轮半径方向流出，用于各种管材、棒材、型材、线材的挤压，如图 5-14a 所示；另一种为切向挤压方式，主要用于包覆材料挤压，如图 5-14b 所示。

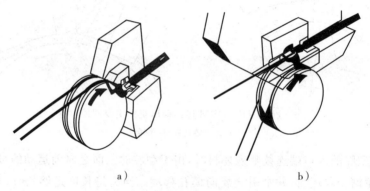

a)　　　　　　　　　　　　b)

图 5-14　单轮双槽 CONFORM 连续挤压机

a)单轮双槽式挤压机；b)单轮双槽包覆挤压机

3. 双轮单槽连续挤压机

双轮 CONFORM 连续挤压机是在同一平面上，两个反向运转的挤压轮带动两根坯料进入到挤压模前的预挤型腔，然后通过模孔进行挤压，如图 5-15 所示。

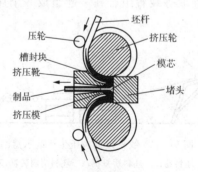

图 5-15　双轮单槽连续挤压机示意图

从设备结构和控制方面来看,与单轮单槽或单轮双槽连续挤压机相比,双轮单槽挤压机在结构和控制上要复杂一些,但在挤压管材和空心型材方面具有较明显的优势:

(1)不需要使用分流模即可挤压管材或空心型材。模芯可以安装在堵头上,使挤压模的结构简化,挤压模和模芯强度提高;

(2)挤压模前的预挤型腔的空间比较大,使进料孔附近的压力显著降低,从而作用在槽封块和挤压轮缘上的压力下降,可减轻磨损,延长使用寿命;

(3)对称供料,金属流动的对称性增加,在挤压薄壁管或包覆材料时,可以提高壁厚(或包覆层)的尺寸精度与均匀性。

5.2 挤压工模具设计

5.2.1 挤压工模具的组成及装配

根据挤压机的结构、用途及所生产的产品不同,挤压工具的组成和结构形式也不完全一样。挤压机的工具有基本挤压工具、模具和辅助工具三大类。

基本挤压工具是指尺寸及重量较大,通用性强,使用寿命也较长的一些工具,它们在挤压过程中承受中等以上的负荷。其主要有挤压筒、挤压轴、空心模子轴、挤压垫、模支承、支承环、针支承、堵头等。其中挤压筒是尺寸及重量最大、工作条件最恶劣、结构设计最复杂、价格最昂贵的基本挤压工具。

模具包括模子、模垫和穿孔针(或芯棒)等,是直接参与金属塑性成形的工具。模具的品种规格多,结构形式多,挤压不同品种规格的产品,就需要更换模具。模具的工作条件非常恶劣,消耗量很大。提高模具的使用寿命,减少其消耗,对降低挤压生产的成本具有重要的意义。

辅助工具有导路、牵引爪子、辊道以及修模工具等。这些辅助工具对于提高生产效率和产品质量都具有一定的作用。

不同结构形式的挤压机,其工具的组成及装配形式不完全一样。图5-16、图5-17、图5-18、图5-19所示为几种挤压机的典型工具装配示意图。

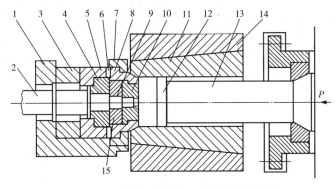

图5-16 单动式挤压机工具装配示意图

1—纵动式模座;2—导路;3—后环;4—前环;5—中环;6、15—键;7—压紧环;8—模支承;
9—模垫;10—模子;11—挤压筒内套;12—挤压垫;13—挤压轴;14—挤压筒外套

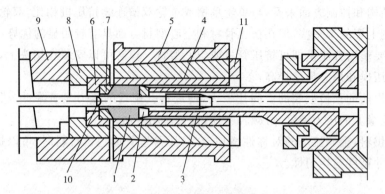

图 5-17   双动式挤压机工具装配示意图

1—坯料;2—挤压垫;3—空心挤压轴;4—挤压筒内套;5—挤压筒外套;6—模支承;

7—模子;8—纵动式模座;9—楔形锁键;10—穿孔针;11—压环

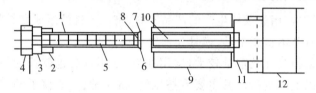

图 5-18   T.A.C.反向挤压法工具装配示意图

1—空心模子轴套管;2—挤压轴夹具;3—支承环;4—剪刀环;5—填充块;6—密封环;

7—模子;8—模垫;9—挤压筒;10—坯料;11—活动堵头;12—挤压头

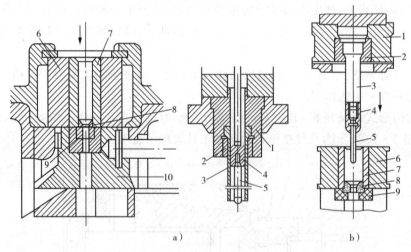

图 5-19   立式挤压机工具装配示意图

a)双动式挤压机;b)单动式挤压机

1—挤压轴支座;2—螺帽;3—挤压轴;4—穿孔针支座;5—穿孔针;

6—挤压筒;7—挤压筒内衬;8—模子;9—支承环;10—滑块

5.2.2   挤压筒

1. 挤压筒的结构形式

挤压筒是用来容纳高温金属坯料的,在整个挤压过程中,承受着高温、高压、大摩擦和复杂状态应力的作用。挤压筒通常都是由两层或两层以上的衬套,以过盈配合热装组合在一起构成的。挤压筒做成多层的主要原因是为了改善挤压筒的受力条件,使作用在挤压筒壁上的应力分布均匀并降低拉应力的峰值,增加承载能力,延长其使用寿命;当挤压筒磨损或变形后,只需要更换内衬套而不必换掉整个挤压筒,从而可减少昂贵的工具材料的消耗;可以根据挤压筒不同衬套的工作条件和受力状况,选用不同的材料,减少昂贵工具材料的用量,从而降低工具的成本。另外,由于每层套的厚度和质量减小,便于工具材料的熔炼、锻造、加工和热处理,有利于保证质量,也使材料的选择具有更大的灵活性和合理性。

挤压筒衬套的层数应根据挤压时其工作内套所承受的最大单位压力来确定。在工作温度条件下,当最大应力不超过挤压筒材料屈服强度的 $40\%\sim50\%$ 时,挤压筒一般由两层套组成,即内衬和外套;当应力超过材料屈服强度的 70% 时,应由三层套或四层套组成。随着层数的增多,各层的厚度变薄。由于各层套间的预紧压应力作用,使得应力分布越趋均匀,拉应力峰值下降。

挤压筒各层衬套之间的配合结构如图 5-20 所示,各层衬套的配合面形状可以是圆柱形、圆锥形或端部带台阶的圆柱形。圆柱形衬套的配合面易加工,但更换衬套比较麻烦。圆锥面不易加工,当长度超过 1m 以上时,锥面上的平直度不易保证,锥面各点的尺寸不易检查,但更换衬套较容易。带台阶的内衬套与圆柱形衬套基本相同,只是热装时不必事先找热装位置,依靠台阶自动找准。

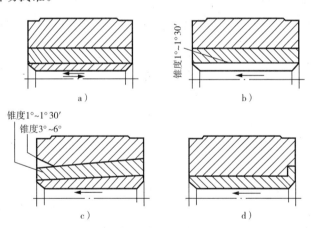

图 5-20 挤压筒各衬套的配合结构(箭头表示挤压方向)
a)圆柱面配合;b)圆锥圆柱面配合;c)圆锥面配合;d)带台阶的圆柱面配合

2. 挤压筒的加热

为了减小金属流动的不均匀性和挤压筒免受过于剧烈的热冲击,挤压筒在工作前应预加热,在工作中应保温。从理论上来讲,挤压筒内衬套工作表面的温度应基本接近被挤压金属的温度,以减小金属变形流动的不均匀性。但如果当挤压筒的加热温度超过 $500℃$ 时,工具材料的氧化脱碳加速,降低强度,使用寿命缩短。因此,无论是挤压高熔点的钢铁材料,或是挤压低熔点的铝、镁合金时,挤压筒的加热温度一般都控制为 $350℃\sim450℃$。

挤压筒的加热保温方式主要有两种:一种方式为工频感应加热,即将加热元件(一组铜棒)经包覆绝缘层后插入沿挤压筒圆周分布的轴向孔中,然后将其串联起来通电,靠磁场感应产生的涡流加热(如图 5-21 所示);另一种是采用电阻丝外加热器加热(如图 5-22 所示)。

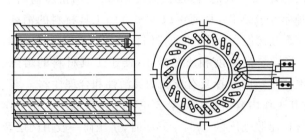

图 5-21　挤压筒中的电感应加热元件

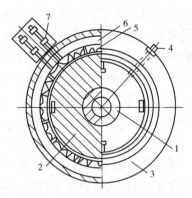

图 5-22　挤压筒外电阻加热器
1—内衬套;2—外套;3—外壳;4—热电偶;
5—电阻丝;6—加热导管;7—接线柱

3. 挤压筒内套的结构形状

挤压筒内套的外表面结构形状有圆柱形、圆锥形和台肩圆柱形,如图 5-23 所示。

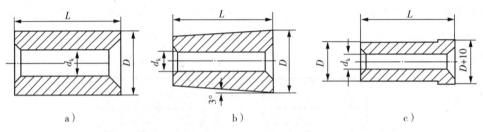

a)　　　　　　　　　　　　b)　　　　　　　　　　　　c)

图 5-23　挤压筒内套外表面结构形状
a)圆柱形;b)圆锥形;c)台肩圆柱形

圆柱形内套的主要优点是:易于加工制造和测量尺寸;更换衬套时尺寸配合问题较少;工作部分磨损后可调头使用,有利于提高使用寿命。其缺点是:更换衬套时退套较困难;如果过盈量选择不当,配合面磨损,挤压筒加热温度过高或内外套温差大的情况下,在从筒中推出压余或闷车坯料以及模座靠近挤压筒时,易将内套顶出。在中型、小型挤压机上主要采用圆柱形内套。

圆锥形内套的主要优点是:便于更换挤压筒内套,甚至在有的挤压机上可直接装上或卸下内套,而不需要将外套从挤压筒支架中取出,减少停工时间,提高效率。其缺点是:锥面不易加工,不易检测;如果内外套的配合锥面加工尺寸精度不能保证,易造成受力不均匀;工作部分磨损后不能调头使用。在 20MN 以上吨位的大型挤压机上多采用圆锥形内套。

台肩圆柱形内套与圆柱形内套基本相同,只是在热装时不必先找准热装位置,依靠台肩自动找正比较方便,台肩可防止内套从挤压筒中脱出。

内衬套的两端做成锥面。后端(入口端)一般做成 10℃~45℃ 锥面,有利于挤压时能够顺利地将坯料和挤压垫送入挤压筒内。前端(出口端)一般做成 10℃~20℃ 锥面,以保证与模支承上的圆锥面或圆柱面能紧密配合,起到定心作用,使模子在挤压筒靠紧模座后能准确地处于挤压中心线上,可保证管材不偏心。因此,挤压筒内衬前端的这个锥面通常被称为定心锥。

4. 挤压筒与模具平面的配合

挤压筒与模具平面的配合方式主要是根据被挤压合金的种类、产品的品种及形状、挤压方法、工模具结构和挤压筒与模间的压紧力大小等来设计。在卧式挤压机上一般采用两种配合方式,即平封方式和锥封方式,如图 5 - 24 所示。对于挤压管材的挤压机,一般应采用锥封配合。这是因为,一方面,锥封结构的密封性能强,而挤压管材时的挤压比范围较宽,当采用大挤压比挤压时,可防止金属溢出形成"大帽";另一方面,易对准中心,有自动调心作用,使挤压筒与模子的中心保持一致,有利于保证管材壁厚均匀。锥封配合的主要缺点是接触面积较小,工作内套常因高的接触面压和应力集中而产生局部压塌。在立式挤压机上,一般是把模子的一部分或整个模子放入挤压筒中,如图 5 - 25 所示。

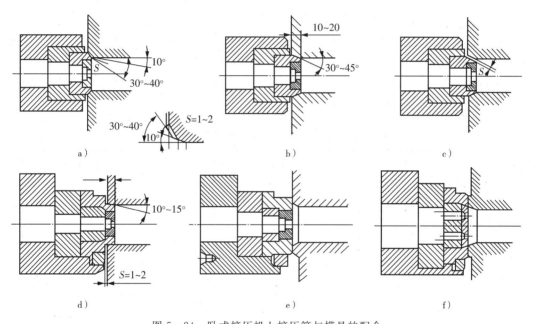

图 5 - 24 卧式挤压机上挤压筒与模具的配合

a)双锥面配合;b)单锥面配合;c)锥模密封;d)锥面密封;e)挤压管材的平面密封;f)挤压棒材的平面密封

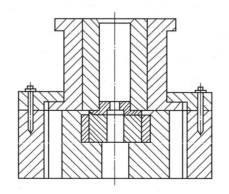

图 5 - 25 立式挤压机上挤压筒与模具的配合

5. 挤压筒的主要尺寸设计

(1)挤压筒工作内孔直径 D_t 的确定

挤压筒的工作内孔直径(通常称为挤压筒直径),主要是根据挤压机的吨位及前机架的结构、制品的允许挤压比范围、使被挤压金属产生塑性变形所需的单位压力等来确定。如前所述,在挤压机能力(吨位)一定的情况下,挤压筒的最大直径,应保证作用在挤压垫上的使金属产生塑性变形的单位压力(扣除了克服外摩擦所要消耗的挤压力部分后),不低于挤压温度下被挤压金属的变形抗力。挤压筒内孔直径越大,作用在挤压垫上的使金属产生塑性变形的单位挤压力就越小。另外,挤压筒的最大内孔直径还受到挤压机前机架空间的限制。而挤压筒的最小直径,则应保证工具的强度,特别是挤压轴的强度。挤压筒直径越小,则挤压轴的直径就越小,而作用在挤压垫上的单位挤压力越大。无论是对挤压轴,还是挤压筒本身,以及挤压垫和模具的使用寿命都是不利的。

在综合考虑上述因素的情况下,根据所要挤压的合金、规格范围,确定挤压筒工作内孔的直径。在一般情况下,根据挤压机能力大小,一台挤压机上配备2～4种规格挤压筒。如果挤压制品的规格范围比较集中、单一,则可配备1～2种规格挤压筒。一些管棒材挤压机常用的挤压筒直径尺寸见表5-1所示。

表5-1 常用管棒挤压机上配备的圆挤压筒规格

挤压机能力 /MN	挤压筒直径 /mm	挤压筒长度 /mm	挤压机能力 /MN	挤压筒直径 /mm	挤压筒长度 /mm
6.17	100;120;135	400	16	170;200	740
8	100;125;150	560	16.17	150～200	780
8.6	95～125	550	25(反向)	240;260	1150
9.8	100～140	570	28(反向)	262	1720
13.23	130～160	680	34.3	280;370	1000
15.68	155～205	815	45(反向)	320;420	1000
125	420;650;800	2000	100	300～600	1900

(2)挤压筒长度 L_t 的确定

挤压筒的长度与其直径的大小、被挤压合金的性能、挤压力的大小、挤压机的结构、挤压轴的强度等因素有关。挤压筒越长,虽然可以采用较长的坯料,从而提高生产效率和成品率,但相应地也会增大挤压力,增大金属流动对穿孔针的摩擦拉力,易导致穿孔针被拉细、拉断;用实心坯料穿孔挤压时,还易出现穿不透的现象。另外,挤压筒越长,所需要的挤压轴就越长,由于轴的细长比增大,削弱了挤压轴的强度和稳定性,即使在正常挤压的情况下,也容易发生弯曲变形。对于双动式挤压机,挤压轴的弯曲会带动穿孔针偏离中心位置,造成管材偏心。

挤压筒的长度可按下式确定:

$$L_t = L_{Pmax} + t + s \tag{5-1}$$

式中：L_{Pmax}——坯料的最大长度，用实心坯料挤压型棒材时取 $L_{Pmax}=(3\sim4)D_t$；用空心坯料
挤压管材时取 $L_{Pmax}=(2\sim3)D_t$；如果用实心坯料穿孔挤压管材，则比用空心
坯料时还要更短一些；

　　　t——模具进入挤压筒的深度；

　　　s——挤压垫的厚度，一般取 $s=(0.25\sim0.5)D_t$。

常用管棒挤压机所用挤压筒的长度尺寸见表 5-1 所示。

（3）挤压筒各层衬套厚度尺寸的确定

挤压筒衬套的层数、各层的厚度及其比值，对挤压筒的装配应力、挤压时的工作应力和等效应力的分布和大小均有很大影响。挤压筒衬套的层数越多，各层厚度比值合理，则在挤压过程中作用在挤压筒工作内衬套上的等效应力值就越小。

确定挤压筒各层套的厚度尺寸，通常是先根据经验初步确定某一数值，然后通过强度校核进行修正。挤压筒的外径应大致等于其内径的 2.5～5 倍，每层的厚度则根据内部受压的空心圆筒，各层衬套的外径、内径比值相等时的强度最大的原则来确定，即 $D_1/D_0=D_2/D_1=D_3/D_2$（其结构参数见图 5-26 所示）。但在生产实践中，考虑到外层有加热孔及键槽等而引起的强度降低，则各层直径的比值应保持为 $D_1/D_0<D_2/D_1<D_3/D_2$ 的关系。

确定挤压筒各层衬套厚度时，可按下面给出的范围计算：

$$D_1/D_0=1.5\sim2.0$$

$$D_2/D_1=1.6\sim1.8$$

$$D_3/D_2=2\sim2.5$$

（4）挤压筒各衬套间配合过盈量设计

多层套挤压筒均以过盈热装配形式组合，即内套的外径尺寸应比外套的内径尺寸稍大一些，有一定的过盈值。装配时，先将外套加热到一定温度，使之膨胀；然后将内套装入其中，等外套冷却后则对内套产生一预紧装配应力。这个装配应力，使挤压筒内衬套受到了由外向内产生的周向压应力 σ_t' 和径向压应力 σ_r' 的作用，过盈量越大，产生的预紧压应力也越大。同时，也使外套受到由内向外产生的周向拉应力和径向压应力的作用（如图 5-27a 所示）。挤压

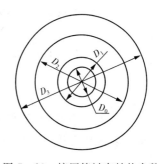

图 5-26　挤压筒衬套结构参数

时，在变形金属内压力的作用下，挤压筒各层套均受到由内向外产生的周向拉应力 σ_t'' 和径向压应力 σ_r'' 的作用（如图 5-27b 所示）。由于作用在挤压筒内套上的两种周向应力的符号是相反的，应力叠加的结果，使得作用在挤压筒内套上的周向拉应力 σ_t 的峰值降低（如图 5-27c 所示）。虽然这种应力叠加的结果会使作用在挤压筒外套上的周向拉应力的值增大，但由于外套的厚度尺寸远大于内套，且外套的工作条件也比内套的好得多，通常是不会破坏的。至于径向应力 σ_r 合成的结果，其数值虽然是增大了，但由于是压应力，不会造成挤压筒破坏。可见，通过合理选择过盈量，就可以达到减小作用在挤压筒内套上的拉应力的目的，甚至出现合成压应力，从而改善其受力条件，延长使用寿命。

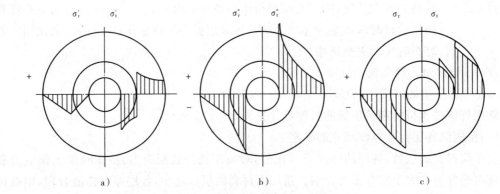

图 5-27　双层套挤压筒受力示意图

a)装配应力；b)工作应力；c)合成应力

挤压筒各层衬套过盈量的选择非常重要，过小时不足以降低合成拉应力值，过大可能会使衬套产生塑性变形和更换内衬套困难。过盈量的大小与挤压筒的比压、各层厚度和层次有关。挤压筒的比压越大，过盈量也应选大一些。多层套挤压筒靠近内套的层次，其过盈量应选大一些。装配对的尺寸越大，衬套越厚，其过盈量应选大一些。一般由过盈配合引起的热装配应力以不超过挤压工作时的最大单位挤压力的 70% 为宜。

挤压筒配合面的最小过盈量可按下式计算：

$$\delta_{\min}=\frac{2p_{\min}}{E}\cdot\frac{D_{配}^3(D_{2a}^2-D_{1i}^2)}{(D_{2a}^2-D_{配}^2)(D_{配}^2-D_{1i}^2)} \tag{5-2}$$

式中：$\delta_{\min}$——最小过盈量，mm；

$p_{\min}$——最小装配压力，MPa；

$D_{配}$——配合面直径，mm；

D_{2a}——外衬外径，mm；

D_{1i}——内衬内径，mm；

E——材料弹性模量，取 $E=2.2\times10^5$ MPa。

最小装配压力按下式计算：

$$p_{\min}\geqslant\frac{P}{\pi D_{配}\,lf} \tag{5-3}$$

式中：P——挤压机额定挤压力，N；

f——被挤压金属与挤压筒内壁的摩擦系数；

l——坯料长度，mm。

不同尺寸的装配过盈量可按照装配对处直径的 1/800～1/400 来选取。几种挤压筒的最佳过盈量选择见表 5-2 所示。

表 5-2　挤压筒衬套的设计过盈量

挤压筒结构	配合直径/mm	过盈量/mm
双层套	200～300	0.45～0.55
	310～500	0.55～0.65
	510～700	0.70～1.00
三层套	800～1130	1.05～1.35
	1600～1810	1.40～2.35
四层套	1130	1.65～2.20
	1500	2.05～2.30
	1810	2.50～3.00

(5)挤压筒强度校核

挤压筒在工作时所受的力是很复杂的。它不仅受到变形金属由内向外给予的压力和热装配合由外向内所产生的压力,还受到热应力和摩擦力的作用。这些力的作用结果导致在挤压筒中产生轴向应力 σ_l、径向应力 σ_r 和周向应力 σ_t。为了简化计算,对于由坯料与挤压筒壁间摩擦力引起的 σ_l 和热应力引起的 σ_l、σ_r 和 σ_t 忽略不计,只考虑由热装配合和金属变形所产生的 σ_r 和 σ_t 的值。变形金属作用在筒壁上的单位压力 p_n 与作用在挤压垫上的单位压力 p_d 是不相同的,一般取 $p_n = (0.5\sim0.8)p_d$,其中硬金属取下限,软金属取上限。

多层套挤压筒的强度校核,可按照承受内外压力的厚壁圆筒各层同时屈服的条件进行计算。根据拉梅公式:

$$\sigma_t = p_{比}\frac{r^2}{R^2-r^2}\left(1+\frac{R^2}{\rho^2}\right) \tag{5-4}$$

$$\sigma_r = p_{比}\frac{r^2}{R^2-r^2}\left(1-\frac{R^2}{\rho^2}\right) \tag{5-5}$$

式中:$p_{比}$——挤压筒的比压,MPa;

　r、R——挤压筒的内半径、外半径,mm;

　ρ——从挤压筒轴线到所求应力点的距离,mm。

按照第三强度理论,等效应力 $\sigma_{等效}$ 为

$$\sigma_{等效} = \sigma_t - \sigma_r = \frac{p_{比}\ 2r^2R^2}{(R^2-r^2)\rho^2} \tag{5-6}$$

根据上述三个计算式可以看出,在挤压筒内表面上($\rho=r$)出现最大应力值为

$$\sigma_t^{内} = p_{比}\frac{R^2+r^2}{R^2-r^2} \tag{5-7}$$

$$\sigma_r^{内} = -p_{比} \tag{5-8}$$

$$\sigma_{等效}^{内} = p_{比} \frac{2R^2}{R^2 - r^2} \tag{5-9}$$

如果用 $K = r/R$ 表示挤压筒的壁厚系数,则上述三个式子可表示成如下形式:

$$\sigma_t^{内} = p_{比} \frac{1+K^2}{1-K^2} \tag{5-10}$$

$$\sigma_r^{内} = -p_{比} \tag{5-11}$$

$$\sigma_{等效}^{内} = p_{比} \frac{2}{1-K^2} \approx [\sigma] \tag{5-12}$$

则整个挤压筒上的最大允许压力 p_{max} 可用下式计算:

$$p_{max} = \frac{1-K^2}{2} [\sigma] \tag{5-13}$$

5.2.3　挤压轴

1. 挤压轴的结构形式

挤压轴是与挤压筒及穿孔针配套使用的最重要的工具之一。挤压轴的主要作用是传递主柱塞的压力,使金属在挤压筒内产生塑性变形并从模孔中流出成为制品。

挤压轴分为实心与空心两种。实心挤压轴用于单动式挤压机,空心挤压轴用于双动式挤压机,挤压轴的结构形式如图 5-28 所示。

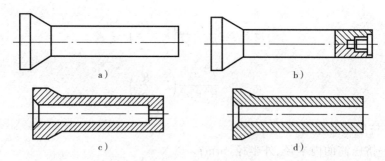

图 5-28　挤压轴结构示意图

a)挤压型棒材的实心挤压轴;b)挤压管材用实心挤压轴;c)台肩式空心挤压轴;d)通孔式空心挤压轴

图 5-28a 所示为单动卧式挤压机上挤压型材、棒材最常用的普通实心挤压轴,为圆柱形整体结构。为了提高挤压轴的纵向抗弯强度,在大吨位挤压机或挤压变形抗力很高的钨、钼等合金时,可将挤压轴做成变断面的。另外,为了节省高级合金钢,挤压轴也可以做成装配式的,轴杆部分用强度高的优质钢材,轴座大头部分用较低廉的钢材。

图 5-28b 所示为在单动卧式挤压机上,采用随动针方式挤压管材用实心挤压轴。其结构与普通的挤压型棒材用实心挤压轴没有区别,只是在其端部有一个安装穿孔针(芯棒)的

螺孔,穿孔针以螺纹连接方式安装在挤压轴的前端。

图 5 - 28c 所示为轴头部位带台肩形式的空心挤压轴。这种结构形式的挤压轴的优点是:有利于保证穿孔针与挤压轴中心一致;工具润滑油不会从挤压轴前端流出。但是,这种结构形式的挤压轴,由于针支承的前端在挤压轴的里面,安装穿孔针时比较麻烦,特别是如果穿孔针安装不到位时(根部螺纹没有拧紧到头),造成穿孔针长出,在用瓶式针挤压时,易发生穿孔针撞坏模子事故;当发生断针事故时,常常需要将挤压轴卸下,不利于快速处理断针,影响生产效率的提高,也不利于保证其中心的稳定;当一个挤压筒上配备有不同直径的多个穿孔针时,往往需要使用台肩尺寸不同的挤压轴,增加了工具费用。

图 5 - 28d 所示为不带台肩的通孔式空心挤压轴,安装穿孔针的针支承的前端可从挤压轴中伸出,有利于穿孔针的更换;处理断针事故时不需要将挤压轴卸下;同一个挤压筒上不同规格的穿孔针可使用一个挤压轴(针支承前端尺寸相同);当针支承前端与挤压轴内孔配合的耐磨铜套下部磨损造成穿孔针中心下移时,可以很方便地将铜套转动,调整其中心位置,从而延长铜套的使用寿命,并减少管材偏心。但是,如果因操作不注意使整个铜套全部从挤压轴中伸出,可能会造成穿孔针后退困难;减小了挤压轴端面的承压面积,轴头易压溃。

2. 挤压轴尺寸的确定

(1)实心挤压轴断面尺寸的确定

实心挤压轴的尺寸参数如图 5 - 29 所示。挤压轴的轴杆直径 d 根据挤压筒的内孔直径大小来确定。卧式挤压机挤压轴的轴杆直径一般比挤压筒内孔直径小 4～10mm,大型挤压机可达到 20mm;立式挤压机的小 2～5mm。

(2)空心挤压轴断面尺寸的确定

挤压管材用空心挤压轴的尺寸参数如图 5 - 30 所示。

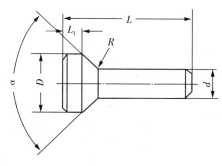

图 5 - 29　实心挤压轴尺寸参数图

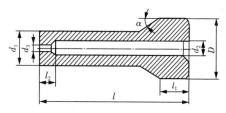

图 5 - 30　空心挤压轴尺寸参数图

①挤压轴轴杆的外径尺寸 d_1 的确定

挤压轴轴杆的外径尺寸 d_1 根据挤压筒的内孔直径 D_t 的大小来确定,与实心挤压轴的相同。

②挤压轴内孔直径 d_2、d_3 的确定

挤压轴内孔直径的最大值应根据空心轴环形截面上所承受的应力不超过材料的许用应力范围来确定,即

$$d_{2\max} = \sqrt{D_t^2 - \frac{4p_{比}}{\pi[\sigma_s]}} \qquad\qquad (5-14)$$

式中：$[\sigma_s]$——挤压轴材料的屈服强度。

挤压筒的比压 $p_{比}$ 越小，材料的屈服强度 $[\sigma_s]$ 越大，则 d_2 值就可以大些。

挤压轴内孔直径 d_2 的最小值由穿孔针后端的尺寸来决定。一般来说，d_2 应比穿孔针后端的外径大 5mm 以上，以满足针支承与挤压轴内孔的配合要求。

挤压轴内孔台肩处的直径 d_3 由穿孔针的直径来确定。一般来说，d_3 应比穿孔针直径大 1mm 左右，以保证穿孔针的正确位置。

（3）挤压轴长度 l 的确定

挤压轴是由轴杆、轴座及过渡圆锥三部分构成。其中轴杆部分要保证能够把压余和挤压垫从挤压筒中推出，其长度应比挤压筒的长度大 15～20mm；轴座部分的长度和直径根据轴支承的相应部分的尺寸来确定；过渡圆锥部分的长度根据锥面斜角的大小计算确定。

为了防止挤压轴端面压堆后出入挤压筒不方便，穿孔针后端出入挤压轴不方便，挤压轴端部的外径应比轴杆部分稍小一些，内径要比轴杆内孔稍大一些。为了避免应力集中，轴杆与轴座之间采用锥体过渡，且用半径不小于 100mm 的圆弧过渡。为避免挤压垫受力不均发生偏斜，挤压轴端面对轴中心线的不垂直度不得大于 0.1mm；为保证挤压轴与挤压筒及模座的同心度，轴杆与轴座的不同心度不得大于 0.1mm。挤压轴工作部分的表面粗糙度值应达到 1.6～3.2μm。部分挤压机常用空心挤压轴的主要尺寸见表 5-3 所示。

表5-3 部分挤压机常用空心挤压轴的主要尺寸

挤压机能力 /MN	挤压筒直径 /mm	D /mm	d_1 /mm	d_2 /mm	d_3 /mm	l /mm	l_1 /mm	l_2 /mm	α /(°)
16.3	170	355	165	96	96	965	30		30
	200	355	195	76	76	965	30		30
25	180	440	174	100	82.5	1260	35	150	25
	200	440	194	100	82.5	1260	35	150	25
	230	440	224	120	102.5	1260	35	150	25
	280	440	274	150	132.5	1260	35	150	25
35	280	660	274	165	102.0	1615	185	150	30
	320	660	314	185	132.0	1615	166	150	30
	370	660	364	205	162.0	1615	166	150	30
125	420	800	410	230	230	2760	40		30
	500	800	490	310	310	2760	40		30
	650	1000	640	385	385	2760	80		30
	800	1000	790	530	530	2760	80		30

3. 挤压轴强度校核

挤压轴在工作中不仅受到压应力作用,还受到偏心载荷作用(如图 5 - 31 所示),后者主要是由于挤压轴与挤压筒不可能完全同心所造成。挤压轴的强度校核主要就是校核挤压轴工作端面的面压、轴的纵向弯曲应力和稳定性。

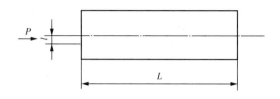

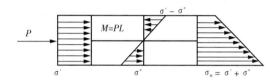

图 5 - 31　挤压轴受力分析图

(1)挤压轴的面压 $p_{面}$ 的计算

为了防止挤压轴在使用过程中端面压塌,作用在挤压轴端面上的最大单位压力(面压)应不大于挤压轴材料的许用压缩应力。即

$$p_{面} = \frac{P}{F} \leqslant [\sigma]_{压} \tag{5-15}$$

式中:P——挤压机的额定挤压力,N;

　　　F——挤压轴端面面积,mm^2;

　　　$[\sigma]_{压}$——挤压轴材料的许用压缩应力。在 400℃ 时,对于 5CrNiMo 钢,取 $[\sigma]_{压}=$ 950MPa;对于 3Cr2W8V 钢,取 $[\sigma]_{压}=1100$MPa。

(2)纵向弯曲应力计算

在挤压时,挤压轴所受到的全应力 σ_n 应等于其所受到的压应力 σ' 和弯矩所引起的应力 σ'' 的总和,即

$$\sigma_n = \sigma' + \sigma'' \tag{5-16a}$$

由挤压力所产生的压应力 σ' 可由下式计算:

$$\sigma' = \frac{P}{\varphi F} \leqslant [\sigma]_{稳} \tag{5-16b}$$

式中:P——挤压机的额定压力,N;

　　　F——挤压轴的横截面面积,mm^2;

　　　φ——许用应力的折减系数,其取值与挤压轴的柔度(细长比)λ 和材料有关;

　　　$[\sigma]_{稳}$——稳定条件下的许用应力,$[\sigma]_{稳} \approx \varphi[\sigma_s]$,MPa。

由弯曲力矩 M 所产生的应力 σ'' 为

$$\sigma''=\frac{M}{W}=\frac{Pl}{W} \tag{5-16c}$$

式中：W——挤压轴截面模数，对于空心挤压轴，$W=0.1d_w^3\left(1-\frac{d_n^4}{d_w^4}\right)$；

$\quad l$——偏心距，最大可达挤压筒与挤压轴直径差之半；即 $(D_t-d_w)/2$；

$\quad d_w$——挤压轴外径；

$\quad d_n$——挤压轴内径。

挤压轴的柔度 λ 可用下式计算：

$$\lambda=\frac{\mu L}{i_{\min}} \tag{5-17}$$

式中：μ——长度系数，取 $\mu=1.5\sim2.0$；

$\quad L$——挤压轴的工作长度；

$\quad i$——挤压轴截面的惯性半径，$i=\frac{1}{4}\sqrt{d_w^2+d_n^2}$。

在已知挤压轴的柔度和材料后，就可确定式（5-16b）中的 φ 值。为了简化计算，一般可取 $\varphi=0.9$。

（3）挤压轴的稳定性计算

当挤压轴的柔度 $\lambda>100$ 时，应按照欧拉公式校核挤压轴的稳定性：

$$P_K\geqslant P/n \tag{5-18a}$$

式中：n——强度安全系数，取 $n=1.1\sim1.25$；

$\quad P_K$——许可的最大临界载荷。

$$P_K=\frac{\pi^2 EJ}{4L^2} \tag{5-18b}$$

式中：E——挤压轴材料的弹性模量，取 $E=2.2\times10^5\,\mathrm{MPa}$；

$\quad J$——挤压轴断面惯性矩，$J=\pi(d_w^4-d_n^4)/64$；

$\quad L$——挤压轴的工作长度。

若 $P_K\geqslant P/n$，认为挤压轴的稳定性较好，可满足生产要求；若 $P_K<P/n$，则挤压轴在生产时可能失稳。一般来说，当挤压轴的工作长度与其直径之比小于 5 时，不会产生纵向失稳。

5.2.4 穿孔针

用实心坯料挤压管材时,穿孔针的作用是对坯料进行穿孔并在挤压成形时确定制品的内孔尺寸和形状。用空心坯料挤压时,穿孔针起芯棒的作用,确定制品的内孔尺寸和形状。穿孔针对挤压管材的内表面质量起着决定性的作用。穿孔针是管材挤压生产中最容易损坏的工具。

1. 穿孔针的结构形式

卧式挤压机的典型穿孔系统如图5-32所示。其主要包括针尖、针杆、针支承、穿孔压杆等工具。立式挤压机上可配备独立的穿孔系统,也可以将穿孔针直接安装在挤压轴上。

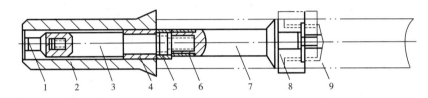

图5-32 典型穿孔系统结构图

1—针尖;2—挤压轴;3—穿孔针针杆;4—钢套;5—背帽;6—导套;7—针支承;8—压杆背帽;9—穿孔压杆

穿孔系统各工具通常都是采用螺纹连接,针尖通过螺纹连接在针杆的前端,构成一个整体的穿孔针;穿孔针通过其针后端的螺纹连接在针支承的前端,在有些挤压机的穿孔系统中,在穿孔针与针支承之间还增加一个针接手;针支承通过螺纹连接在穿孔压杆上;穿孔压杆与穿孔柱塞相连接。这种连接方式的缺点是装卸不方便,劳动强度大。但可以将很长的穿孔系统分成若干段,能减少总的弯曲度,便于调整中心,且可根据需要,各段采用不同的合金钢材,从而节约高级合金钢材。

穿孔针是穿孔系统中最主要的部分,其断面形状、结构形式取决于挤压机的结构、挤压方法和产品的规格、形状。穿孔针的主要结构形式如图5-33所示。

图5-33a所示是固定在卧式或立式单动挤压机挤压轴上的圆柱形穿孔针,挤压时必须使用空心坯料,主要用于挤压中小规格管材。

图5-33b所示为不固定在挤压轴上的浮动针,用空心坯料挤压中小规格管材。

图5-33c、图5-33e所示为固定在双动卧式或立式挤压机针支承上的圆柱形穿孔针,可用空心坯料不穿孔或实心坯料穿孔挤压管材。一般用于挤压中小规格管材。

图5-33d所示为各种异形断面的穿孔针,用于挤压不同内孔形状的异形断面管材。穿孔针的固定方式与通常情况没有区别。

图5-33f所示为阶梯形的瓶式穿孔针,它是在双动式挤压机上挤压管材时应用最为广泛的一种穿孔针,可适合挤压各种规格管材。

图5-33g所示为固定在挤压轴上的锥形穿孔针,用于挤压变断面管材。

图5-33h所示为单一整体针。采用瓶式针、固定针方式挤压管材时,当所需挤压管材的内径尺寸与穿孔针的针杆直径相同,或者管材内径接近针杆直径时,把针尖与针杆部分制作成一个整体。

图5-33i所示为小浮动针。在其一端有标准螺纹并固定在针支承的针基体上,其内部

沿全长钻有变直径的孔,在孔中嵌入具有丁字形的小直径工作针杆。在穿孔时,针的前端离开壳体,只有它的小端10~15mm仍留在外面,穿孔结束时,在模具里被流动金属裹住的针杆向前移动形成管材。

图5-33j所示为表面带有异型槽的特殊穿孔针,可用于挤压内孔形状复杂的异形断面管材。如果在圆柱形针的表面刻上螺旋形槽沟,则可以挤压出内表面带螺纹的管材。

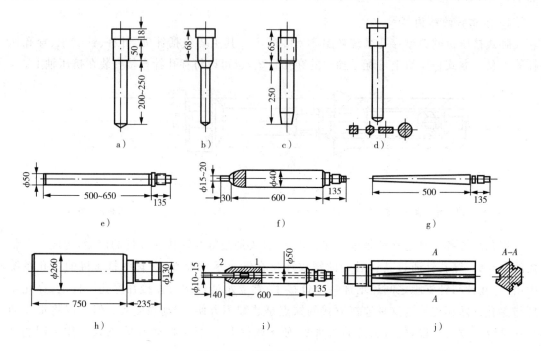

图5-33　穿孔针的结构形式

a)固定在挤压轴上的圆柱形针;b)浮动针;c)、e)固定在针支承上的圆柱形针;d)异形断面针;
f)瓶式针;g)锥形针;h)单一针;i)小浮动针;j)表面带异形槽的特殊针

上述穿孔针中,最广泛应用的是双动式挤压机上使用的瓶式针和单动式挤压机上使用的圆柱形针。

2. 穿孔针尺寸的确定

(1)圆柱形穿孔针

在无独立穿孔系统的单动式挤压机上使用的圆柱形穿孔针,是通过螺纹连接方式直接安装在挤压轴上,在挤压过程中随挤压轴同时前进。穿孔针的结构主要是由针前端的圆柱形针本体和针后端的连接配合螺纹部分所构成。

① 穿孔针直径 $d_{针}$ 的确定

$$d_{针}=d_{内}-0.7\%d_{内} \tag{5-19}$$

式中:$d_{内}$——管材的名义内径尺寸。

在单动式挤压机上采用随动针方式挤压管材的圆柱形穿孔针在长度方向上带有很小的锥度,一方面可减小金属流动时作用在针上的摩擦拉力;另一方面,当挤压过程结束时,便于穿孔针能够顺利地从管子中退出,以便分离残料和进行下一个周期的挤压操作。穿孔针的针体前后端的直径差一般为 0.2～0.5mm。

② 穿孔针工作部分长度 $L_针$ 的确定

$$L_针 = L_锭 + h_垫 + h_定 + l_出 \qquad (5-20)$$

式中：$L_锭$——坯料的长度，mm；

　　　$h_垫$——挤压垫的厚度，mm；

　　　$h_定$——模子工作带长度，mm；

　　　$l_出$——穿孔针前端伸出模子工作带的长度，一般取 10～20mm（不包括最前端有锥角
　　　　　的部分）。

③ 穿孔针的后端尺寸

穿孔针后端的尺寸是根据与挤压轴和挤压垫的连接配合要求来确定的，其原则是保证
穿孔针的稳定性、与挤压轴的同轴度和穿孔针的连接强度。

6.17MN 单动立式挤压机用圆柱形穿孔针的结构和尺寸如图 5-34 和表 5-4 所示。

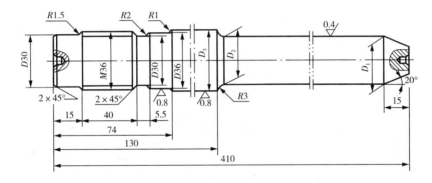

图 5-34　6.17MN 单动立式挤压机用穿孔针

表 5-4　6.17MN 立式挤压机用穿孔针的主要尺寸(单位：mm)

管材内径	D_1	D_2	D_3
13～25	$D_2-0.5$	12.7～25.2	30
26～35	$D_2-0.5$	26.2～35.3	40
36～45	$D_2-0.5$	36.3～44.3	50
46～55	$D_2-0.5$	45.3～55.3	60
56～65	$D_2-0.5$	56.3～64.3	70

(2)瓶式针

在双动式挤压机上挤压管材时，一般都使用瓶式针，而很少使用圆柱形针。这是因为，
圆柱形针在穿孔时易弯曲和过热，从而导致穿孔不正使管材出现偏心，可能会造成穿孔针过
早拉细或拉断；穿孔针表面易被挤压垫划伤，影响管材内表面质量；穿孔针沿长度方向有锥
度，会影响到管材的纵向尺寸精度；挤压大、中规格管材时，工具费用多，成本高。采用瓶式
针挤压时，管材的内径尺寸是通过安装在针杆前端的针尖来控制。变换规格时，只需要更换
针尖就可以实现，从而可减少工具费用，降低成本，这在挤压小批量的大、中规格管材时效果

非常明显;针尖工作圆柱段虽然也有一定的锥度,但由于在挤压过程中针是固定不动的,从而有利于控制管材的内径尺寸精度;针尖部分易加工、处理,根据需要还可以采用更高级的合金或其他复合材料(如陶瓷材料),有利于提高管材的内表面质量和尺寸精度。

① 针尖直径 $d_针$ 的确定

瓶式针的针尖工作圆柱段直径,决定着管材的内径尺寸及精度,其设计方法按式 5 − 19 确定。

② 针尖工作圆柱段长度 $L_针$ 的确定

$$L_针 = h_定 + l_出 + l_余 \tag{5-21}$$

式中:$l_余$——余量,一般不应大于压余的厚度,通常取 20～30mm。

③ 针尖与针杆过渡区设计

针尖与针杆采用圆锥光滑过渡,其锥角一般为 30°～45°。过渡区的长度视针尖与针杆的直径差而定,一般不宜过大。

图 5 − 35 所示为 35MN 挤压机 ϕ100mm 穿孔针所配套使用的针尖的结构尺寸,针尖工作圆柱段直径 $d_针$ 的尺寸范围为 13～79mm。

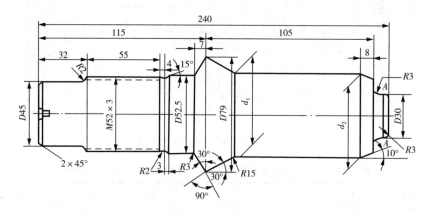

图 5 − 35   35MN 挤压机 ϕ100mm 穿孔针的针尖结构尺寸

④ 针杆直径 $d_杆$ 的确定

针杆的最大直径取决于挤压轴的最大内孔直径(见式 5 − 14)。根据针支承与挤压轴内孔的配合结构要求,穿孔针的针杆最大直径一般应比挤压轴内孔直径小 5mm 以上。针杆的最小直径由压缩强度和稳定性来确定。首先根据压缩应力计算出针杆的最小直径 $d_{杆min}$,然后用稳定性进行校核,最后根据挤压工具的系列化,确定合适的针杆直径。一般情况下,每个规格挤压筒可配备 1～3 种规格的针杆。

$$d_{杆min} = \sqrt{\frac{4p_比}{\pi[\sigma_s]}} \tag{5-22}$$

⑤ 针杆长度 $L_杆$ 的确定

穿孔针的针杆长度主要由稳定性校核来确定。此外,与装配方式、穿孔系统工具的分段设计及配合等也有一定关系。

35MN 挤压机配套使用的瓶式穿孔针针杆的结构尺寸见图 5-36 和表 5-5 所示。

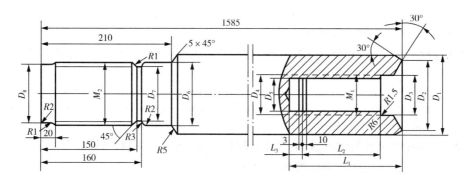

图 5-36 35MN 挤压机穿孔针针杆的结构尺寸

表 5-5 35MN 挤压机瓶式穿孔针针杆的尺寸参数(单位:mm)

挤压筒	D_1	D_2	D_3	D_4	D_5	D_6	D_7	D_8	M_1	M_2	L_1	L_2	L_3
220	85	57	35.9	36.5	30.25	57.6	48	46	螺纹 $1^3/8''$	$M56×5.5$	95.5	38.1	25.4
280	100	57	35.9	36.5	30.25	101.6	91	89.6	螺纹 $1^3/8''$	$M100×6$	95.5	95	25.4
	100	80	53.15	53.15	45.15	101.6	91	89.6	$M52×3$	$M100×6$	154	95	25.4
	125	120	78	78	70	101.6	91	89.6	$M76×4$	$M100×6$	154	95	25.4
370	160	155	102	102	92.5	135	121	120	$M100×4$	$M130×6$	174	120	20
	230	225	135.2	135	120.2	135	121	120	$M130×6$	$M130×6$	230	170	32

3. 穿孔针的强度校核

穿孔针在生产过程中的工作条件是十分恶劣的,承受着高温、高压、大摩擦的作用;承受着激冷(润滑时)、激热(工作时)作用;承受反复循环应力作用;承受着拉、压和纵向弯曲等复合应力作用;承受着偏心载荷引起的附加应力作用;在进、退针时还会受到冲击载荷的作用等。从而造成在工作过程中经常会出现针的断裂和弯曲的情况。

(1)穿孔时针的稳定性校核

在穿孔时,穿孔针受到纵向压缩和由于针与挤压筒的不同心产生的纵向弯曲应力的作用。使穿孔针产生弯曲变形的临界压力 P_{kp} 可用下式计算:

$$P_{kp} = \frac{\pi^2 EJ}{(\mu L)^2} \qquad (5-23)$$

式中:E——弹性模量,取 $E = 2.2×10^5$ MPa;

J——穿孔针的惯性矩,$J = \pi d_{针}^4/64$,mm^4;

$d_{针}$——穿孔针直径(瓶式针为针杆直径),mm;

L——穿孔针的有效长度(包括瓶式针的针尖部分),mm;

μ——针的稳定性系数,一端固定另一端自由时取 $1.5\sim2.0$。

穿孔时,穿孔针的稳定安全条件为

$$P_Z \leqslant P_{kp}/n \qquad (5-24)$$

式中：P_Z——穿孔力，N，见式（4-43）；

　　　n——穿孔针的稳定安全系数，一般取 1.5～3.0。

（2）挤压时穿孔针的强度校核

穿孔过程结束后，随着金属从模孔流出，穿孔针又将受到变形金属的摩擦拉力作用。因此，还需要对穿孔针的拉伸强度进行校核。

$$\sigma_P = Q/F \leqslant [\sigma_P] \tag{5-25}$$

式中：Q——作用在穿孔针上的拉力，N；圆柱形针见式（4-45），瓶式针见式（4-47）；

　　　F——穿孔针上最薄弱部位的截面积，mm^2；

　　　σ_P——穿孔针上的最大拉伸应力，MPa；

　　　$[\sigma_P]$——穿孔针材料的许用拉伸应力，MPa。

穿孔针上的最薄弱部位，与穿孔针的设计结构、各部位的尺寸、工作条件以及应力集中情况等有关。一般情况下，穿孔针的最薄弱部位是与针支承相连接的根部螺纹前面的退刀槽或螺纹处，因此，在进行穿孔针设计时，要特别注意穿孔针根部螺纹部位的配合结构和尺寸设计。

5.2.5 挤压垫

挤压垫是用来将挤压轴与高温坯料隔开，防止挤压轴与高温坯料直接接触，避免挤压轴端部变形和过早磨损，延长挤压轴的使用寿命。同时，可防止金属倒流，避免出现包轴事故。

1. 挤压垫的结构形式

根据挤压机的结构形式、挤压方法的不同，挤压垫的结构形式也不完全一样，最常用的挤压垫的结构形式主要有3种，如图5-37所示。在立式小吨位挤压机上所用的挤压垫，多采用与挤压模相适应的凸起锥形挤压垫（见图5-37c），它能使挤压压余的厚度减小到很薄，如6.17MN挤压机正常压余厚度仅为10mm。但在大吨位的卧式挤压机上，如果采用锥形挤压垫，分离压余比较困难，故采用平面挤压垫（见图5-37a、b）。为了减小挤压垫与变形金属的黏结摩擦，一般采用一端带凸缘（工作带）的挤压垫。工作时，带凸缘一端与坯料接触，另一端与挤压轴接触。在反向挤压时，通常还采用两端带凸缘的双工作带挤压垫，可提高挤压垫送入及在挤压筒中的稳定性。

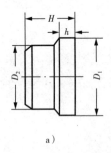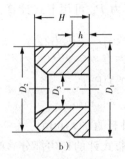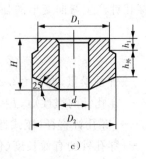

　　　　a)　　　　　　　　　　b)　　　　　　　　　　c)

图5-37　挤压铝合金常用挤压垫的结构形式

a)挤压型棒材用挤压垫；b)挤压管材用挤压垫；c)立式挤压机用挤压垫

近年来,为了简化生产工艺,提高生产效率,减少挤压残料,提高成品率,研制成功了一种固定挤压垫生产方法,如图 5-38 所示。挤压垫由内垫和外垫组成,用螺栓固定在挤压轴上。内垫在受到压力前突出外垫 1mm 左右。挤压时,受到压力作用后,内垫缩进,迫使外垫涨开,实现对挤压筒的密封。挤压结束后,作用在挤压垫上的压力消失,内垫、外垫恢复原状。内垫重新伸出外垫,推动残料使其与挤压垫分离。采用固定垫挤压时,要求挤压机的对中性好,剪刀动作要精确,同时应润滑挤压垫。

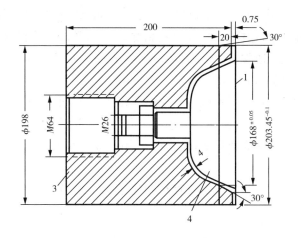

图 5-38 固定式挤压垫结构示意图

2. 挤压垫尺寸的确定

(1)挤压垫的外径尺寸 $D_{垫}$ 的确定

挤压垫的外径尺寸主要取决于挤压筒的直径和挤压机的结构形式。挤压垫的外径尺寸 $D_{垫}$ 可由下式确定:

$$D_{垫} = D_t - \Delta D \tag{5-26}$$

式中:D_t——挤压筒直径,mm;

ΔD——挤压筒直径与挤压垫外径之差,对于卧式挤压机,ΔD 可取 $0.15 \sim 1.5$mm;对于立式挤压机,ΔD 可取 $0.15 \sim 0.4$mm。挤压筒直径大时取上限,挤压筒直径小时取下限。

ΔD 的取值不能太大,否则易造成金属倒流,可能形成局部脱皮挤压,残留在挤压筒内的金属残片在下次挤压时被包在制品上形成起皮、分层等缺陷。挤压管材用挤压垫,当 ΔD 的取值过大时,不能有效地控制穿孔针的位置,从而造成管材偏心。但如果 ΔD 的取值太小,将增大挤压筒的磨损,降低挤压筒的寿命,在操作不当时,挤压垫还容易被卡在挤压筒中。

(2)挤压垫内径尺寸 $d_{垫}$ 的确定

挤压垫的内径尺寸主要取决于穿孔针的结构和尺寸。卧式挤压机一般用瓶式针,其挤压垫的内径尺寸主要取决于穿孔针的针杆直径。可由下式确定:

$$d_{垫} = d_{杆} + \Delta d \tag{5-27}$$

式中:$d_杆$——穿孔针的针杆直径,mm;

Δd——挤压垫内径与穿孔针的针杆直径之差,通常可取 0.3~1.2mm,穿孔针粗时取上限,穿孔针细时取下限。

立式挤压机一般用圆柱形针,是根据管材的内径尺寸配置的,通常都是在能够挤压的管材规格范围内,每 1mm 配置一个规格穿孔针。如果每一个规格穿孔针都要配置一个与之相配套的挤压垫,则必然会增加大量的工具费用。为此,在穿孔针设计时,在针本体的后端设计一个圆台(如图 5-34 中 D_3)与挤压垫配合,这个圆台在穿孔针装配好后露在挤压轴的外面,相当于瓶式针的针杆。这样一来,许多规格穿孔针都可以设计相同尺寸的圆台,也就可以采用一个规格挤压垫。通常情况下,每 10mm 配置一个规格挤压垫。穿孔针后端的圆台直径与挤压垫的内径之差 Δd 一般取 0.15~0.5mm。

Δd 的取值不能太大,否则将不能有效控制穿孔针在挤压筒中的位置,易造成管材偏心;还易造成金属倒流,包住穿孔针。但其取值也不能太小,否则将增大穿孔针的磨损,易划伤穿孔针表面而影响管材的内表面质量;当操作不当时,挤压垫易卡在穿孔针上。

(3)挤压垫的厚度 $H_垫$

挤压垫的厚度 $H_垫$ 主要根据挤压筒直径和比压大小来确定。在一般情况下,挤压垫的厚度可按照下式确定:

$$H_垫=(0.25\sim0.5)D_垫 \tag{5-28}$$

挤压垫过厚,较笨重,浪费钢材;过薄,易变形和损坏。

(4)挤压垫工作带厚度 $h_垫$ 及凸缘高度 Δh

在一般情况下,取 $h_垫=(1/4\sim1/3)H_垫$。$h_垫$ 过小,易磨损;$h_垫$ 过大,摩擦阻力大,易黏金属。工作带凸缘高度 Δh 一般取 1.5~5.0mm。大挤压筒取上限,小挤压筒取下限。

部分挤压机上挤压铝合金用挤压垫的规格尺寸见表 5-6 所示。

表 5-6　部分挤压机用挤压垫的尺寸

挤压机能力/MN	挤压筒直径/mm	穿孔针的针杆或圆台直径/mm	挤压垫尺寸/mm				
			$D_垫$	$d_垫$	Δh	$H_垫$	$h_垫$
6.17	100	$30^{-0.5},40^{-0.5},50^{-0.5}$	99.8	30,40,50	1.5	56	20
	120	$40^{-0.5},50^{-0.5},60^{-0.5},70^{-0.5}$	119.8	40,50,60,70	1.5	56	20
	135	$50^{-0.5},60^{-0.5},70^{-0.5}$	134.8	50,60,70	1.5	56	20
7.5	90		89.7		2.5	50	20
	100		99.7		2.5	50	20
12.5	130		129.6		2.5	70	30
16	170	65	169.8	65.2	1.5	70	20
	200	90	199.8	90.2	1.5	70	20
20	170		169.6		2.5	70	30
	200		169.5		2.5	70	30

(续表)

挤压机能力/MN	挤压筒直径/mm	穿孔针的针杆或圆台直径/mm	挤压垫尺寸/mm				
			$D_{垫}$	$d_{垫}$	Δh	$H_{垫}$	$h_{垫}$
25	260	75	259.6	75.3	2.5	100	15,20
		95	259.6	95.3	2.5	100	15,20
34.3	280	100	279.5	100.6	5	100	40
		130	279.5	130.6	5	100	40
	370	130	369.5	130.6	5	100	40
		160	369.5	160.6	5	100	40
		200	369.5	200.6	5	100	40
50	300		299.4		5	150	50
	360		359.3		5	150	50
	420		419.2		5	150	50
	500		499		5	150	50
125	420	210,150	419.4	211,151	4	150	50
	500	300,250,210	499.2	301,251,211	5	150	50
	650	360,300,250	649	361.2,301,251	5	150	50
	800	510,430	798.8	511.2,431.2	5	150	50

3. 挤压垫的强度校核

挤压垫长期与高温金属直接接触，挤压机的挤压力是通过挤压垫传递给金属，并使其产生塑性变形。挤压力的大小、挤压温度的高低以及连续作业时间的长短，对挤压垫的强度都会带来一定的影响。在挤压过程中，挤压垫主要是承受压应力作用。因此，对挤压垫要进行抗压强度校核。

$$\sigma_{压} = \frac{P_{\max}}{F_{垫}} \leqslant [\sigma_{压}] \tag{5-29}$$

式中：$\sigma_{压}$——挤压垫上承受的压缩应力，MPa；

$P_{\max}$——最大挤压力，按挤压机的额定能力计算，N；

$F_{垫}$——挤压垫工作面积，mm^2；

$[\sigma_{压}]$——挤压垫材料的许用抗压强度，一般取 $[\sigma_{压}]=(0.9\sim0.95)\sigma_{0.2}$，MPa；$\sigma_{0.2}$ 为挤压垫材料在工作温度下的屈服强度，MPa。

当挤压垫的内孔直径很大时，还应校核其抗弯强度。

5.2.6 挤压模

挤压模是金属成形的工具，变形金属从模孔中挤出，获得所需要断面形状和尺寸的制品。挤压模对挤压制品的质量、产量、成品率及生产成本有重要影响。

1. 挤压模的结构类型

挤压模可按照不同的特征进行分类,按总体结构分为整体模、组合模和拆卸模三大类。

(1)整体模

由整块钢材加工制作为一体的模具。按照模孔的形状主要分为平模、锥模、双锥模、平锥模、平流线模和碗形模,如图 5-39 所示。其中最常用的是平模和锥模。

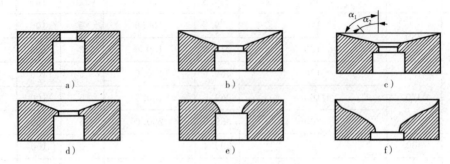

图 5-39 整体模的主要类型
a)平模;b)锥模;c)双锥模;d)平锥模;e)平流线模;f)碗形模

① 平模

平模的模角 α 为 90°。用平模挤压的优点是,可以形成较大的死区,有利于提高制品的表面质量,广泛应用于挤压铝合金棒材和型材。但对于挤压温度高、变形抗力大的合金,则不宜采用平模挤压,以免发生死区断裂,在制品表面出现起皮、分层等缺陷。另外,平模挤压时的挤压力大,能量消耗较大。

② 锥模

锥模的模角 α 小于 90°,一般为 55°~70°。用锥模挤压时的金属流动较均匀,挤压力较平模的小,但挤压制品的表面质量不如平模的好。常用于铝合金管材和高温、难变形金属的管棒材挤压。采用玻璃润滑法挤压钢材和钛合金时,使用 $\alpha = 65°~70°$ 的锥模,以免模角太小时润滑剂难以留在变形区内。

③ 双锥模

双锥模的模角为:$\alpha_1 = 60°~65°$,$\alpha_2 = 10°~45°$,在挤压铝合金管材时取 $\alpha_2 = 10°~13°$。用双锥模挤压铜合金时可以提高模具的使用寿命;挤压铝合金管材时,可增大轴向压应力,有利于提高挤压速度。

④ 平锥模

平锥模介于平模和锥模之间,兼有二者的优点。适合于挤压钢材和钛合金。

⑤ 平流线模

不同于上述四种模子的模孔都设计有一圆柱段的定径带,平流线模没有这一圆柱段。适合于挤压钢材和钛合金。

⑥ 碗形模

碗形模的模孔呈碗形,主要用于润滑挤压(如冷挤压)和无压余挤压。

在整体模中,平模适合挤压各种断面形状的管材、棒材和型材。其他形状的模子通常只适合挤压圆断面制品。

(2)组合模

组合模用于生产内径较小的管材和各种形状的空心型材。组合模的主要形式有两种：舌型模(桥模)、平面分流模。

① 舌型模

舌型模通常由两部分组装而成:带有针(舌头)的模桥与模套(外模)构成一个整体,在模套内镶着一带模孔的内模,模桥上的针伸到内模的孔中。舌型模有三种结构形式:突桥式、半突桥式和隐桥式,如图 5-40 所示。

突桥式舌型模加工比较简单,所需要的挤压力较小,焊合室中的延伸系数较大,型材各部分的金属流速比较均匀,可以采用较高的挤压速度。其主要缺点是挤压残料较多,而且模桥的强度较其他两种差些。这种形式的模具在实际中得到了广泛应用。

隐桥式舌型模的主要优点是桥的强度高,挤压残料较少。其主要缺点是加工比较复杂,挤压力较大,制品的外接圆尺寸较小;另外,用剪刀分离残料时,残料留在模具的锥形漏斗和模腔内,影响模腔的清洁度,影响制品的表面和焊缝质量,在实际中应用较少。

半突桥式舌型模的特点介于二者之间,可用于挤压 5A05、5A06 等难变形铝合金空心型材。

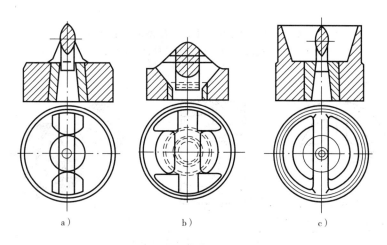

图 5-40 舌型模的结构形式
a)突桥式;b)半突桥式;c)隐桥式

挤压时,实心坯料在强大的挤压力作用下,被模桥劈开成两半,流入焊合室,在高温、高压、高真空的条件下重新焊合,并经模孔与针所形成的间隙中流出,得到所需要形状、尺寸的空心制品。舌型模主要用于挤压硬合金空心型材。

② 平面分流模

如图 5-41 所示,平面分流模通常是由上模和下模组装而成。上模上带有分流孔、分流桥和模芯。分流孔是金属通往焊合室的通道;分流桥是支承模芯(针)的支架;模芯(针)用来形成型材内腔的形状和尺寸。在下模上带有焊合室及模孔型腔。从分流孔流进来的几股金属汇集在焊合室,形成以模芯为中心的整体坯料,由于金属不断聚集,静压力不断增大,直至挤出模孔。上、下模通过定位销及螺栓连接在一起,使分流模成为一个整体,便于操作,并可增大强度。

　　根据分流桥的结构不同,平面分流模又可分为固定桥式和可拆卸桥式两种。图5-41所示为固定桥式分流模,也称为孔道式分流模,桥与上模是一个整体。拆卸桥式分流模的桥和模芯连接在一起,然后与上模的模套组装在一起,也称为叉架式分流模,如图5-42所示。

　　平面分流模挤压时所需要的挤压力相对较大,多用于挤压变形抗力较低、焊合性能好的软合金空心型材。平面分流模的挤压残料相对较少。平面分流模在铝合金建筑型材生产中得到了最广泛的应用。

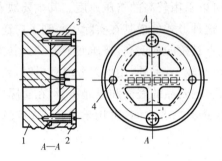

图5-41　固定桥式平面分流模结构示意图
1-上模;2-下模;3-连接螺栓;4-定位销

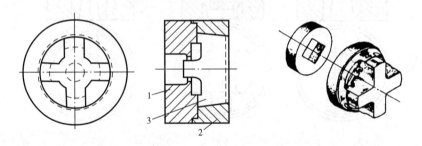

图5-42　叉架式平面分流模结构示意图
1-下模;2-上模;3-带模芯的叉架

　　(3)拆卸模

　　拆卸模是由几个模块拼装组成一整体模子,用于生产阶段变断面型材。模子是由大头和基本型材两套模子构成,而这两部分又分别由多块组装而成,如图5-43所示。为了在拆换模具过程中操作方便,在每瓣型材模块的背后,钻有一个直径为20～30mm的孔,以便在型材挤压完成后能够用钩子很方便地将其取下。

　　采用分步挤压法挤压阶段变断面型材的模具为正锥模。挤压前,先将基本型材模子装到压型嘴中。挤压时,先挤出的是基本型材部分,当其达到要求的长度时停止,挤压筒后退,利用筒内剩余坯料与筒的摩擦,将型材模从压型嘴内拉出,用钩子分别将几瓣型材模块取下。然后,再将大头部分的模子卡在型材外面装到压型嘴中,挤压筒向前靠在模座上,继续挤压,这时挤出的是其大头部分。

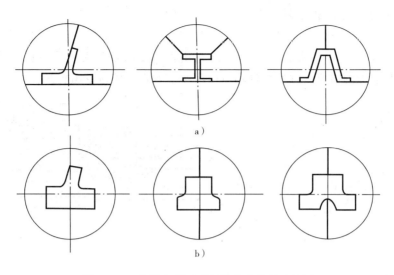

图 5-43　阶段变断面型材模具分模面示意图
a)型材模;b)大头模

2.挤压模具的组装方式

模具组件一般包括模子、模垫和模支承。根据挤压机的结构、模座形式和生产工艺特点的不同,模具的组装方式也不一样。

在模支承内或直接在压型嘴内固定模具的方式主要有两种,如图 5-44 所示。

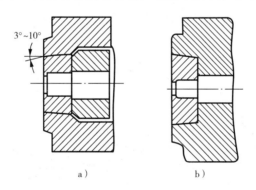

图 5-44　挤压模具组装图
a)装配在带倒锥体的模支承内;b)直接装配在压型嘴内

图 5-44a 所示是将模具装入带倒锥体的模支承内,模支承锥体斜角为 3°～10°,通常为6°,其模子的外形也呈倒锥体。这种组装方式能保证模子与模垫的牢固结合,增大模具端部的支承面,并有利于更换模具,为大多数模具装配所采用。

图 5-44b 所示是将模具直接装入压型嘴内,压型嘴的锥体斜角为 1.5°～4°。这种组装方式主要用于挤压阶段变断面型材的模具装配。

将模具组件安装在模座(模架)上的方式主要有两种:安装在敞开式模座中(如图 5-45所示)和安装在模子滑架的 U 形槽中(如图 5-46 所示)。敞开式模座通常在较大吨位的挤压机上使用。

使用带倒锥的模子(模子外圆带有 6°左右斜角)时,将模子和模垫逆着挤压方向安装在模支承内,并安装在模座上。在模座中还安装有支承环,其作用是挡住模垫,防止模垫和模子从模支承中被挤出,并能起到加强模子的作用。当使用多个支承环(包括前环、中环、后环)时,主要是装配的需要。这些部件均可由模座上方很方便地取出更换。

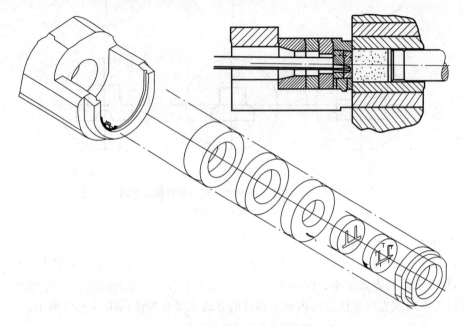

图 5-45　模具组件安装在敞开式模座中

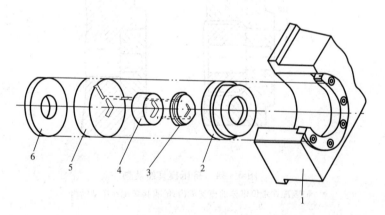

图 5-46　模具组件安装在模子滑架的 U 形槽中

1—模子滑架;2—模支承;3—模子;4—模垫;5—前环;6—后环

3. 棒(管)材模设计

(1)单孔模设计

挤压模具设计的主要内容包括模角大小、工作带(定径带)长度、定径带直径(模孔尺寸)、模孔出口端尺寸、模孔入口圆角半径、模子外圆直径、模子厚度和模子的外形结构等,其结构参数如图 5-47 所示。

① 模角 α

模角是指模子的轴线与其工作端面之间所构成的夹角 α,是模子最基本的参数之一。

平模的模角是 90°,其特点是,在挤压时可以形成较大的死区,有效阻止坯料表面的氧化膜、偏析瘤、脏物及其他表面缺陷流出模孔进入制品表面,提高制品的表面质量。但是,在挤压某些塑性较差,易于在死区产生断裂的金属和合金时,会引起制品表面出现分层、起皮和小裂纹。同时,平模挤压时消耗的挤压力较大,模具易产生变形,使模孔变小或将模具压坏,特别在挤

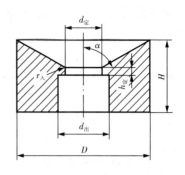

图 5-47　模子的结构参数图

压某些高温、高强度的难变形合金时,上述现象会更加明显。

从减小挤压力,提高模具使用寿命来看,应使用锥模。当锥模的模角 α＝45°～60° 时,挤压力最小。但当 α＝45°～50° 时,死区很小,甚至消失,会导致制品表面质量恶化。

在实际生产中,挤压变形抗力较低的铝合金棒材、铝合金管材时,多使用平模;挤压变形抗力较高的铜等合金棒材、铝合金管材时,多使用锥模,模角一般取 60°～65°。

② 工作带(定径带)长度 $h_{定}$

工作带是平行于模子轴线,并确定挤压制品形状、尺寸的部位,是稳定制品尺寸,保证制品表面质量的关键部分。如果工作带过短,则模子易磨损,制品表面易出现压痕,易产生椭圆。但是,如果工作带过长,其上易黏金属,造成制品表面划伤、毛刺、麻面等,且摩擦大,使挤压力增大。

工作带长度的确定原则是:工作带的最小长度应按照挤压时能保证制品断面尺寸的稳定性和工作带的耐磨性来确定,一般最短 1.5～3mm;工作带的最大长度应按照挤压时金属与工作带的最大有效接触长度来确定,挤压铝合金时一般最长不超过 15～20mm。各种金属及合金的挤压模孔工作带长度如表 5-7 所示。

表 5-7　各种金属及合金的挤压模孔工作带长度(mm)

金属及合金	紫铜、黄铜、青铜	白铜、镍合金	铝、镁合金	稀有难熔金属	钛合金	钢材
工作带长度	8～12	20～25	2～8	4～8	20～30	10～25

一般情况下,挤压机吨位大、挤压制品的规格大时,模子的工作带应长一些。

③ 工作带直径 $d_{定}$

模子的工作带直径与实际制品的直径是不相等的,要保证制品经过精整、矫直后,在冷状态下不超过规定的偏差范围。确定工作带直径时要考虑标准允许的尺寸偏差、金属及合金的牌号、冷却收缩量、模孔尺寸的变化、张力矫直时的断面收缩率等因素的影响。

对于只考虑直径负偏差时的模孔工作带直径按下式确定:

$$d_{定}＝(1＋k)d_0 \tag{5-30}$$

式中:d_0——棒材名义尺寸(六角棒为内切圆直径,方棒为边长),mm;

k——综合系数,根据生产经验确定,如表 5-8 所示。

如果棒材的直径尺寸为正负偏差,则需要在上式计算结果的基础上,再加上其正偏差值。

表 5-8　确定模孔尺寸的综合系数

金属及合金	综合系数 k
纯铝、防锈铝、镁合金	0.015～0.020
硬铝、锻铝	0.007～0.010
紫铜、青铜、含铜量大于 65% 的黄铜	0.017～0.020
含铜量小于 65% 的黄铜	0.014～0.016
钛合金等稀有金属	0.01～0.04

④ 模孔出口端直径 $d_出$

模子出口端直径应比工作带直径大一定数值,以保证制品能够顺利通过模子并保证其表面质量。若出口端直径过小,易划伤制品表面,甚至会引起堵模。但出口端直径过大,会削弱工作带的强度,易引起工作带过早变形、压塌,降低模子使用寿命。

一般情况下,取 $d_出 = d_定 + (3\sim5)$mm。对于薄壁管或变外径管材的模子,此值可增大到 $10\sim20$mm。为了增大模子的强度,出口端可做成喇叭锥,其锥角可取 $1°30'\sim10°$。

为了增大工作带的抗剪强度,工作带与出口端之间的过渡部分,可以做成 $20°\sim45°$ 的斜面,或以圆角半径为 $4\sim5$mm 的圆弧连接。

⑤ 模孔入口圆角半径 $r_入$

在模孔入口处通常用一圆角过渡,即模子工作端面与工作带之间的过渡角 $r_入$。$r_入$ 的作用:防止低塑性合金挤压时产生表面裂纹;减轻金属在进入工作带时产生的非接触变形;减轻高温挤压时模子入口棱角被压秃而很快改变模孔尺寸。$r_入$ 的取值与合金的强度、挤压温度及制品尺寸等有关,其值可按表 5-9 中所示选取。铝合金通常在设计时可以不考虑,在修模时掌握。

表 5-9　各种金属的挤压模孔入口圆角半径 $r_入$

金属及合金	模孔入口圆角半径/mm
紫铜、黄铜	2～5
白铜、镍合金	4～8
钢、钛合金	3～8
镁合金	1～3
铝合金	0.2～0.5

⑥ 模子外圆尺寸 D

模子的外圆直径主要是依据挤压机的吨位大小来确定,并考虑模具外形尺寸的系列化,便于更换、管理,一般在一台挤压机上最好只有 $1\sim2$ 种规格。

一般情况下,对于棒材、管材、外接圆直径不大的型材和排材,取 $D = (0.8\sim0.85)D_0$

（D_0 为挤压筒直径）。对外接圆直径较大、形状较复杂的型材及排材，取 $D = (1.15 \sim 1.3)D_0$。

⑦ 模子厚度尺寸 H

模子厚度主要根据强度要求及挤压机吨位来确定。在保证模具组件（模子＋模垫＋垫环）有足够的强度条件下，模子的厚度应尽量减薄，规格尽量减少，以便于管理和使用。一般情况下，对于中小型挤压机，取 $H = 25 \sim 70\text{mm}$，万吨挤压机取 $90 \sim 110\text{mm}$。同样，模子厚度也应系列化。

⑧ 模子的外形结构

模子的外形结构视安装方式而定，有带正锥和倒锥两种外形结构，如图 5-48 所示。

带正锥的模子在操作时顺着挤压方向装入模支承内，其锥角一般为 $1°30' \sim 4°$，如图 5-48a 所示。带倒锥的模子在操作时逆着挤压方向装入模支承内，其锥角一般取 $6°$，如图 5-48b 所示。为了便于加工外圆锥度，在锥体的尾部一般加工出 10mm 左右的止口部分。

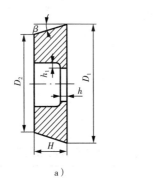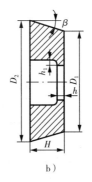

图 5-48　挤压模的外形结构

a）正锥模；b）倒锥模

一般情况下，每台挤压机均采用一种或几种规格外圆直径和厚度的标准模子。常用挤压模具的外形尺寸见表 5-10 所示。

表 5-10　常用挤压模具的外形尺寸

挤压机能力/MN	挤压筒直径/mm	D_1/mm	H/mm	β/(°)
7.5	85,95	113,132	16,32	3
12~15	115,130	148	32,50,70	3
20	170,200	198	40,60,80	3
35	280,370	230,330	60,80	3
50	300,360,420,500	270,306,360,420	60,80	6
125	420,500,650,800	300,420,570,670,880	60,80,120,150	6,10
200	650,800,1100	570,670,900,1000	80,120,150,200	10,15

在 35MN、16.3MN 卧式挤压机和 6.17MN 立式挤压机上使用的挤压管材用锥形模具结构参数如图 5-49 所示，模具的结构尺寸分别见表 5-11 和表 5-12 所示。

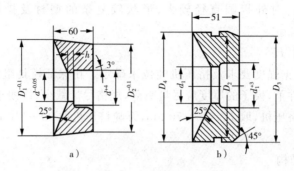

图 5-49　管材挤压模具图

a)卧式挤压机用模具;b)立式挤压机用模具

表 5-11　16.3MN、35MN 卧式挤压机用锥形模的结构尺寸

挤压机吨位 /MN	挤压筒直径 /mm	模孔直径 d /mm	模子外圆 D_1 /mm	模子外圆 D_2 /mm	工作带长度 h /mm
35	220	30～90	160	158	3
	280	41～145	230	228	4
	370	143～269	330	328	5～6
16.3	140～200	15～100	140	150	3

表 5-12　6.17MN 立式挤压机用锥形模的结构尺寸

挤压筒直径 D /mm	模孔直径 d_1 /mm	模子外圆尺寸/mm			工作带长度 h /mm
		$D_2 \geqslant D-10$	$D_3 \geqslant D-4$	D_4	
85	19～46	75	81	84.6～84.75, $D-(0.25～0.4)$	2
100	23～54	90	96	99.6～99.75, $D-(0.25～0.4)$	2
120	28～78	110	116	119.4～119.75, $D-(0.25～0.6)$	3
135	30～88	124	131	134.4～134.75, $D-(0.25～0.6)$	3

(2)多孔棒材模设计

在挤压筒直径一定的情况下,当挤压直径较小的棒材、线坯等时,如果采用单孔模挤压,一方面,挤压机的生产效率太低;另一方面,由于挤压比过大而引起挤压力过高可能出现挤不动现象;或为降低挤压力而使用短坯料造成成品率太低。采用多孔模挤压则可以有效地解决这些问题。

① 模孔数目 n 的确定

多孔模挤压时的模孔数目可多达 $10～12$ 个以上,但一般不超过 6 个。因为,模孔数太多,由于各孔流速的不一致,会导致制品相互之间产生擦伤;多根制品扭绞在一起不易分开,给后续操作带来困难;生产定尺产品时由于流速不均而造成切头尾损失增大;当模孔数目太多时还会影响模子的强度。

当仅考虑产品的机械性能时,模孔数目 n 可按下式确定:

$$n=F_0/(\lambda F_1) \tag{5-31}$$

式中:F_0——挤压筒断面积;

F_1——单根制品断面积;

λ——合理的挤压比范围。要保证制品的机械性能,通常挤压比不能小于10。

合理的挤压比与挤压机吨位、挤压筒直径、被挤压金属的性质等有关。挤压铝合金棒材常用的挤压比范围见表5-13所示。

表 5-13　不同挤压筒上常用挤压比范围

挤压筒直径/mm	500	420	360	300	200	170	130	115	95
挤压比	3~9	7~11	8~13	10~20	13~18	16~25	20~40	35~45	35~45

② 模孔排列

采用单孔模挤压棒材时,模孔的重心置于模子的中心。采用多孔模挤压棒材时,模孔排列应遵循下列原则:

第一,各个模孔应布置在距模子中心一定距离的同心圆上,且各孔之间的距离相等。尽可能做到各孔金属的供应体积均衡,否则会造成挤出制品长短不齐。多孔模模孔理论中心的同心圆直径 D 与挤压筒直径 D_0 有如下关系:

$$D=D_0/[a-0.1(n-2)] \tag{5-32}$$

式中:a——经验系数,一般为 2.5~2.8,通常取 2.6。

第二,模孔与模孔间应保持一定距离。模孔之间的距离过小,会降低模子的强度。在实际生产中,对于 80MN 以上的大型挤压机取 60mm 以上,50MN 挤压机取 35~50mm,20MN 以下挤压机取 20~30mm。

第三,模孔边部距筒壁间应保持一定距离(见表 5-14 所示)。模孔边缘距离挤压筒壁的距离太近,会导致死区流动,恶化制品表面质量,出现起皮、分层等缺陷。在挤压硬铝合金时,若模孔太靠近挤压筒壁,会因外侧金属供应量少、流速快而造成制品外侧出现裂纹并使粗晶环深度增加;但如果模孔太靠近模子中心,则因为中心部位的金属供应不足,在制品的内侧易出现裂纹。

表 5-14　模孔与挤压筒壁的最小距离(mm)

挤压筒直径	85~95	115~130	150~200	200~280	300~500	>500
模孔边缘距挤压筒壁最小距离	10~15	15~20	20~25	30~40	40~50	50~60

4. 普通型材模设计

普通型材主要用单孔或多孔的平面模挤压。挤压型材的断面是非常复杂的,各式各样。其特点是:绝大多数断面是不对称的;型材断面与坯料断面不相似;型材断面各部位壁厚差较大;许多型材断面上还带有各种形状的凹槽或半空心。其结果,易造成金属从模孔流出速度不均匀,型材出现扭拧、弯曲、波浪、裂纹,甚至某些部位充不满金属等缺陷;降低了模具的使用寿命,具有凹槽和半空心型材的模具更易出现早期失效及损坏。

因此,在型材模具设计中,要解决的主要问题是减少金属流速不均匀和提高模子的强度。

(1)减少金属流动不均匀的主要措施

减少挤压时金属流动不均匀的措施有很多,在设计时可根据具体情况采用其中一种或几种措施。

1)合理布置模孔

模孔在模子端面上的合理布置对减少金属流动的不均匀性具有很大影响。特别对于不对称、不等厚型材,如果模孔布置不合理,采取其他措施往往都很难解决金属的流动不均问题。根据型材的断面形状和尺寸,模孔布置应遵循下列原则:

① 具有两个以上对称轴的型材,将型材的几何中心布置在模子中心上,如图 5 – 50 所示。

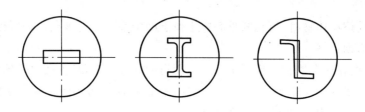

图 5 – 50　轴对称型材的模孔布置

② 具有一个对称轴,且型材断面的壁厚相等或相差不大时,应使型材的重心(不是几何中心)位于模子中心,如图 5 – 51 所示。

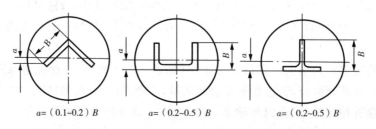

$a=(0.1\sim0.2)B$　　$a=(0.2\sim0.5)B$　　$a=(0.2\sim0.5)B$

图 5 – 51　具有一个对称轴且壁厚差不大的型材的模孔布置

③ 没有对称轴或有一个对称轴,其断面壁厚差较大的型材,应将型材重心相对于模子中心偏移一定距离,且将金属不易流动的壁薄部位靠近模子中心,尽量使金属在变形时的单位静压力相等,如图 5 – 52 所示。

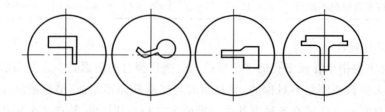

图 5 – 52　不对称型材的单孔模排列

④ 对于断面壁厚差不太大,但断面较复杂的型材,可将型材外接圆的圆心,布置在模子中心上,如图 5-53 所示。

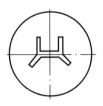

图 5-53　外形较复杂壁厚差不大型材的模孔布置

⑤ 对于断面尺寸较小,或轴对称性很差的型材,可以采用多孔模排列,如图 5-54 所示。

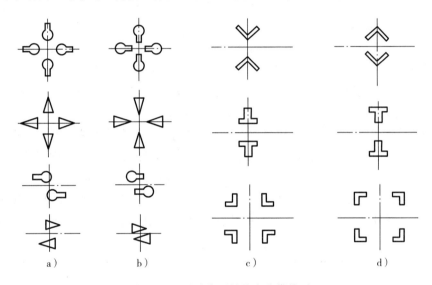

a)　　　　　　b)　　　　　　c)　　　　　　d)

图 5-54　不对称型材的多孔模排列
a)不合理;b)合理;c)不合理;d)合理

采用多孔排列时,模孔的布置必须遵守中心对称原则。在配置模孔时,还应考虑到模孔各部位到挤压筒中心的距离不同,金属的流动速度是有差异的,故应将型材断面上壁薄部位靠向模子中心,壁厚部位靠向模子边缘,既可以减轻金属流动不均现象,还有利于提高模子强度。

为了保证模子强度,多孔型材模的模孔之间也应保持一定距离。对于 80MN 以上的大型挤压机取 60mm 以上;能力在 50MN 左右的挤压机取 35~50mm;20MN 以下的挤压机取 20~30mm。

为了保证制品的质量,模孔边缘与挤压筒壁之间的距离不能太小,避免制品边缘出现成层缺陷。型材模孔边缘与挤压筒壁之间的最小距离与多孔棒材模相同。

2)设计合理的工作带长度

工作带对金属的流动起阻碍作用。增加工作带长度,可以使该处的摩擦阻力增大,导致向此处流动的金属供应体积中的流体静压力增加,从而迫使金属向阻力小的位置流动,达到均匀流动的目的。因此,对于壁厚不相同的型材,不同壁厚处采用不同的工作带长度值,型材的壁越薄、比周长(型材断面周长与其所包围的断面面积的比值)越大部位的工作带应越短。不同壁厚处的工作带长度可按下式确定:

$$h_{\text{I}}/h_{\text{II}} = z_{\text{II}}/z_{\text{I}} \tag{5-33}$$

式中:h_{I}、h_{II}——型材断面上 I、II 处的工作带长度,其中 I 和 II 代表任意两个不同壁厚的断面;

z_{I}、z_{II}——型材断面上 I、II 处的比周长。

当型材对称性好且比较简单,型材最大宽度小于挤压筒直径的 1/4 时,可采用更简单的式子计算:

$$h_{\text{I}}/h_{\text{II}} = s_{\text{I}}/s_{\text{II}} \tag{5-34}$$

式中:s_{I}、s_{II}——型材断面上 I、II 处的壁厚。

计算时,先根据经验给出型材壁厚最薄处的工作带长度,再依次计算出其他壁厚处的工作带长度。不同吨位挤压机上模孔工作带的最小长度见表 5-15 所示。

上述确定工作带长度的方法存在着一个明显的缺陷,对于型材壁厚相同部分(包括等壁厚型材),无论距离挤压筒中心位置的远近,其工作带长度是一样的。

在实际的挤压过程中,处于挤压筒内不同部位的金属,其流动条件是不一样的。距离挤压筒中心越近,金属的流动指数越大,即金属越容易流动;相反,越靠近挤压筒壁处,金属越不容易流动。图 5-55a 所示为挤压筒半径方向不同部位金属的流动速度指数,这种流动条件的差异,必然会对模孔各部位金属的均匀流动产生不利影响。如果型材的外接圆尺寸较小,各部位流动条件的差异小,可以不考虑其影响,按照上述方法确定工作带长度是可以的。

表 5-15　模孔工作带最小长度

挤压机能力/MN	125	50	35	16～20	6～12
模孔工作带最小长度/mm	5～10	4～8	3～6	2.5～5	1.5～3

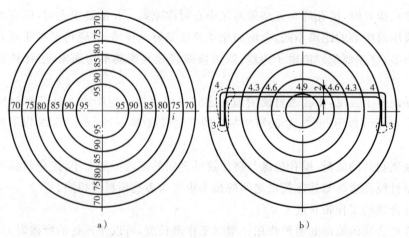

图 5-55　挤压筒内各部位的金属流速指数及模孔工作带长度的合理分布
a)金属流动速度指数;b)工作带长度的合理分布

但是,当型材的外接圆尺寸较大(大于挤压筒直径的 1/3 时),对于等壁厚型材(或型材断面上壁厚相同的部分),在上述确定工作带长度的基础上,还应根据不同部位金属的流动速度指数对其加以修正,最后合理确定出各部位的工作带长度;或者采用更简便的方法(如图 5－55b 所示),从模子中心起每相距 10mm 画若干个同心圆,相同壁厚位于同一个同心圆内的工作带长度相等,远离或靠近模子中心的同心圆内的工作带长度应适当地增加或减小,以对按前述方法确定的工作带长度进行修正,修正工作带长度时的增减数值按表 5－16 确定。

表 5－16　修正模孔工作带长度的增减值

型材断面壁厚/mm	每相距 10mm 工作带长度增减值/mm
1.2	0.20
1.5	0.25
2.0	0.30
2.5	0.35
3.0	0.40

另外,对于型材的一些端部(如图 5－55b 中所示),由于该部位的摩擦阻力比相邻部位的大,该部位的工作带长度可减短 1mm 左右。

3)设计阻碍角或促流斜面

在挤压不等壁厚型材时,如果计算的工作带长度超出了极限值,依靠设计不等长工作带的方法调整金属流速的作用就会明显减弱,这时,可以采用设计阻碍角或促流斜面的方法来调整金属流速。

设计阻碍角,就是在型材的壁较厚、金属流速较快的模孔入口侧做一个小斜面,以增加金属的流动阻力,如图 5－56 所示。设计的这个小斜面与模子轴线的夹角叫阻碍角。

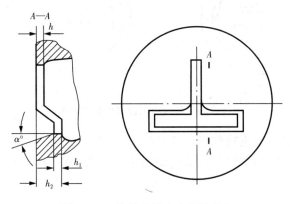

图 5－56　控制金属流速的阻碍角

阻碍角对金属流动起阻碍作用的主要原因是,增大了摩擦面积,使金属流动时产生附加弯曲变形,延长了流动路程。阻碍角一般取 3°～12°,最大不超过 15°。阻碍角对挤压棒材时金属流动速度影响的实验结果见图 5－57 所示。

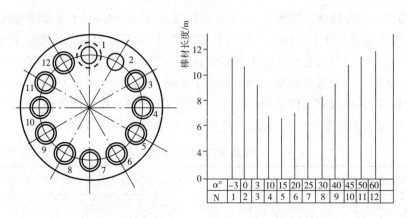

图 5-57　阻碍角大小对挤压棒材长度影响实验

同样,在金属流动阻力较大的壁薄部位,也可以设计促流斜面来增大金属的流速。即在型材壁较薄、金属不易流动的模孔入口端面处做一个促流斜面,迫使金属向壁薄部位的模孔中流动,如图 5-58 所示。把促流斜面与模子平面间的夹角叫促流角。

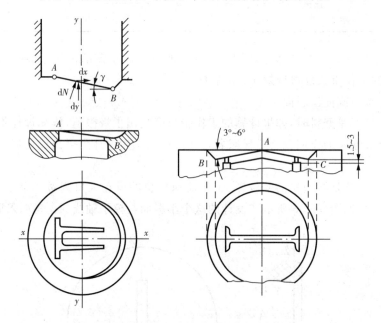

图 5-58　控制金属流速的促流斜面

促流斜面对金属流动起促进作用的主要原因是,在模子端面对金属反作用力 dN 的水平方向分力 dx 的作用下,促使金属向流动阻力大的壁薄部位流动,增加该部位金属的供应量,增大流体静压力,加快金属流速,起到调节流速的作用。促流角一般取 $3°\sim10°$。

4)采用平衡模孔

挤压某些对称性很差的型材和用穿孔针方式挤压异形偏心管时,由于模子上只能布置一个型材模孔,为了平衡金属流速,可采用平衡模孔方式,如图 5-59 所示。平衡模孔最好是圆形的,以便挤出制品能够得到利用。

设计平衡模孔的关键是确定其大小、形状、个数以及与型材模孔之间的距离。否则会因

 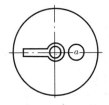 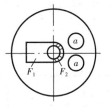

图5-59 带平衡模孔的模子

为金属流动不均而造成穿孔针偏移,导致异形管壁厚不均。

采用平衡模孔增加金属流动均匀性不是一种理想的方法,在实践中应用较少。

5)设计附加筋条或工艺余量

挤压宽厚比很大的壁板型材时,由于受挤压筒直径的限制,一般只能采用单孔模,甚至要用宽展模或扁挤压筒。如果壁板型材的对称性很差,可采用附加筋条或工艺余量的方式平衡金属流速。如图5-60所示的壁板中有很长一段没有筋条,如果仅采用不等长工作带和阻碍角来平衡金属的流速是很困难的,此时可在无筋条的一段加上筋条,待挤出后再将其铣掉。

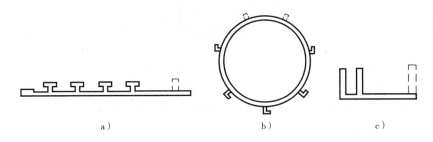

图5-60 采用附加筋条平衡金属流速
a)用扁挤压筒挤压;b)、c)用圆挤压筒挤压

6)设计导流模

导流模又称为前室模。在型材模的前面,增加一个导流模,其型腔形状与型材的外形相似。坯料镦粗后,先通过导流模产生预变形,形成与型材断面相似的坯料,然后再进行第二次变形,挤出所需断面的型材。采用导流模增大了坯料与型材的几何相似性,便于控制金属流动,特别是对于壁厚差很大、外形复杂、很不对称的型材,能较好地起到调节金属流速的作用,提高成形性,使壁薄、金属不易流动的边缘部位的型材更易成形,减少产品的扭拧、弯曲等变形,改善模具的受力条件,提高模具寿命。对于一些形状很复杂、舌比较大、采用普通平面模无法挤压的型材,采用导流模则可以获得较好的成形效果且能使模具寿命得到显著提高。

导流模的主要缺点是金属需经二次变形,使挤压力提高。因此,主要用于挤压变形抗力不高的软合金型材。如果导流模与牵引机配合使用,可最大限度地减少型材的弯扭变形,提高生产效率和产品质量。同时,采用设计导流模的方法,也降低了模具设计的难度。

导流模的基本结构形式有两种,一种是将导流模与型材模分开制造,然后组装成一个整体使用(如图5-61a所示);另一种是直接将导流模和型材模加工成一个整体,即在型材模孔入口端加工一个与导流模型腔相同的导流腔,这是目前建筑型材挤压模设计中被广泛采用的一种方法(如图 5 - 61b 所示)。

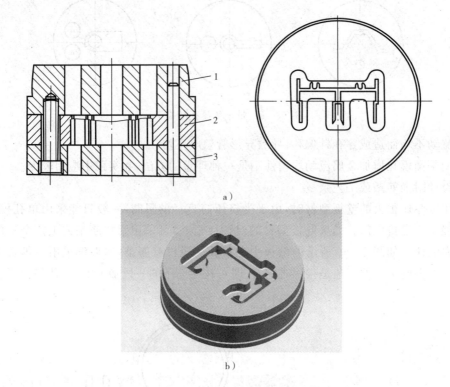

a)

b)

图 5 - 61　导流模结构图

a)导流模与型材模分开制造;b)导流模与型材模加工成一整体

1—导流模;2—型材模;3—模垫

导流模的模腔轮廓尺寸一般比型材的外形轮廓尺寸大 6~15mm。在型材的端部(特别是宽厚比很大的型材)、支杈和折弯处等金属不易流动的部位,其轮廓尺寸应更大一些,人为地将金属引导到这些部位,保证有足够的金属量以增大其流体静压力,加快流速,达到调整金属均匀流动的目的。导流模的厚度一般取 15~25mm,大吨位挤压机取厚一些,小吨位挤压机取薄一些。导流孔的入口最好做成 3°~15°的导流角。导流模腔的各点应均匀圆滑过渡,表面应光滑。

(2)型材模孔尺寸设计

型材模孔尺寸设计是获得高精度型材的关键。型材模孔尺寸设计时主要应考虑被挤压金属的合金牌号;产品的形状、尺寸及允许偏差;挤压温度及在此温度下模具材料与被挤压金属的线膨胀系数;产品断面的几何特点以及在挤压和拉伸矫直时的变化;挤压力大小以及模具的弹塑性变形等因素对型材形状和尺寸的影响。

型材模孔尺寸 A 可按下式确定:

$$A=A_0+M+(K_y+K_p+K_t)A_0 \tag{5-35}$$

式中:A_0——型材断面公称尺寸;

　　M——公称尺寸的允许正偏差;

K_y——对于边缘较长的丁字形、槽形等型材，考虑由于拉力作用而使型材部分尺寸减小的系数；

K_p——考虑拉伸矫直时尺寸缩减系数；

K_t——型材的冷却收缩量，$K_t = t\alpha - t_1\alpha_1$；

t、t_1——坯料和模具的加热温度；

α、α_1——挤压温度下型材和模具材料的线膨胀系数。

上式中的 M、α、α_1 可从有关标准和手册中查到。对于铝合金，系数 K_y、K_p 可按表 5 - 17 所示来选取。

在实际中，为了设计方便，通常用综合裕量系数来代替上述的有关系数。即

$$A = A_0 + M + CA_0 \tag{5-36}$$

式中：C——裕量系数，其选取与表 5 - 8 中的 k 值相同。

表 5 - 17　系数 K_y、K_p 的值

型材断面尺寸 /mm	K_y	K_p	型材断面尺寸 /mm	K_y	K_p
1～3	0.03～0.04	0.02～0.03	61～80	0.004～0.005	0.006～0.007
4～20	0.01～0.02	0.01～0.02	81～120	0.003～0.004	0.005～0.006
21～40	0.006～0.007	0.007～0.008	121～200	0.002～0.003	0.0035～0.0045
41～60	0.005～0.006	0.0065～0.0075	>200	0.001～0.0015	0.002～0.003

另外，对于一些特殊型材或型材的特殊部位，在模孔尺寸设计时应采取特殊的方法。

1）带有圆角、圆弧的型材

对于带有圆角和圆弧的型材（如图 5 - 62 所示），没有偏差要求的圆角和圆弧，模孔尺寸可按型材名义尺寸设计；有偏差要求的圆角、圆弧，以及由圆角和圆弧组成的型材，其模孔尺寸仍按上述方法计算。

2）带有角度的型材

对于带有角度的型材，应根据具体情况加以判断后确定模孔尺寸。一般分为三种情况：对于薄壁角型材（如图 5 - 63a 所示），挤压时有并口现象，在设计时将角度扩大 1°～2°；对于薄壁槽形型材（如图 5 - 63b 所示），挤压时有扩口现象，在设计时将角度减小 1°～2°；对于其他类型的有角度型材（如图 5 - 63c 所示），按名义尺寸设计，不做任何处理。

3）型材的特殊部位设计

① 对于各部分壁厚尺寸相差悬殊，且远离挤压筒中心的壁薄部分，金属流出模孔时该部位金属的流动速度较慢，从而受强烈的拉应力作用而产生较大的非接触变形，不能充满模孔，在设计时应适当增大该部位的模孔尺寸，如图 5 - 64a 所示。

② 对于宽而薄的排材，由于挤压时模具的变形，其中间部分流速快易产生非接触变形，尺寸变小，在设计时应适当增大其尺寸，如图 5 - 64b 所示。

③ 槽形型材的底部，由于悬臂部分的变形，一方面流速快产生非接触变形，另一方面造成型材底部模孔尺寸变小，型材底部变薄，在设计时应适当增大其尺寸，如图 5 - 64c 所示。

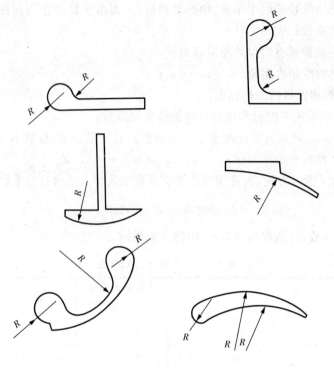

图 5-62　带有圆角、圆弧的型材

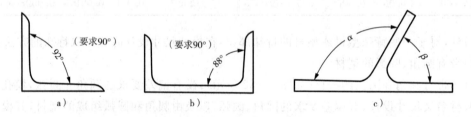

图 5-63　带有角度的型材

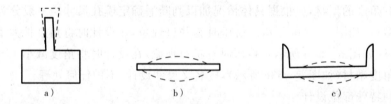

图 5-64　型材特殊部位模孔设计示意图

这些部位在设计时,根据模孔的具体形状和尺寸,适当增大 0.1～0.8mm。

(3)型材模具强度校核

1)舌比的概念

在型材模设计时,模具的强度是另一个要解决的重要问题。特别在挤压如图 5-65 所示的半空心型材时,模具最容易在悬臂部分变形或损坏。在这里引进了一个舌比的概念,即把型材断面所包围的空心部分的面积 A 与型材开口宽度 W 的平方之比值 R，称为舌比，即 $R = A/W^2$。R 值越大，模具悬臂梁根部能够承受的挤压力就越小，越容易损坏。R 大于一定值以上的型材称为半空心型材，小于此值的仍看做是普通的实心型材。

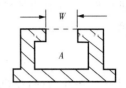

图 5-65　半空心型材示意图

对于带有悬臂部分的半空心型材模具，当舌比较大（超过表 5-18 中数值）时，在生产中往往由于悬臂梁强度或刚度不够，引起模孔变形或损坏，在设计时应采取特殊措施加以保护。舌比较小时，则按普通的实心型材模设计。

表 5-18　舌比 $R = A/W^2$

型材开口宽度 W/mm	舌比 R
1.0~1.5	2
1.6~3.1	3
3.2~6.3	4
6.4~12.6	5
>12.7	6

2）型材模强度校核

普通型材模设计中，其强度校核主要是针对两种类型的模具进行校核：一种是带有悬臂梁的各种断面形状的槽形型材模具（如图 5-66a 所示），这种模具通常是以悬臂梁发生弯曲变形而损坏，需要进行抗弯强度校核；另一种是多孔布置的扁条状型材模具（如图 5-66b 所示），它通常是以两孔连接部分发生剪切变形而损坏，需要进行抗剪强度校核。

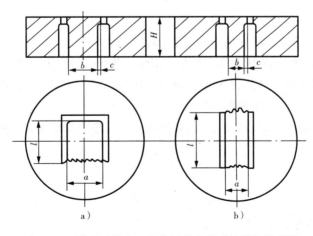

图 5-66　槽形型材和双孔布置的扁条型材模具示意图

① 槽形型材模强度校核

如图 5-66a 所示，对于带有悬臂的槽形型材模具，把模具的突出部分看成是一个受均布载荷的悬臂梁，梁的根部是危险截面。可按照材料力学中一端固定的均布载荷悬臂梁计

算式进行校核,计算出悬臂梁危险断面的最小厚度(模具最小厚度)。其步骤如下:

第一步:求单位压力 p。

$$p = P/F_0$$

式中:P——挤压力(挤压机额定压力),N;

F_0——挤压筒断面积,mm^2。

第二步:求悬臂梁根部的弯曲应力 σ_w。

作用在悬臂梁上的载荷 Q 为

$$Q = pal$$

悬臂梁根部的弯矩为

$$M = Ql/2 = pal^2/2$$

悬臂梁根部截面模数 W 为

$$W = bH^2/6$$

悬臂梁根部的弯曲应力为

$$\sigma_w = M/W \leqslant [\sigma_b]$$

第三步:计算模具的最小厚度 H_{min}。

$$H_{min} = l\sqrt{\frac{3pa}{[\sigma_b]b}} \tag{5-37}$$

式中:H_{min}——模具最小厚度(模子和模垫的总厚度),mm;

p——单位挤压力,MPa;

l——模具悬臂梁长度(型材槽的深度),mm;

a——模孔悬臂梁根部断面宽度(型材开口宽度),mm;

b——模孔悬臂梁根部断面出口宽度,mm;

$[\sigma_b]$——模具材料许用抗拉强度,MPa。当模具材质选用 4Cr5MoSiV1 钢和 3Cr2W8V 钢时,在 450℃,可分别取 $[\sigma_b]$=860MPa、980MPa;在 500℃,可分别取 $[\sigma_b]$=800MPa、930MPa。

在实际中,为了计算方便,可令 $a = b$,其结果对模具厚度影响不大。则

$$H_{min} = l\sqrt{\frac{3p}{[\sigma_b]}} \tag{5-38}$$

第四步:悬臂梁端部挠度 δ_{max} 计算。

当模具的厚度满足式(5-38)要求时,模具一般不会发生破坏,但由于悬臂梁端部发生弯曲变形,会使型材底部的模孔尺寸改变而影响型材的尺寸精度。模具的最大挠曲变形按下式计算:

$$\delta_{max} = \frac{ql^4}{8EJ} \tag{5-39}$$

式中:q——悬臂梁单位长度上的压力,$q=Q/l$,N/mm;

    E——模具材料弹性模量,对于 4Cr5MoSiV1 钢和 3Cr2W8V 钢,可取 $E=2.2×$ 10^5MPa;

    J——悬臂梁截面的惯性矩,$J=bH^3/12$,mm^4。

一般情况下,只有当 $\delta_{max}<1$mm 时,才能保证型材的尺寸精度。

根据式(5-39)也可以计算出一个模具厚度值。因此,在进行槽形型材模具强度校核时,应按照式(5-38)和式(5-39)分别计算出模具的最小厚度,取数值大者作为模具设计的依据。

② 双孔扁条状型材模强度校核

如图 5-66b 所示,这类模子在挤压时通常是以两个危险截面发生剪切变形而破坏。因此,可按两端固定的均布载荷梁校核其抗剪强度,计算出相应的模具厚度。

作用在梁上的剪切应力 τ 为

$$\tau=Q/2F\leqslant[\tau]$$

作用在简支梁上的载荷 Q 为

$$Q=pal$$

梁的截面积 F 为

$$F=Hb$$

则模具最小允许厚度 H_{min} 为

$$H_{min}=\frac{apl}{2[\tau]b} \tag{5-40}$$

式中:p——挤压筒单位压力,MPa;

    a——两模孔模面间距离,mm;

    b——两模孔出口端距离,mm;

    $[\tau]$——模具材料的许用剪切应力。对于 3Cr2W8V 钢和 4Cr5M0SiV1 钢,在 450℃,可分别取$[\tau]=680$MPa、600MPa;在 500℃,可分别取$[\tau]=650$MPa、560MPa。

在实际设计中,如果型材不是标准的槽形型材或标准排材,则作用在梁上的载荷 Q 应根据模子悬臂梁或简支梁的实际受力面形状进行计算。

5. 舌型模设计

在这里着重介绍实际生产中应用最广泛的突桥式舌型模的设计。

突桥式舌型模的结构如图 5-67 所示,它是由带有模桥和舌芯的模套与模子组装在一起构成的,模套与模子间采用过盈配合,组装时将模套加热后,从下方将模子装入模套内。

(1)模桥设计

① 桥的断面形状

模桥的断面形状较理想的是水滴形,可有效地阻碍坯料中心部分金属的流动,使金属流动均匀,易于分离残料,产品质量好,模桥强度高,应用最广泛。但是,水滴形模桥的上部侧面易磨损,磨损下来的耐热合金微粒易混入被挤压金属流中,降低焊缝质量。因此,如果对

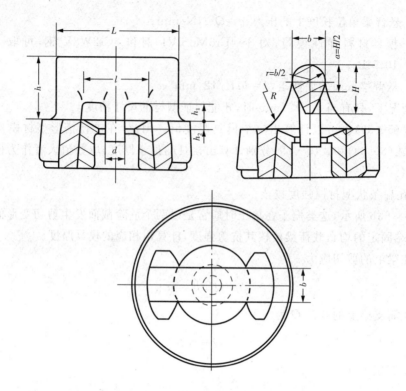

图 5-67　突桥式舌型模的结构参数图

桥面进行镀镍,可减少摩擦;或将桥顶部做成平面,使金属能在其上面形成死区,从而减轻对模桥的摩擦作用。

② 桥的厚度

为了获得良好的水滴形,桥的厚度 H 和宽度 b 应保持一定的比例关系,一般 $H/b=1.5\sim2.0$,小于 1.5 时会影响焊缝质量。桥面圆弧半径 $r=b/2$。模桥的厚度 H 由强度校核确定。

③ 桥支座根部圆弧

模桥支座根部的圆弧对桥根的强度影响很大,太小时模桥易压坏,可按 $R=(h-b)/2$ 或 $R=H-r$ 计算,一般取 $20\sim30\text{mm}$。

④ 桥高 h

桥高决定着挤压残料的厚度,一般残料厚度等于 $(1.5\sim2)h$。因此,桥高应尽可能取下限,以便减少金属损失。对于管材,一般取桥高 h 等于管材内径 d_1 的 $1.5\sim2.0$ 倍,即 $h=(1.5\sim2.0)d_1$;对于空心型材,一般取 $h=40\sim50\text{mm}$。

⑤ 桥长 L

模桥长度应根据挤压筒内径来确定,以便使模桥能顺利进入挤压筒中。模桥长度一般比挤压筒内径小 $2\sim10\text{mm}$。小挤压筒取下限,大挤压筒取上限。

在确保模桥支座根部有足够强度,不致因分离残料时模桥被拉断的情况下,其长度应尽量取大些,对焊缝质量和尺寸精度都有利。

⑥ 桥宽 b

模桥宽度对模桥的强度和舌芯的稳定性有一定影响。根据挤压机吨位的不同,模桥宽度 b 取 20~60mm,也可取 $b=(1.1\sim1.2)d_1$。

(2)舌芯(针)设计

舌芯用于控制空心型材的内孔形状和尺寸。舌芯可与桥做成一个整体,也可做成装配式。舌芯的长度宜短,稍伸出模孔工作带即可。一般情况下,对于小吨位挤压机,伸出工作带 1~3mm;大型挤压机可达 10mm。舌芯过长,稳定性差,易使管材或空心型材偏心;舌芯过短,易使管材出现椭圆,空心型材的空心部分发生变形。

为了保证制品的内表面质量,在舌芯的端部做成 5°的倾斜角,并倒 0.5mm 的圆弧。

舌芯的直径 d(或断面尺寸)与管材的内径 d_1(或空心型材内孔尺寸)近似相等,即

$$d=(1+C)d_1+M \tag{5-41}$$

式中:C——被挤压金属的热膨胀系数;

M——内孔尺寸正偏差,mm。

近年来,随着对挤压型材尺寸精度要求的不断提高,对空心型材内孔尺寸的要求也越来越高,有些要求正偏差,有些要求负偏差,因此,在设计舌芯直径时,应根据制品的具体要求进行设计。

(3)焊合室设计

焊合室是金属流会合焊接的地方,对型材的焊缝质量和尺寸精度影响很大,其作用是保证在模桥下聚集有足够量的金属,使焊合室中建立起一个超过被挤压金属屈服强度 10~15 倍的高静水压力,以便被模桥劈开的若干股金属流在高温高压下能重新焊合起来。

焊合室的高度 h_1+h_2 可根据挤压筒的大小来确定(见表 5-19 所示),一般取 10~40mm,小吨位挤压机取下限,大吨位挤压机取上限。

表 5-19　舌型模焊合室高度与挤压筒直径的关系

挤压筒直径/mm	115	130	170	200~270	300 以上
焊合室高度/mm	10	15	20	30	40

当桥高一定时,桥孔高度 h_1 不能太大,以免降低模桥强度。h_1 也可以设计成零或负值。

(4)模子设计

模子的结构如图 5-68 所示,它与带有模桥和舌芯的模套组装在一起形成一个完整的舌型模。为了便于装配和更换,模子的外形设计成 3°左右的锥度。模子的高度 A 与模套的高度相同;模子的外径(外形)尺寸 D_1 比制品的最大外接圆大 8~25mm。

模孔尺寸的确定原则与普通管材和型材基本相同,但工作带应比一般模子的工作带稍长一些,并且在入口侧做成 1°左右的锥角,增大金属流出模孔的阻力,有利于提高焊缝质量。

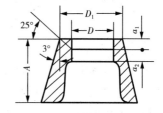

图 5-68　模子的结构参数图

挤压空心型材时,位于桥下部位的模孔工作带长度应比其他部位的短一半,以平衡金属

流速。

(5)舌型模强度校核

舌型模挤压时的受力情况比较复杂,承受着桥面单位长度上的均布载荷 q 的作用和舌芯上的摩擦力的作用,是一个三次静不定的受力系统,计算起来比较麻烦,可采用下面的简化办法来处理。

舌型模的强度校核主要是校核桥和桥支座根部的抗弯强度。将桥看成是一个两端固定,受均部载荷的梁,桥的断面可近似用椭圆代替,椭圆的短轴 b 为桥宽度的二分之一,椭圆的长轴 a 为桥厚度 H 的二分之一。于是:

$$M_{max} = \frac{1}{12}ql^2$$

$$W = \frac{\pi}{4}ba^2$$

$$q = \frac{2plb}{l} = 2pb$$

$$\sigma_w = \frac{M_{max}}{W} = \frac{2pl^2}{3\pi a^2} \leqslant [\sigma_w] \tag{5-42}$$

式中:p——作用在挤压垫上的最大单位压力,MPa;

l——两个桥支座之间的距离,mm;

a——桥椭圆断面的长轴半径,mm;

b——桥椭圆断面的短轴半径,mm;

q——作用在桥上的单位长度上的载荷,N/mm;

$[\sigma_w]$——许用弯曲应力,可取 $[\sigma_w] = [\sigma_b]$。

根据式(5-42)就可以确定桥的最小厚度 H,即 $H = 2a$。

6.平面分流模设计

平面分流模设计的主要参数包括:确定分流比,分流孔的大小、形状、数目及分布设计,分流桥设计,模芯设计,焊合室设计,模孔设计等。

(1)分流比确定

分流比(K)就是各分流孔的面积($\sum F_分$)与型材断面积($F_型$)之比,即

$$K = \sum F_分 / F_型$$

分流比是确定分流孔面积的主要依据。分流比的大小直接影响到挤压阻力的大小、制品成形和焊合质量。K 值越大,越有利于金属流动与焊合,也可减小挤压力。因此,在模具强度允许的范围内,应尽可能选取较大的 K 值,即增大分流孔的面积。一般情况下,生产空心型材时,取 $K = 10 \sim 30$;生产管材时,取 $K = 8 \sim 15$。

(2)分流孔的形状、大小、数目及其分布设计

分流孔的形状、大小、数目及不同的排列方式,直接影响到挤压制品的焊合质量、挤压力

大小和模具的使用寿命。

分流孔的形状取决于型材的断面形状及尺寸,有圆形、半圆形、腰子形、扇形、梯形及异形等,如图 5-69 所示。同一个模子上的几个分流孔可以采用不同的形状。

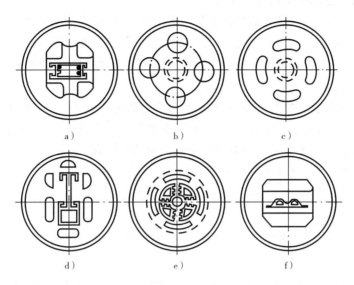

图 5-69　分流孔形状、布置示意图

分流孔的数目有两孔、三孔、四孔及多孔等,要根据制品的外形尺寸、断面形状、模孔数及排列位置等来确定。分流孔数目应尽量少,以减少焊缝数,增大分流孔的面积,降低挤压力。

分流孔的大小主要根据制品的外形尺寸及断面积、所要求的分流比大小、模具的强度等来确定。各分流孔的大小应基本满足各部分的分流比相等,或者型材断面积稍大部分的分流比略低于其他部分的分流比的原则,以减少金属流动的不均匀性。

分流孔一般设计为直孔。对于外形尺寸较大的制品,扩大靠近模子边缘的分流面积会降低模子强度,并使死区减小或消失,影响制品质量,这时分流孔可设计成斜孔,由入口到出口(焊合室)方向从里向外倾斜,一般取斜角为 3°～6°。

分流孔在模子平面上的布置应尽量与制品保持几何相似性,以减少金属流速不均。为了保证模具强度和产品质量,分流孔不能过于靠近模子边缘,但为了保证金属的合理流动及模具的寿命,分流孔也不能过于靠近模子中心。

（3）分流桥设计

分流桥的结构对金属流速、焊缝质量、挤压力和模具强度有重要影响。分流桥的宽度小,可降低挤压力,并有利于扩大分流孔的面积。分流桥的厚度直接影响模具寿命及焊缝质量。

① 分流桥的宽度

从增大分流比、降低挤压力来考虑,分流桥的宽度应选择得小一些。但从改善金属流动均匀性来考虑,模孔最好能被分流桥遮蔽住,因而其宽度应选择得大一些较合适。一般情况下,对于有两个分流孔的模子,其分流桥的宽度可按下式确定:

$$B=b+(3\sim20)$$

式中：B——分流桥宽度，mm；

b——型材空心部位模孔宽度，mm；

$3\sim20$——经验值，制品外形及内腔尺寸大的取下限，反之取上限。

对于有三个及以上数目分流孔的模子，只要型材的空心部分能够被几个分流桥的交叉部位遮蔽住就可以了，不必强求分流桥的宽度一定要大于型材空心部位模孔宽度。

② 分流桥的截面形状

分流桥的截面形状主要有矩形、矩形倒角形和近似的水滴形三种，如图 5-70 所示。采用矩形截面分流桥时，加工最容易，但金属在桥下易形成一个死区，不利于金属流动与焊合；矩形倒角形和近似水滴形分流桥均有利于金属的流动与焊合。

分流桥倒角部位的斜度（也称之为焊合角 θ），一般取 $\theta=30°\sim45°$。近似水滴形的分流桥，取桥底部圆角半径 $R=2\sim5$mm。

③ 分流桥的厚度

分流桥的厚度 H 应根据强度校核来确定，一般可取与上模相同的厚度。

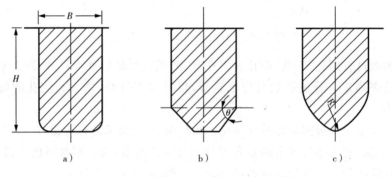

图 5-70　分流桥的截面形状
a)矩形；b)矩形倒角形；c)近似水滴形

(4)模芯(或舌头)设计

① 模芯的结构

模芯的结构形式有凸台式、锥台式和锥式三种，如图 5-71 所示。

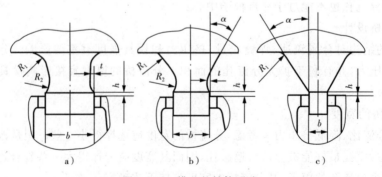

图 5-71　模芯的结构形式
a)凸台式；b)锥台式；c)锥式

凸台式模芯适用于型材内腔宽度 $b>20$mm 的模具。这种结构的模芯强度和刚度较低，但加工容易，便于修模。

锥台式模芯适用于型材内腔宽度 10mm$<b<$20mm 的模具。这种结构的模芯强度和刚度比凸台式稍高，加工较容易。

锥式模芯适用于型材内腔宽度 $b<$10mm 的模具。这种结构的模芯强度和刚度都较高，但不易加工。

② 模芯的定径带尺寸

模芯的定径带决定制品的内腔形状和尺寸。模芯定径带的宽度（直径）尺寸应根据空心制品内孔的尺寸精度，并综合考虑型材的壁厚或外形尺寸精度要求来设计。模芯定径带的长度应大于模孔定径带长度，一般在模孔的入口和出口端均长出 1mm。

③ 模芯总长度

模芯长度不宜过长，只要稍伸出模孔定径带即可，对于小挤压机可伸出 1～3mm，对于大吨位挤压机可伸出 8～10mm。

（5）焊合室设计

焊合室的高度、形状和入口方式，对于金属流动均匀性、焊合质量和挤压力的大小有很大的影响。平面分流模的焊合室一般设计在下模上。

① 焊合室深度（高度）

焊合室的深度对挤压制品的焊合质量有重要影响。焊合室越深，几股金属在焊合腔中接触的时间越长，焊合的质量就越高，可能采用的挤压速度也就越快。但焊合室也不能太深，否则会影响模芯的稳定性，出现壁厚不均匀现象；分离残料后，模腔内积存金属过多，降低成品率，影响下一根制品的质量。

一般情况下，分流模的焊合室深度可参考表 5-20 所示设计。

表 5-20　分流模焊合室深度与挤压筒直径的关系

挤压筒直径/mm	95～130	150～200	220～280	300～500	＞500
焊合室深度/mm	10～15	20～25	30～35	40～50	50～60

② 焊合室的形状

焊合室形状常见的有圆形和蝶形两种，如图 5-72 所示。

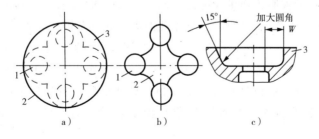

图 5-72　焊合室的形状及尺寸

a）圆形焊合室；b）蝶形焊合室；c）焊合室的尺寸

对于管材和外接圆直径较小的型材一般采用圆形焊合室。但圆形焊合室在两个分流孔之间会产生一个十分明显的死区,不但增大挤压阻力,而且影响焊缝质量。对于外接圆直径较大且断面较复杂的型材一般采用蝶形焊合室,有利于消除死区,提高焊缝质量。

根据需要,也可采用与型材外形大体相似的矩形或异形焊合室。

为了消除焊合室边缘与模孔平面之间接合处的死区,可采用大圆角($R=5\sim20\mathrm{mm}$)过渡,或将焊合室的入口处做成15°左右的角度。同时,在与蝶形焊合室对应的分流桥根部也做成相应的凸台,改善金属的流动,减少挤压阻力。蝶形焊合室侧面凸台呈半圆形,可增加模具强度,消除桥根处金属流动的死区。凸台侧表面至模孔边缘的距离 W 应保证满足下述关系:

$$W=(6\sim8)t$$

式中:t——同一位置模孔宽度(型材厚度)。

W 值过大易产生死区,过小将影响焊缝质量。焊合室的外形尺寸与分流孔相同,避免在焊合室入口部位出现死区。

(6)模孔尺寸的设计

在模具设计时,主要考虑制品冷却后的收缩量和拉伸矫直后的缩减量。

制品外形的模孔尺寸由下式确定:

$$A=A_0+KA_0=(1+K)A_0 \tag{5-43}$$

式中:A——制品外形的模孔尺寸;

A_0——制品外形的公称尺寸;

K——经验系数,对铝合金一般取 $0.007\sim0.015$。

制品壁厚的模孔尺寸由下式确定:

$$B=B_0+\Delta \tag{5-44}$$

式中:B——制品壁厚的模孔尺寸;

B_0——制品壁厚的公称尺寸;

Δ——壁厚模孔尺寸增量,当 $B_0\leqslant3\mathrm{mm}$ 时,$\Delta=0.1\mathrm{mm}$;当 $B_0>3\mathrm{mm}$ 时,$\Delta=0.2\mathrm{mm}$。

(7)工作带长度的确定

确定平面分流模的模腔工作带长度比平面模复杂得多,要考虑型材的壁厚差;距挤压筒中心的远近;模孔被分流桥遮蔽的情况;分流孔的大小和分布等。在按不等分流孔的原则设计模子时,从分流孔中流入的金属量的分布甚至对调节金属流动起主导作用。

处于分流桥底下的模孔部位,由于金属流进困难,应作为模腔工作带长度的最短处,此处工作带的长度一般取该部位型材壁厚的 2 倍。即便是处于分流桥下面的各部位,其工作带长度也不能一样,距离分流孔近的部位,供料较充分,金属容易流动,工作带长度可参考上述最小值适当加长。

处于分流孔下面的模孔部位,金属可以直接到达,其工作带长度取桥下部位工作带长度的 $1.5\sim2$ 倍。

当其他条件相同时,距离模子中心近的部位,工作带长度应适当加长。

另外,平面分流模的工作带长度应较平面模的大些,有利于金属的焊合。

(8)模孔空刀结构尺寸设计

平面分流模的空刀结构形式主要有三种:直空刀、斜空刀和加强式直空刀,如图 5-73 所示。

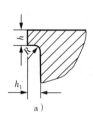 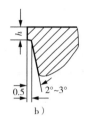 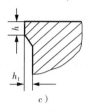

图 5-73 模子出口端空刀结构

a)直空刀;b)斜空刀;c)加强式直空刀

一般情况下,当制品壁厚大于 2mm 时,可采用易加工的直空刀。当制品壁厚小于 2mm 时,采用斜空刀,可防止出模孔后制品被划伤。对于带有悬臂处和危险断面处,为了增加工作带的强度,可采用加强式直空刀。同时,空刀结构设计要考虑易于加工。

模孔空刀尺寸一般为 1.5~3mm。空刀量过大,定径带的支承减弱,在冲击载荷和闷车的情况下可能把定径带压坏;空刀量过小,易划伤制品表面。

另外,设计空刀尺寸时,还要考虑模孔工作带的长度。工作带长时,其强度较高,空刀尺寸可大一些,便于加工;反之,空刀尺寸应小一些。不同吨位挤压机上的模孔空刀尺寸见表 5-21所示。

表 5-21 不同吨位挤压机上的模孔空刀尺寸

挤压机能力/MN	125	50	35	16~20	6~12
模孔工作带最小长度/mm	5~10	4~8	3~6	2.5~5	1.5~3
模孔空刀尺寸/mm	3	2.5	2	1.5~2	0.5~1.5

(9)平面分流模强度校核

平面分流模的主要破坏形式是:分流桥因受弯曲应力而被破坏及在危险断面处被剪断。

① 分流桥弯曲应力的校核

按两端固定,均匀载荷的简支梁计算,校核分流桥的厚度 H:

$$H = l\sqrt{\frac{p}{2[\sigma]}} \qquad (5-45)$$

式中:H——分流桥的最小厚度,mm;

l——分流桥的长度(两危险断面之间的距离),mm;

p——作用在挤压垫上的最大单位压力,MPa;

$[\sigma]$——模具材料在工作温度下的许用弯曲应力,MPa。

② 分流桥抗剪应力的校核

$$\tau = \frac{Q_d}{F_d} < [\tau] \qquad (5-46)$$

式中：τ——剪切应力，MPa；

Q_d——作用在分流桥端面上的总压力，N；

F_d——分流桥受剪的总面积，mm²；

$[\tau]$——模具材料在工作温度下的许用剪切应力，MPa。

对于活动桥（叉架）式分流模，分流桥安装在上模上，还需要验算分流桥与上模接触面上的压应力。

$$\sigma_j = \frac{p \cdot F_d}{F_j} \qquad (5-47)$$

式中：σ_j——分流桥接触面上的单位压力，MPa；

p——作用在挤压垫上的最大单位压力，MPa；

F_d——分流桥端面受压总面积，mm²；

F_j——分流桥与上模接触总面积，mm²。

验算结果应是：

$$\sigma_j < [\sigma]$$

7. 挤压模具设计举例

(1)平面模设计举例

在 25MN 挤压机的 $\phi260mm$ 挤压筒上，采用双孔模生产 LX0222 型材（如图 5-74 所示），设计挤压该型材用平面模。

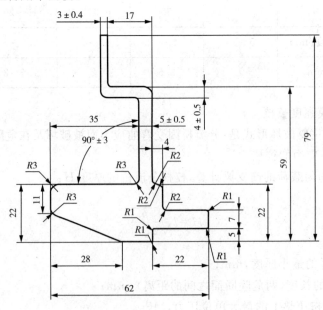

图 5-74　LX0222 型材断面图

① 孔布置

该型材没有对称轴,采用中心对称布置原则,其布置形式如图 5-75 所示。

② 设计工作带长度

把型材断面按照壁厚尺寸分成 5 个部分(如图 5-76 所示),设计各部分的工作带长度。

首先依据经验给出型材壁厚最薄部分 F_1 处的工作带长度为 $h_{F_1}=3\text{mm}$。然后按照式(5-34)计算出其他各部位的工作带长度,分别为 $h_{F_2}=4.1\text{mm}$、$h_{F_3}=16.0\text{mm}$、$h_{F_4}=4.7\text{mm}$、$h_{F_5}=7.1\text{mm}$。

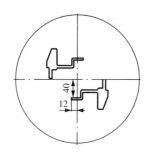

图 5-75　LX0222 型材模孔布置示意图

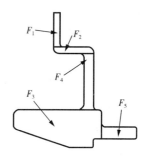

图 5-76　LX0222 型材模孔工作带分区

然后依据复合同心圆规则,并结合上述计算,设计型材模孔各部位工作带长度如图 5-77 所示。由于计划在壁厚为 F_3 部位设计阻碍角,故该部位的工作带长度取为 6mm。

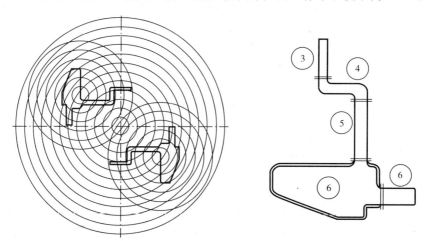

图 5-77　型材模孔各部位工作带长度(括号内数字)

③ 设计阻碍角

由于该型材 F_3 部位的壁厚尺寸远大于其他部位,在该部位可设计一阻碍角,如图 5-78 所示。

④ 模孔尺寸设计

所挤压型材为锻铝合金,取裕量系数 $c=0.007$,按照 GB/T6892《工业用铝及铝合金热挤压型材》国家标准,查出型材每一个尺寸的允许偏差值,按照式(5-36)计算出各部位的模孔尺寸,见图 5-79 所示。

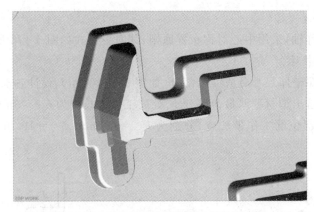

图 5-78　LX0222 型材模孔阻碍角示意图

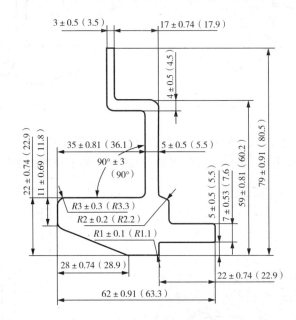

图 5-79　LX0222 型材模孔尺寸图（括号外为型材尺寸，括号内为模孔尺寸）

⑤ 导流腔及空刀设计

为改善金属流速，在型材模孔的入口处设计导流腔，导流腔的深度取 15mm，导流腔底部距模孔边部取 10mm。模孔出口端采用直空刀结构，空刀尺寸为 2mm。

所设计的 LX0222 型材模如图 5-80 所示。

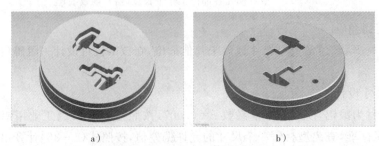

a)　　　　　　　　　　　　b)

图 5-80　LX0222 型材模具图

a)入口端;b)出口端

（2）分流模设计举例

在 25MN 挤压机的 ϕ260mm 挤压筒上，采用双孔模生产 6A02 合金 LX0349 型材（如图 5-81所示），设计挤压该型材用平面分流模。

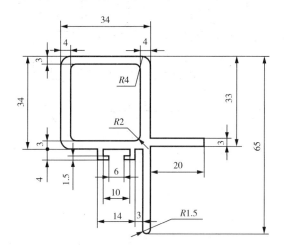

图 5-81 LX0349 型材断面图

① 模孔布置

模孔布置采用中心对称原则，模孔在模子平面上的布置位置如图 5-82 所示。

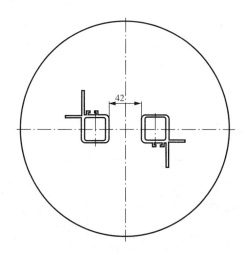

图 5-82 LX0349 型材模孔布置图

② 分流孔设计

分流孔的形状、数目、尺寸及布置如图 5-83所示。中间一个分流孔为两个模孔共用。

③ 分流桥设计

根据该型材断面形状尺寸，要使整个模孔都能被分流桥所遮蔽是很困难的。为此，选择将型材空心部位的模孔置于分流桥下。型材空心部位的模孔型腔宽度为 34mm，则遮蔽该部位分流桥宽度设计为 40mm，与模子边部相连接的桥宽为 18mm。

分流桥的截面形状选择矩形倒角截面。分流桥厚度与上模厚度相同取 60mm。

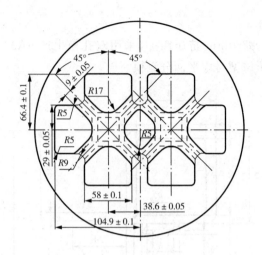

图 5-83   LX0349 模具分流孔设计图

④ 模芯设计

模芯结构选择凸台式。该型材内孔无公差要求,其模芯工作带截面形状设计为矩形,尺寸与型材内孔相同。模芯工作带部分高出模孔入口平面(焊合室底部)1mm,伸出模子定径带 2mm。

⑤ 焊合室设计

焊合室全部设计在下模上。焊合室形状采用近似的蝶形焊合室,并将焊合室的入口处做成 15°左右的角度。在下模中央设计一个隔墙,分为两个焊合室,从上模中间分流孔流入的金属,被此隔墙分割成两部分,分别进入两个焊合室中。焊合室形状尺寸如图 5-84 所示。

根据挤压筒直径,焊合室高度取 35mm。

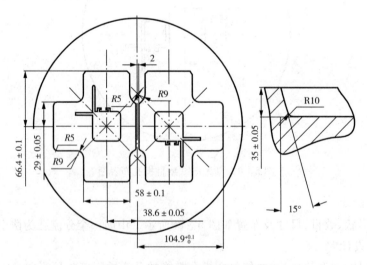

图 5-84   LX0349 模具焊合室设计图

⑥ 模孔尺寸设计

按照 GB/T6892《工业用铝及铝合金热挤压型材》国家标准,查出型材每一个尺寸的允许偏差值。取综合经验系数为 0.07,按照式(5-43)和式(5-44),分别计算出 LX0349 型材各部位的模孔设计尺寸,见图 5-85 所示。

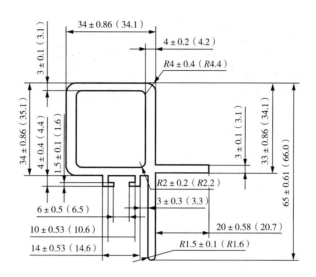

图 5-85 LX0349 型材模孔各部位尺寸

(括号外为型材尺寸,括号内为模孔设计尺寸)

⑦ 模孔各部位的工作带长度

根据型材壁厚可将型材断面分成 5 个部分(见图 5-86a 所示)。以壁厚最小的 F_1 处作为基准点,取工作带长度为 3mm,按照式(5-34)计算出不同壁厚处的工作长度,将其标注在图 5-86b 上。

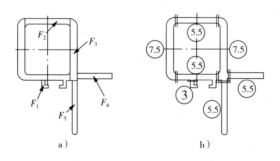

图 5-86 LX0349 型材模孔工作带长度设计图

⑧ 空刀设计

采用直空刀结构,空刀尺寸为 2mm。

⑨ 模子外圆直径及厚度

根据实际装配要求,模子外圆直径取 270mm;上模厚度取 60mm,下模厚度取 70mm。

⑩ 强度校核

模具材质为 H13 钢,工作温度为 450℃～500℃。按照式(5-45)校核分流桥的抗弯强度,分流桥最小厚度 $H=46mm<60mm$,可满足强度要求。按照式(5-46)校核分流桥的抗

剪强度,作用在分流桥上的最大剪切应力 $\tau=356\text{MPa}<[\tau]$。

所设计的 LX0349 型材模的立体几何图形见图 5-87 所示。

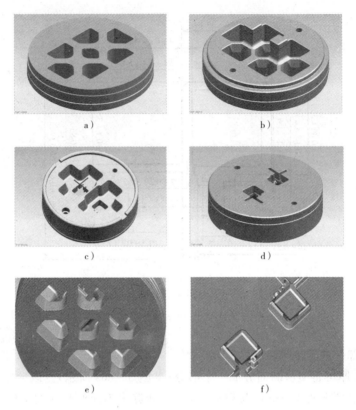

图 5-87　LX0349 型材模的立体几何图形

a)上模入口;b)上模出口;c)下模入口;d)下模出口;e)装配后的入口方向;f)装配后的出口方向

8. 挤压模具的 CAD/CAE/CAM 技术

随着计算机技术的发展,挤压模具的计算机辅助设计(CAD)、计算机辅助分析(CAE)及计算机辅助制造技术(CAM)进入了实用阶段,使挤压模具的设计进入了一个崭新的时代;使得模具设计工作实现了科学化、系统化、设计制造一体化,可较好地保证模具的结构更加合理、尺寸更加精确。在大大提高了挤压制品的精度和表面质量的同时,也使模具的使用寿命得到了明显的提高。

利用计算机辅助设计能显著缩短模具设计周期,降低成本,减轻设计人员劳动强度。采用计算机辅助设计软件绘制挤压模具的二维图形,将草图变为工作图的繁重工作可以交给计算机完成,可以快速做出图形,使设计人员及时对设计做出判断和修改。运用计算机仿真技术可以实时跟踪挤压金属的流动行为、仿真成形过程,揭示金属的真实流动规律和各种物理场量的分布、变化情况,研究各种因素对金属变形行为的作用和影响,预测实际挤压过程中可能出现的缺陷,及早优化模具结构设计、调整挤压工艺参数和有针对性地指明技术解决方案。然后将绘制好的三维图形导入 Mastercam 软件编制好 CNC 的车铣加工程序,再将CNC 指令传输到加工车间,完成由 CNC 机床加工代替传统的机床加工。

目前,应用较广泛的挤压模具 CAD/CAM 系统主要有:英国 BNF 金属技术中心于 1976

年研究出的计算机辅助设计热挤压有色金属挤压模技术,已经普遍应用于实际生产;美国于1977 年设计的两种热挤压模的 CAD/CAM 系统;意大利西科斯公司于 1985 年开发的奥利威梯 Olivetti CAD 系统。20 世纪 80 年代以来,原苏联、日本等国也发表了许多关于计算机辅助设计各种模具的应用资料,如平面模、组合模、舌形模和导流模等。当前,美国、德国、日本等工业发达国家,挤压模具的设计已经不再是单纯的凭经验的手工制造,而是变成了一个连续的由计算机自动控制的优化设计过程。

5.2.7 挤压工模具材料选择

在挤压生产中,工模具的消耗很大,一般可占挤压生产成本的 10%,甚至更高。因此,延长工模具的使用寿命具有重要的经济意义。为了提高工模具的使用寿命,可以采用优化模具设计结构、采用合适的工艺制度、合理选用工模具材料以及科学管理和使用模具等多种措施。其中,合理选用工模具材料无疑是前提条件。

1. 对工模具材料的要求

根据挤压工模具的工作条件,制造工模具的材料应满足以下主要要求:

(1)足够高的强度和硬度值,耐磨性能好。挤压工模具是在高比压条件下工作,变形金属与挤压筒、穿孔针、模子等之间存在很大的摩擦,这就要求工模具在工作条件下不因变形而损坏,不因磨损而过早失效。挤压铝合金时,要求模具材料在常温下的 σ_b 值应大于 1500MPa。

(2)高的耐热性、耐回火性和高温抗氧化性能。挤压工模具是在高温下工作,要求工模具在工作条件下能保持足够的强度,且不过早产生退火和回火现象,不易产生氧化皮。挤压铝合金时,在工作温度下工具材料的 σ_b 不低于 850MPa,模具材料的 σ_b 不低于 1200MPa。

(3)具有高的冲击韧性和断裂韧性值。挤压时,由于挤压轴、穿孔针、挤压筒和模子之间的不完全同心以及操作等多方面的原因,工模具往往还需要承受一定的偏心载荷和很大的冲击载荷作用,要求工模具具有足够的韧性。

(4)具有小的热膨胀系数和良好的导热性能。模具的热膨胀系数小,有利于保证挤压制品的尺寸精度。模具材料的导热性能好,有利于迅速将挤压过程中产生的摩擦热和变形热从其工作表面散发出去,防止挤压件产生局部过烧,防止模具强度损失过大而损坏。

(5)具有良好的加工工艺性能。工模具钢应具有良好的冶金、锻造、加工、热处理性能,从而有利于保证材料的质量和工模具的加工制造质量。

(6)容易获取,且价格较低廉。

很显然,任何材料都很难完全满足上述要求,这就需要根据工模具的实际工作条件选用合适的材料。

2. 常用工模具钢的特点

制造挤压工模具的典型热模具钢是含钒、钼和钴的铬钼钢或者含钒、钨和钴的铬钨钢。铬钼钢的主要特点是导热性较好,对热裂纹不太敏感,韧性较好。铬钨钢的主要特点是具有较好的耐高温性能,但韧性较低。目前我国挤压工业中常用的热模具钢有 5CrNiMo、5CrMnMo、3Cr2W8V、4Cr5MoSiV1 等,其中最具有代表性的铬钨钢是 3Cr2W8V 钢,最具代表性的铬钼钢是 4Cr5MoSiV1 钢。

3Cr2W8V 钢是 20 世纪 50 年代研制的,它是在铝、铜、钛和钢材挤压生产中应用最广泛的一种热模具钢,与美国的 H21、日本的 SKD5、德国的 30WCrV3411 接近。它具有较高的高温强度和热稳定性,在 650℃时 σ_s 仍可保持 1100MPa,热处理后具有良好的耐磨性,广泛用于制造重载荷工具。在我国早期的挤压模具制造中得到了广泛应用。该钢种的主要缺点是:导热能力较差,将引起工模具的温度场不均匀,并在操作过程中使工具破裂;热膨胀系数较高;热疲劳抗力低,高温韧性低;冶金过程工艺性能较差,难以制造超过 1000kg 的大型优质锻件。

4Cr5MoSiV1 钢近二十几年来在我国铝合金挤压模具方面逐渐取代了 3Cr2W8V 钢,它与美国的 H13、日本的 SKD61、德国的 40CrMoVSi 接近。它与 3Cr2W8V 钢相比有以下特点:化学成分设计合理,易于采用先进的熔铸技术,使钢本身的质量提高;钢的改锻、冷加工和电加工工艺稳定,易控制;具有更好的热处理特性,热处理工艺稳定,易于操作和控制质量;热处理后具有更好的综合性能。除强度略低外,其他性能均优于 3Cr2W8V 钢。我国常用挤压热模具钢及其力学性能见表 5 - 22 所示。

表 5 - 22　常用热挤压模具钢及其力学性能

模具钢牌号	试验温度 /℃	力学性能指标						热处理制度
		σ_b /MPa	$\sigma_{0.2}$ /MPa	δ /%	ψ /%	a_k	HB kJ/m²	
5CrNiMo	20	1432	1353	9.5	42	373	418	820℃在油中淬火,500℃回火
	300	1344	1040	17.1	60	412	363	
	400	1088	883	15.2	65	471	351	
	500	843	765	18.8	68	363	285	
	600	461	402	30.0	74	1226	109	
5CrMnMo	100	1157	951	9.3	37	373	351	850℃在空气中淬火,600℃回火
	300	1128	883	11.0	47	637	331	
	400	990	843	11.1	61	480	311	
	500	765	677	17.5	80	314	302	
	600	422	402	26.7	84	373	235	
3Cr2W8V	20	1863	1716	7	25	290	481	1100℃在油中淬火,550℃回火
	300						429	
	400	1491	1373	5.6		607	429	
	450	1471	1363			506	402	
	500	1402	1304	8.3	15	556	405	
	550	1314	1206			570	363	
	600	1255				621	325	

（续表）

模具钢牌号	试验温度/℃	力学性能指标						热处理制度
		σ_b /MPa	$\sigma_{0.2}$ /MPa	δ /%	ψ /%	a_k	HB kJ/m²	
4Cr5MoSiV1	650						290	1050℃ 淬火，625℃ 在油中回火 2h
	20	1630	1575	5.5	45.5			
	400	1360	1230	6	49			
	450	1300	1135	7	52			
	500	1200	1025	9	56			
	550	1050	855	12	58			
	600	825	710	10	67			

3. 挤压工模具材料的合理选择

工模具材料的选择原则是在保证产品质量、降低生产成本的前提下如何延长其使用寿命。一般来说，工模具材料的强度越高，其价格越贵，挤压生产成本就越高。因此，选择工模具材料时应主要考虑以下几方面因素的影响。

（1）被挤压金属的性能

被挤压金属的变形抗力越高、挤压温度越高，工模具材料的强度、硬度和耐热性能也应越高，这是选用模具材料的主要依据。我国挤压工业通常选用的模具材料是 3Cr2W8V、4Cr5MoSiV1 钢。其中，挤压铜合金和钢铁材料制品时，选用 3Cr2W8V 钢；挤压铝合金制品时，以前也都是选用 3Cr2W8V 钢，目前已被 4Cr5MoSiV1 钢所取代。

（2）产品的品种、形状

挤压圆棒和圆管材所用模具，可选用中等强度的模具钢；挤压复杂形状的空心型材时，则选用高强度的模具钢。例如，挤压铝合金圆棒和圆管时选用 5CrNiMo、5CrMnMo 代替 4Cr5MoSiV1 钢，既能满足使用要求，又可以降低模具成本；而挤压铝合金型材时则选用强度较高的 4Cr5MoSiV1 钢。

（3）用途及规格大小

如前所述，挤压铜合金和钢材所用的模具，选用 3Cr2W8V 钢；挤压铝合金圆管和圆棒时可选用 5CrNiMo、5CrMnMo 钢，挤压铝合金型材时选用 4Cr5MoSiV1 钢。挤压铝合金型材的模垫可用 5CrNiW 或 4Cr5MoSiV1 钢，模支承则用 5CrNiW、5CrNiMo 钢。

制造挤压筒用的热模具钢一般为 5CrNiW、5CrNiMo、4Cr5MoSiV1、3Cr2W8V 钢等。其中 25MN 以下吨位挤压机的挤压筒内套选用 4Cr5MoSiV1 或 3Cr2W8V 钢，外套选用 5CrNiMo 钢。内套、外套均可以用 5CrNiW 钢代替。35～50MN 挤压机的挤压筒一般用 5CrNiW 钢，也可以用 5CrNiMo、4Cr5MoSiV1 钢代替。125MN 挤压机的扁挤压筒，内套选用 3Cr2W8V 或 4Cr5MoSiV1 钢，中套选用 5CrNiMo 钢，外套则可选用 45 号锻钢。

制造挤压轴所用的热模具钢一般为 5CrNiMo、4Cr5MoSiV1、3Cr2W8V 钢。其中，

20MN 以下吨位挤压机所用的小规格挤压轴一般用 4Cr5MoSiV1 或 3Cr2W8V 钢,35MN 以上吨位挤压机所用的大规格挤压轴用 5CrNiMo 钢。挤压轴材料也可以用 5CrNiW 钢代替。组合式挤压轴的工作部分采用 3Cr2W8V 或 4Cr5MoSiV1 钢,基座部分则采用 5CrNiMo 钢。

ϕ130mm 以下挤压垫材料采用 4Cr5MoSiV1 或 3Cr2W8V 钢,ϕ130mm 以上采用 5CrNiMo 或 4Cr5MoSiV1 钢。

思 考 题

1. 挤压机是如何分类的? 各分为哪几类? 各自的特点是什么?

2. 什么是单动式挤压机? 什么是双动式挤压机? 各自的主要用途是什么?

3. 什么是固定针挤压方式? 什么是随动针挤压方式? 它们各自在什么样的挤压机上能够实现? 对坯料是如何要求的?

4. 挤压机的主要部件包括哪些? 各自的主要作用是什么?

5. 挤压机的主要工具有哪些,各自的主要作用是什么?

6. 挤压机的辅助工具通常包括哪些? 它们主要起什么作用?

7. 画图说明单动式和双动式正向挤压时工具装配特点的异同。

8. CONFORM 连续挤压机的主要结构由哪几部分构成,其作用是什么?

9. CONFORM 连续挤压法的主要优点是什么?

10. CONFORM 连续挤压机的主要用途是什么?

11. 挤压筒为什么要采用多层套组装的结构形式?

12. 挤压筒内套的结构形式主要有哪几种? 其主要优点、缺点是什么?

13. 挤压筒与模具的配合方式主要有哪几种? 各自的优点、缺点是什么?

14. 如何确定挤压筒的内径尺寸?

15. 如何确定挤压筒的长度?

16. 如何确定挤压筒各层套的尺寸?

17. 挤压筒各层套之间为什么要采用过盈热装配合的组装方式?

18. 挤压轴的结构形式有哪几种? 各自的主要用途是什么?

19. 如何确定挤压轴的直径和长度尺寸?

20. 穿孔针的主要结构形式有哪几种? 各自的主要用途是什么?

21. 穿孔针损坏的形式主要是哪几种? 如何防止穿孔针断裂?

22. 挤压垫的主要结构形式有哪几种? 各自的主要用途是什么?

23. 如何确定挤压垫的直径尺寸? 挤压垫过大或过小会出现什么问题?

24. 按整体结构挤压模具可分为哪几类? 各自的主要用途是什么?

25. 模角是挤压模具最重要的结构参数之一,模角的大小对挤压力及挤压制品的质量有何影响?

26. 模具工作带的作用是什么? 确定工作带长度的原则是什么?

27. 在模具设计时,模孔入口处为什么要设计过渡圆角?

28. 模具设计时,模孔出口端尺寸为什么要大于模孔尺寸? 出口端空刀尺寸大小对挤压制品的质量和模具强度有何影响?

29. 模具的外形结构有哪几种形式? 什么是正锥模,什么是倒锥模?

30. 在什么情况下要采用多孔模挤压? 棒材多孔模设计时,模孔的布置原则是什么? 为什么模孔不能过于靠近模子的中心或边部?

31. 实心制品型材模设计时,如何合理布置模孔?

32. 型材多孔模设计时,应遵循什么原则? 如何合理布置模孔?

33. 型材模设计时,控制各部分金属流速均匀的主要措施有哪些?

34. 什么是比周长? 比周长大小与工作带长度有何关系?

35. 什么是阻碍角? 阻碍角为什么能够对金属流动起到阻碍作用?

36. 什么是促流角? 促流斜面为什么能够加快金属的流动速度?

37. 什么是舌比? 对半空心型材模具设计有何意义?

38. 分流模的结构形式有哪几种? 各自的优点、缺点是什么?

39. 什么是分流比? 分流比大小对挤压空心型材质量有何影响?

40. 影响分流模挤压型材焊合质量的模具设计因素有哪些?

41. 舌型模的结构形式有哪几种? 各自的优点、缺点是什么?

42. 影响凸桥式舌型模模桥强度的主要因素有哪些?

43. 铬钨钢和铬钼钢是最常用的两类挤压模具制造用热作模具钢,它们的特点是什么? 其代表钢号有哪些?

44. 如何合理选择挤压用模具材料?

45. 如何提高模具的寿命?

第6章 挤压工艺

不同的金属及合金、不同的产品品种规格,所采用的挤压工艺是不完全相同的。最佳的挤压工艺应包括:正确选择挤压方法与挤压设备;确定挤压工艺参数;选择优良的润滑条件;确定合理的坯料尺寸;采用最佳的挤压模具设计方法等五个方面。除了挤压方法、挤压设备及挤压模具设计在前面已经叙述外,本章主要就其他内容分别叙述。

6.1 挤压工艺参数确定

热挤压时的主要工艺参数是挤压温度、挤压速度和挤压比。确定挤压工艺参数时,要综合考虑被挤压金属的可挤压性和对制品质量的要求,在满足产品质量要求的情况下,尽可能提高成品率和生产效率,并降低生产成本。各种铝合金型材的可挤压性指数与挤压条件范围见表6-1所示,表中的可挤压性指数是以6063合金的可挤压性指数为100时的相对经验数值。各种铜合金的可挤压性指数与挤压条件范围见表6-2所示,表中的可挤压性指数是以HPb59-1铅黄铜的可挤压性指数为100时的相对经验值。对于不同的生产厂家、不同的设备和工艺条件、不同的制品规格和形状、不同的工模具条件、不同的坯料加热方式以及合金化学成分的差异等,可挤压性指数的大小也存在一定的差异,不能完全按照此表中的有关参数来确定,但可根据合金的可挤压性指数,并结合生产现场的具体实际情况,合理确定不同合金的挤压比和挤压速度。

表6-1 铝合金的可挤压性与可挤压条件

合 金	可挤压性指数[1]	挤压温度 /℃	挤压比	制品流出速度 /m/min	可否分流模挤压
1100	150	400～500	8～500	25～100	可
1200	125				
2011	25	370～480	8～40	1.5～6	不可
2014、2017	20				
2024	15				
3003	100	400～480	8～100	10～100	可
3004			8～80	10～80	
3203					

（续表）

合　　金	可挤压性指数①	挤压温度/℃	挤压比	制品流出速度/m·min	可否分流模挤压
5052	60	400～500	8～70	1.5～20	可
5056、5083	20	420～480	8～40	1.5～8	不可
5086	25			1.5～6	
5454	40			1.5～5.5	
5456	10				
6061、6151、6005	65	430～520	38～80	1.5～30	可
6N01、6082、6351	70			15～80	
6101	100				
6063			38～120	15～120	
7001、7178	9	430～500	8～30	1.5～5.5	不可
7003	50			1.5～30	可②
7N01、7005	40			1.5～10	
7075	10	360～440		1.5～5.5	不可
7079		430～500			

①6063合金的可挤压指数为100时的相对值；②大断面型材挤压较困难。

表6-2 铜及铜合金的可挤压性与挤压条件

合金成分（质量分数）/%						可挤压性指数①	挤压温度/℃	挤压比	制品流出速度/m·min
	Zn	Sn	Pb	Al	Ni				
纯铜						良 75	810～920	10～400	6～300
黄铜	15					良	780～870	10～100	6～200
	30					良	750～840	10～150	
	35					良	750～800	10～250	
	40					优 85	670～730	10～300	
铅黄铜	35.5		3			优 90	700～760	10～300	6～(250～300)
	38		2			优 95	670～730		
	40		1			优 100	650～750		
	40		3			优 100	640～720		
	32.5		0.5			良	660～690		

（续表）

合金	合金成分(质量分数)/%					可挤压性指数①	挤压温度/℃	挤压比	制品流出速度/m/min
	Zn	Sn	Pb	Al	Ni				
铝黄铜	20			1		良	750~850	10~75	6~100
	22			2(冷凝管)		良	730~760	10~80	6~100
	40			2		优 85	550~700	10~250	6~250
海军黄铜	28	1				良	760~820		
	39	1				优 85	640~730	10~300	
铝青铜				5		可	850~900		
				8		良 50	820~870	10~100	6~(150~200)
				10		良	820~840		
锰青铜	39.2		(Mn1,Fe1)			优 80	650~700	10~250	6~250
锡青铜		2					800~900	10~100	6~150
		6					650~740	10~100	6~50
		8					650~740	10~80	6~50
硅青铜			(Si3)			可	740~840	10~30	6~30
			(Si1.5)			良	760~860		
白铜					20	良	980~1010	10~80	6~50
					30		1010~1050		
洋白铜	17				18				
	27				18	差	850~900	10~100	6~100
	20				15				

①以 HPb59-1 的可挤压指数为 100 时的相对值。

6.1.1 挤压温度

1. 确定挤压温度的原则

合理的挤压温度范围应根据"三图定温"的原则来确定。

（1）合金的状态图

它能够初步给出挤压温度的范围。挤压温度的上限应低于固相线的温度 $T_{固}$，以防坯料加热时过热和过烧，一般取 $(0.85\sim0.9)T_{固}$。挤压温度的下限，对单相合金取 $(0.65\sim0.7)T_{固}$；对有二相以上的合金要高于相变温度 50℃～70℃，以防在挤压过程中由于温降而产生相变。

（2）金属及合金的塑性图

塑性图是金属及合金的塑性在高温下随变形状态以及加载方式而变化的综合曲线图，这些曲线可以是冲击韧性 a_k、断面收缩率 Ψ、延伸率 δ、扭转角 θ 以及镦粗出现第一个裂纹时

的压缩率 ε_{max} 等。通常是利用断面收缩率 Ψ 和最大压缩率 ε_{max} 这两个塑性指标来衡量热加工时的塑性。图 6-1 所示是 H68 黄铜和 2A12 硬铝合金的塑性图,从图中可以看出,H68 黄铜的挤压温度在 $700℃\sim800℃$ 时比较合适,2A12 硬铝的挤压温度范围在 $350℃\sim450℃$ 时比较合适。

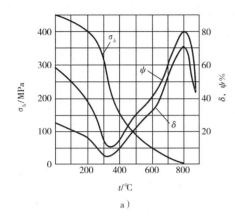 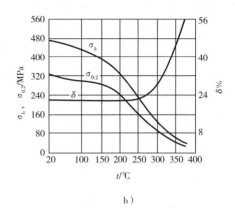

a) b)

图 6-1 H68 黄铜、2A12 硬铝合金的高温塑性图
a)H68 黄铜;b)2A12 铝合金

塑性图能够给出金属及合金的最高塑性的温度范围,它是确定挤压温度的主要依据。但塑性图不能够反映出挤压后制品的组织与性能。

(3)第二类再结晶图

第二类再结晶图是金属及合金的晶粒大小在一定的温度条件下随变形程度而变化的关系图。挤压制品出模孔的温度,对其组织和性能影响很大,参照第二类再结晶图,通过控制制品出模孔温度,就可以控制制品的晶粒度,从而获得所需要的组织和性能。图 6-2 所示是铜的第二类再结晶图,从图中可以看出,控制挤压出模孔温度为 $500℃$ 比较合适。

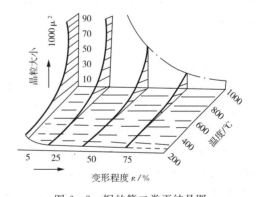

图 6-2 铜的第二类再结晶图

"三图定温"是确定挤压温度的主要理论依据,根据"三图定温"的原则,就可以确定各种金属及合金的挤压温度范围。

需要指出的是,"三图定温"中的温度是指金属的变形温度,而实际生产中通常所说的挤压温度是指挤压前坯料的加热温度,二者之间往往有一定的差距。由于挤压过程中金属变形的复杂性和诸多因素的影响,要想准确控制变形区中的金属温度是很困难的,甚至是不可能的,只有通过采用合适的坯料加热温度来控制变形区温度在一个合理的范围内,从而达到控制挤压温度的目的。因此,要根据挤压加工的特点和产品的质量要求等综合考虑后确定。

2. 实际生产中挤压温度的确定

在实际生产中,挤压温度主要是根据金属及合金的性质、制品的表面质量、尺寸精度、力学性能要求以及生产工艺特点来确定。

（1）金属及合金的性质

金属及合金的性质对其挤压性能的影响，主要表现在挤压温度条件下被挤压金属及合金的变形抗力和塑性这两个指标上。对于铝合金来说，既没有高温脆性，也没有低温脆性，即随着温度升高，变形抗力降低，塑性提高。因此，在制定挤压温度规程时，应主要考虑其变形抗力的影响，而可以不用过多考虑其塑性指标的影响。挤压温度越高，被挤压金属的变形抗力越低，有利于降低挤压力，减少能耗，并避免挤压硬合金时出现挤不动的"闷车"事故。但为了防止过烧事故发生，挤压温度的上限应低于合金中的低熔点共晶熔化温度。

对于具有高温和低温脆性的铜合金及钢铁材料，确定挤压温度时应避开这两个脆性区（特别是高温脆性区）。当挤压温度高于高温脆性区温度时，还要防止挤压过程中发生温降而进入到这个脆性区。

（2）制品的表面质量

对于在高温下易和工模具发生黏结的金属及合金，当挤压温度较高时，制品的表面较粗糙，且易出现裂纹、擦伤等缺陷。因此，在不发生"闷车"事故、能够满足制品的组织性能要求的情况下，应采用较低的挤压温度，以提高制品的表面质量，并可以提高挤压速度，提高生产效率。

（3）制品的尺寸精度

挤压温度高，制品冷却后的收缩量大，尺寸精度不容易控制。制品出模孔时的温度沿长度方向上的变化，会使得冷却后的断面尺寸沿长度方向也发生变化。由于变形热和摩擦热的存在，在挤压铝合金过程中，变形区中的温度是逐渐升高的，如果坯料沿长度方向上的加热温度均匀一致，冷却后的制品就会出现前端尺寸大、尾端小的现象。解决这一问题的有效手段是采用等温挤压技术，简便的方法是挤压速度不变而使用梯温加热的坯料，并使坯料的高温端靠向模子一边。

（4）制品的组织性能要求

挤压温度对于不同合金组织性能的影响是不一样的。

具有挤压效应的铝合金，随着挤压温度升高，挤压效应越显著。对于这些合金制品，为了获得较高的纵向强度，应适当提高挤压温度。

对于利用出模孔时的高温，在挤压机上直接进行淬火（包括水冷、风冷和空冷淬火）的合金制品，也应提高挤压温度。但是，对于有些不可热处理强化铝合金（如纯铝、铝镁系合金等）来说，挤压温度高时容易形成粗大晶粒组织，这时应适当降低挤压温度。

对于有明显粗晶环的铝合金，提高挤压温度，粗晶环深度增大。因此，应适当降低挤压温度。

对于 Al－Zn－Mg－Cu 系高强度超硬铝合金，采用较高的温度进行挤压，可降低变形抗力，但随着挤压温度升高，制品的抗应力腐蚀性能下降，这也是大多数该系合金不能采用高温挤压，其挤压性能较差的原因之一。

制品出模孔时的温度沿长度方向上的变化，不仅会使其尺寸沿着长度方向发生变化，也会使得其组织性能沿长度方向发生变化，造成性能不均。

（5）挤压时的变形热

在研究挤压温度与制品出模孔温度时，一个不可忽视的因素，是挤压时的变形热和摩擦热。金属在塑性变形时 90%～95% 的变形能将转化为热量。与其他压力加工方法相比较，挤压法的一次变形量很大，即挤压比大，而强烈的三向压应力状态又使得坯料金属的变形抗力增大。挤压过程中，变形金属与挤压筒内壁、穿孔针表面、模子端面（或死区界面）及模孔工作带之间由于摩擦而产生热量，且与坯料的长度成正比关系。挤压时产生的这种附加热量是很大的，可使制品温度上升几十度，甚至可达 300℃ 以上。如果挤压时坯料的加热温度高，加上变形和摩擦所引起的温升，就有可能使得变形区中的温度过高，影响制品的表面质量和尺寸精度，并使挤压速度降低，晶粒变得粗大，粗晶环深度增加，严重时易造成组织过烧。

(6)生产工艺

正向挤压时的外摩擦大，温升大；反向挤压时的外摩擦很小，温升也很小。从这一方面来说，采用正向挤压工艺时，挤压温度不能太高，而采用反向挤压工艺时，则可以采用较高的挤压温度。但是，由于反向挤压时的外摩擦很小，所需要的挤压力比相同条件下正向挤压时的小 30%～40%，从而可以采用较低的挤压温度，以提高挤压速度，提高生产效率，特别在挤压硬铝合金时更显著。

挤压无缝管时，可以采用空心坯料不穿孔方式挤压，也可以采用实心坯料穿孔方式挤压；可以采用润滑穿孔针方式挤压，也可以采用不润滑穿孔针方式挤压。不同的生产工艺条件和挤压生产方式，对挤压温度的要求也不完全相同。采用实心坯料穿孔挤压工艺时，为减小穿孔力，防止发生断针事故，应提高挤压温度；而采用空心坯料不穿孔挤压工艺时，为了提高挤压速度，并改善润滑条件，应降低挤压温度。采用润滑穿孔针方式挤压时，如果挤压温度过高，润滑油易挥发，降低润滑效果，穿孔针易黏金属，造成管材内表面擦伤缺陷，故应降低挤压温度；采用不润滑穿孔针方式挤压时，为了降低金属的变形抗力以减小挤压力，减小金属流动对穿孔针的摩擦拉力，可适当提高挤压温度。

采用舌型模和平面分流模挤压空心制品时，为提高焊缝质量，应提高挤压温度。

因此，在确定挤压温度时，应综合考虑各方面因素的影响，根据不同制品的具体要求和各生产厂家的实际情况来确定。

表 6-3～表 6-10 中所示的挤压温度范围是考虑了合金状态图、高温塑性图、第二类再结晶图，参考了企业的实际生产规程以及成品率、生产效率和产品质量要求等方面的指标，同时还考虑了挤压过程中的热平衡关系后确定的。

表 6-3　铝及铝合金坯料的最高允许加热温度

合金牌号	最高允许加热温度/℃
7A04、7A09	460
2A02、2A06、2A10、2A12、2A14	490
2A50、2A80、2A90	520
2A70	505
5A02、5A03、2A11、2A13、2A16、2A17	500
5A05、5B05、5A06、5A12	470
1070A、1060、1050A、1035、1200、8A06、3A21、6A02、4A01、6061、6063	550

表6-4　铝合金型材、棒材、排材挤压用坯料的加热温度和挤压筒温度

合金牌号	制品种类	交货状态	坯料加热温度/℃	挤压筒温度/℃
所有	线坯和中间毛料		320～450	320～450
2A11、2A12、7A04、7A09	型、棒、排	H112、T4、T6	320～450	320～450
1070A、1060、1050A、1035、1200、8A06、3A21、5A02	型、棒	H112、O	420～480	400～500
5A03、5A05、5B05、5A06、5A12	型、棒	H112、O	330～450	400～450
2A50、2B50、2A70、2A80、2A90	型、棒、排	所有	370～450	400～450
6A02	型、棒	所有	320～370	400～450
1070A、1060、1050A、1035、1200、8A06、	排	H112	250～320	250～400
1070A、1060、1050A、1035、1200、8A06、	排	F	250～450	250～450
1070A、1060、1050A、1035、1200、8A06、3A21	空心型材	H112	460～530	420～450
6A02	空心型材	H112、T4、T6	460～530	420～450
2A11、2A12	空心型材	T4、H112	420～480	400～450
2A14	型、棒	O、T4	370～450	400～450
2A02、2A16	型、棒、排	所有	440～460	400～450
2A02、2A16	型、棒、排（不要求高温性能）	所有	400～440	400～450
2A12	大梁型材	T4	420～450	420～450
2A12	T42状态型材	O	400～440	400～450
6061、6063	型、棒、排	T5	460～530	400～450

表6-5　铝合金管材正向挤压时坯料的加热温度和挤压筒温度

合　金	坯料状态	坯料加热温度/℃	最高允许加热温度/℃	挤压筒温度/℃
纯铝	铸态	300～450		320～450
纯铝穿孔挤压	铸态	400～480	550	400～450
纯铝厚壁管	铸态	400～450		400～450
6A02厚壁管	铸态或均匀化	460～520		400～450
6A02穿孔挤压	铸态或均匀化	400～480	550	400～450
6A02 O状态	均匀化	300～450		320～450
	二次毛料	350～480		320～450
6061、6063	均匀化	480～520	550	400～450
5A02厚壁管	均匀化	400～450	500	400～450
5A02	均匀化	320～450		320～450

（续表）

合 金	坯料状态	坯料加热温度 /℃	最高允许加热温度 /℃	挤压筒温度 /℃
5A03	均匀化	320～450	500	320～450
5A05、5A06	均匀化	360～440	470	340～450
	二次毛料	350～450		320～450
3A21 穿孔挤压	均匀化	400～480	550	400～450
3A21 厚壁管	均匀化	400～450		
3A21	均匀化	300～450		320～450
	二次毛料	350～480		
2A11	均匀化	320～450	500	320～450
2A12	均匀化	320～450	490	320～450
2A14	均匀化	320～450	490	320～450
2A14 四筋管	均匀化	400～450		400～450
7A04、7A09	均匀化	360～440	460	340～450
	二次毛料	320～440		320～450

表6-6 铝合金管材反向挤压时的坯料加热温度和挤压筒温度

合 金	坯料加热温度/℃	挤压筒温度/℃
5A02、5A03	350～480	400～450
2A11、2A12、2A14	350～450	400～450
5A05、5056、5A06	350～450	400～450
7A04	360～440	400～450
纯铝、3A21、6A02	300～450	350～450
6A02 厚壁管 F、T4、T6 状态	460～520	400～450
纯铝、5A02、3A21 厚壁管	400～450	400～450

表6-7 镁及镁合金挤压坯料的加热温度

合 金	加热温度/℃
纯镁	350～440
MB2、MB5、MB7	300～400
镁铝合金	300～420

表 6-8　钛及钛合金挤压坯料的加热温度

合金牌号	坯料类型	加热温度/℃
TA1、TA2、TA3	光坯	750～900
TA1、TA2、TA3	铜包套	650～800
TC1、TC2	光坯	750～800
TC1、TC2	铜包套	630～700
TC3、TC4	光坯	850～1050

表 6-9　铜、镍及其合金挤压坯料的加热温度

合金牌号	加热温度/℃
T2、T3、T4、TU1、H90、H80	750～875
TUP	850～920
H96	750～850
H85	880～930
H68、H68-0.1、HSn70-1	740～800
H62、HFe59-1-1、HFe58-1-1、HSn62-1	670～780
HPb59-1、HPb63-0.1	620～680
HPb61-1	630～670
HAl60-1、HAl60-1-1、HPb63-3	650～700
HAl59-3-2、HAl67-2.5、HAl66-6-3-2	700～800
HAl77-2、HAl70-1.5、QSi3-1	750～820
HMn55-3-1	590～670
QSn8-0.4、HMn57-3-1、HNi56-3、H59	600～700
HMn58-2	570～630
HSi80-3	740～790
QAl9-4、QAl9-2、QAl5	830～900
QAl10-3-1.5	750～830
QAl10-4-4	825～900
QSi1-3	850～900
QSn4-0.3	750～800
QSn4-3	750～870
QSn6.5-0.1、QSn6.5-0.4、QSn7-0.2	700～820
QCd1、QCr0.5、QCr0.3-0.2、QZr0.2、QZr0.4	800～850
QBe2、QBe2.15	720～800

（续表）

合金牌号	加热温度/℃
BFe5 - 1	900～1000
B10	950～1000
BAl 13 - 3	870～930
B30 - 1 - 1、BSi 30 - 0.6、B30	900～960
BZn15 - 20	850～930
B40 - 1.5	950～1100
NCu28 - 2.5 - 1.5	975～1100
镍	950～1050

表 6 - 10　钢铁材料挤压坯料的加热温度

钢　　种	加热温度/℃
碳素钢	1100～1300
低合金钢	1130～1270
滚珠轴承钢	1100～1150
铬不锈钢	1150～1200
铬镍不锈钢	1150～1210

6.1.2　挤压速度

1. 挤压速度确定

挤压速度有三种表示方法：挤压轴的移动速度 v_g、金属流出模孔的速度 v、金属的变形速率 ε。在实际生产中通常采用流出速度 v，这是因为它的取值范围取决于金属及合金在挤压温度下的塑性，且比较直观。流出速度与挤压轴速度的关系为 $v=\lambda v_g$。变形速率 ε 通常只用于理论研究分析方面。

确定挤压速度的原则是，在保证产品质量和设备能力（吨位、速度）允许的前提下，尽可能提高挤压速度，提高生产效率，但挤压速度过快时制品易产生裂纹。确定挤压速度时要考虑下列因素的影响：

（1）金属及合金的可挤压性

挤压速度与金属及合金的可挤压性有密切关系。一般来说，当挤压比一定时，挤压速度越快，相应的变形速率就越高，金属会在不同程度上产生加工硬化而使变形抗力增高，使挤压力升高。因此，对于塑性较差，高温塑性范围窄，加工硬化程度较高的金属及合金，应采用较低的挤压速度。而对于塑性好，高温塑性范围宽，加工硬化程度低的金属及合金，则可以采用较高的挤压速度，以提高生产效率。

（2）挤压温度

挤压速度往往还要受到挤压温度的限制。如前所述，挤压力与被挤压金属的变形抗力成正比,而金属的变形抗力与挤压温度成反比。热挤压的目的,就是利用金属材料在高温下的变形抗力较低来实现大变形量加工,因此,对于具有较高变形抗力的金属及合金,必须加热到较高的变形温度。但是,铝合金挤压时,挤压筒、穿孔针等工具的温度与坯料的温度相差较小,工具对金属的冷却作用小,温降不明显,金属通常是在近似于绝热条件下变形,挤压速度越快,挤压过程中产生的热量就越不容易逸散,从而导致变形区中温度升高。如果坯料的原始加热温度较高,而又选择较快的挤压速度,则易使出模孔附近的温度上升到接近被挤压金属的固相线温度,造成制品表面粗糙、产生裂纹,并导致组织性能的显著恶化。

而对于铜合金来说,由于挤压筒等工具的温度比坯料的加热温度低,挤压过程中易产生温降,则可以采用较高的挤压速度。变形温度更高的钛合金和钢铁材料挤压时,一方面是为了避免工具对金属的冷却作用,另一方面为了防止工模具在高温下变形而降低使用寿命,则需要采用高的挤压速度。

(3)设备能力

挤压速度受挤压机能力制约。首先,挤压速度的提高将使金属的变形速率升高,加工硬化程度增大,金属的变形抗力增大,使挤压力升高,但最大挤压力不能超过挤压机的能力。其次,提高挤压速度,必然要增大推动主柱塞前进所需的高压液体的流量,要考虑高压泵的生产能力能否满足要求。另外,还要考虑坯料加热炉的生产能力。

挤压速度 V 与挤压机能力、合金的性质、挤压温度 T 之间的相互关系可用如图 6-3 所示的曲线来描述,从图中可以看出,易挤压合金和难挤压合金的挤压速度极限图是不一样的。图 6-3a 表示易挤压合金,有很宽的加工范围;图 6-3b 表示难挤压合金,其加工范围很窄。

图 6-3 中的曲线 1 表示设备能力的挤压力极限,即当所需要的挤压力超过它时,不可能实现挤压。如图中 I 区所示,当温度很低时,即便是挤压速度非常慢,由于金属的变形抗力很高,使金属产生塑性变形所需要的挤压力很大,超出了挤压机的能力,挤压过程很难实现。随着温度升高,金属的变形抗力下降,所需要的挤压力下降,则挤压速度可随之提高。挤压力曲线可用下式表示:

$$V_{jp} = \left[\frac{P_{max}}{K_{zho} \left(\frac{6i}{D_t} \right)^m e^{-dT_{ch}^2} \left(F_t i \frac{1}{\eta} + \pi D_t l_t f_t \right)} \right]^{\frac{1}{m}} \qquad (6-1)$$

式中:V_{jp}——与挤压机能力有关的最大挤压速度;

  P_{max}——最大挤压力;

  K_{zho}——变形区压缩锥入口处的金属变形抗力;

  i——挤压比的对数值;

  D_t——挤压筒内孔直径;

  F_t——挤压筒内孔断面积;

  T_{ch}——制品出模孔时的温度;

  η——变形效率因子;

  l_t——镦粗后的坯料长度;

  f_t——坯料与挤压筒之间的摩擦因子;

d、m——常数。

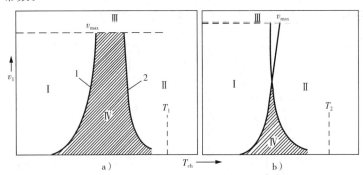

图 6-3 挤压速度极限图

a)易挤压合金;b)难挤压合金

1—挤压机能力(挤压力)极限曲线;2—合金的冶金学极限曲线

Ⅰ区—超过挤压机能力;Ⅱ区—制品表面粗糙或裂纹;Ⅲ区—高压泵流量不足;Ⅳ区—允许的加工范围

曲线 2 表示制品表面很粗糙或开始出现裂纹的冶金学极限,即当出模孔附近的金属实际温度超过它时,挤出制品的表面变得非常粗糙或开始出现裂纹,故也称为制品的表面质量曲线。如图中Ⅱ区所示,在高温挤压时,随着挤压速度的提高,金属变形过程中产生的热效应增大,坯料的原始温度与热效应产生的温度叠加,就会使得出模孔附近的温度升高到接近被挤压金属的固相线温度,从而造成制品表面非常粗糙或出现裂纹。挤压制品的表面质量曲线可用下式表示:

$$V_{jA} = a \cdot e^{-bT_{ch}^2} \tag{6-2}$$

式中:V_{jA}——A 合金的挤压速度;

a、b——常数。

图中Ⅲ区则表示,当挤压速度过快时,由于高压泵的生产能力所限,满足不了主柱塞快速前进所需要的高压液体的流量。

曲线 1 和曲线 2 之间的Ⅳ区,表示该合金允许的挤压工艺参数范围,两条线的交点则表示理论上的最大挤压速度和相应的最佳出模孔温度。令 $V_{jA} = V_{jp}$,则最大挤压速度可由下式计算:

$$V_{jmax} = \left[\frac{a^c P_{max}}{K_{zho} \left(\dfrac{6i}{D_t} \right)^m \left(F_t i \dfrac{1}{\eta} + \pi D_t l_t f_t \right)} \right]^{\frac{1}{m+c}} \tag{6-3}$$

式中:V_{jmax}——允许的最大挤压速度;

c——常数。

应用生产数据和实验方法得到上述常数后,便可研究挤压工艺参数对最大挤压速度的影响。实际的挤压极限曲线因合金的种类、挤压筒的加热温度等不同而异,生产厂家有必要根据生产的具体情况,建立一系列精确的挤压极限曲线,这对于实现人工智能控制下的自动化生产是非常必要的。

图 6-4 所示为 6063、2A11 合金的最大挤压速度 v_{jmax} 与挤压机能力 P_{max} 和挤压筒直径

D_0 间关系的计算曲线。由图可知,只要挤压机能力稍有增大,就会使最大挤压速度明显增大。这种最优化对于难挤压的一些合金具有特别重要的意义。

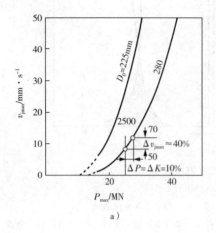

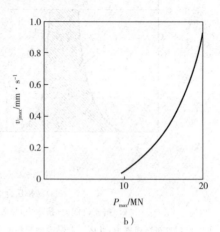

图 6-4　最大挤压速度与挤压机能力间关系的计算曲线

a)6063 铝合金;b)2A11 铝合金

(4)其他因素对挤压速度的影响

除以上因素外,坯料的原始状态(合金元素的比例及杂质控制、晶粒大小、高温均匀化处理等)、挤压生产方式、挤压比的大小、制品断面的复杂性等对挤压速度也有一定的影响。

① 坯料的晶粒组织

坯料晶粒尺寸的大小,直接影响着合金的加工性能,通常要求坯料应具有细小的晶粒组织。这是因为,坯料组织晶粒细小,材料的各向异性小,成分偏析程度降低,变形抗力低,塑性好,变形较均匀。通过对 6063 合金的挤压对比实验,添加了 Al-Ti-B 细化剂的坯料,其挤压力比未添加者低 0.2~0.5MN,挤压速度提高了 15%~20%。

② 合金成分的变化

合金中各元素的百分含量可在一定范围内波动,从而造成合金成分变化。这种成分的变化,会影响到坯料结晶组织中金属间化合物和强化相的多少及分布,从而影响到其变形抗力,影响到挤压力,影响到挤压速度。

图 6-5 所示为 Al-Mg-Si 系合金中 Mg、Si 元素含量与坯料金属变形抗力的实验曲线。从中可以看出,在合金成分允许的范围内,随着 Mg、Si 含量的增加,金属的变形抗力增大,则挤压力增大,挤压速度则应相应降低。这种成分的变化,还会造成合金固相线温度的变化,从而使合金的熔点发生变化。据资料介绍,Al-Mg-Si 系合金中 Mg_2Si 相的浓度由 0.60% 增加到 0.95%,合金的固相线温度由 600℃ 降低到 590℃,三元共晶温度为 555℃(Al-Mg_2Si-Si)和 578℃(Al-AlFeSi-Si)。当挤压速度的提高使得变形区出口温度超过此温度时,制品表面就会产生裂纹。这说明,低的 Mg_2Si 浓度有利于提高 Al-Mg-Si 系合金的固相线温度和极限挤压速度。

③ 坯料均匀化退火

在工业生产条件下,由于铸造时的冷却速度较快,使得结晶时的扩散过程受阻,凝固后的铸态组织通常偏离平衡状态。铝合金中的 S(Al_2CuMg)、$MnAl_6$、Mg_2Si 等相来不及充分

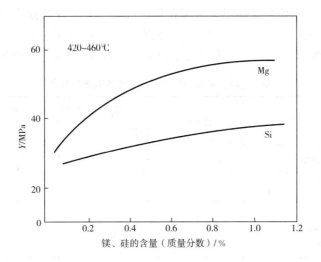

图 6-5　6063 合金中 Mg、Si 含量对变形抗力（Y）的影响

地从基体中析出,分布在枝晶网和晶界上,降低了坯料的加工性能。若对坯料进行均匀化退火,这些富集在晶粒和枝晶边界上的可溶解的金属间化合物和强化相就会发生溶解和扩散,充分地从基体中析出,从而使坯料组织均匀,消除铸造应力,提高坯料塑性,降低基体的屈服强度,减小变形抗力,改善其挤压加工性能。

根据对 6063 合金的挤压实验,用均匀化退火处理后的坯料进行挤压,可以使挤压力降低 6%～10%,挤压速度提高 22%以上,使每小时产量提高 12%以上。硬铝合金坯料经充分均匀化退火后,挤压力可减小 10%以上,挤压速度可以提高 20%～30%。

采用不同的均匀化工艺,对挤压速度的影响也不一样。对 2A12 合金空心坯料进行均匀化-析出退火处理,与采用常规的均匀化退火处理相比较,可以使挤压管材时的速度提高 40%～60%。

表 6-11 所示为 6063 合金坯料在（580±5）℃、2h 均匀化退火后,采用不同冷却速度对挤压速度影响的实验结果。可以看出,当冷却速度由 100℃/h 以下提高到 170℃/h 以上,挤压速度可由 20m/min 提高到 70m/min 以上而不产生裂纹。这主要是由于冷却速度慢时,Mg_2Si 相析出,以粗大的化合物形态不均匀分布在晶界上,降低了合金塑性。

表 6-11　6063 合金坯料均匀化退火后不同冷却速度对挤压速度的影响

冷却速度 /℃/h	挤压速度/m/min					
	25	35	42	52	60	72
300～270	较好	较好	较好	较好	较好	较好
200～170	较好	较好	较好	较好	较好	较好
150～100	较好	较好	较好	较好	粗糙	有裂纹
80～60	粗糙	有裂纹	有裂纹	有裂纹	有裂纹	有裂纹

④ 挤压方式

与正向挤压法相比较,反向挤压时,坯料与挤压筒壁之间无相对运动,二者之间无外摩擦;反向挤压管材时,摩擦力仅作用在与穿孔针的接触面上。外摩擦小,变形区中金属的温升小,挤压力比正向挤压时小30%~40%,从而有利于提高挤压速度,特别是在挤压硬合金时,挤压速度可提高0.5~1.0倍。铝合金管材正向、反向挤压的速度规范见表6-12所示。

表6-12 铝合金管材正、反向挤压速度规范

合　　金	制品流出速度/m/min	
	正向挤压	反向挤压
纯铝、3A21、6063	15~20	15~20
5A02	4~6	8~10
5A03	2~3.5	6~8
5A05、5A06	1.5~2	2~3.5
2A50	1.5~2.5	2~4
2A11、2A14	1.5~2.5	2~3
2A12	1.5~1.8	1.5~2.5
7A04	1.0~1.5	1.5~2.0
6A02、6061	7~10	10~15

与固定针方式相比较,用随动针方式挤压管材时,变形金属与穿孔针之间的摩擦小,可以采用较快的挤压速度。表6-13所示为用固定针和随动针方式挤压铝合金管材时的速度规范。

表6-13 用固定针和随动针挤压管材的金属流动速度

合金牌号	坯料规格/mm	挤压管材规格/mm	坯料加热温度/℃		制品流出速度/m/min	
			固定针挤压	随动针挤压	固定针挤压	随动针挤压
2A12	150×64×340	29×3.5	400	380	2.7	3.3
5A06	256×64×260	44×3	370	440	2.45	3.2
2A11	225×94×430	76×5	330	300	4.4	6.0

采用润滑挤压时,可以大幅度减小摩擦力及摩擦发热,从而使挤压力降低30%~40%,为提高挤压速度创造有利条件。

对模子和穿孔针的针尖部分进行冷却,可以有效地降低变形区出口处的温度,甚至抵消热效应的影响,提高挤压速度,并可以延长模具的使用寿命。据资料介绍,用液氮对模具进行冷却,可以使硬铝合金的挤压速度提高0.75~1.0倍,制品表面质量好,而且模具的寿命可提高50%以上。表6-14所示为用随动针方式挤压铝合金管材时,对穿孔针进行冷却和不进行冷却情况下挤压速度的变化。

表 6－14　用随动针挤压时冷却和不冷却穿孔针条件下的挤压速度

合金牌号	坯料规格 /mm	挤压管材规格 /mm	挤压条件	坯料加热温度 /℃	挤压筒温度 /℃	制品流出速度 /m/min
2A12	156×64×290	29×3	不冷却/冷却	400/420	350/380	3.2/4.25
5A05	156×64×360	50×5	不冷却/冷却	400/430	350/360	4.1/5.1
5A06	156×64×230	45×4	不冷却/冷却	430/400	340/400	3.2/4.5

⑤ 挤压比的大小

在坯料加热温度一定的情况下,挤压比大小对挤压速度的影响主要是通过变形热起作用的。挤压比越大,变形量越大,挤压过程中的变形能就大,产生的变形热也就越大,则变形区中的温升就越大,从而限制了挤压速度的提高。因此,在一定的挤压温度范围内,当挤压比比较大时,应适当降低挤压速度。

⑥ 制品断面形状、尺寸及模具结构

制品断面形状越复杂,挤压速度应越慢。挤压型材时的速度应比挤压棒材的慢。挤压大断面尺寸型材的速度应比小断面的慢。用分流模挤压空心型材时的速度应比用平面模挤压普通实心型材的慢。

虽然影响挤压速度的因素比较多,但是在实际生产中,对于不同的金属,其主要的影响因素是不完全相同的。对于挤压过程中热效应比较明显的铝合金,影响挤压速度最主要的因素是不同合金的挤压温度。对于挤压温度比较高的铜合金,为了避免发生温降,一般应尽可能采用高速挤压,影响挤压速度的最主要因素是不同合金的挤压比的大小。表 6－15～表 6－19 所示是挤压不同金属及合金的挤压速度规范。

表 6－15　铝合金型棒材的挤压温度－平均速度规范

合　　金	挤压制品	挤压温度/℃		平均流出速度 /m/min
		坯料温度	挤压筒温度	
2A14	圆棒、方棒、六角棒	380～440	360～440	1～2.5
2A12		380～440	360～440	1～3.5
2A80、2A70、5A02		320～430	350～400	3～15
7A04		350～430	330～400	1～2
1A70～1235、8A06		390～440	360～430	40～150
3A21		390～440	360～430	25～120
5A05、5A06		400～450	380～440	1～2
2A12、2A06	一般型材	380～460	360～440	1.2～2.5
	高强度型材和空心型材	430～460	400～440	0.8～2
	壁板型材和变断面型材	420～470	400～450	0.5～1.2
2A11	一般型材	330～460	360～440	1～3

（续表）

合　金	挤压制品	挤压温度/℃		平均流出速度/m·min
		坯料温度	挤压筒温度	
6A02、6061	一般型材	480～520	450～500	8～50
6063				15～120
7A04	固定断面型材、变断面型材和壁板型材	370～450	360～430	0.8～2
		390～440	390～440	0.5～1
5A02、5A03、5A05、5A06、3A21	实心、空心型材和壁板型材	420～480	400～460	0.6～2
6061	装饰型材	320～500	300～450	12～60
6061、6A02	空心建筑型材	480～530	480～500	8～60
6063				20～120
6A02	重要型材	490～510	460～480	3～15

表 6-16　铝合金管材挤压比和挤压温度－速度规范

合　金	挤压温度/℃		挤压比	金属流出速度/m·min
	坯料温度	挤压筒温度		
1A70～1235、8A06、6A02、6063	300～500	300～480	≥15～120	15～100
2A50、3A21	350～430	300～380	10～100	10～20
5A02	350～420	300～350	10～100	6～10
5A05、5A06	430～470	370～400	10～50	2～2.5
2A11、2A12	330～400	300～350	10～60	2～3

表 6-17　铜合金正向挤压的流出速度

合　金	金属流出速度/m·s					
	挤压比＜4.0		挤压比＝40～100		挤压比＞100	
	管材	棒材	管材	棒材	管材	棒材
T2、TU1、TUP、H96	1～2	0.3～1.5	3～5	0.5～2.5	5～3	1～3.5
H90、H85、H80	0.2～0.8	0.2～1.0				
H62、HPb59-1、两相黄铜	0.7～0.8	0.4～1.5	2～4	0.6～3		1～4
QAl9-2、QAl9-4、QCr0.5、QZr0.2、QAl10-3-1.5、QAl10-4-4	0.15～0.25	0.1～0.2	0.5～0.8	0.3～0.8		
QSi3-1、QSi1-3、QSn4-3、QBe2、QBe2.15、QBe2.5	0.04～0.1			0.07～0.15		

（续表）

合　金	金属流出速度/m/s					
	挤压比<4.0		挤压比=40～100		挤压比>100	
	管材	棒材	管材	棒材	管材	棒材
BAl13-3		0.5～1.0		0.8～1.5		
BFe5-1、BZn15-20	0.5～1.1	0.5～1.0	1～2	0.8～1.5		
QCd1.0		0.02～0.04				
H68、HSn70-1、HAl77-2	0.04～0.1					
QSn4-0.3、QSn6.5-0.1、QSn6.5-0.4、QSn7-0.2	0.03～0.06					
B30、N6、B30-1-1	0.3～1.2					
NCu28-2.5-1.5	0.3～1.0					

表6-18　镁合金挤压时的金属流出速度

合金牌号	型材、棒材			管　材
	MB1、MB8	MB2、MB3	MB5、MB6、MB7、MB15	MB8
金属流出速度/m/min	6～30	0.5～6	0.5～5	6～20

表6-19　钛及特殊合金的挤压速度

合金牌号	挤压方法	挤压温度/℃	挤压比	挤压速度/m/min
纯钛、Zr、Zr2、Zr3	包铜套挤压管棒材	600～800	8～30	1.5～9.0
TA6、TA7、TC1、TC4、TC5、TC6、TC10	玻璃润滑光坯挤压	900～1000		5.4～7.2
		930		6.0～9.0
钨、钼及其合金		1400～1600	3～10	7.2～18.0
钽、铌及其合金	钢包套或光坯挤压管材	1150～1400	5～10	7.2～9.0

2. 挤压过程中的温度-速度控制

从以上的分析可以看出，由于合金化学成分的波动、铸造工艺因素及均匀化退火的影响所造成的坯料组织性能的变化，金属流动预测的困难性，挤压过程中压力与速度的不恒定，坯料加热温度的不均匀性，变形金属与工具表面的摩擦生热、金属的变形发热以及热量传递的不稳定性，各工艺参数之间的相互影响、相互依赖，不能单独分析解决，从而造成了挤压过程的复杂性，给挤压工艺参数的正确、合理选择带来了一定困难，也给产品质量带来了一定的影响。利用现有的经验加技巧的方法来确定挤压过程中的各个参数，已很难满足人们对挤压技术发展越来越高的要求。

热挤压过程的基本参数是挤压温度和挤压速度，两者构成了挤压过程控制十分重要的温度-速度条件。最关键的是控制金属出模孔时的温度要均匀一致，即实现等温挤压，才能保证制品的质量并提高生产效率。

选择挤压温度、速度参数的概念是建立在 Stenger 提出的方法上，其基本概念表明在图 6-3 所示挤压速度极限图上，是实现等温挤压的基础。

实现等温挤压的主要方法有以下 4 种：

（1）对坯料进行梯温加热

所谓梯温加热，是指坯料加热后在其长度或断面上存在温度梯度。最常采用的是沿坯料长度上的梯温加热。由于在挤压过程中的机械能转换为热能，摩擦生热引起的坯料热量增加未能及时散发出去，导致挤压过程中变形区中的温度逐渐上升，从而使制品出模孔处温度也逐渐上升。正如前面所分析的，由于温度的逐渐升高，造成制品沿长度方向上的前后尺寸不一致，组织性能不一致，易造成表面粗糙甚至产生裂纹，使得挤压速度降低而影响生产效率。为此，可对坯料进行梯温加热，使其前端的温度比后端高出一定的值，就可以使其在挤压过程中温度变化不大。表 6-20 所示是 2A12 合金坯料进行均匀加热和梯温加热挤压的对比实验结果。可以看出，虽然两种方法加热沿制品长度方向上均存在性能差，但采用梯温加热的性能差小，坯料头尾温度为 400℃/250℃ 时的性能平均波动值为 2.25%，而 450℃/150℃ 时的性能平均波动值为 7.05%。采用均匀加热时的性能平均波动值高达 21.14%。

确定梯温加热制度时，应考虑被挤压金属与工具材料的导热性能、金属允许的加热温度范围、坯料的长度与直径之比，以及在空气中的冷却时间等的影响。

表 6-20 2A12 合金坯料不同加热方式挤压制品的机械性能

加热方式	坯料温度/℃		允许流出速度/m·min	抗拉强度/MPa			屈服强度/MPa			伸长率/%		
				取样部位								
	头	尾		头	中	尾	头	中	尾	头	中	尾
均匀加热	320	320	4.95	494	544	558	327	385	393	15.0	11.9	11.0
梯温加热	400	250	6.0	567	570	573	405	411	414	11.2	11.3	10.9
	450	150	6.0	558	544	562	400	385	399	10.4	12.0	11.0

实现梯温加热的方法主要有两种。一种是两步加热法，即先将坯料在普通的加热炉中均匀加热到一定温度，然后再进入可控炉温的梯度炉中进行梯温加热。目前比较先进的是采用多线圈工频感应炉直接加热，加热时间短且节省能源，无污染。梯度感应炉一般采用五段式加热法，各段之间的加热功率可以分别独立调整，各段中装有热电偶进行温度检测，根据检测值来调整加热线圈的加热功率，使坯料被加热到各段的预设值。据资料介绍，经过梯温加热后，铝合金坯料在长度方向上产生 50℃/m 的温度梯度，就可以满足等温挤压的要求。

（2）控制工模具温度

通过控制工模具温度来实现等温挤压的原理是及时将变形区内的热量逸散出去，其方法主要是采用水冷模挤压和液氮冷却模挤压。

水冷模挤压的原理是，在挤压过程中通过水冷却模具，降低变形区温度，以减少硬铝合金挤压时易出现的表面粗糙和裂纹，提高挤压速度。水冷模有多种结构形式，如图 6-6 所示。图 6-6a 所示为循环式水冷模,在模子工作带周围设计一个冷却水道,通过循环水来冷却模子。如果环状冷却孔距离模子端面过远,冷却效果不好;过近时,影响模子强度,降低使用寿命,故其应用不广泛。图 6-6b 所示为非循环式水冷模,是从模子的出口方向向内喷水直接冷却工作带的出口区,以达到冷却变形区的目的。这种结构的模子在不需要通水时,虽然水源已关闭,但由于水管内残留的少量水会继续从模子喷水口流出,往往会造成模具因冷却不均而产生裂纹,故在实际中也未获得广泛应用。图 6-6c 所示为水封式水冷模,将水冷模设计成环状喷水,逆挤压方向喷到模子工作带的出口处,形成一个冷却区,以达到降低变形区温度的目的。挤压时,随着制品向前移动,喷出的水通过导水管进入水封头的负压区进而被吸入水封槽沟。这种结构形式水不会滴到模具表面,解决了模具因冷却不均而产生裂纹的问题。采用水封式水冷模挤压具有很好的冷却效果,如在 16MN 挤压机的 ϕ170mm 挤压筒上,挤压 2A12 合金 ϕ40mm 棒材时,当坯料加热温度为 400℃~450℃、冷却水压为 0.3~0.4MPa 时,挤压速度从通常的 0.5~2.0m/min 提高到 3.9~4.0m/min,制品表面不会产生裂纹,从而使生产效率提高一倍以上。

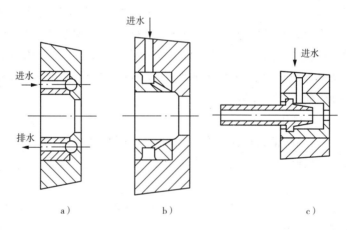

图 6-6 水冷模结构形式
a)循环式 b)非循环式 c)水封式

近 20 年来,国外开始采用液氮或用氮气冷却挤压模,其原理如图 6-7 所示。液氮流经模支承对挤压模的出口端和制品进行冷却,提高了挤压速度和模具寿命,同时还可以保护制品表面不产生氧化。根据对 2000 系、5000 系、7000 系铝合金的研究结果表明,采用液氮冷却挤压模,可以使制品的极限流出速度提高 50%~80%。

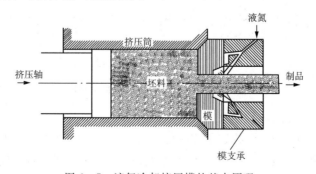

图 6-7 液氮冷却挤压模的基本原理

在挤压管材时,一般情况下只需对模子进行冷却就可满足要求,但对于内表面质量要求很高的制品来说,还可以对穿孔针的针尖部分进行冷却。在提高挤压速度的同时,提高管材的内表面质量。当然,冷却穿孔针的操作会更麻烦一些。

(3)调整挤压速度

挤压速度快时,变形剧烈,产生的热量由于不能及时地通过工具等散发出去而导致变形区温度升高;相反,当挤压速度慢时,坯料散发的热量由于不能及时地由变形产生的热量来补充而导致变形区的温度下降。因此,可以通过调整挤压速度来控制变形区内的金属温度。调整挤压速度的方法主要有以下几种:

① 根据制品表面质量调整挤压速度

这是传统的做法,即操作人员通过对挤出制品表面质量的观察,判断挤压速度是否过快或过慢,来决定是否调整挤压速度。这种方法的主要缺点是存在着滞后性。由于制品从模孔流出到进入出料台能够让人用肉眼观察到有一段距离(特别是大吨位挤压机),一旦发现制品表面出现裂纹时,实际上已经有一段长度了,加上调整过程,使得产生裂纹的部位更长。在通常情况下,挤压裂纹的出现大部分是在挤压过程的中后期,由于变形区温度的逐渐升高而造成,当从开始发现裂纹到调整结束不出现裂纹,挤压筒内剩余的坯料长度已经很短,挤出的无裂纹制品的长度也就很短,给下道工序加工造成困难,或不能作为成品交给用户而常常成为废品,使成品率降低。为了防止出现裂纹,多数操作者往往会采用较低的挤压速度,而不是最合适的速度,使生产效率降低。

② 在挤压后期降低挤压速度

过去常采用挤压后期降低挤压速度的做法来挤压硬铝合金,以免因变形区温度升高出现周期性表面裂纹。这种做法往往会使挤压周期延长,降低生产效率。

③ 模拟等温挤压

根据大量实际生产数据进行统计分析,找到挤压速度与制品出模孔温度的关系和挤压过程中出模孔温度的变化规律,用有限元软件对挤压过程进行数值模拟,通过边界条件的改变即挤压速度的变化,分析变形过程中的温度场,模拟出变形区出口处温度恒定的挤压边界条件,用软件的后处理功能,获得等温挤压的速度曲线,然后输入到电气系统中的 PLC 进行速度设定,调整液压系统中的变量泵,使挤压速度按获得的等温挤压速度曲线进行挤压。其过程如图 6-8 所示。采用这种方法挤压硬铝合金时,可使挤压机生产效率提高 20%,成品率提高 5%。

图 6-8 挤压速度的变化调整示意图

(4)温度和挤压速度闭环控制

随着温度测量技术的发展,特别是无接触反射式多波长红外测温仪的出现,为实现挤压过程的温度测量提供了可靠保证,使得铝合金等温挤压技术得到了新的发展,出现了温度和挤压速度采取闭环控制的等温挤压技术,其原理如图6-9所示。

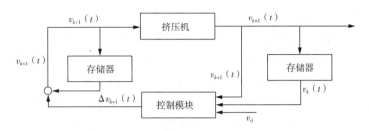

图6-9 温度和速度闭环控制的等温挤压原理

温度和挤压速度闭环控制的等温挤压技术是目前国际上先进的挤压技术,它充分利用机械工程的方法,来满足材料工程的要求,可以对任何材质和不同截面形状的制品,实现挤压过程的优化(坯料加热温度、挤压比、模具设计等)。对于所要求控制的变形区出口温度,由控制模块根据上次挤压过程的速度,在此次测量的坯料加热温度、挤压筒温度、挤压比、制品表面质量和几何尺寸等的基础上,通过计算机有限元分析软件获得保证制品出模孔温度恒定的挤压速度曲线,然后将此挤压速度曲线送入PLC进行速度设定,液压系统的比例变量泵根据PLC的控制要求,控制挤压机按照所获得的速度曲线进行挤压。挤压开始后,挤压机上测定挤压位置的位移/速度传感器,向控制模块反馈挤压速度;同时,安装在挤压机前梁出口处的多波长红外测温仪将检测到的挤压制品出模孔温度也反馈给控制模块。控制模块根据反馈信号与所要求信号重新计算,实时调整挤压速度并修改挤压速度曲线。如果制品出模孔温度高于所要求的温度,则根据反馈信号由控制模块指挥降低挤压速度;如果出模孔温度低于所要求的温度,则控制升高挤压速度,从而保证制品出模孔时的温度差在规定(一般为±10℃)范围内。图6-10所示为制品出模孔温度-挤压速度闭环控制时,挤压过程中挤压轴速度及模孔出口处制品温度变化的关系曲线。

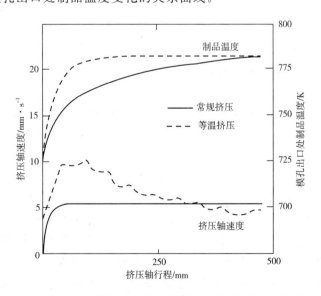

图6-10 挤压轴速度及制品出模孔温度的变化关系曲线

6.1.3　挤压比

1. 选择挤压比的主要依据

挤压比的大小对挤压制品的组织、性能、成品率、生产效率以及挤压过程的顺利进行都有很大影响。当挤压比过大时，会引起挤压力升高；在挤压变形抗力较高的合金时，可能会发生挤不动的"闷车"事故，影响生产的顺利进行；为了避免发生"闷车"事故，必须缩短坯料长度，则会使切除压余所造成的几何废料所占的比例增大，使成品率降低；还会因为变形热增大而使变形区温度明显升高，从而限制了挤压速度的提高，影响生产效率。但如果挤压比过小，一方面，由于变形量不足，使产品的力学性能降低，甚至不能满足要求；另一方面，在相同的坯料长度条件下，挤出制品的长度缩短，使切头、切尾所产生的几何废料所占的比例增大，成品率降低。因此，选择挤压比时要综合考虑合金的性质、制品的品种及质量要求、设备能力、生产效率、成品率以及其他工艺因素的影响。

（1）合金的性质

金属的变形抗力越高，使其产生塑性变形所需要的挤压力就越大。在挤压变形抗力较高的硬合金时，如果挤压比过大，就可能因所需要的挤压力过大而出现挤不动的"闷车"现象，甚至损坏工具。

金属的塑性好，适合塑性变形的温度范围宽，则挤压比可大一些。

（2）制品的质量要求

挤压制品的组织性能与挤压时的变形量大小有关。通常情况下，挤压用坯料为铸造坯料，对于不再进行冷加工变形的热挤压制品，挤压比一般不得小于 8～10，以免因变形量较小，制品中有铸态组织残余而使得性能达不到要求。

对于用于二次挤压的毛料，可不限制挤压比的大小，但为了减少几何废料，提高生产效率和成品率，挤压比不能太小，一般控制在 10 左右。

对于需要继续冷加工（冷轧制、冷拉拔等）的管毛料，挤压比最好不小于 5。这是因为，挤压管材用的空心坯料，其内外表面通常都要进行镗孔、车皮加工，当挤压比较小时，由于坯料内孔表面层金属的延伸变形较小，经常会残留有坯料的机械加工痕迹，此时管材的外表面质量通常也较差，从而影响冷加工后的管材表面质量。

（3）设备能力

挤压机上所配备挤压筒的规格，是根据所要挤压合金的强度、作用在挤压垫上的最大单位压力（通常称比压）的大小及工模具的强度、使用寿命等来确定的。在挤压机能力（吨位）一定的情况下，挤压筒的最大直径，应保证作用在挤压垫上的使金属产生塑性变形的单位压力（扣除了克服外摩擦所要消耗的挤压力部分后）不低于挤压温度下金属的变形抗力。显然，挤压筒直径越大，作用在挤压垫上的单位压力越小。这时，如果挤压比增大，则所需要的单位挤压力增大，就有可能超出设备能力而出现挤不动的"闷车"现象。如果挤压筒的直径减小，则能够使作用在挤压垫上的单位压力增大，在其他条件不变的情况下，就可以增大挤压比，以充分发挥金属的塑性。因此，在确定挤压比时，对于同一台挤压机来说，在大规格挤压筒上生产时，挤压比应小一些；在小规格挤压筒上生产时，挤压比可相对大一些。

虽然挤压筒直径小时挤压比可大一些，但也不能太大。这是因为，随着挤压筒直径的减小，挤压轴的直径也相应减小，当挤压比大时，所需要的单位挤压力增大，则作用在挤压轴端面上的单位压应力增大,易导致挤压轴弯曲变形或损坏,降低挤压轴的使用寿命。同时,也会伸挤压筒本身承受的最大周向拉应力增大,易造成挤压筒内衬裂纹,降低挤压筒的使用寿命。另外,还应该注意一点,在实际中,为了扩大产品的规格范围,许多挤压机都配置有最小规格挤压筒,但如果按照挤压机的额定能力进行强度校核,这些挤压筒大多数都不能通过强度校核,即当实际挤压力达到或接近挤压机所能提供的最大挤压力时,挤压筒内衬就会产生裂纹而破坏,因此,在制订工艺时,挤压比不能太大,同时还要采用较短坯料,使实际的挤压力控制在挤压筒强度允许的范围内,不能达到挤压机所能提供的最大挤压力值。

挤压机吨位大时,挤压比应小一些。这是因为:当挤压机的吨位较大时,设备的一些主要受力部件和所使用的各种工具的尺寸都比较大,无论从冶金质量,还是随后的锻造、加工及热处理质量来讲,大型零部件及工具所使用的钢材质量都比同种钢材的小型的要差一些,为了保证设备及大型工具的安全使用,在设计挤压筒时,其比压通常比小吨位挤压机的小,则最大挤压比也应比小吨位挤压机的小。

(4)生产效率及成品率

挤压时,变形能的绝大部分将转变为热量,使变形区中金属的温度升高。挤压比越大,变形能越大,产生的变形热越多,变形区中的温升就越高,易造成制品晶粒粗大,降低制品的表面质量和尺寸精度,并使挤压速度降低。因此,为了提高制品的质量,提高挤压速度,提高生产效率,希望挤压比应小一些。

挤压比越大,在坯料长度不变的情况下,挤出的制品越长,切头、切尾等几何废料所占的比例就越少,成品率也就越高。因此,从提高成品率的角度来说,则希望挤压比稍大一些。

(5)其他因素的影响

① 坯料加热温度

当挤压的加热温度比较高的合金或采用较高温度挤压时,挤压比应小一些,以防变形热过大,造成变形区温度过高,降低挤压速度,降低生产效率,并影响制品的表面质量。

② 工具温度

当挤压筒、穿孔针及模子等工具的预热温度与变形金属的挤压温度相差较大且工具的温度较低时,易造成坯料金属发生温降,使其变形抗力升高,使挤压力升高。为防止发生"闷车"事故,挤压比应相应小一些。

③ 坯料长度

坯料的长度影响摩擦力的大小。坯料越长,摩擦力越大,所需要的挤压力也越大。因此,当采用长坯料挤压时,应采用相对较小的挤压比。如果因为设备条件的限制,挤压比不能小时,可采用较短的坯料,但不能小于允许的最短坯料长度。

④ 挤压方法

挤压管材时,如果采用润滑穿孔针方式挤压,作用在穿孔针上的摩擦拉力大约是不润滑挤压时的四分之一,这时的挤压比可比不润滑穿孔针时稍大一些。但是,挤压硬合金冷加工薄壁管用管毛料时,如果挤压比过大,在管毛料的尾端易产生内表面擦伤缺陷,影响管毛料的质量和成品率。采用随动针方式挤压时,摩擦力只作用在金属流动与穿孔针运动速度不一致的部位,比固定针挤压时的小,因此,挤压比可比固定针挤压时稍大一些。

反向挤压时坯料与挤压筒壁之间无摩擦,挤压力比正向挤压时的小,故挤压比可比正向挤压时的大。

用组合模挤压空心型材时,希望挤压比稍大一些。因为,挤压比大,可以在焊合室内建立起足够大的静水压力,从而有利于提高焊合质量。

在立式挤压机上挤压管材时,最大挤压比的选择要考虑地坑深度和最短坯料长度的限制。

2. 挤压比的选择

(1)挤压铝合金时的挤压比

对于铝合金,塑性最好的纯铝的挤压比最大可达 500 以上,而强度最高的超硬铝合金的挤压比最大不超过 30。不同合金、品种的挤压比范围见表 6-21 所示,按设备能力的挤压比范围见表 6-22 和表 6-23 所示。

表 6-21　不同牌号铝合金的挤压比范围

合　　金		挤压比范围	
合金系	合金牌号	型材、棒材	管　　材
1×××系列	1070、1060、1100、1200 等	8～500	15～120
2×××系列	2A11	8～40	10～60
	2A12、2011、2014、2017、2024 等	8～40	10～50
3×××系列	3A21、3003	8～100	10～100
	3004、3203	8～80	10～100
5×××系列	5A02、5052	8～70	10～100
	5A05、5A06、5056、5083 等	8～40	10～50
6×××系列	6063	8～120	15～120
	6061、6A02	8～100	15～120
	6005、6082、6101、6351 等	8～80	10～100
7×××系列	7A04、7A09、7075 等	8～30	10～40

表 6-22　不同吨位挤压机挤压铝合金型材、棒材的挤压比范围

挤压机能力 /MN	挤压筒直径 /mm	合适的挤压比范围	
		棒　材	型　材
7.5、8	85、95	26.8	30～45
12	115	23.6	25～40
	130	20.8	
20、16.3	170、200	17.8	18～35
35	280		11～35
	370		10～20

(续表)

挤压机能力 /MN	挤压筒直径 /mm	合适的挤压比范围	
		棒 材	型 材
50	300	12.9	11～30
	360		11～25
	420	13.2	11～20
	500	≤11.8	≤10

注:① 用分流模挤压纯铝、3A21、6063 等软合金型材时,挤压比应大于 30 为宜;

② 16.3MN 和 8MN 挤压机生产 6063 合金建筑型材时,挤压比可达到 150。

表 6-23 不同吨位挤压机挤压铝合金管材的挤压比范围

挤压机能力 /MN	挤压筒直径 /mm	合适的挤压比范围	
		硬合金	软合金
6.3MN(立式)	100	13～21	13～23
	115	13～21	13～23
	130	12～18	12～20
12MN	115	20～40	20～55
	130	20～35	20～45
	150	15～30	20～35
16.3MN	140	15～45	20～60
	170	15～40	20～50
	200	15～30	20～40
35MN	240	30～50	30～60
	280	25～45	30～55
	370	10～25	10～40

(2)挤压铜合金时的挤压比

对于铜合金,纯铜的挤压比可达到 400 以上,而硅青铜的挤压比一般不超过 30。按设备能力、合金品种的挤压比范围见表 6-24 和表 6-25 所示。

表 6-24 4MN、12MN 挤压机的挤压比范围

设备能力 /MN	挤压筒直径 /mm	管 材				棒 材			
		紫铜、黄铜		青 铜		紫铜、黄铜		青 铜	
		直径/mm	挤压比	直径/mm	挤压比	直径/mm	挤压比	直径/mm	挤压比
4	72	25～30	7～50						
	82	26～40	8～60						
	102	40～50	6～30						

（续表）

设备能力/MN	挤压筒直径/mm	管材				棒材			
		紫铜、黄铜		青铜		紫铜、黄铜		青铜	
		直径/mm	挤压比	直径/mm	挤压比	直径/mm	挤压比	直径/mm	挤压比
12	145	34~37	30~85	42~45	20~36				
		38~41	25~75						
		42~45	20~65	46~55	15~50				
		46~55	15~50						
	180	56~60	10~30	56~60	10~25	7~16	≥88	10~16	788
		61~66	10~45	61~66	10~20	17~24	56~113	17~24	56~113
		67~71	10~35	65~70	10~20	25~30	36~52	25~32	32~52
		72~81	6~30	71~80	6~15	31~50	13~34	33~50	13~30
		82~90	4~25	81~90	4~15				

表 6-25　15MN、25MN、35MN 挤压机的挤压比范围

设备能力/MN	挤压筒直径/mm	品种或合金牌号				
		紫铜、H96、H90、H62、H59、HPb59-1、HPb66-3、HAl60-1-1、HMn57-3-1		QAl7、QAl9-2、QAl9-4、QAl10-3-1.5、QAl10-4-4	H80、H68、HSn70-1、QCd1.0、QCr0.2、Hni56-3、QCr0.5、HAl77-2、HSi80-3	QSn6.5-0.1、QSn6.5-0.4、QSn7-0.2、QSi3-1、B30、QSn4-0.3、QSn4-4、QSi1-3、QBe2.0、QBe2.5、BMn40-1.5
		管材	棒材			
15	150	18~67	25~156	25~46.5	18~44	14.8~21.9
25	200	16~63	16~42	16~41.6	16~30	10.7~15.4
35	250	15~48.2	17.3~24	12~24	12~24	6.25~12.4
	300	12.75~28	11.1~17.8	11.1~17.8	11.1~17.8	4~10.9
	370	6~31	<5.35~16.5	<5.35~16.5	<5.35~16.5	4.22~5.7
	420	3.43~18.7	<6.87			

（3）挤压稀有金属的挤压比

挤压钛、钨、钼、钽、铌等稀有金属的挤压比范围见表 6-26 所示。挤压比取上限或下限取决于挤压机的吨位、挤压筒及制品尺寸。

表6-26 稀有金属的挤压比范围

合金牌号	挤压比	合金牌号	挤压比
W	3.0～5.6	Ta-20Nb,Ta-10W,Nb-1Zr	3.0～7.0
Mo	3.5～8.0	TA0,TA1,TA2,TA3,Zr,Zr-2,Zr-4	4.0～30
Mo-0.5T,Mo-0.5T-0.08Zr-0.025C	3.0～6.0	TC1,TC2,TC3	4～13
Ta,Nb,Ta-3Nb	3.0～20	TA5,TA6,TA7,TC3,TC4,TC5,TC6,TC7,TC8	3.5～14

6.2 坯料尺寸的选择

6.2.1 选择挤压筒

选择挤压筒是坯料尺寸选择的前提。对于一般挤压工厂来说,均配备有挤压能力由小到大的许多挤压机和一系列不同直径的挤压筒。因此,挤压工艺的选择范围是很宽的。关键是确定所要生产的产品安排在哪一台挤压机的哪一个挤压筒上是最合适的。

挤压无缝管材时,一次只能挤压一根制品,选择挤压筒的主要依据是合理的挤压比范围。同时还要考虑挤压生产效率和成品率因素的影响。

挤压型材、棒材时,既可以采用单孔模,也可以采用多孔模,选择挤压筒时,不仅要考虑合理的挤压比范围,还要考虑模孔数目及模孔的合理布置。一般可按照下面的步骤选择挤压筒。

(1)预选挤压筒

对于外形尺寸比较大的型材,首先应根据制品外接圆直径以及型材模孔与挤压筒壁之间的最小距离的要求,预选挤压筒最小直径。当这个最小挤压筒确定后,凡是大于此挤压筒的所有挤压筒都在预选之列。

(2)确定模孔数

对于形状、尺寸复杂的空心型材和高精度型材,最好采用单孔模挤压。

对于尺寸、形状简单的型材和棒材,可以采用多孔模挤压。简单型材1～4孔,最多6孔;复杂型材1～2孔;棒材、排材1～4孔,最多12孔,特殊情况可达24孔以上。

(3)工艺试排

当模孔数确定后,进行工艺试排,确定合适的模孔排列方案。

(4)验算挤压比确定挤压筒

对于各个可能排下的挤压筒均计算一下挤压比,看用哪一个挤压筒更接近合理的挤压比要求,从而最后确定出所要使用的挤压筒。

6.2.2 坯料尺寸选择

1. 确定坯料的直径

为了使加热后的坯料能顺利地装入挤压筒中,坯料的外径应小于挤压筒的直径。用空心坯料润滑穿孔针方式挤压管材时,为了避免涂抹在穿孔针上的润滑剂被坯料端面刮落掉在挤压筒内,影响润滑效果且污染挤压筒,坯料的内孔应大于穿孔针直径。

坯料与挤压筒和穿孔针之间的间隙大小与挤压机的结构形式(立式或卧式)、挤压筒的直径、坯料的种类、挤压方法、变形金属的热膨胀系数、挤压温度、坯料直径的偏差量、坯料的直线度、挤压制品的质量及力学性能要求等有关。

在卧式挤压机上,坯料是水平装入挤压筒中,装坯料比较困难,坯料与挤压筒的间隙应大一些。在立式挤压机上,坯料是垂直装入挤压筒中,装坯料容易,坯料与挤压筒的间隙可小一些。

用空心坯料不穿孔方式挤压管材时,通常是先将坯料装入挤压筒中,涂抹润滑剂的穿孔针从坯料的内孔中穿过并使其前端位于模孔中,然后才开始挤压。对于卧式挤压机,已经装入挤压筒中的坯料的中心低于挤压筒和穿孔针的中心,当涂抹有润滑剂的穿孔针进入坯料内孔时,涂抹在针的上表面上的润滑剂易被坯料端面刮掉,所以坯料内孔与穿孔针的间隙应大一些。但对于立式挤压机,坯料与挤压筒和穿孔针的中心是一致的,偏差很小,故坯料内孔与穿孔针的间隙可小一些。

坯料加热后会发生膨胀使其直径增大,坯料的原始直径不同,加热后其直径的增大量也不同。挤压筒直径越大,相应的坯料直径也越大,坯料加热后的绝对膨胀量就越大,则坯料与挤压筒的间隙也应越大。相反,挤压筒直径小时,坯料与挤压筒的间隙可小一些。

在相同直径的挤压筒上,使用实心坯料时,坯料与挤压筒的间隙应大一些;使用空心坯料时,坯料与挤压筒的间隙可小一些。这是由于在相同的加热条件下,二者的直径增大量不同,实心坯料的直径增大量大于空心坯料。

挤压温度不同,坯料加热后的直径增大量就不同;不同合金的热膨胀系数不同,其直径的增大量也不同。在确定坯料与挤压筒的间隙大小时,应考虑不同合金、不同挤压温度的影响。

坯料的直径有一定的偏差范围,当坯料直径出现正偏差时,其实际尺寸就会增大;坯料在长度方向上的弯曲也会造成其整个长度上的断面外接圆尺寸增大,这些都会影响到坯料能否顺利装入挤压筒中。

虽然坯料与挤压筒之间的间隙越大,越有利于将坯料顺利地装入挤压筒中。但坯料与挤压筒之间的间隙也不能太大,避免挤压时横向变形量过大而影响制品的纵向力学性能及表面质量。这是因为,对于有挤压效应的铝合金来说,坯料与挤压筒之间的间隙越大,镦粗时的横向变形量就越大,将会使挤压效应减弱,降低制品的纵向强度。另外,对于塑性较差的金属及合金来说,镦粗时的横向变形越大,由于单鼓变形,在坯料表面易产生微裂纹,在挤压制品表面易产生起皮、气泡等缺陷。

另外,挤压对其横向力学性能有要求的铝合金阶段变断面型材时,则希望填充系数大一些(即坯料与挤压筒的间隙要大一些),增大镦粗时金属的横向变形量,提高型材大头部分的横向力学性能。

因此,确定坯料的直径时,应根据具体情况,综合考虑上述因素的影响。坯料的直径可按下式计算确定:

$$D_p = D_0 - \Delta D \tag{6-4a}$$

$$d_p = d_0 + \Delta d \tag{6-4b}$$

式中：D_p、d_p——坯料的外径和空心坯料的内径，mm；

D_0、d_0——挤压筒直径和穿孔针的针杆直径，mm；

ΔD、Δd——坯料外径与挤压筒、空心坯料内径与穿孔针针杆的直径差，mm。

一般情况下，坯料与挤压筒和穿孔针的间隙值可按表 6-27 所示中的数值选取，挤压筒和穿孔针直径大的取上限，直径小的取下限。不同吨位挤压机挤压铝合金制品常用坯料的直径见表 6-28 和表 6-29 所示；挤压铜合金制品常用坯料的直径见表 6-30 和表 6-31 所示。

表 6-27 坯料与挤压筒和穿孔针的间隙

挤压机类型	坯料外径与挤压筒直径差/mm	坯料内孔与穿孔针直径差/mm
卧 式	4～20	4～15
立 式	2～5	3～5

表 6-28 常用铝合金实心坯料的直径

挤压机能力/MN	挤压筒直径/mm	坯料直径/mm
50	500	485
	420	405
	360	350
	300	290
20～16	200	192
	170	162
12	130	124
	115	110
8	95	91

表 6-29 挤压铝合金管材常用空心坯料的直径

设备能力/MN	设备结构	挤压方式	挤压筒直径/mm	穿孔针针杆直径/mm	坯料直径/mm 外径	内径
35	卧式、正向	润滑穿孔针、固定针挤压	370	200	360	210
				160	360	170
				130	360	140
				100	360	106
			280	130	270	140
				100	270	106

（续表）

设备能力/MN	设备结构	挤压方式	挤压筒直径/mm	穿孔针针杆直径/mm	坯料直径/mm 外 径	内 径
16.3	卧式、正向	润滑穿孔针、固定针挤压	200	90	192	95
			170	65	164	70
6.3	立式	润滑穿孔针、随动针挤压	135	72~13	132	比针大 3mm
			120	60~13	117	
			100	45~13	97	
25	卧式、反向	不润滑穿孔针、固定针挤压	260	95	255	97
			260	75	255	77

表 6-30　4MN 立式挤压机挤压铜合金管材常用空心坯料的直径

合金牌号	管材尺寸/mm 外 径	壁 厚	挤压筒直径/mm	坯料尺寸/mm 外 径	内 径
T2~T4		1.0~2.0			34
HSn77-2		2.5~3.5			32
HSn70-1		4.0~6.0			29
H68	25~30	1.0~2.0	72	69~69.5	32
H62,H96		2.5~3.5			29
HPb59-1		4.0~6.0			26
HPb59-1		5.0~8.0			34~22
紫铜、黄铜	26	1.0~2.0			38
		2.5~3.5			35
		4.0~5.5			32
		6.0~7.0			29
HPb59-1	35~40	1.0~2.5	82	78~79.5	43
		3.0~4.0			40
		4.5~5.5			38
		6.0~7.0			35
	31~40	2.0~8.0			43~22

（续表）

合金牌号	管材尺寸/mm		挤压筒直径 /mm	坯料尺寸/mm	
	外　径	壁　厚		外　径	内　径
紫铜、黄铜	40～45	2.0～3.0	102	98～99	46
		3.5～4.5			43
		5.0～6.5			40
		7.0～8.0			37
HPb59-1	46～50	2.0～3.0			51
		3.5～4.0			48
		4.5～6.0			46
		6.5～8.0			43
	41～50	2.0～10.0			51～30

表 6-31　挤压铜合金常用实心坯料的直径

挤压机能力/MN	挤压筒直径/mm	坯料直径/mm
12	125	120
	150	145
	185	180
15	150	145
	200	195
	250	245
25	200	195
	250	245
	300	295
35	200	195
	250	245
	300	295
	370	360
	420	410

2. 确定坯料长度

坯料长度选择是否合理,直接影响到挤压生产的效率、成品率以及制品的质量等技术经济指标。坯料越长,挤压制品越长,从而使切头尾、切压余的几何废料所占的比例降低,成品率提高,生产效率提高。但是,随着坯料长度的增加,摩擦力增大,使挤压力增大,易发生闷车事故;挤压管材时,使作用在穿孔针上的摩擦拉力增大,易发生断针事故。当坯料直径一定时,增大其长度,会造成填充挤压过程的变形不均,易产生双鼓变形,从而影响制品的表面质量,易产生起皮、气泡缺陷。另外,坯料的长度还受挤压比大小、挤压方式(润滑穿孔针与不润滑穿孔针、正向与反向、立式与卧式挤压)、出料台的长度以及挤压筒长度的限制。

坯料的长度与挤压制品的合金、规格、品种和交货长度等有关。当交货长度为非定尺(乱尺)时,在保证产品质量和挤压生产顺利进行的情况下,应尽可能选用长坯料,以减少几何废料损失,提高成品率和生产效率。对于定尺交货的制品,其坯料长度应通过计算来确定,以免造成不必要的浪费。

(1)挤压铝合金型材、棒材坯料长度

挤压型材、棒材定尺制品的挤压长度按下式确定:

$$L_{出}＝L_{定}＋L_{头}＋L_{试}＋L_{速}＋L_{余} \qquad (6-5)$$

式中:$L_{出}$——制品的挤压长度,mm;

　　　$L_{定}$——制品的定尺长度,mm,当定尺长度较短时,按倍尺计算;

　　　$L_{头}$——切头尾长度,mm;

　　　$L_{试}$——取试样长度,mm,对于不是100%检查力学性能的小规格制品,可不考虑;

　　　$L_{速}$——多孔挤压时的流速差,mm,2孔取300mm,4孔取500mm,6孔模取1000～1500mm;

　　　$L_{余}$——工艺余量,mm,一般取500～800mm。

挤压铝合金型材、棒材时的切头尾长度按表6-32所示中的数值选取。

表6-32　铝合金型材、棒材的切头切尾长度

制品种类	棒材直径或型材壁厚 /mm	切头长度 /mm	切尾长度/mm	
			硬合金	软合金
型　材	≤4.0	100	500	500
	4.1～10.0	100	600	600
	>10.0	300	800	800
棒　材	≤26	100	900	1000
	27～38	100	800	900
	40～105	150	700	800
	110～125	220	600	700
	130～150	220	500	600
	160～220	220	400	500
	230～300	300	300	400

注:硬合金指7A04、2A11、2A12、2A14、2A80、2A50、5A05、5A06等;软合金指纯铝、3A21、5A02、6063等。

挤压型材、棒材用坯料长度按下式计算：

$$L_0 = \left(\frac{L_{\text{出}}}{\lambda} \cdot K_{\text{m}} + H_1\right) K \tag{6-6}$$

式中：L_0——坯料长度，mm；

　　　K_{m}——考虑型材壁厚正偏差时引起断面积增大对挤压比的修正系数；

　　　λ——挤压比；

　　　K——填充系数；

　　　H_1——增大残料厚度，mm。

型材面积系数（K_{m}）通常可用下式计算：

$$K_{\text{m}} = \frac{F + \Delta F}{F} = 1 + \frac{\Delta F}{F} \approx 1 + \frac{\Delta S}{S} \tag{6-7}$$

式中：F、S——按名义尺寸计算的型材截面积（cm^2）和壁厚（mm）；

　　　ΔF——壁厚正偏差所引起面积的增量，cm^2；

　　　ΔS——壁厚允许正偏差，mm。

实际中，计算时留出的定尺余量很大，可不考虑正偏差对挤压比的影响，即取 $K_{\text{m}} = 1$。但对于定尺较长、挤压比较小、生产量很大的制品，则要考虑其影响。型材挤压比的修正系数值见表 6-33 所示。

表 6-33　挤压比的修正系数值

S/mm	ΔS/mm	K_{m}	S/mm	ΔS/mm	K_{m}
1.0	0.20	1.20	5.0	0.30	1.06
1.5	0.20	1.13	6.0	0.30	1.05
2.0	0.20	1.10	7.0	0.35	1.05
2.5	0.20	1.08	8.0	0.35	1.04
3.0	0.25	1.08	9.0	0.35	1.04
3.5	0.25	1.07	10.0	0.35	1.03
4.0	0.30	1.07			

增大残料厚度（H_1）按下式计算：

$$H_1 = H_{\text{正}} + (l_{\text{正}} - 300)/\lambda \tag{6-8}$$

式中：$H_{\text{正}}$——正常残料厚度（见表 6-34），mm；

　　　$l_{\text{正}}$——正常切尾长度（见表 6-32），mm。

表 6-34　挤压铝合金时的正常残料厚度

挤压筒直径/mm	正常残料厚度/mm	
	一般型材、棒材	纯铝排材
85、95	20	15
115、130	25	20

（续表）

挤压筒直径/mm	正常残料厚度/mm	
	一般型材、棒材	纯铝排材
170、200	40	25
300、360	65	55
420、500	85	65

（2）挤压铝合金管材时的坯料长度

挤压管材的坯料长度可按下式计算：

$$L_0 = \frac{nL_{定} + 800}{\lambda} + H_{余} \qquad (6-9)$$

式中：L_0——坯料长度，mm；

$L_{定}$——管材定尺长度，mm；

n——每根挤出管材切成管毛料的定尺数；

λ——挤压比；

$H_{余}$——挤压残料（压余）厚度，mm；

800——常数，是考虑了切头尾、取试样的长度总和。

正向挤压铝合金管材的压余厚度可按表 6-35 所示选取。

表 6-35　铝合金管材热挤压时的压余厚度

挤压筒直径/mm	挤压管材种类	压余厚度/mm
420～800	所有品种	60～80
150～230	所有品种	20～30
80～130	所有品种不定尺	10
	所有品种定尺	20
280～370	二次挤压用中间毛料	50
	厚壁管	40
	薄壁管毛料	30

反向挤压铝合金管材时的压余厚度按下式计算：

$$H_{余} = 30 + (D-d)/2 \qquad (6-10)$$

式中：D——瓶式穿孔针的针杆直径；

d——瓶式穿孔针的针尖直径。

对于热挤压铝合金厚壁管材，在通常情况下，其外径尺寸要求为正偏差，内径尺寸要求为负偏差，而且公差带很宽。在实际生产中，模具配置时，一般取模子的直径比管材的外径尺寸大，穿孔针（瓶式针为针尖）的直径比管材的内径尺寸小，挤出管材的实际壁厚比要求的尺寸大。为了充分估计挤出管材的实际壁厚比名义壁厚尺寸大很多时对压出长度的影响，在计算挤压比时,管材的名义壁厚 S_1 应加上一个修正值,见表 6-36 所示。

表 6-36 外径全为正,内径全为负偏差时厚壁管计算挤压比时的壁厚修正值

管材外径 /mm	普通级				高精级			
	外径偏差 /mm	内径偏差 /mm	壁厚修正值/mm	修正量与偏差比	外径偏差 /mm	内径偏差 /mm	壁厚修正值/mm	修正量与偏差比
25	+1.32	−1.32	1.0	0.76	+1.08	−1.08	0.75	0.69
>25~50	+1.66	−1.66	1.25	0.75	+1.28	−1.28	1.0	0.78
>50~100	+1.98	−1.98	1.5	0.76	+1.52	−1.52	1.25	0.82
>100~150	+3.40	−3.40	1.75	0.51	+2.50	−2.50	1.5	0.60
>150~200	+5.00	−5.00	2.5	0.50	+3.80	−3.80	2.0	0.53
>200~250	+6.60	−6.60	3.5	0.53	+5.08	−5.08	2.5	0.49
>250~300	+8.20	−8.20	4.5	0.55	+6.36	−6.36	3.5	0.55
>300~350	+10.00	−10.00	5.0	0.50	+7.60	−7.60	4.0	0.53
>350~400	+11.60	−11.60	5.5	0.47	+8.90	−8.90	4.5	0.51

计算采用的坯料长度很可能是一个小数或整数部分的最后一位数字不为零。为了便于管理,对于定尺制品,其坯料的长度按每 10mm 一挡锯切,不足部分向上进。

对于不定尺制品,不计算坯料长度,一般根据经验和实际生产中的具体情况确定,其长度按 50mm 分挡锯切。为了提高生产效率和成品率,挤压纯铝、3A21、6063、5A02、6061 等软合金制品时,尽可能采用所允许的最长坯料。

6.3 挤压润滑

挤压时的一次变形量很大,挤压温度高,金属与工模具接触面上的单位正压力极高(相当于金属变形抗力的 3~10 倍,甚至更高)。在此条件下,在变形金属与工模具的接触面上必然会产生很大的外摩擦,降低了制品的表面质量,加速了工模具的磨损失效,增加了挤压消耗。

挤压时的润滑主要是润滑挤压筒、穿孔针和模子。为了防止和减少挤压缩尾,不能润滑挤压垫。根据挤压金属及合金的性质、挤压方式的不同,挤压润滑的目的、要求、方式及采用润滑剂的种类及性质也不相同。

6.3.1 铝合金挤压工艺润滑

在挤压铝合金型材、棒材时,采用不润滑挤压工艺,因此不需要使用润滑剂。

挤压铝合金管材时,通常只对穿孔针进行润滑,以减小挤压过程中金属流动对穿孔针产生的摩擦拉力,改善穿孔针的工作条件,减少断针事故发生,延长针的使用寿命,并改善制品的内表面质量,提高挤压速度。即便是用实心坯料穿孔挤压时,为了减小穿孔过程中的摩擦阻力,也需要对穿孔针进行润滑。但直到目前为止,润滑挤压筒的挤压方法尚未在铝合金方

面得到广泛应用,其主要原因是,润滑挤压时,用普通结构的模子不能完全消除死区,易导致制品的皮下缩尾、表面起皮、气泡等缺陷。

铝合金管材热挤压多采用黏性矿物油中添加各种固体填料的悬浮状润滑剂,如表 6-37 所列。其中,采用空心坯料不穿孔挤压工艺时,最广泛使用的是编号为 1 的润滑剂。这种润滑剂的特点是,挤压时,油的燃烧物和石墨所构成的润滑油膜具有足够的强度,可承受高压作用,但其韧性不足,在挤压比很大时,易产生局部润滑膜破裂,引起穿孔针黏金属,在挤出管材的内表面上造成擦伤缺陷。为了提高润滑剂的韧性可在其中加入一些表面活性物质,如编号为 3 的润滑剂中加入的硬脂酸铅。硬脂酸铅与铝起化学反应,析出的低熔点成分铅呈熔融状态,并在接触表面上形成塑性润滑膜,提高了润滑膜的韧性。同样,编号为 4 的润滑剂加入铅丹也是同样的作用。但铅的化合物有毒,对人体健康有危害,其应用受到了限制。编号为 2 的润滑剂质量较好,但硅油的成本较高,故一般在穿孔挤压时才使用这种润滑剂。

表 6-37　铝合金管材热挤压常用润滑剂

编号	润滑剂名称	质量/%	编号	润滑剂名称	质量/%
1	72 号或 74 号汽缸油	60~80	4	山东鳞片状石墨(0.038mm 以上)	10~25
	山东鳞片状石墨(0.038mm 以上)	20~40		72 号或 74 号汽缸油	55~80
2	250 号苯甲基硅油	30~40		铅丹	10~20
	山东鳞片状石墨(0.038mm 以上)	60~70	5	二氢松香脂乙醇(40%)	6
3	72 号或 74 号汽缸油	65		四氢松香脂乙醇(45%)	
	硬脂酸铅	15		松香脂乙醇(15%)	
	山东鳞片状石墨(0.038mm 以上)	10		2,6-2 代丁基-4-甲基酚	0.1
	滑石粉			无机矿物油	余量

在润滑剂的使用方面应注意以下几点,以防挤出管材内表面产生起皮、气泡、擦伤等缺陷。

(1)组成润滑剂的各种物质的质量要符合要求。如果矿物油(汽缸油)的闪点低,涂抹在温度很高的穿孔针上易燃烧挥发,降低润滑效果;如果其中的水分含量超标,易造成管材内表面产生气泡、起皮。如果石墨的颗粒过大,易造成管材内表面(特别是挤压纯铝及软铝合金管材时)的石墨压入缺陷。

(2)润滑剂的配比要适当。如果润滑剂中的石墨偏少,润滑剂过稀,涂抹在针上的油膜就很薄,润滑膜强度低、易破裂,在挤压过程中穿孔针易黏金属,造成管材内表面出现擦伤缺陷。如果石墨的含量过多,润滑剂过稠,管材内表面易产生石墨压入缺陷。

(3)配制润滑剂时搅拌要均匀,避免其中有未搅拌开的石墨团块存在,造成管材内表面石墨压入缺陷。特别是在寒冷季节,由于矿物油本身的黏度较大,气温低时流动性变差,更不容易搅拌均匀。在这种情况,可适当将矿物油加热,以增加其流动性。

(4)润滑剂涂抹要均匀。目前,除了某些挤压机上采用机械涂抹润滑剂外,在绝大部分挤压机上,润滑剂的涂抹方法仍以手工操作为主。如果润滑剂涂抹不均匀,在润滑剂少的部位,易较早出现干摩擦,造成穿孔针黏金属,使管材内表面产生擦伤缺陷。

(5)向穿孔针上涂抹润滑剂时要迅速,特别是涂抹润滑剂后应立即进行挤压操作,防止间隔时间过长,润滑剂中的油分挥发掉而影响润滑效果。

(6)要防止穿孔针上的润滑剂淌滴到挤压筒中,造成制品表面产生起皮、气泡缺陷。

(7)在使用润滑剂前,应及时清除掉穿孔针上的金属黏结物及润滑剂燃烧后留下的残焦,以免影响润滑效果。

6.3.2　铜合金挤压工艺润滑

由于氧化铜本身具有良好的润滑性,铜及含锌量(质量分数)在 15%以下的黄铜、锡青铜等通常采用无润滑挤压。但为了有利于压余与挤压模的分离,减少模具、穿孔针的磨损,降低挤压力,提高制品表面质量等目的,可用石墨-植物油系润滑油对挤压模、穿孔针进行润滑。

挤压白铜、青铜时,通常采用 40 号机油和 30%～40%鳞片状石墨的液态混合物作为润滑剂。

在卧式挤压机上,常用石油沥青作为穿孔针、挤压垫和模子的润滑剂。

在铜合金挤压生产中,有时使用玻璃润滑剂。玻璃润滑剂属于固体润滑剂,高温时具有很强的黏着性、高熔点和高抗压强度。当与热坯料接触时,由粉末状变成胶质状固体,在坯料表面形成一层胶体薄膜。这种薄膜不仅具有润滑作用,还起隔热作用,在减少摩擦、提高制品表面质量的同时,还可保护工具不受热冲击,延长其使用寿命。

玻璃润滑剂的使用方法如下:

(1)挤压模润滑

在挤压模前面放一个特制的环状玻璃垫,其内孔比模孔稍大一些,外缘直径比挤压筒小 4～5mm,厚度为 3～10mm。玻璃垫用 40 目的玻璃粉＋2.5%工业水玻璃＋2.5%水配成糊状后再成形并自然干燥。

(2)挤压筒润滑

用玻璃丝布包在坯料上,或者,将玻璃粉散在加热炉出口端的倾斜平台上(约 3mm 厚),加热好的坯料出炉后从其上滚过表面即黏上一层玻璃粉。

(3)穿孔针润滑

穿孔针的润滑方式一般采用在其表面涂一层沥青然后包上玻璃丝布。

采用玻璃润滑挤压,制品的表面黏附有玻璃,需要除去,其方法有喷砂法、急冷法和化学法。急冷法是将挤出的制品立即投入冷水中使其自然脱落。化学法是将制品投入氢氟酸加硫酸的溶液中浸 15～25min,取出后用冷水冲洗约 5min 即可。

6.3.3　钛合金挤压工艺润滑

挤压钛合金时,通常采用两种主要类型的润滑剂:含有诸如石墨等固体薄片的油基润滑剂;玻璃类润滑剂。金属铜包套润滑有时也用于某些钛挤压产品。钛合金挤压机的主要差别一般体现在润滑方式上。

由于玻璃具有良好的隔热性,可提高坯料温度场的均一性,故钛合金的热挤压多以玻璃润滑为主。

6.3.4 钢铁材料挤压工艺润滑

钢铁材料热挤压时的工艺润滑通常采用玻璃润滑,图 6-11 所示为玻璃润滑挤压管材示意图。

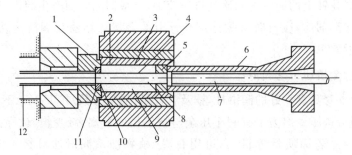

图 6-11 管材玻璃润滑挤压示意图

1—模支承;2—挤压筒;3—外表面玻璃;4—内表面玻璃;5—挤压垫;6—挤压轴;
7—针支承;8—穿孔针;9—坯料;10—玻璃盘;11—挤压模;12—制品

挤压模与坯料之间插有玻璃盘,这种玻璃盘通常是用水玻璃将玻璃粉固结而成的。在挤压筒与坯料、穿孔针与坯料之间也加有玻璃润滑剂。挤压时,玻璃受坯料的高温作用而熔化,产生良好的润滑作用。

挤压模与坯料之间的润滑多采用窗玻璃系的 SiO_2-Na_2O-CaO-MgO 玻璃,这种玻璃在 $1000℃$ 下的黏度约为 $100Pa\cdot s$。坯料内外表面润滑用玻璃,主要根据坯料的温度、接触时间等因素,通过调整玻璃的成分和玻璃粉末的粒度,调整挤压温度下玻璃的黏度。碳钢、合金钢热挤压润滑用玻璃的成分和粉末粒度见表 6-38 所示。

表 6-38 碳钢、合金钢热挤压润滑用玻璃的成分(%)与粉末粒度

类别	SiO_2	Al_2O_3	B_2O_3	Na_2O	K_2O	CaO	MgO	使用位置	玻璃粉末粒度尺寸/mm
A	33.6	1.7	36.1	16.0	0.8	7.9	3.9	外表面	0.115 以上
B	46.0	22.0	1.0	19.0		8.5	4.5	内表面	0.295~0.175(<50%) 0.175~0.115(>50%)
C	72.0	1.8		13.6	1.0	8.0	3.6	模/坯料间	0.833~0.295(70%) 0.295~0.175(30%)

6.4 挤压工艺流程

不同的金属及合金,不同的产品品种及状态,其设备配置、挤压工艺流程是不相同的。在这里,选择具有代表性的铝合金建筑型材和无缝钢管的挤压生产工艺流程分别做介绍。

6.4.1 铝合金建筑型材生产工艺流程

图 6-12 所示是典型铝合金建筑型材的挤压生产线设备的配置图,它的生产工艺流程如图 6-13 所示。

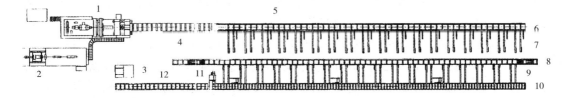

图6-12 铝型材挤压生产线设备配置图

1—挤压机;2—加热炉;3—模具加热炉;4—出料台及冷却装置;5—牵引机及运行轨道;

6—制品提升及拨料机构;7—冷床;8—张力矫直机;9—储料台;10—成品输送辊道;11—成品锯;12—定尺台

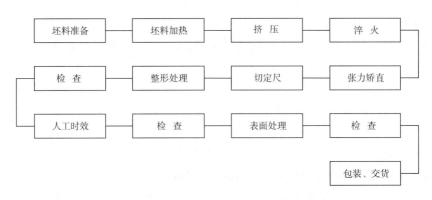

图6-13 建筑铝型材生产工艺流程

(1)坯料准备

铝合金建筑型材挤压用坯料,一般都是通过半连续铸造法生产的圆断面铸造坯料。按照实际生产要求,铸造的长尺寸坯料,可锯切成挤压所需要的短尺寸坯料,经加热后装入挤压筒进行挤压,也可以在专门的加热炉上先加热,然后再在热剪机上剪切成挤压用的短尺寸坯料直接装入挤压筒进行挤压。与前者相比较,后者可减少坯料锯切工序,减少锯切时的金属损失,提高生产效率和成品率。

铝合金建筑型材所用合金主要为6063和6061铝合金,其中6063合金大约占90%左右。对于生产建筑型材用的6063和6061铝合金坯料,目前绝大多数企业都不进行均匀化退火处理。但如果采用均匀化退火坯料,则可以使型材的抗拉强度提高20MPa左右,提高挤压速度,并有利于减少型材的氧化色差问题。坯料的均匀化退火制度为(550~570)℃×6h。

(2)坯料加热

坯料的传统加热方式主要有火焰炉加热、电阻炉加热和感应炉加热。火焰炉加热是挤压生产中应用非常广泛的一种坯料加热方式。火焰炉加热时,产生的火焰直接与坯料接触,温度高,加热速度较快,生产成本低,这是其主要优点。但是,火焰炉加热也存在着加热质量不高,金属烧损大,自动化程度低,劳动条件较差等许多缺点。例如:加热温度很不均匀,坯料断面温差大,造成挤压时的变形不均;火焰接触到的部位温度过高甚至会产生局部过烧,制品难以获得最佳性能;如果采用燃煤直接加热,虽然其成本可能是最低的,但对坯料、对环境的污染也是最大的。电阻炉是通过电热元件将电能转化为热能,在炉内对金属进行加热。

电阻炉加热是铝合金挤压生产中经常采用的一种加热方式,在我国北方一些铝挤压企业应用较多。电阻炉与火焰炉相比较,具有热效率较高,可达50%~80%;加热温度均匀,坯料断面温差小,温度容易控制;劳动条件较好;炉体寿命长等优点。但电阻炉耗电量高,通常一块坯料从进入炉子到出炉需要好几个小时,加热成本高。感应炉是通过电磁感应原理,在金属表面层产生感生电流(涡流),依靠这些涡流的能量达到加热金属的目的。感应炉加热的特点是:加热温度高,而且是非接触式加热;加热效率高,虽然从表面上看耗能较高,但由于加热速度很快(一般为几十秒到几分钟),生产效率高,因而是节能的,而且金属的氧化烧损很少;温度容易控制,加热均匀性好,产品质量稳定;可实现梯度加热,从而可实现等温挤压,制品纵向组织性能和尺寸的一致性好;容易实现自动控制;作业环境好,几乎没有热噪声和灰尘;加热炉体积小,工作占地少。

近年来,有芬兰 EffmagTM 公司研制的永磁加热炉在铝合金坯料加热方面开始得到应用,2013 年开始进入中国市场。它与一般加热方式相比具有以下几点优势:

① 加热速度快、均匀,可控轴向梯度加热。EffmagTM 永磁加热器通过在材料内部产生涡轮电流,在坯料内部形成快速的和径向均匀的热量分布,提高加热质量。同时产生准确的轴向温度梯度,有利于实现等温挤压。

② 精准温度控制,提升产能及灵活性。通过沿坯料长度方向的精准梯度温度控制,缩短生产周期,提升挤压机的产能及生产灵活性。能够将生产效率提高 25%。

③ 卓越的节能效率。相比传统加热炉 35%~45% 的能效能源利用率,Effmag 加热器以其高达 75% 的能效率有效实现节约能源消耗,极大地降低了设备使用状态下的电耗,每吨铝的电耗仅在 150 度左右,远远低于国内和国际上的任何电感应加热设备 250~280 度电的耗能。

6063、6061 铝合金建筑型材通常都是在挤压机上直接淬火,这就要求挤压制品出模孔时的温度应达到其淬火温度。6063、6061 合金型材的最佳淬火温度范围为 520℃~530℃。通常情况下,6063、6061 合金的坯料加热温度范围为 460℃~530℃。加热温度高时,虽然挤压力小,但变形金属易与模具发生黏结,造成制品表面粗糙(甚至出现划沟),限制了挤压速度的提高。如果将坯料的加热温度控制在 460℃~480℃,通过提高挤压速度方式,控制制品的出模孔温度为 520℃~530℃,不仅可以提高生产效率,且制品的表面质量较好,这也正是铝合金建筑型材所需要的。但是,对于铝合金空心型材,为了保证其焊合质量,则应提高坯料的加热温度,并适当降低挤压速度。

如果对坯料进行梯温加热,不仅可提高挤压速度,而且有利于获得纵向尺寸、性能较均一的制品。

(3)挤压

挤压前,挤压筒和模具都要进行预热。挤压筒的加热温度为 400℃~450℃。模具加热炉的温度控制在 400℃~450℃,模具在加热炉内的保温时间一般为:6MN 挤压机用模具不少于 1h,8MN 挤压机的不少于 1.5h,10MN 以上吨位挤压机的不少于 2h。

铝合金型材挤压时一般不进行工艺润滑,但为了调整金属的流速,平模挤压时模面允许涂少量润滑剂。分流模挤压时,不允许涂润滑剂,应保持模面清洁,以保证焊缝质量。

挤压速度应根据制品的合金、规格、形状、尺寸、表面状况等因素而决定。6061 合金型材的挤压速度(制品从模孔流出速度)可控制在 8～60m/min,6063 合金为 20～120m/min。对于空心型材、断面形状复杂的薄壁型材和尺寸规格较大的型材,挤压速度不宜太快。采用常规的均匀加热坯料,在挤压后期应逐渐降低挤压速度,避免因温升而使变形区温度过高。对于梯温加热的坯料,可采用较高的挤压速度且进行等速度挤压。

型材的挤压表面质量应符合相应技术标准对成品的要求。型材的挤压尺寸偏差应保证拉伸矫直后能够满足标准的要求。

(4)淬火

为了保证淬火效果,对于6063 铝合金 T5 状态型材,当其断面最大壁厚小于 3mm 时,制品出模孔后应吹风冷却;大于 3mm 时,应喷水冷却。T4、T6 状态制品,则必须采用大冷却强度进行喷水冷却。

对于 6061 铝合金 T5 状态型材,制品出模孔后应采用喷水冷却。T4、T6 状态型材,如果没有专门的在线热处理装置,一般不能直接在挤压机上进行水冷淬火,需要在专门的淬火炉上进行固溶处理。

(5)张力矫直

当放在冷床上的型材冷却到70℃以下时,进行张力矫直。矫直前应认真检查、测量型材各部位的形状、尺寸,避免拉伸后型材尺寸超负偏差或形状不合格。

张力矫直时的拉伸率一般控制在 0.5%～1.5%,最大不超过 1.5%(以表面不产生橘皮现象或有明显的变形痕迹为原则)。

(6)切定尺

铝合金建筑型材的定尺长度一般为 6000mm,定尺长度允许偏差为+15mm。对于定尺长度较短的型材,如果允许倍尺交货,在满足长度允许偏差的情况下,应加上锯切时的切口余量,每个切口为 5mm。锯切后的型材端头应整齐,切斜度不得超过 2℃,端头应无毛刺。

(7)整形处理

对于型材存在的角度、平面间隙等形位尺寸不合格,在型材辊式矫直机上进行整形处理,同时也可以对个别存在弯曲的型材进行矫直。对于个别部位有塌陷的型材,如果不是很严重,可用木质或尼龙材料工具进行平整处理。

(8)检查

对型材的尺寸、表面、形状、角度、平面间隙、弯曲度及扭拧度等进行全面检查。对于个别型材检查出的非实体尺寸、角度、平面间隙、弯曲度及扭拧度等不合格,可根据具体情况,在型材辊式矫直机上进行处理或手工处理。对于型材表面存在的个别麻点,可通过采用细砂纸打磨的方式进行处理;不能处理的则报废。只有检查合格的型材才能交下道工序继续生产。

(9)人工时效

将检查合格的型材整齐摆放在料框中,并用料垫隔开,料垫间距不大于 1000mm。装框的型材之间要留有一定的间隔,保证人工时效时热空气循环畅通。

对于 6061 合金 T6 状态型材,时效制度为(160～170)℃×(8～12)h。对于 6063 合金 T6 状态型材,时效制度为(195～205)℃×(8～12)h。对于 T5 状态型材,可采用 3 种不同的时效制度,分别是 205℃×1h、185℃×2h、175℃×8h。

（10）检查

这时的检查主要是检查型材的力学性能。检查的方式为打硬度或进行拉伸试验。只有力学性能试验合格的型材，才能交下道工序进行表面处理。

（11）表面处理

铝合金建筑型材的表面处理方式主要有：阳极氧化、电泳涂漆、粉末喷涂、氟碳漆喷涂和木纹转印等。

铝合金建筑型材阳极氧化处理包括不着色生产银白色型材和着色生产其他颜色的型材。银白色型材的阳极氧化处理是将铝型材挤压过程中表面黏附的油脂、污物和自然氧化膜腐蚀掉，使铝基体裸露出来，在硫酸溶液中重新氧化生成一厚度较厚、与基体金属结合牢固的多孔质氧化膜，然后经过封孔处理，提高了型材的表面硬度、耐磨性和美观度。挤压铝型材着色的方法有三种：电解着色法、化学染色法和自然显色法（整体着色）。建筑铝门窗主要采用电解着色法，化学染色用于室内装饰和工艺品，自然显色在早期使用过，目前国内外已基本不采用这种技术。在电解着色过程中，电化学还原生成金属（也可能是氧化物）微粒沉积在氧化膜微孔的底部，氧化后的型材颜色并不是沉积物的颜色，而是沉积的微粒对入射光散射的结果。化学染色是无机或有机染料吸附在氧化膜微孔的顶部，型材颜色就是染料本身的颜色。电解着色的成本低，具有很好的耐候性等使用性能。化学染色的色彩丰富，但室外使用容易变色。铝合金挤压型材的阳极氧化、着色生产的基本工艺流程为：挂料—表面预处理—阳极氧化—水洗—着色—水洗—封孔—卸料。各种阳极氧化工艺的差别主要表现在表面预处理工艺的不同。

电泳涂漆也可视为一种有机聚合物封孔。它是将阳极氧化的铝型材放在水溶性丙烯酸漆的电泳槽中，铝型材作为阳极，在直流电压为 $90\sim150V$ 下电泳，使得氧化膜表面沉积一层不溶性漆膜，再在 $170℃\sim200℃$ 高温下固化。银白色和电解着色电泳铝型材的工艺流程大致相同，型材阳极氧化→水洗→纯水洗→电解着色→水洗→热纯水洗→冷纯水洗→电泳→RO1 水洗→RO2 水洗→沥水→烘烤（180℃，25～30min）。

铝型材的粉末喷涂是将经过表面预处理并且干燥后的铝型材，送入喷粉室中，在强电场中通过粉末喷枪，将带负电荷的树脂粉末均匀喷涂到铝型材表面，其厚度一般控制为 $40\sim120\mu m$，然后进入固化炉加热固化。铝型材粉末涂料主要为热固性饱和聚酯（聚氨酯、聚氨树脂、环氧树脂、羟基聚酯树脂以及环氧/聚酯树脂），其颜色种类较多，可以根据用户需要更换粉末。表面预处理是决定喷涂质量的关键，其中的化学转化处理最为重要，使表面形成均匀的化学转化膜，以提高涂层的附着力和耐蚀性。常用的表面预处理工艺有两种：脱脂→水洗→碱蚀→水洗→出光→水洗→化学转化→水洗→纯水洗→烘干（60℃～85℃）；"三合一"清洗→水洗→水洗→化学转化→水洗→纯水洗→烘干（60℃～85℃）。化学转化处理分为铬化、磷铬化及无铬化学处理。由于铬化膜的耐蚀性好，与漆层附着力强，工艺稳定，应用较广。但六价铬致癌，污染环境。无铬化学氧化性能远不及铬化、磷铬化，其应用受到一定限制。粉末喷涂的优点是涂层的抗冲击、耐摩擦、防腐蚀、耐候性等较好，涂料价格比氟碳便宜。粉末喷涂的最大弱点是怕太阳紫外线照射，长期照射会造成自然褪色，型材向阳面和非向阳面几年后色差明显，一般 2～5 年就产生明显色差。

氟碳喷涂也是粉末喷涂的一种，所不同的是液态喷涂，中国香港称为焗油。氟碳涂料以聚偏二氟乙烯树脂(PVDF)为基料,加以金属粉合成,具有金属光泽。氟碳喷涂具有优异的抗褪色性、抗起霜性、抗大气污染(酸雨等)的腐蚀性,抗紫外线能力强,抗裂性强以及能够承受恶劣天气环境,其耐蚀性能优于粉末涂层,一般用于高档铝型材的表面处理。氟碳喷涂一般采用二层、三层、四层工艺,其中以二层、三层工艺为主。具体工艺流程为:化学前处理→底漆静电喷涂→流平→面漆静电喷涂→流平→罩光漆静电喷涂→流平→烘烤固化。

木纹处理主要用于室内装饰型材的表面处理。木纹处理目前主要采用转印法,它是在经过粉末喷涂合格的铝型材表面贴上一层印有一定图案(木纹、大理石纹)的渗透膜,然后抽真空,使渗透膜完全覆盖在铝型材表面,再经过加热,使渗透膜上的油墨转移,渗入粉末涂层,从而使铝型材表面形成与渗透膜上图案完全一样的外观。木纹处理是在粉末涂层上进行的,因此,粉末涂层的准备与粉末喷涂型材的生产工序完全相同,只是所用粉末必须与热渗透膜匹配,否则可能不易上纹,其膜厚宜控制在 $60\sim90\mu m$。木纹处理工艺流程为:前处理→粉末喷涂→烘烤→检验合格→手工贴膜→抽真空→入炉加热→出炉解除真空→冷却撕膜→检验包装。抽真空时应合理控制真空度,过高或过低的真空度都会造成无图纹或图纹模糊。转印温度宜控制在 175℃～195℃。温度高,会出现色差、印斑等缺陷,温度太低,会造成图纹模糊。

(12)检查

这时的检查主要是检查型材的表面处理质量,主要有:氧化膜的厚度及色差,涂层的厚度及与基体结合的牢固度,木纹的清晰度及完整度等。

6.4.2　无缝钢管挤压工艺流程

无缝钢管挤压生产的难度比铝合金、铜合金等有色金属的要大很多,成本高得多。主要表现在以下几方面:

① 挤压温度高(通常在 1000℃～1250℃),挤压力大,润滑条件差,工模具的工作条件十分恶劣,寿命短,损耗很大。因此,对工模具的材质要求较高。

② 为防止挤压过程中工模具受坯料温度的影响而过度升温,影响其强度,降低使用寿命,通常需要采用快速挤压,一次挤压过程在数秒内完成。挤压轴的速度一般要达到 50～400mm/s,从而需要挤压机具有很高的挤压速度。

③ 为确保高温条件下的润滑性能,一般采用玻璃润滑,且必须是全润滑挤压,操作过程复杂。挤压完成后还需除去制品表面的玻璃膜。

④ 挤压前,坯料准备的工序多(包括了坯料加工、加热扩孔等),周期长。

⑤ 整个挤压生产的操作过程繁琐,挤压一根制品所需要的辅助时间远大于挤压时间,挤压生产的效率比较低。

图 6-14 所示为无缝钢管热挤压车间的设备布置方式之一。无缝钢管的生产流程如图 6-15 所示。

(1)坯料加工

挤压无缝钢管用的坯料一般都是钢锭经开坯或锻造加工得到的圆钢坯,其直径比挤压所需要的实际坯料大 3～10mm(挤压用钢坯的外径比挤压筒小 5～8mm,内径比芯棒大 2～6mm),作为车削余量,以便除去钢坯表面缺陷。将车去表面缺陷的长尺寸圆钢坯切成挤压所需要的长度。对于采用扩孔工艺加工空心钢坯的实心圆钢坯,还要钻定心孔。

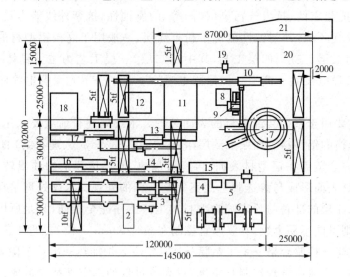

图 6-14　无缝钢管热挤压车间设备布置示例

1—车床;2—去毛刺机;3—锯切机;4—倒角机;5—车床;6—打孔机;7—加热炉;8—穿孔机;
9—润滑台;10—31.5MN 挤压机;11—冷床;12—脱玻璃槽;13—喷丸机;14—辊式矫直机;
15—拉扭矫直机;16、17—锯切机;18—检查台;19—工模具库;20—水泵站;21—配电室

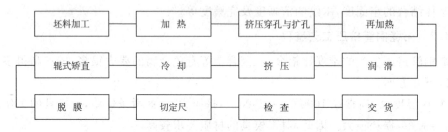

图 6-15　无缝钢管热挤压工艺流程

（2）加热

钢坯的加热方式取决于挤压产品的品种和牌号。穿孔前碳素钢和低合金钢坯料在普通火焰炉中加热。不锈钢坯料适合在感应炉中加热,或者在煤气炉中加热到开始产生强烈氧化的温度（750℃～800℃）,再在感应炉中加热到规定温度。微氧化的煤气加热,适用于所有牌号钢坯。

钢坯的加热温度应均匀,一般情况下沿其长度和横截面上任意两点的温差不超过 30℃。

（3）挤压穿孔与扩孔

挤压穿孔和扩孔是加工挤压用空心钢坯的两种不同方法。挤压穿孔是用穿孔冲头把已加热的实心钢坯挤压穿成所要求尺寸孔的方法,其操作流程是:实心钢坯加热—清除氧化铁皮—涂玻璃润滑剂—将钢坯推进挤压筒并供给润滑剂—送到立式穿孔机穿孔位置进行挤压穿孔。

扩孔工艺过程与穿孔工艺基本相同,所不同的是把已钻定心孔的钢坯放在立式穿孔机上,将穿孔冲头换成扩孔冲头,在扩孔冲头的作用下,使定心孔扩大成所要求的尺寸。

（4）再加热

将空心坯料在大功率工频感应炉短时间加热到 1100℃～1200℃。

（5）玻璃润滑

挤压钢管时使用的玻璃润滑剂是天然硅酸盐或人造硅酸盐，其主要成分是 SiO_2。坯料外表面的润滑方式是将坯料从撒有玻璃粉的工作台上滚动使其得到润滑。扩孔时坯料内表面的润滑方式是将玻璃粉撒在钢坯钻孔处。挤压时坯料内表面的润滑是将玻璃粉撒在空心坯料的内表面。挤压模的润滑是将玻璃粉制成玻璃垫放在模子的前面。

（6）热挤压

穿孔后的坯料在挤压机上一次挤压成所需要尺寸的管材，其操作流程是：将加热后的坯料和挤压垫一起装入挤压筒内—芯棒空行程前进进入模孔—挤压轴前进进行挤压—挤压轴、芯棒后退—热锯切断管子—推出压余、清扫挤压筒、冷却芯棒。

（7）脱膜

清除钢管表面上的玻璃膜的方法有喷丸、酸洗和盐浴法。

喷丸法是把磨料喷射到钢管的表面，清除掉钢管表面的氧化铁皮和玻璃膜。

酸洗法是把钢管放在硫酸和氢氟酸的酸洗槽内，浸泡 5～120min，把玻璃膜溶解掉。

盐浴法是把以苛性钠为主要成分的盐，放在槽中加热到 400℃～500℃，再把钢管放入其中浸泡 20～60min，除去玻璃膜。

思 考 题

1. 确定挤压温度的理论依据是什么？在实际生产中，确定挤压温度时还要考虑哪些因素的影响？

2. 如何实现等温挤压，在实际中可采取哪些措施？

3. 确定挤压速度的原则是什么？在实际中还要考虑哪些因素的影响？

4. 挤压速度与挤压温度有何关系？

5. 根据挤压速度极限图，说明挤压速度与挤压温度过高或过低会出现什么问题？

6. 如何实现等速挤压工艺？

7. 确定挤压比时应考虑哪些因素的影响？

8. 如何根据制品的断面形状和尺寸选择合适的挤压筒尺寸？

9. 确定坯料尺寸的原则是什么？如何根据挤压筒及穿孔针直径选择坯料的外径及空心坯料的内径？

10. 掌握铝合金型材、管材的坯料长度计算方法。

11. 挤压时的润滑应注意哪些方面？

12. 钢、钛挤压时为什么采用玻璃润滑剂？

13. 如何编制铝合金型材挤压工艺，确定工艺参数以及所需设备？

14. 如何编制无缝钢管挤压工艺流程？

第7章 挤压制品的主要缺陷及预防

7.1 挤压制品的表面缺陷

7.1.1 裂纹

裂纹是挤压制品中最常见的缺陷之一,在挤压某些高温塑性较差的 2A12、7A04 等硬铝合金,以及锡磷青铜、铍青铜、锡黄铜等铜合金时,在制品的表面易出现周期性分布的横向裂纹,如图 7-1 所示。

图 7-1 挤压制品的表面裂纹

1.裂纹产生的原因及影响因素

裂纹的产生原因主要是由于金属流动不均匀导致局部出现拉应力的结果。在挤压过程中,由于金属流动不均匀,导致制品外部出现拉应力作用,内部受压应力作用。当这个拉应力值超过制品表面金属的强度时,在制品表面就会产生裂纹。但如果合金在此条件下具有足够的强度,则不一定会产生裂纹。

裂纹的产生与以下因素有关:

(1)坯料加热温度过高。在挤压过程中,影响合金强度的主要因素是温度,通常将在该温度下出现裂纹的温度称为"临界温度"。每一种合金都有自己的临界温度,它主要与合金的成分有关。如 7A04 铝合金的临界温度为 470℃～480℃,2A12 铝合金的为 485℃～495℃,5A02 铝合金的为 520℃～530℃。挤压时,变形区内的温度除了与坯料的原始加热温度有关外,还与挤压过程中的温升有关,而温升的大小最主要与挤压速度有关。但如果坯料的加热温度过高,达到或接近这个临界温度,即便是采用很慢的挤压速度,也易产生裂纹。如果加热温度超过了合金的过烧温度,金属从模孔流出时就难以成形。

(2)挤压速度过快。根据速度-温度效应可知,挤压速度越快,金属的变形速率越高,产生的变形能就越大。挤压过程中的变形能 90%～95% 以上都将转化为热量,从而会使变形区中的温度迅速升高(包括了摩擦热的作用),如果此时坯料的原始加热温度较高,模具的散热效果也较差,则变形区中的温度很容易达到或超过临界温度,造成制品出现裂纹。

（3）模具的散热效果较差。在挤压过程中,变形区中的热量主要是通过模具散发出去的。如果模具的散热效果较差,不能将产生的热量(摩擦热和变形热)及时散发出去,变形区中的温度就会越来越高,当变形区中的温度达到临界温度时,就会产生裂纹。这就是挤压制品尾端易出现裂纹的主要原因。

（4）更换合金时未及时调整挤压速度。在挤压过程中,不同的合金应采用不同的挤压速度。通常情况下,塑性较好的软合金的挤压速度快,塑性较差的硬合金的挤压速度慢。当挤压软合金结束后更换硬合金挤压时,如果不能及时将挤压速度降下来,就易造成制品出现裂纹。

（5）挤压比过大。虽然挤压比大小对制品是否产生裂纹没有直接影响,但是,挤压比大,变形量大,在相同的挤压速度条件下产生的变形热大,这时如果坯料的原始加热温度较高或挤压速度过快,就易造成变形区温度出现明显升高,也易造成制品出现裂纹。

（6）多孔模挤压时,模孔布置太靠近模子中心,或太靠近挤压筒壁。采用多孔模挤压时,如果各模孔布置过于靠近模子中心,就会造成模子端面上模孔内外侧金属分布不均匀,模孔内侧(靠向模子中心)一边金属供应量少,模孔外侧(靠向挤压筒壁)一边金属供应量多;当制品从模孔流出时,靠向模子中心一侧制品表面就会因金属供应不足而产生裂纹。相反的,如果各模孔布置过于靠近挤压筒壁,则靠向挤压筒壁一边的制品表面会因金属供应不足而产生裂纹。这种情况在挤压塑性较差的合金时易出现。

（7）模孔工作带入口棱角太尖锐。在挤压低塑性合金制品时,如果模孔工作带入口处没有圆角过渡,棱角太尖锐,也易造成制品表面出现裂纹。

2. 减少裂纹的主要措施

（1）对于铝合金挤压制品来说,除了为获得具有较显著的挤压效应的制品和用分流模挤压空心制品需要采用较高的挤压温度外,其他制品一般都尽可能采用较低的挤压温度,既可以减少裂纹发生的倾向性,还有利于减少金属的变形不均,减小粗晶环的深度,并能提高挤压速度。

（2）当挤压温度较高、挤压比较大时,应适当降低挤压速度。

（3）挤压塑性较差的硬合金时,在挤压后期,应适当降低挤压速度。

（4）在可能的情况下,采用反向挤压、润滑挤压、对坯料进行梯温加热、冷却模具、采用温度-速度闭环控制等技术,均有利于减少裂纹产生的倾向性。

（5）合理设计、加工模具,在生产过程中精心修模,均有利于减少裂纹的产生。

7.1.2 气泡和起皮

气泡和起皮是挤压制品中较常见的缺陷之一,如图7-2所示。

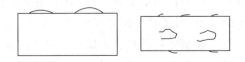

图7-2 挤压制品表面气泡、起皮示意图

1. 产生气泡和起皮缺陷的主要原因

（1）熔铸时除气不干净,在坯料中残留了较多气体。分散在坯料内部的气体,挤压前加热时,通过扩散与聚集成明显的气泡,挤压后残留在制品内部。

(2)坯料与挤压筒之间的间隙过大,或坯料直径超出允许负偏差。挤压镦粗时坯料发生鼓形变形量较大,当合金的塑性较差时,在坯料的侧表面易产生微小裂纹。随着挤压过程的进行,封闭在挤压筒与模子角落处的高压气体,就会进入坯料表面上的微裂纹中。随着金属从模孔流出,进入坯料表面微裂纹中的气体就会随着变形金属一起从模孔流出进入制品的表面层。如果这些气体被封闭在表皮金属的下面,出模孔后,一旦外部压力消失,由于气体膨胀压力的作用,就会在制品表面形成气泡;如果未能被封闭住,就会造成起皮。

(3)坯料表面缺陷较多、较深。如果坯料表面有较多的气孔、砂眼等缺陷,在镦粗时,高压气体就会进入到这些缺陷中,也会造成制品的气泡、起皮缺陷。如果坯料表面铲槽太多、太深,也易造成制品的起皮、气泡缺陷。

(4)坯料加热温度、挤压筒温度过高。如果坯料加热温度过高,其表面强度降低,在镦粗过程中侧表面更易产生裂纹。另外,坯料加热温度、挤压筒温度过高,会造成封闭在挤压筒与模子角落处的气体的膨胀压力增大,更容易进入坯料表面的微裂纹中,造成制品表面气泡、起皮缺陷。

(5)挤压筒超差。在正常情况下,挤压筒与挤压垫之间的间隙是很小的。在挤压过程中,坯料表面层金属与挤压筒壁发生黏结而不能正常流动,被黏在了挤压筒壁上,但又会被随后到来的挤压垫刮下,最后进入到挤压制品的尾端(以缩尾的形式被切除)或压余中,挤压结束后,在挤压筒内壁上会残留一个厚度很薄的完整金属套,他对下一个坯料的挤压及制品质量不会构成影响。但如果挤压筒内衬因摩擦而超差,一方面,就会造成每次挤压后筒内壁上都黏上较厚一层被挤压金属。在这一层金属中,含有较多的缺陷和污物(坯料表面残留下来的),在挤压下一个坯料时,就会与新的坯料表面金属发生黏结,这部分金属就有可能随着新坯料金属一起流出模孔进入制品表面层,从而易造成制品表面产生起皮。另一方面,会造成镦粗时的填充变形量增大,与坯料直径超负偏差一样,易造成制品产生气泡、起皮缺陷。

(6)同时使用的两个挤压垫直径相差较大。在挤压过程中,挤压垫也会因磨损而变小。如果同时使用的两个挤压垫直径不同,当用直径较小的挤压垫挤压时,就会在挤压筒内壁上残留较多金属,在挤压下一个坯料时,就易造成制品表面产生起皮缺陷。

(7)挤压筒不干净。如果挤压筒、挤压垫太脏沾有油污、水分等,在挤压过程中就更容易造成制品表面起皮、气泡缺陷。如果更换合金时挤压筒内清理不干净,就易造成制品起皮。

(8)润滑油中含有水分。润滑挤压时,如果润滑油中含有水分,在高温挤压条件下,水分蒸发变成水蒸气,就易造成制品表面产生气泡缺陷。

2. 防止或减少气泡和起皮缺陷的措施

(1)在熔炼过程中采取有效措施减少熔体吸气,并进行有效的除气精炼,为挤压提供内部含气量少、气孔和疏松少的坯料,对于减少制品气泡缺陷是有益的。

(2)减小镦粗变形量。在不影响坯料顺利装入挤压筒中的前提下,尽可能减小坯料与挤压筒的间隙,减小镦粗时金属的横向变形量,可有效防止坯料在镦粗过程中侧表面出现微裂纹,从而有效防止气泡、起皮缺陷产生。

(3)对坯料进行梯温加热,并使温度高的一端靠向模子,温度低的一端靠向挤压垫。如图 7-3 所示,镦粗时,温度高的前端由于变形抗力低而首先发生横向塑性变形,首先充满挤压筒;温度低的一端后发生变形,即从前向后顺序发生横向变形。从而避免产生单鼓变形,使得挤压筒中的气体从前向后逐渐被排出,从而避免产生气泡、起皮缺陷。

(4)尽可能减少使用因表面缺陷而进行了铲槽处理或车削加工的"条件坯料"。

(5)当挤压筒磨损超差时应及时更换挤压筒内衬,或加工与之配套的新挤压垫。

(6)始终保持挤压筒、挤压垫清洁。

(7)控制合适的坯料加热温度和挤压筒温度。

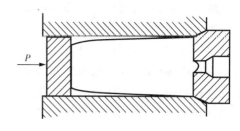

图 7-3　梯温加热后坯料的填充变形

7.1.3　制品外表面划伤和磕碰伤

1. 产生划伤、磕碰伤的主要原因

划伤和磕碰伤是挤压制品最常见的缺陷之一。造成制品产生划伤、磕碰伤缺陷的主要原因有以下几方面:

(1)模子工作带不光滑或硬度小,摩擦大,容易黏金属。黏附在工作带上的金属,一方面会造成制品表面划伤;另一方面,由于它与变形金属为同种金属,在高温和高压下更容易发生黏结,使得工作带黏附的金属越来越多,造成更大的划伤。如果模子工作带多肉或少肉,就会造成制品表面出现较深的划沟或出现筋条。

(2)模子工作带出口处空刀尺寸太小,易黏附金属。这些黏附在出口部位的金属,容易与制品发生黏结,造成制品表面划伤或出现麻面。如果模子出口处不光滑、有棱角,当制品从工作带出来后,易造成划伤。

(3)导路、出料台不光滑。在配置导路生产时,制品从模孔出来后先经过导路再进入出料台,如果导路或出料台不光滑、有毛刺,制品进入导路和出料台时易产生划伤。如果出料台上的导辊不转动,制品在出料台上产生滑动摩擦,也易造成划伤。

(4)出料台上的制品未及时移走。挤压出的制品应及时从出料台上移走,如果放置在出料台上的制品未及时移走,新挤压的制品容易与出料台上原有的制品发生摩擦而产生划伤。

(5)多孔挤压时流速差大。如果各模孔的流速差大,制品相互之间就会产生摩擦,由于刚出模孔的制品温度高,很容易发生黏结,从而造成划伤。

(6)模孔出现裂边或裂角。当模孔出现裂边或裂角时,造成工作带不光滑,划伤制品;且金属易进入裂纹中,造成该部位黏金属,划伤制品表面。

(7)小规格制品成堆锯切时,制品头部相互之间摩擦会造成头部划伤。

(8)磕碰伤则是在整个生产过程中由于没有注意轻拿轻放、与制品接触部位料框的铁框没有用软质材料隔垫(或已损坏)等所造成。

2. 防止划伤和磕碰伤的主要措施

(1)模具设计时,应合理设计工作带出口空刀的形状和尺寸,减小工作带出口部位黏金属的可能性。模具在使用过程中,应经常检查工作带出口部位是否黏有金属,一旦发现应及时清除。

(2)模具在使用过程中,应经常检查模具是否有损伤、裂纹等,并抛光工作带,及时清除黏在上面的金属,提高光滑度。模具在使用一段时间后,应按计划重新进行氮化处理,提高工作带表面的硬度和耐磨性。

(3)多孔模设计时,应注意模孔的合理布置,并做到中心对称,保证各模孔金属供应体积相等。多孔模挤压时,应注意观察各模孔流出制品长度的变化,发现流速差较大时,对流速慢的应进行加快,或对流速快的加以阻碍。

(4)经常检查、处理导路和出料台上可能存在的棱角、损伤、毛刺等,保证出料台导辊运转灵活。检查料框隔垫是否完好,出现缺损应及时修补。

(5)小规格制品锯切时,严禁成堆锯切。如要一次锯切多根制品,应并排平放,压紧后再锯切。锯切后的制品端头打毛刺后再放入料框中。

(6)在整个生产过程中注意轻拿轻放,可有效防止或减少磕碰伤缺陷。

7.1.4 麻面

挤压硬铝合金型材时,其表面上经常会出现许多麻点缺陷,称为"麻面",如图 7-4 所示。

图 7-4 挤压制品表面的麻点

1. 麻面缺陷产生的主要原因及影响因素

实践证实,麻面缺陷的产生与模孔工作带出口端黏金属,以及挤压温度过高、挤压速度过快等有关。如图 7-5 所示,如果模孔工作带出口端黏有金属,当制品从模孔流出时,其表面会与工作带上所黏的金属发生局部黏结。由于制品是连续向前流动的,这种黏结过程只是瞬间发生的,会很快与制品表面撕开,然后又会与新到来的表面发生黏结,如此黏结→撕开→再黏结→再撕开,在制品的表面上出现了许多小麻点。

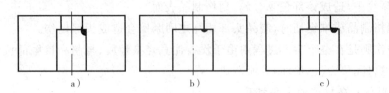

图 7-5 模孔工作带出口端黏金属示意图

a)工作带出口端空刀小;b)工作带出口端空刀大;c)工作带出口端有圆角

影响模孔工作带黏金属的主要因素有以下几方面:

(1)模孔工作带出口端空刀量太小。如果工作带出口端空刀量太小,金属在流动过程中,由于各种物理化学作用的结果,就会在该部位产生堆积,如图7-5a所示。由于堆积的金属也与下部侧壁粘在一起,从而使金属与模子黏结牢固且量也多。当空刀量较大时(见图7-5b),金属不容易在此部位产生堆积。即便是有少量金属堆积在此部位,它只是黏结在工作带出口端的尖角处,而没有与侧壁黏结,与模子的黏结不牢固,很容易被流动金属冲刷掉,对制品表面质量不会产生明显影响。

(2)工作带出口端有圆角。虽然工作带出口端空刀量较大,但如果工作带出口端有圆角,制品从模孔流出时,制品与工作带之间在此部位就会出现一间隙,金属在此处就会产生堆积(见图7-5c),且量较多,与模子黏结较牢固。

(3)工作带的表面状况及硬度。工作带表面越光滑,越不容易黏金属,即便是出现了黏金属现象,其量也少,与模子的黏结不牢固,很容易被流动的金属冲刷掉。在生产中只要勤光模,一般不会产生黏金属现象,挤压制品表面质量好。如果工作带的表面硬度低,就越容易磨损,也越容易产生变形而使真实接触面积增大,从而更容易黏金属。

(4)挤压温度。挤压温度高,原子的扩散能力增强,有利于合金中元素向模子工作带表面层扩散,更容易产生黏金属现象。堆积在工作带出口端的金属也更容易与挤压制品表面产生黏结。

(5)挤压速度。挤压速度快,挤压过程中的温升大。同挤压温度升高一样,有利于合金中的元素向模子工作带表面层扩散,促使模子黏金属。

(6)变形程度。变形程度大,变形热大,同样也有利于合金中的元素向模子工作带表面层扩散,促使模子黏金属。

(7)金属变形抗力。被挤压金属的变形抗力大,产生的变形热大,同样也易使模子黏金属。

2. 防止麻面缺陷的主要措施

在挤压铝合金时,由于铝本身的黏性比较大,且铝元素与铁元素的原子半径相差较小,在高温、高压下易发生元素间的相互扩散,因此,要完全防止模子工作带黏金属是比较困难的。但是,只要正确的设计、加工模子,采用合适的挤压工艺制度,并注意模子的正确使用,是可以减少或防止模子工作带黏金属,从而有效预防或消除麻面缺陷的。

(1)增大工作带出口端空刀量。实验证实,当模孔出口端直径比模孔直径大4~6mm时,在工作带出口端不易黏金属,挤压制品较少出现麻面缺陷。

(2)模子工作带出口处保持较尖锐的角度,金属就不容易在此处产生堆积。特别在修模时,要注意避免修出圆角。

(3)如果模子工作带部分做成带有一定锥度的斜面(如图7-6所示),也可有效地防止工作带出口端黏金属。这是因为,在此情况下,由于制品是一直紧贴着工作带流出模孔,金属很难在此处产生堆积。从而防止麻面缺陷产生。

(4)对模子工作带进行渗硼、渗氮等处理。由于硼、氮等元素的原子半径远小于铁的原子半径,在模子工作带表面倾向于形成嵌入式固溶体,能够显著提高工作带表面的硬度和抗磨损能力,也

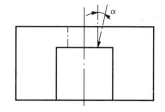

图7-6 带斜面的模子工作带示意图

对合金元素扩散层的形成起到一定的阻碍作用。从而防止工作带黏金属,防止制品表面出现麻面缺陷。

(5)采用合适的挤压工艺制度,在生产中注意正确地光模、修模,当模子使用一段时间后重新进行渗硼、渗氮等处理,也可以减少工作带黏金属,防止、减少麻面缺陷。

7.1.5 管材内表面纵向擦伤

铝合金管材挤压生产中,由于穿孔针黏铝等因素的影响,在挤出管材的内表面上经常会产生一种沿长度方向分布的擦伤缺陷,其形貌如图7-7所示,擦伤部位的横截面金相照片如图7-8所示。

 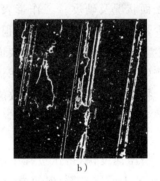

a)　　　　　　　　　　　　　b)

图7-7　管材内表面纵向擦伤形貌

a)硬铝合金;b)软铝合金

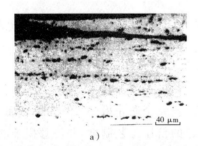 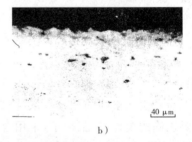

a)　　　　　　　　　　　　　b)

图7-8　纵向擦伤横截面金相照片

a)有擦伤部位;b)无擦伤部位

在铝合金管材生产中,这种纵向状擦伤所造成的废品约占整个擦伤废品总量的60%。这种擦伤缺陷多数出现在用润滑穿孔针方式挤压硬铝合金(2A12、7A04等)管材中,且越靠近制品尾端越严重。擦伤缺陷严重时,从管材的头部到尾部都会出现。在挤压软铝合金管材时,有时也会产生这种擦伤缺陷,但擦伤的深度、面积都比硬铝合金的较轻微。

1. 纵向擦伤产生的主要原因及影响因素

挤压时工艺润滑的特点是一次性的,即在挤压过程中润滑剂不能连续加入。由于润滑剂的消耗,在挤压过程的后半周期,在穿孔针与金属的接触面上局部出现干摩擦,使得针与金属之间发生直接接触。在高温、高压下,由于接触面上分子(原子)间的吸附、扩散作用,以及穿孔针表面的微凹凸不平,在接触部位产生很强的黏结,造成了黏结部分金属不能正常流动而停止,并黏附在穿孔针表面。黏附在穿孔针上的金属,对后续金属的流动起到了阻碍作用。由于正对着黏结点的金属的流动受阻,而侧面金属则可以紧贴着穿孔针表面正常流动,从而在管材的内表面上出现了犁沟状的擦伤缺陷。由于黏结点对金属流动的阻碍,以及流动金属与黏结点金属的相互作用,会使黏结点进一步扩大,从而使擦伤的面积和深度进一步增加,造成更严重的擦伤。表层金属流动停滞而皮下金属仍正常流动,造成该处强烈的剪切变形并发热,在该处产生更强烈的黏结,当金属塑性较差时,会使擦伤部位的表层金属发生撕裂,如图 7-8a 所示。

影响管材内表面纵向状擦伤的因素主要有以下几方面:

(1)穿孔针的表面状况

穿孔针的表面粗糙度越大,越容易黏结金属。当穿孔针的表面硬度较低时,微凸体的凸峰在高压下易产生弹性压扁,使得金属与穿孔针表面的真实接触面积增大,摩擦增大。如果穿孔针表面有较严重的磕碰伤,凹下部分易黏金属,凸起部分会击穿润滑膜,破坏润滑膜的连续性,并可能划伤管材表面。即便穿孔针的质量是优良的,如果在生产过程中不认真修针,及时清除干净黏结在针上的金属,同样也会造成严重的擦伤。

(2)穿孔针表面润滑状况

目前,铝合金管材挤压中用于润滑穿孔针的润滑剂主要是由汽缸油与石墨按照一定比例配制而成的混合物,其配比一般为汽缸油占 60%～80%、石墨占 20%～40%。如果润滑剂过稀,涂抹在穿孔针上的油膜就很薄,且油膜强度低,在挤压过程中易出现针与铝的直接接触,造成穿孔针黏金属。如果润滑剂过稠,即石墨成分多,易造成石墨压入缺陷。如果组成润滑剂的汽缸油和石墨本身质量有问题,如汽缸油闪点低,涂抹在温度很高的穿孔针上易燃烧,降低润滑效果;石墨的颗粒过大,易造成石墨压入。在卧式挤压机上挤压管材时,穿孔针与地面平行,当润滑剂较稀时,涂抹在针上的润滑剂易向其下部表面流动,造成针的上部和侧面润滑剂减少,而下部润滑剂增多,造成润滑不均匀,润滑剂少的部位易较早与金属直接接触,造成穿孔针不均匀黏金属。在实际生产中,穿孔针的润滑一般都是采用人工涂抹方式,如果润滑剂涂抹不均匀,也必然会造成润滑不均匀;如果有些部位没有涂抹上润滑剂,变形刚一开始,金属就会与穿孔针直接接触,造成穿孔针严重黏金属,引起管材内表面严重擦伤。正如前面所述,如果坯料内孔与穿孔针的直径差过小,涂抹润滑剂的穿孔针在从坯料内孔中穿过时,针表面的润滑剂易被坯料端面刮掉,影响润滑效果,刮掉的润滑剂落在挤压筒中会污染挤压筒,造成管材外表面起皮、气泡缺陷。另外,如果穿孔针润滑后不及时挤压,即涂抹润滑剂至挤压的间隔时间较长,润滑剂中的汽缸油会挥发,剩下的石墨不能形成连续的润滑膜,影响润滑效果。

(3)坯料内孔表面质量

空心坯料的生产通常有两种方式,一种是直接铸造空心坯料,然后进行镗孔加工;另一种是用实心坯料钻孔或在压力机上打孔。直径大于 150mm 的空心坯料多采用直接铸造法生产,小于 150mm 的多采用钻孔或打孔方法生产。

铸造空心坯料的加工程序一般是:铸造→车皮→镗孔→均匀化退火。在长时间的高温均匀化退火过程中,坯料表面会产生严重氧化而形成很厚的氧化膜。铝的氧化膜硬而脆,延伸性能很差,在挤压过程中不能随基体金属一起变形而破碎。破碎的氧化物颗粒如果黏附在穿孔针表面,易划伤管材内表面;如果随着金属一起沿穿孔针表面流动,将加速穿孔针的磨损,甚至划伤针的表面,使穿孔针更易黏金属。如果由于镗刀较钝造成坯料内孔表面粗糙,在均匀化退火时会产生更严重的氧化,使上述现象加剧,同时还易造成较严重的内表面螺旋纹状擦伤。如果改在均匀化后镗孔,虽然可避免高温均匀化退火时的氧化,但由于铝的黏性大,不易断屑,造成镗孔困难且表面粗糙。

(4)挤压工艺参数

变形程度(挤压比)增大,挤压力成正比升高,作用在穿孔针上的正压力增大,摩擦力增大。一方面,当变形金属与穿孔针接触面上出现干摩擦时,在正压力作用下针表面微凸体的凸峰产生弹性压扁,将使二者之间的真实接触面积增大。另一方面,由于变形热和摩擦热的增大,将使接触面上原子(分子)的吸附和扩散作用加强,更有利于造成穿孔针黏金属。

挤压温度高,接触面上原子(分子)的吸附和扩散作用加强,更有利于穿孔针黏金属。

挤压速度对穿孔针黏金属是通过温度变化起作用的。挤压速度提高,变形热增大,变形热、摩擦热来不及散失,使变形区金属温度升高,易造成穿孔针黏金属。另外,提高挤压速度易产生表面裂纹。

2. 减少或消除纵向擦伤的措施

(1)对穿孔针表面进行抛光、渗氮、渗硼等处理,提高穿孔针的表面光洁度和硬度。并在使用一段时间后重新处理。

(2)穿孔针使用前要严格检查,发现缺陷及时处理。在使用过程中要加强修针,及时清除针上的黏结物,始终保持针表面的清洁、光滑。

(3)使用质量符合要求的润滑剂,严格按照要求的比例配制润滑剂,并加强搅拌,使石墨与汽缸油均匀混合。在向穿孔针上涂抹润滑剂时尽可能涂抹均匀,同时还要提高速度,减少间隙时间,避免汽缸油挥发。

(4)提高坯料内孔的镗孔质量。

(5)在不影响坯料装入挤压筒的前提下,尽可能减小坯料与挤压筒的间隙,避免穿孔针从坯料内孔穿过时刮掉润滑剂。

(6)采用合适的挤压温度、速度,特别在挤压硬铝合金时,为了提高挤压速度,尽可能采用较低的坯料加热温度。

7.1.6　管材内表面螺旋纹状擦伤

在用空心坯料润滑穿孔针方式挤压硬铝合金管材、玻璃润滑挤压无缝钢管时,在管材的内表面上经常会出现如图7-9所示的螺旋纹状擦伤缺陷。如果将带有这种擦伤缺陷的铝合金管材进行淬火,沿着螺旋纹的轨迹,在管材内表面上会产生许多像鱼鳞似的小毛刺,因此也被称为鱼鳞状擦伤。

图7-9　硬铝合金管材内表面螺旋纹状擦伤形貌

1. 螺旋纹状擦伤缺陷产生原因及影响因素

硬铝合金管材擦伤部位的金相照片如图7-10所示。从图7-10d的横截面金相照片可以看出,在擦伤部位管材内表面层,有一层不连续的黑色石墨夹层,各处的深度不同。从图7-10a、b的表面金相照片可以看出,擦伤部分是两层铝中间夹着一层石墨。从照片上还可以看出,在管材内表面层形成的这种石墨夹层,有些部位被封闭在表层金属下面,有些部位未完全封闭,造成了表层金属不连续。无擦伤部位在其表面上只有石墨痕迹,但无这种分层现象(如图7-10c所示)。

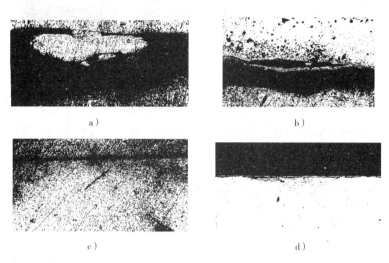

a)　　　　　　　　　　　　b)

c)　　　　　　　　　　　　d)

图7-10 铝合金管材螺旋纹状擦伤金相照片

a)擦伤部位表面纵向;b)擦伤部位表面横向;c)有石墨痕迹无擦伤表面;d)擦伤部位横截面

螺旋纹状擦伤缺陷轻微时,在浓度为10%~20%的氢氧化钠溶液中,经过10~30min蚀洗可基本消除,但会留下腐蚀小坑;严重时,即便是经过较长时间蚀洗也难以完全消除。图7-11所示为经过30min蚀洗后的横截面金相照片,其表面还有没蚀洗掉的部分。

挤压管材内表面上的螺旋纹状擦伤缺陷,实质上是一种金属分层现象,其产生的条件是:第一,润滑挤压,即在穿孔针表面有润滑剂存在,且黏度较大;第二,坯料内孔表面有深的刀痕槽或因刀钝造成表面粗糙,出现了更深的刀槽或凹坑,如图7-12a、b所示。如果刀痕较浅且光滑(如图7-12c所示),即便是润滑剂黏度很大,也不会出现螺旋纹状擦伤缺陷。

图7-11 螺旋纹擦伤部位蚀洗后的金相照片

图7-13所示为螺旋纹状擦伤的形成过程示意图。在填充过程中,坯料在长度上被压缩产生径向变形流动,填充到坯料与挤压筒和穿孔针的间隙中。在填充过程中,处于刀痕槽底部和粗糙表面凹坑中的金属只发生径向流动,处于刀痕峰部和粗糙表面凸峰部位的金属,既可以发生径向流动,也可以发生纵向变形向刀痕槽和凹坑中流动,如图7-13a所示。金属在径向流动过程中,坯料内孔表面刀痕峰部的金属和粗糙表面凸峰部分的金属,首先会与

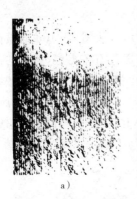

a)   b)   c)

图 7-12　坯料内孔表面状况

a)刀痕正常刀花不良;b)刀痕过深;c)正常光滑刀痕

穿孔针表面的润滑剂接触。随着填充变形过程的继续进行,针表面上的润滑剂,受到径向流动金属的挤压会流进刀痕槽和凹坑中,使得刀痕槽和凹坑中与针接触面之间的润滑剂增多,润滑膜增厚,而刀痕峰部和粗糙表面凸峰部分与针接触面之间的润滑剂量则相应减少,润滑膜厚度减薄。与此同时,由于处于刀痕槽中和凹坑底部的金属向针表面方向产生径向流动,使刀痕槽和凹坑的深度变浅;处于刀痕峰部和粗糙表面凸峰部位的金属,在向针表面方向径向流动的同时,沿纵向向刀痕槽和凹坑中流动,使得刀痕的峰与峰、粗糙部位的凸峰与凸峰之间的距离变窄、变小。

在一般情况下,坯料表面的镗刀痕深度小于刀痕槽的宽度,在填充过程中金属的纵向流动也比较小,当填充挤压阶段结束时,如果坯料内孔镗孔加工质量高,刀痕槽浅而光滑(见图7-12c),刀痕峰部和槽底的金属基本上会同时到达穿孔针表面,这时,坯料内孔的镗刀痕基本消失或深度非常浅,坯料以较平坦的表面与针表面的润滑膜接触,穿孔针表面的润滑膜厚度也比较均匀。进入基本挤压阶段后,变形金属沿穿孔针表面发生纵向流动,产生延伸变形,即便是填充结束时坯料内孔的刀痕槽还存在,但由于深度很浅,出模孔时发生延伸变形被拉平,挤出管材的内表面光滑,不会出现螺旋纹状擦伤,如图7-13b所示。

如果刀痕峰部平滑或圆滑,但刀痕槽较深(见图7-12b)时,当刀痕峰部金属与穿孔针表面的润滑膜接触时,刀痕槽中的金属还没有接触到润滑膜;随着变形继续进行,由于润滑膜的剪切强度远小于金属的变形抗力,与刀痕峰部接触的润滑剂受压流向刀痕槽中,直到使槽中充满润滑剂。相应的,刀痕峰部与穿孔针接触部位的润滑膜减薄。与此同时,刀痕槽的宽度也因峰部金属的纵向流动而变窄。由于在穿孔针与坯料接触面上的各部位均充满了润滑剂,金属向穿孔针方向的径向流动即停止。这时,坯料内孔的镗刀痕不会消失,还有一定的深度,坯料内表面不平坦,穿孔针表面的润滑膜厚度也不均匀,在穿孔针表面与刀痕槽接触部位的润滑膜厚,与刀痕峰部接触部位的润滑膜薄。进入基本挤压阶段后,随着金属从模孔中流出,与穿孔针接触的表面层金属产生延伸变形,刀距拉长,刀痕槽变浅,但没有变平坦,有一部分润滑剂被从中挤出,还有一部分润滑剂仍保留在其中,沿着被拉长的刀痕呈螺旋纹状分布在管材内表面上,如图7-13c所示。随着挤压过程进行,接触面上的润滑剂因消耗而减少,在刀痕峰部与穿孔针的接触面上的某些部位,易出现干摩擦,导致金属流动速度滞后于皮下金属的流动速度,甚至发生黏结,从而将润滑剂封闭或半封闭在刀痕槽中。

如果坯料黏性大或刀钝,易造成镗孔后的刀花不良,坯料表面质量差,很粗糙,出现深槽或深坑(见图 7-12a)。在填充过程中,润滑剂易被封闭在这些深槽或深坑中。而且,刀痕峰部尖锐、粗糙的凸峰很容易造成润滑膜被击穿,使得金属与针发生直接接触,造成接触面上润滑极不均匀,有些部位润滑膜厚,有些部位薄,甚至局部可能出现干摩擦。进入基本挤压阶段后,金属在从模孔流出时,与穿孔针直接接触部位的金属,因为摩擦大,其流动速度必然滞后于皮下金属的流动速度,导致在挤出管材的内表面上,润滑剂被封闭或半封闭在拉长并呈螺旋纹状分布的凹坑中,如图 7-13d 所示。

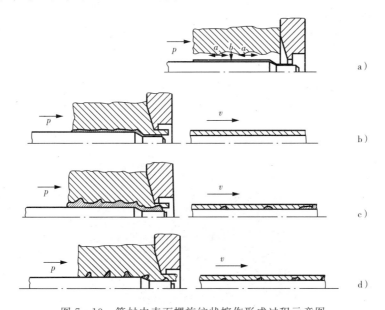

图 7-13 管材内表面螺旋纹状擦伤形成过程示意图

a)填充初期坯料内孔金属流动情况;b)坯料内孔刀痕浅而光滑;c)刀痕深而光滑;d)刀痕粗糙

影响螺旋纹状擦伤的主要因素有以下几方面:

(1)坯料内孔表面质量。坯料内孔表面镗孔质量对螺旋纹状擦伤的形成有决定性的影响。刀痕槽浅而光滑的坯料内孔表面是不会形成螺旋纹状擦伤缺陷的。如果刀痕槽较深,易形成螺旋纹状擦伤缺陷。特别是刀痕粗糙时,会形成严重的螺旋纹状擦伤缺陷。

(2)润滑剂的配比。如果润滑剂中石墨的含量较高,即润滑剂的浓度大,其流动性变差,进入到刀痕槽和凹坑中的润滑剂在金属延伸变形过程中不易排出,则螺旋纹状擦伤缺陷越严重。

(3)坯料内孔与穿孔针的间隙。坯料内孔与穿孔针的间隙越大,填充时内径收缩率越大,金属径向流动的距离增大,有利于减小刀痕槽深度,从而使螺旋纹状擦伤缺陷减轻。

(4)挤压比。挤压比增大,坯料内孔表面层金属沿穿孔针表面的延伸变形增加,有利于刀痕槽中的润滑剂排出,使螺旋纹状擦伤缺陷减轻。

(5)填充速度。填充挤压速度增加,金属纵向流动加快,不利于刀痕槽底部金属的径向流动。刀痕槽较深,进入槽中的润滑剂易被封闭在其中,从而使螺旋纹状擦伤缺陷加重。

2. 消除或减轻螺旋纹状擦伤的措施

(1)提高坯料内孔的镗孔质量。实践证明,当坯料内孔表面镗刀痕槽浅而光滑时,一般都不会产生螺旋纹状擦伤缺陷。为此,可以采用很浅的镗削深度和小的进刀量;采用高质量刀具及合理的刀具形状和参数;勤磨刀,保持刀刃锋利;在镗孔后用光刀以小进刀量对坯料内孔再进行加工,可以收到非常好的效果。

(2)采用合适配比的润滑剂可使擦伤程度减轻。如 70% 汽缸油和 30% 石墨搅拌均匀,可获得很好的综合效果。

(3)采用较低的填充速度,既可以减轻擦伤程度,也可使管材前端的偏心减小;并可以减轻金属径向流动过程中弯曲应力对穿孔针的作用,延长针的使用寿命。

7.1.7 管材内表面点状擦伤

实践证明,采用不润滑穿孔针方式挤压铝合金管材,可获得内表面质量优良的管材。但是,实际生产中发现,不润滑穿孔针挤压铝合金管材时,有时在其内表面上会出现与型材麻面相似的点状擦伤缺陷,如图 7-14 所示。这些点状擦伤缺陷多数出现在 2A11、2A12、7A04 等硬铝和超硬铝合金管材内表面上,轻微的是在管材内表面上产生许多小麻点,严重的则是具有一定深度的滴形坑或"金属豆"。

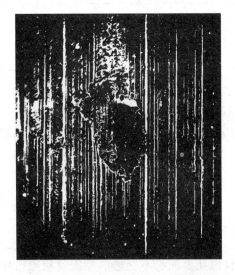

图 7-14 管材内表面滴形坑点状擦伤形貌

1. 点状擦伤的产生原因及影响因素

点状擦伤的形成与穿孔针的针尖工作带圆柱段出现锥度有关。挤压铝合金管材用瓶式穿孔针的针尖工作带圆柱段长度一般为 50mm 以上,模子工作带长度一般为 3~5mm,在正常情况下,模子工作带基本位于针尖工作带的中部。挤压过程中,当变形金属从针尖与模孔的间隙流出后,管材的内表面还要紧贴着针尖表面向前移动一段距离,然后与针尖脱离接触。但是,如果针尖工作带圆柱段由于修针不当等出现了锥度(如图 7-15a 所示),刚流出模孔的管材内表面即与针尖表面脱离接触,出现一间隙。在挤压过程中,金属就会在这个间隙中产生堆积,造成针尖工作带前端产生黏铝,如图 7-15b 所示。

针尖工作带前端出现黏铝后,流出模孔的管材内表面会与这部分黏铝接触。由于刚流出模孔的金属温度高达 400℃~500℃,在高温下,会出现管材内表面与黏铝的局部黏结。当它们之间的黏结较轻微时,会使管材内表面粗糙,出现小麻点。当黏结较严重时,将可能出现两种情况：一是粘在针尖上的金属与针之间的黏结牢固，会使黏结部位管材表面金属被撕下，在管材内表面出现图7-14所示的滴形坑状点状擦伤；二是粘在针尖上的金属与针之间的黏结不太牢固，会被流动的管材从黏结部位拉脱而粘在管材表面上，出现金属豆状的点状擦伤。

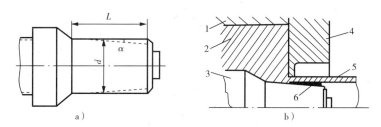

图7-15　管材表面点状擦伤形成过程
1—挤压筒；2—坯料金属；3—穿孔针；4—模子；5—管材；6—黏铝

影响管材内表面点状擦伤的主要因素有以下几方面：

（1）针尖工作带圆柱段的锥度

实践证明，针尖工作带圆柱段出现锥度是造成管材内表面点状擦伤的关键。针尖工作带圆柱段的锥度越大，其前端堆积的黏铝就越多，越容易产生点状擦伤，擦伤的程度也越严重。

（2）挤压温度

挤压温度越高，挤压过程中金属越容易在针尖上产生堆积。堆积的金属也越容易与管材表面金属产生黏结，使得点状擦伤越严重。

（3）挤压速度

挤压速度快，热效应大，使变形区金属温度升高，易促使针尖上黏金属，造成点状擦伤。

（4）变形程度

变形程度大，变形热大，同样使变形区金属温度升高，易促使针尖上黏金属造成点状擦伤。

（5）针尖工作带表面状况

针尖工作带表面越粗糙，越容易黏金属。表面硬度越低，易产生弹性压扁而使真实接触面积增大，易黏金属；同时也易产生磨损出现锥度。

（6）坯料内孔加工工艺

挤压用空心坯料通常都是先镗孔后进行均匀化退火。坯料在长时间的高温下加热，其表面会产生一层较厚的硬而脆的氧化膜，它不能随基体金属一起变形，在挤压过程中被压碎并随变形金属一起沿穿孔针表面流出进入管材内表面。这些硬度很高的破碎氧化物在从针尖表面流过时易划伤针尖工作带，从而易造成针尖黏金属。

（7）擦针

在挤压管材过程中，需要经常用砂布擦修针尖工作带使其保持光滑。如果修针不及时或针上的黏铝清除不干净，易造成管材内表面点状擦伤。特别是如果修针方法不当，将针尖圆柱段修成了圆锥形，会在针尖工作带前端造成金属堆积，这是管材内表面产生点状擦伤的最主要原因。而针尖工作带出现锥度，也主要是由于修针所造成的。

2. 防止点状擦伤缺陷的措施

避免针尖工作带圆柱段出现锥度是防止管材内表面出现点状擦伤缺陷最有效的手段。除此之外，通过以下措施也可以消除或减轻点状擦伤缺陷：

（1）提高针尖工作带表面的光洁度和硬度。可以在针尖加工后对其表面进行珩磨抛光、渗氮、渗硼等处理。并在使用一段时间后重复进行处理。

（2）针尖在使用前要认真检查，对于表面有磕碰伤和工作带锥度较大的针尖，要及时更换。使用过程中要勤修针，始终保持针尖表面光滑，并及时除去针上的黏铝。修针时注意均匀磨损，防止工作带出现锥度。

（3）采用合适的挤压温度和挤压速度。

（4）为防止针尖工作带前端可能黏金属，挤压时可在穿孔针前端涂抹少量润滑剂。

（5）如果使用的坯料需要进行均匀化退火处理，应在均匀化退火后进行镗孔加工，但应解决好镗孔时的断屑问题。

（6）采用实心坯料穿孔挤压，或采用空心坯料半穿孔工艺，利用穿孔针将坯料内孔表面层在均匀化退火时形成的氧化膜穿出，则可以完全消除其内孔氧化膜的不利影响。

7.1.8 管材内表面石墨压入缺陷

采用润滑穿孔针方式挤压铝合金管材时，在挤出管材的内表面上，经常会发现如图 7-16 所示的石墨压入缺陷，其形状有点状、片状、条状等。这种缺陷在软铝合金管材表面最容易出现，缺陷的面积、深度比硬铝合金的严重。

1. 石墨压入的产生原因及影响因素

石墨压入缺陷产生的主要原因是由于在润滑剂中存在着石墨团块所致。其形成过程如图 7-17 所示。

首先，当含有未搅拌散开的石墨团块的润滑剂涂抹到温度很高的穿孔针上时，由于汽缸油的流动及易挥发性，使得石墨团块凸出在针表面上，造成穿孔针表面上的润滑膜厚度不均匀。

图 7-16　石墨压入缺陷形貌

随着填充过程中金属径向变形流动，坯料内孔表面层金属首先与润滑膜中凸出的石墨团块接触，并受到其阻碍，如图 7-17a 所示。由于石墨具有较高的抗压性能，而铝在高温下的硬度则很低，随着填充过程继续进行，未受到石墨团块阻碍的金属继续向针表面方向径向流动，而受到阻碍的一部分金属则不能正常继续径向流动。在填充变形结束时，在变形金属与润滑膜接触部位出现了如图 7-17b 所示的情况，石墨团块压入到金属表面层中。进入基本阶段后，金属沿穿孔针表面发生纵向变形流动，在润滑膜中发生剪切变形。由于石墨的抗剪切强度很低，于是石墨团块沿接触面被剪断，一部分同其他润滑剂一起留在穿孔针表面，而另一部分则随变形金属向着模孔方向流动，如图 7-17c 所示。随着金属从模孔中流出，并产生延伸变形，在挤出管材的内表面上形成了如图 7-17d 所示的石墨压入缺陷。

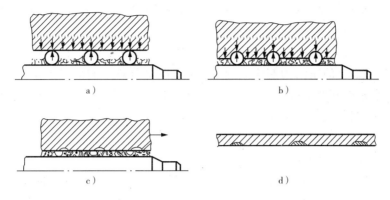

图 7-17 管材内表面石墨压入形成过程示意图

影响管材内表面石墨压入缺陷的主要因素有以下几方面：

（1）润滑剂的均匀性

挤压用润滑剂一般都是按照规定的比例，将石墨加入到汽缸油中搅拌均匀后使用。为防止润滑剂涂抹到穿孔针上发生燃烧而影响润滑效果，一般选用闪点较高、黏度较大的汽缸油作为基础油，石墨则选用粒度较小、润滑性能较好的鳞片状石墨。由于汽缸油的黏度大，特别是寒冷季节黏度更大，石墨加入后人工搅拌很难使其均匀。润滑剂搅拌越不均匀，其中未搅拌散开的石墨团块就越多，挤出管材内表面上的石墨压入缺陷就越严重。

（2）润滑剂的配比

在铝合金管材挤压生产中使用的润滑剂的配比（质量比）一般为：74 号汽缸油占 $60\%\sim80\%$，粒度 400 目以上的鳞片状石墨占 $20\%\sim40\%$。如果石墨含量过多，即便是搅拌比较均匀，分布在汽缸油中的石墨也往往是以小的团块状形式存在，从而在挤出管材的内表面上会出现较密、分布较均匀的点状石墨压入。在现场生产中，润滑剂的配制多数情况下是根据操作者自己的经验和估计重量配制的，难免有时会出现石墨含量过多的情况。如果润滑剂中石墨的成分较少，则易出现纵向直条状擦伤缺陷。

（3）润滑剂本身的质量

如果构成润滑剂的汽缸油和石墨本身质量不合格，如汽缸油中水分含量高、闪点低，挤压时易燃烧，使得接触面上只剩下不连续的石墨或小的石墨团块，易造成石墨压入，并且由于润滑不良，还易造成纵向擦伤。如果石墨中有灰分，杂质多，粒度大或有大颗粒石墨存在，也容易造成石墨压入缺陷。

（4）涂抹润滑剂至挤压的间隔时间

穿孔针上涂抹润滑剂后应立即进行挤压。如果涂抹润滑剂至挤压的间隔时间较长，润滑剂中汽缸油成分易挥发，同汽缸油闪点低一样，也易造成石墨压入。

（5）坯料内孔表面质量

坯料内孔表面质量不仅对管材内表面螺旋纹状擦伤有影响，对石墨压入也有影响。当坯料内孔镗孔质量较差时，在粗糙表面的凹坑中易贮存较多的润滑剂，且在变形过程中不易排出，从而造成较严重的石墨压入。

（6）变形金属的本质

当变形金属的硬度较低时，在高温、高压下，穿孔针上的石墨团块易压入到金属中。这也是软铝合金比硬铝合金更容易产生石墨压入,且缺陷程度更为严重的主要原因之一。

(7)挤压工艺参数

一般来说,随着挤压温度升高,变形金属的硬度降低,易产生石墨压入。变形程度越大,挤压力越大,接触面上的正压力越大,在汽缸油因挥发而减少的情况下,易产生石墨压入。挤压速度变化会影响到变形区中温度的变化,但由于这个变形区位于穿孔针的前端部位,故对石墨压入的影响较小。

(8)润滑膜的均匀程度

如果涂抹在穿孔针上的润滑剂分布不均匀,在某些部位会聚集较多石墨,易造成石墨压入。如果积聚在穿孔针表面的石墨硬块未及时清除干净,也容易造成石墨压入。

2. 防止石墨压入缺陷的措施

在用石墨作为铝合金管材挤压时的润滑剂的主要成分下,要想完全避免石墨压入的产生是很困难的,但可以通过以下措施使缺陷减少、减轻。

(1)按规定比例科学、合理配制润滑剂。对于不同硬度的合金,采用不同的配制比例,挤压硬合金时,石墨成分可适当多一些;挤压软合金时,石墨成分应适当少一些。在不产生纵向擦伤的情况下,应尽量减少石墨含量。

(2)使用质量合格的汽缸油和石墨。

(3)配制润滑剂时,在向汽缸油中加入石墨过程中边加入边搅拌,在寒冷季节可将汽缸油适当加热,增加其流动性,有利于搅拌均匀。

(4)尽可能提高坯料内孔镗孔质量。

(5)生产过程中要加强修针,及时除去积聚在针表面上的石墨硬块。均匀、快速地向穿孔针上涂抹润滑剂,并尽可能减少停留时间。

7.1.9 型材裂角

挤压硬铝合金型材时,在型材的角部产生的裂纹,称为裂角,如图 7-18a 所示。裂角有内裂角和外裂角。

1. 产生裂角的主要原因

对于内裂角,主要是由于模孔入口圆角 R(见图 7-18b)过小,棱角过于尖锐,摩擦阻力大以及挤压速度过快所造成。

对于外裂角,一方面,可能是模孔角部出现裂角所造成;另一方面,当模孔角部没有过渡圆角或圆角过小,挤压速度较快时,也易造成外裂角。

2. 防止或消除裂角的措施

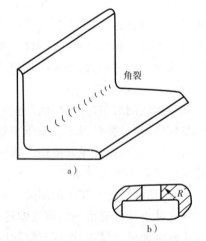

图 7-18　挤压型材的内裂角

对于内裂角,在模具设计时,应适当增大入口圆角。在生产过程中,可将尖角部位修成小圆角,或在易裂角处涂润滑油,同时要控制挤压速度不要太快。

对于外裂角,应根据制品过渡圆角的具体要求,采取合理方法进行预防或处理。如果过渡圆角很小或要求比较尖锐,可将模孔角部两边向外设计或修一小圆弧;如果没有要求或要求的过渡圆角比较大,则应在设计时加以控制。如果裂角不严重,可适当涂抹润滑油。同时要注意控制挤压速度不要太快。当模孔出现裂角时,应立即更换模子。

7.2　挤压制品的形状、尺寸缺陷

7.2.1　弯　曲

弯曲是挤压制品最常见的缺陷,几乎所有的挤压制品不同程度都存在一定的弯曲。弯曲分为均匀弯曲(如图 7 - 19 所示)、硬弯和弯头。

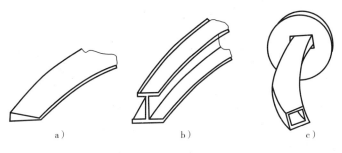

图 7 - 19　型材弯曲示意图

实心型材(如图 7 - 19a、b 所示)的均匀弯曲是由于制品出模孔时单边受阻、金属流动不均匀所造成的,即制品向着流速较慢的一边发生弯曲。其主要原因可能是模具设计时两边的工作带设计不当、模孔入口部位及工作带部位加工制造质量(光滑度)有差异、坯料加热温度不均匀等。如果是由于工作带设计不当所造成,只要在流速快的工作带部位加以阻碍,或将流速慢的部位加快就可以解决。如果是由于加工制造质量的差异所造成,则可用锉刀将流速较慢的部位进行抛光。当由于这两种原因所造成的弯曲不严重时,可通过在流速较慢一侧模孔入口端面处适当涂润滑剂的方法加以解决。如果是由于坯料断面温度分布不均匀所造成,则弯曲的方向是随机的,没有规律性,需要从加热炉结构及加热方式方面采取措施。

影响空心型材产生均匀弯曲的因素比普通实心型材要复杂,处理的难度也相对较大。造成空心型材弯曲的原因可能有分流孔的面积大小不合适、分流孔的分布及距离模子中心的距离不合适、各分流孔加工制造质量有差异、模芯工作带和模孔工作带设计不当、坯料的加热温度不均匀等。需要根据对模具的认真检查、研究,做出正确的判断,在此基础上采取正确的处理方法。例如,对于如图 7 - 19c 所示的矩形管状型材,其断面是对称的,故对称布置的分流孔的面积应相等,距模子中心的距离也应相等。但如果有一个分流孔的面积小,或者距模子中心的距离稍远,则型材出模孔后就会朝向该分流孔一边弯曲。在修模时,则需要将该分流孔的面积扩大与对应的分流孔相等,或调整对称分流孔距模子中心的距离相等、并使面积也相等。对于不对称型材,则要根据型材断面的具体情况,正确判断分析分流孔面积及各分流孔布置的合理性,进行相应的处理。

制品出现的硬弯缺陷是由于在挤压过程中,流出模孔的制品瞬时受到一侧向力的作用而造成的。这个侧向力可能是制品头部碰到出料台上的障碍物等所引起;也可能是由于制品发生了弯曲,操作人员迅速将其扳回到出料台中央所引起(多数情况)。制品上出现的硬弯,不能通过拉伸矫直完全消除,残留在制品表面上的硬痕会影响制品的质量,应尽量避免。

在实际生产中,当流出模孔的制品出现弯曲时,可慢慢地将其扳回到出料台中央位置,可避免出现硬弯。

弯头是由于制品刚流出模孔时的金属流速严重不均匀所造成的,即一边从模孔流出很顺利,而对应的另一边阻力较大,使得制品迅速向流速慢的一边弯曲。弯头在一些大规格圆棒材生产中较为常见。造成弯头的主要原因可能是由于模孔尺寸较大,工作带各部位的光滑度不同,或工作带设计不当的结果。对于大规格制品来说,其挤压长度一般都比较短,当制品出现弯头后,不能直接将弯头切除,否则会使成品率大大降低,甚至不够定尺长度,通常可在压力机上给予校直。

7.2.2 扭拧

扭拧是挤压型材最常见的缺陷之一,是型材在挤压过程中,受到与挤压方向垂直的力矩作用时,发生转动而使型材产生扭拧。扭拧主要有两种形式:麻花状扭拧和螺旋状扭拧,如图7-20所示。

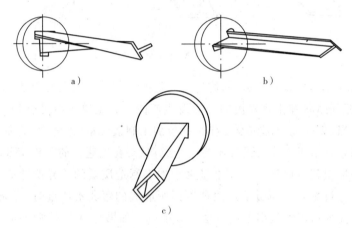

图7-20 型材的扭拧缺陷
a)麻花状扭拧;b)螺旋状扭拧;c)空心型材扭拧

1. 麻花状扭拧

产生麻花状扭拧的主要原因,是型材某一个壁的模孔的两侧摩擦阻力大小不一样,使得金属从模孔中流出的速度不同所造成的。出现麻花状扭拧时,型材端头各处流速差不明显,有一纵向对称轴线,型材扭拧好似绕此轴线进行旋转。型材的平面间隙不好,流速快的一侧有凸起。

修模时,可在模孔流速快的一侧工作带处做阻碍角或增加工作带长度进行阻碍;也可在另一侧进行加快,使之产生一反向力矩,以消除扭拧。

2. 螺旋状扭拧

产生螺旋状扭拧的主要原因,是型材一个壁的流速大于其他壁的流速,流速快的壁愈来愈长,就会绕着流速慢的壁旋转。出现螺旋状扭拧时,型材端头不齐,流速快的壁较流速慢的先流出模孔。

修模时,可在流速快的壁的模孔工作带处做阻碍角或增加工作带长度,降低流动速度;或者将流速慢的壁进行加快。

3. 空心型材的扭拧

空心型材的扭拧与挤压空心型材的弯曲相似,也主要是由于模具设计时,各分流孔的面积大小、各分流孔的分布及距离模子中心的距离设计不合适而造成金属供应不平衡;或各分流孔加工制造质量有差异,进入焊合室时的摩擦阻力不同所造成的金属供应不平衡;或模芯工作带和模孔工作带设计不当,各个边的金属从模孔流出的阻力不同等,造成了型材各个边从模孔流出的速度不均匀,使型材产生扭拧。空心型材产生扭拧时,其角度、平面间隙往往也会发生变化。

在修模时,首先要准确判断哪一边流速快,哪一边流速慢。然后可采取适当扩大流速慢的那一边分流孔的面积(向模子中心方向扩大,可减少工作量)、减小工作带长度等办法进行加快;也可以采用阻碍的方法对流速较快的那一边进行阻碍。

7.2.3　波　浪

波浪是型材个别壁上出现的波纹状不平现象,在挤压一些型材的宽度较大且壁薄的立边、宽度较大的薄壁槽形型材的底边、槽形型材壁较薄的两个或一个立边、宽厚比较大的薄壁矩形管的宽边上经常出现。图 7-21 所示的是挤压宽厚比比较大的矩形薄壁管时在型材宽边上产生的波浪缺陷。

图 7-21　矩形管的波浪缺陷

挤压过程中,当型材某个壁的流速较快,且刚性较小,形不成扭拧时,此壁受到压应力作用产生纵向弯曲,从而沿纵向产生周期性的波浪。

挤压实心型材、空心型材外露的立边上出现的波浪,主要是由于模具设计时该部位模孔工作带长度设计得较短,金属的流动阻力较小(或其他部位的金属流动阻力较大)所造成的。

挤压薄壁矩形管宽边上出现的波浪,主要与分流孔的大小、形状、布置的位置及模孔工作带长度有关。对于一些宽厚比较大的矩形管,分流孔布置的位置通常在宽边的两侧,窄边不布置分流孔或在两侧布置较小的分流孔。如果窄边处没有布置分流孔,而宽边处的分流孔在形状设计上没有考虑到这一因素的影响,则宽边处金属供应充足,金属流速快;而窄边及宽边的两头供应不足,金属流速慢,从而在宽边的中部出现波浪。如果窄边处的分流孔过小,而窄边处的分流孔又位于远离模子中心的位置,同样也会影响到窄边处金属的正常供应。如果窄边处的金属供应不足,而模孔工作带又与宽边处相同,同样会造成窄边的流速慢于宽边。

在修模时,对于实心型材流速快的部位,可通过在模孔工作带处挫一阻碍角或适当增加工作带长度的方法予以修正;也可以将流速慢的部位的工作带长度适当减短,或在流速慢的模孔入口端面处适当涂抹润滑油。对于空心型材外露的实心部位,若流速快,可通过在模孔工作带处设置阻碍角或增加工作带长度的方法予以修正,但不能涂抹润滑油。对于矩形管,较简单的方法,是将流速慢的短边处的模孔工作带长度适当减短。

7.2.4　矩形管四壁平面凹下

平面凹下是挤压矩形管、方管生产中较常见的缺陷,如图7-22a所示。

造成矩形管和方管的平面出现凹下缺陷的主要原因,是由于金属流出模孔时,其内壁的流动速度大于外壁的流动速度。矩形管和方管的四壁平面凹下,主要是由于模子刚性不够,挤压时模桥发生弹性变形使模芯下移,模芯上的工作带与模孔工作带配合的长度缩短(如图7-22b所示),造成模芯上的实际工作带长度缩短,使内侧流速加快而引起。挤压过程中,在强大的挤压力作用下,模桥因发生弹性变形而向下弯曲是不可避免的,其弯曲变形量的大小,与模桥本身的设计强度、被挤压金属的变形抗力、挤压温度、挤压比的大小等有关。在模具设计时,如果模芯工作带的上缘没有高出模孔入口平面一定的距离,而是与其平齐甚至低于模孔入口平面,当模桥向下弯曲变形较大时,就很容易造成模芯上的实际工作带长度缩短,从而造成管材的四壁出现平面凹下。

如果矩形管和方管仅是一个壁、两个壁或三个壁出现平面凹下,则可能是由于模芯与模子工作带配合不良所引起的流速不均造成的。

修模时,对于由于模芯下移造成的四壁平面凹下,在上模和下模的结合面上加入适当厚度的垫片(可用薄铜皮),然后从上、下模的外端面去掉与垫片相同的厚度,以保持模子总厚度不变(如图7-22c所示)。

如果是管材的一个壁出现平面凹下,则应根据具体情况,可将该处的模芯工作带加以阻碍,或在相应处减薄模子工作带,或采取其他方法进行处理。

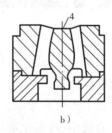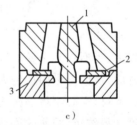

图7-22　方管的四壁凹下及修模

1—模芯;2—外加垫片;3—模子;4—弹性变形部位

7.2.5　扩　口

扩口是挤压槽形型材时经常出现的一种缺陷,如图7-23a所示。当型材出现扩口时,会造成槽的底部出现外凹内凸,平面间隙不合格;还会使得底部的壁厚尺寸减小。

造成型材产生扩口的原因,是由于模具的悬臂部分在挤压过程中发生弹性变形,向下弯曲,工作带倾斜(如图7-23b所示),使得型材底部内壁一侧模孔工作带的实际长度缩短,内壁金属流速加快,在型材的底部出现外凹内凸,造成型材出现扩口,同时易造成型材底部的平面间隙不合格。另外,由于模具悬臂部分的向下弯曲,造成了型材底部模孔尺寸减小,使型材底部壁厚尺寸易出现负偏差。

修模时,可用锉刀将工作带锉平,使模孔尺寸恢复(如图7-23c所示)。

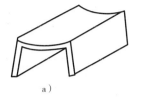 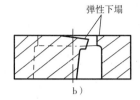 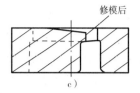

图 7-23 槽形型材的扩口及修正

7.2.6 空心型材焊缝质量不合格

1. 影响焊缝质量的因素

在挤压一些大规格空心型材、硬合金空心型材时，易出现型材焊缝质量不合格的现象，严重时会出现如图 7-24 所示的角裂现象，焊合困难。

造成空心型材焊缝质量不合格的原因很多，主要有以下几方面：

（1）挤压比和挤压温度。焊合是接触面上元素相互扩散及吸引的结果。要使几股从分流孔进入焊合室的金属能够很好地焊合在一起，一方面，需要有足够大的压力，使两个接触面能够紧紧地粘贴在一起而不易分开；但如果挤压比过小，在焊合室中就不能建立起足够大的静水压力值，势必会影响到焊合的效果，从而影响制品的焊缝质量。另一方面，焊合还需

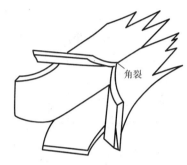

图 7-24 矩形管的角裂现象

要有足够高的温度，使原子的扩散速度加快，才能使接触面上的金属在较短的时间内很好地焊合在一起。

（2）挤压速度。焊合需要一个时间过程，如果挤压速度过快，则金属从进入焊合室到从模孔流出的时间短，接触面上原子的扩散就不能够充分进行，则焊合效果就会降低，从而影响焊缝的质量。如果挤压速度不稳定，就会影响到焊缝质量的一致性。

（3）坯料的表面质量。如果坯料表面有较多的铸造缺陷及污物，部分进入焊合室中，必然会影响到金属的焊合，影响焊缝质量。

（4）压余的大小。在正向挤压条件下，坯料表面上的氧化膜、偏析瘤、微裂纹等铸造缺陷以及灰尘等污物，大部分都会进入到压余中而在挤压后期被切除，对制品的质量不会产生太大的影响。但如果压余太短，就会有一部分带有各种缺陷和污物的金属，流进分流孔乃至焊合室，在下一根制品挤压时，影响其焊合。如果压余清理不干净，在下一根制品挤压时，未切除干净的压余残留金属首先从分流孔进入焊合室，同样也会影响到下一根制品的焊合质量。

（5）模腔和模桥的清洁度。如果模腔和模桥不干净，有污物，这些污物进入焊合室必然影响金属的焊合，影响制品的焊缝质量。

（6）模具设计。如果焊合室面积小、高度矮，就会影响到焊合室的体积，造成金属供应不足而影响到焊合室中静水压力的大小，影响焊合质量。如前所述，金属的焊合需要一个时间过程，如果焊合室的高度矮，金属通过焊合室的时间短，同挤压速度过快一样，也会影响到焊合质量。

2. 预防及解决焊缝质量不合格的措施

(1)在条件允许的情况下,尽可能采用较大的挤压比,这对于提高空心型材的焊缝质量是至关重要的。一般情况下,挤压铝合金空心型材时的挤压比应不小于20。

(2)提高挤压温度,特别在挤压前几根制品时,坯料的加热温度应采用上限温度。如果挤压比较小,为保证焊缝质量,在不产生过烧的前提下,坯料的加热温度可采用其最高允许加热温度。

(3)降低挤压速度。一般情况下,对于挤压6063铝合金空心型材来说,其挤压速度应不大于15m/min,如果型材断面比较复杂,挤压速度应更慢一些。

(4)坯料表面应光滑,无铸造缺陷、污物等,在加热前应清除干净表面上的灰尘。挤压大规格空心型材时,为防止因挤压比较小而影响焊缝质量,可采用车皮坯料。

(5)模具在使用前,应将模腔及模桥等处的灰尘及污物清理干净;如果模具生锈,应将锈蚀处理干净,防止其进入焊合室影响焊合质量。

(6)增大压余的长度,防止挤压后期带有较多缺陷和污物的金属进入模腔及焊合室。

(7)对于因受设备条件限制,无法采用较大挤压比进行挤压的大规格空心型材,在模具设计时,应尽可能增大焊合室的面积和高度,或采用舌型模。在修模时,可利用砂轮等扩大焊合室面积,增加焊合室高度。

7.2.7 型材局部尺寸不合格

在挤压如图7-25所示的壁厚差较大的型材、宽厚比较大的排材、外形尺寸大而边部尺寸较小的薄壁型材,以及其他形状的许多型材时,由于金属的流速不均、金属供应不足等,易造成制品局部尺寸不合格。

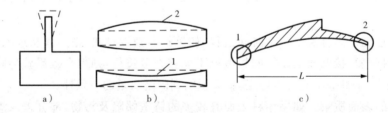

图7-25　型材局部充不满引起尺寸不足

挤压如图7-25a所示壁厚差相差很大的型材,在其薄壁的端头部位(图中虚线处),易出现壁厚尺寸超负偏差,型材的整体高度偏小甚至超负偏差。其产生原因,主要是由于壁厚部位的金属流速快,对流动慢的壁薄部位产生一拉应力作用,使其壁厚变薄,高度尺寸变小。修模时,可按照图中虚线所标注的位置,将壁薄部位的头部模孔尺寸适当扩大,以加快该部位金属的流动速度。

挤压如图7-25b所示纯铝和软铝合金排材时,在其截面中部位置(图中1的实线处),易出现厚度超负偏差。其产生原因,主要是由于中部金属流速快,金属供应不及时所造成。如果因挤压力较大,模具整体发生弯曲变形,就会出现如图7-23b所示的情况,也会造成排材中部厚度尺寸减小。修模时,可按照图中2的实线所标注位置,将模孔尺寸适当扩大。

挤压图 7 - 25c 所示外形尺寸较大的型材时,在型材的两端(图中 1、2 两处)易出现厚度尺寸减薄,且型材的总宽度(图中 L 尺寸)减小现象。其原因:一方面是由于 1、2 两处靠近模子边缘,同时也距离挤压筒边缘较近,金属流动阻力大,易造成充不满模孔现象;另一方面由于型材中间部位较厚,流速快,使 1、2 两处受较大拉力,将其拉细、拉薄。修模时,可将 1、2 两处工作带减薄,或增大模孔尺寸,或采用局部润滑等方法,加快金属流速。

7.2.8　管材偏心

管材的偏心缺陷也称为壁厚不均,是用穿孔针方式挤压管材最常见的缺陷之一,几乎所有的挤压管材都不同程度地存在着偏心。

1. 产生偏心的主要原因

(1)穿孔系统与挤压中心线不重合

通常情况下,卧式挤压机的穿孔系统不可能完全与挤压中心线重合而存在一定偏移。在用实心坯料穿孔挤压管材时,穿孔结束时,针的前端偏移量大,从而会造成穿孔后的坯料前段出现壁厚不均,使挤压管材前段出现偏心。即便是用空心坯料不穿孔挤压管材时,由于穿孔系统与挤压中心线本身不重合,在填充结束时,穿孔针前端很难回到挤压中心线上,也将造成管材偏心。

(2)穿孔针弯曲

如果穿孔针细而长,当穿孔力过大时,穿孔针易失稳;穿孔针在长期使用过程中也有可能产生弯曲,也容易造成穿孔后的坯料出现壁厚不均,造成管材偏心。

(3)填充变形不完全

如果坯料不进行填充挤压操作而直接穿孔,或填充过程进行不彻底,即金属没有完全填充满坯料与挤压筒的间隙,这时进行穿孔,也会造成穿孔后的坯料出现壁厚不均,造成管材偏心。

(4)坯料加热温度不均匀

如果坯料横断面上加热温度不均匀(特别是用火焰炉加热时),则金属各部分的变形抗力不同,用实心坯料穿孔挤压时,在穿孔过程中针会向温度高、变形抗力较小的一侧偏移,造成穿孔后坯料壁厚不均,使管材产生偏心。用空心坯料不穿孔挤压时,由于金属不均匀的径向变形流动,会造成穿孔针的偏移,使管材产生偏心。

(5)填充系数过大

在卧式挤压机上用空心坯料挤压管材时,由于金属的径向流动使得穿孔针向上发生偏移而离开了原来的中心位置,造成挤压管材前端出现偏心。填充系数越大,在填充过程中穿孔针偏离的程度越大,则挤出管材前端的偏心程度也越大。挤压垫与挤压筒和穿孔针的间隙越大,填充变形过程中挤压垫对穿孔针的定心作用越小,填充结束后穿孔针前端偏离原中心位置的程度可能就越大,挤出管材前端的偏心程度也越大。虽然在正常挤压阶段,穿孔针有一定的自动调心作用,但这种自动调心有一个过程,穿孔针前端偏离中心的距离越大,这种自动调心的过程就越长,则管材头部偏心的长度就越长,造成的偏心废品就越多。

(6)空心坯料本身存在较大壁厚差

如果空心坯料本身存在的壁厚偏差过大,往往使得填充阶段结束时,穿孔针无规律的发生偏移,造成管材偏心。

（7）坯料端面切斜度过大

通常情况下,锯切加工的坯料端面与轴线不可能很垂直,即存在着切斜度。如果切斜度较大,用空心坯料不穿孔挤压管材时,在填充挤压开始时,坯料受力易发生偏斜,使穿孔针受到附加弯曲应力作用,在填充过程中金属发生不均匀径向流动,从而使穿孔针偏离其中心位置,造成管材偏心。

（8）挤压轴弯曲、端面不平

如果挤压轴在长期的使用过程中端面被压颓,就会造成端面不平;挤压轴发生弯曲,会使端面倾斜。在填充开始时,易使挤压垫受力不均匀而发生倾斜,带动穿孔针偏离挤压中心,造成管材偏心。

2. 预防或减小偏心的主要措施

挤压管材的偏心缺陷,几乎都是在填充挤压阶段结束时,穿孔针偏离挤压中心线造成的。影响管材偏心的因素有很多,其中有些因素并非是由于填充变形过程中的金属变形流动规律所造成,如穿孔系统与挤压中心线不重合、挤压轴的弯曲及端面压颓、穿孔针的弯曲变形等。这些影响因素在挤压前通过仔细调整设备中心、校直挤压轴和穿孔针、修磨挤压轴端面等措施,或制订合理的挤压工艺制度、采用合理的坯料长度来防止挤压轴和穿孔针的弯曲等,可予以消除或改善。

（1）实心坯料穿孔挤压时,只要在穿孔前使坯料充分镦粗,不要采用过长的坯料,并尽可能使坯料断面上的加热温度均匀,就可以有效地避免坯料穿孔后的壁厚不均。对坯料采用感应加热是获得断面温度均匀的有效加热方式,同时还可以实现梯度加热,消除或减少制品的表面起皮、气泡缺陷。

（2）坯料端面切斜度和孔偏心对管材偏心的影响是没有规律的,在坯料加工时尽可能减小其端面的切斜度、减小空心坯料的孔偏心,就可以使其对管材偏心的影响减小,甚至几乎不产生影响。

（3）减小挤压垫与挤压筒和穿孔针的间隙,可以对穿孔针起到一定的定心作用,以减小穿孔针的偏移量,但不可能完全防止其偏移。因为即便是挤压垫与挤压筒和穿孔针之间没有间隙,即穿孔针在与挤压垫接触处被固定,但前端是不固定的;在填充变形前,穿孔针仍然处于悬臂梁状态,填充过程中金属的不均匀径向流动也仍然会使其前端发生偏移。并且,如果挤压垫与挤压筒的间隙过小,易加速挤压筒磨损,缩短其使用寿命,易出现挤压垫"卡筒"事故。如果挤压垫与穿孔针的间隙过小,将挤压垫套在穿孔针上的操作困难,易划伤穿孔针,影响管材内表面质量,也易出现挤压垫"卡针"事故。

（4）在卧式挤压机上用空心坯料不穿孔挤压管材时,填充过程中穿孔针前端向上偏移是不可避免的,这是由于采用这种生产方式时的金属变形流动规律所决定,因此挤出管材的前端不同程度都存在着偏心。解决这一问题的最有效措施就是尽可能减小坯料与挤压筒和穿孔针之间的间隙,以减小填充前挤压筒断面上金属分布的不均匀性,减小金属径向流动的不均匀性,使得穿孔针前端偏离挤压中心的程度减小,从而减小管材前端的壁厚差,使得偏心的长度尽可能缩短。

思 考 题

1. 挤压制品的表面缺陷有哪些？

2. 裂纹产生的原因及影响因素有哪些,实际中可采取哪些措施减少裂纹？

3. 产生气泡和起皮缺陷的主要原因是什么？实际中可采取哪些措施防止或减少气泡和起皮缺陷？

4. 产生划伤、磕碰伤的主要原因是什么？实际中可采取哪些措施防止划伤和磕碰伤？

5. 麻面缺陷产生的主要原因及影响因素有哪些？如何防止麻面缺陷？

6. 管材内表面纵向擦伤产生的主要原因及影响因素有哪些？怎样减少或消除纵向擦伤？

7. 管材内表面螺旋纹状擦伤缺陷产生原因及影响因素有哪些？采取哪些措施消除或减轻螺旋纹状擦伤？

8. 管材内表面点状擦伤缺陷产生的主要原因及影响因素有哪些？怎样防止？

9. 管材内表面石墨压入缺陷的产生原因及影响因素有哪些？怎样防止？

10. 型材裂角的产生原因有哪些？怎样预防和处理？

11. 挤压制品主要的形状、尺寸缺陷有哪些？其产生原因各是什么？如何防止？

12. 怎样正确判断挤压型材典型缺陷,如何采取相应的修模方法？

13. 管材产生偏心的主要原因有哪些？如何预防或减小偏心的产生？

▶ 下篇　金属拉拔

下篇　金属立杆

第8章 拉拔概述

8.1 拉拔的一般概念

所谓拉拔,就是在外力作用下,迫使金属坯料通过模孔,以获得相应形状、尺寸制品的塑性加工方法,其原理如图8-1所示。拉拔是金属塑性加工最主要的方法之一,广泛应用于管材、线材的生产。

根据拉拔制品断面的特点,可将拉拔方法分为实心材拉拔(见图8-1a)和空心材拉拔(见图8-1b、c)。实心材包括线材、棒材和实心异型材;空心材包括管材和空心异型材。

圆棒材、线材拉拔时的操作相对比较简单,将坯料打头后直接从规定形状、尺寸的模孔中拉出即可实现。异型材的拉拔相对较复杂,除了模具设计方面的因素外,夹头的制作也是比较复杂的,操作方面的难度也比较大,通常用于精度要求很高的简单断面型材(如导轨型材等)的精度控制。普通型材基本上不采用拉拔方法生产。

空心异型材的拉拔方法最为复杂,要根据产品的具体形状、尺寸及要求等,设计相应的模子和芯头,且模子和芯头之间的定位问题也是比较难处理的,在实际中应用不多。

管材拉拔时,根据目的不同,需采用不同的拉拔方法。对只需减小直径而不进行减壁的拉拔过程,将管坯从所要求规格的模孔中拉出即可(如图8-1b所示);对既减径又减壁的拉拔过程,则需采用带芯头(也称为芯棒)的拉拔方法才能实现(如图8-1c所示)。

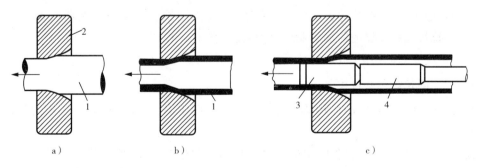

图8-1 拉拔原理示意图

a)实心制品拉拔;b)管材空拉;c)管材衬拉

8.2 管材拉拔的一般方法及适用范围

管材拉拔可按不同方法分类。按照拉拔时管坯内部是否放置芯头可分为两大类：无芯头拉拔(空拉)和带芯头拉拔(衬拉)。按照拉拔时金属的变形流动特点和工艺特点可分为：空拉、固定短芯头拉拔、长芯棒拉拔、游动芯头拉拔、顶管法和扩径拉拔等6种方法，如图 8 - 2 所示。其中，最常用的是空拉、固定短芯头拉拔和游动芯头拉拔。

8.2.1 空 拉

空拉是指拉拔时在管坯内部不放置芯头的一种管材拉拔生产方法，如图 8 - 2a 所示。管坯通过模孔后，其外径减小，壁厚尺寸一般会略有变化。根据拉拔的目的不同，空拉可分为减径空拉、整径空拉和成形空拉。

(1)减径空拉

减径空拉主要用于生产小规格管材和毛细管。对于受轧管机孔型和拉拔芯头最小规格限制而不能直接生产出成品直径的小规格管材，通常是先采用轧制或带芯头拉拔的方法，将管坯的壁厚减薄到接近成品尺寸；然后通过空拉减径的方式，经过若干道次空拉，再将其直径进一步减小到所要求的成品尺寸。在减径过程中，管材的壁厚尺寸一般都会发生一定的变化(增大或减小)。减径量越大，壁厚尺寸的变化也越大，拉拔后的管材内表面也越粗糙。

(2)整径空拉

整径空拉方法与减径空拉相同，所不同的是整径空拉时的管材直径减缩量相对较小，空拉道次少，一般为 1～2 个道次，主要用于控制成品管的外径尺寸精度。用周期式二辊冷轧管机生产的管材，通常都必须经过空拉整径才能满足直径尺寸和表面质量的要求。带芯头拉拔后的管材，通常也需要经过空拉整径才能精确地控制其直径尺寸精度。整径时的直径减缩量一般比较小，用带芯头方法拉拔的管材在整径时的直径减缩量一般为 1mm 左右；用轧制方法生产的管材在整径时的直径减缩量一般为 1～5mm。故与减径空拉相比，整径空拉后管壁尺寸的变化相对比较小，管材内表面质量相对较好。

(3)成形空拉

成形空拉主要用于生产异形断面(如椭圆形、正方形、矩形、三角形、梯形、多边形等)无缝管材。将通过轧制、拉拔等方法生产的壁厚尺寸已经达到成品要求的圆断面管坯，再通过异形模孔，拉拔成所需要的断面形状、尺寸的异形管材。根据异形管材断面的宽厚比、复杂程度以及精度要求的不同，成形空拉可经过一个道次或多个道次完成。

8.2.2 固定短芯头拉拔

如图 8 - 2b 所示，拉拔时，将带有短芯头的芯杆固定，管坯通过模孔与芯头之间的间隙实现减径和减壁。

固定短芯头拉拔是管材拉拔中应用最广泛的一种生产方法，所拉拔管材的内表面质量比空拉的好。在生产管壁较厚的管材时，采用固定短芯头拉拔的生产效率比轧制的高。当更换规格时，只需要更换模子和芯头就可以实现，操作方便、简单。但是，由于受连接短芯头的芯杆直径及弹性变形的影响，拉拔细管比较困难，且不适合拉拔长尺寸管材。

8.2.3 长芯棒拉拔

将管坯自由地套在表面抛光的长芯棒上,使芯棒与管坯一起从模孔中拉出,实现管坯的减径和减壁,如图8-2c所示。

长芯棒拉拔时,由于芯棒作用在管坯上的摩擦力方向与拉拔方向一致,从而有利于减小拉拔力,增大道次加工率;由于管坯是紧贴着芯棒发生变形,从而可避免拉拔薄壁、低塑性管材时可能出现的拉断现象。但是,当拉拔结束后,需要用专门的脱管设备使管材扩径取出芯棒;在生产过程中需要准备大量表面经过抛光处理的长芯棒,增加了工具的费用,且芯棒的保存、管理也比较麻烦。长芯棒拉拔方法在实际生产中应用较少,适合于薄壁管材和塑性较差的合金管材生产。

8.2.4 游动芯头拉拔

在拉拔过程中,芯头不固定,呈自由状态,芯头依靠其本身所特有的外形建立起来的力平衡被稳定在模孔中,实现管坯的减径和减壁,如图8-2d所示。游动芯头拉拔是管材拉拔中较为先进的一种生产方法,与固定短芯头拉拔相比具有如下优点:

(1)非常适合用长管坯拉拔长尺寸制品,特别是可直接利用盘卷管坯采用盘管拉拔方法生产长度达数千米长的管材,有利于提高生产效率,提高成品率。

(2)适合生产直径较小的管材。

(3)在管坯尺寸、摩擦条件发生变化时,芯头可在变形区内做适当的游动,从而有利于提高管材的内表面质量和减小拉拔力。在相同条件下,其拉拔力比固定短芯头拉拔时小15%左右。

但是,与固定短芯头拉拔相比,游动芯头拉拔对工艺条件、润滑条件、技术条件及管坯的质量(特别是盘管拉拔时)等要求较高,配模也有一定的限制,故不可能完全取代固定短芯头拉拔。采用盘管拉拔时,只能生产中小规格管材。

8.2.5 顶管法

顶管法又称为艾尔哈特法,是将长芯棒套入带底的管坯中,操作时用芯棒将管坯从模孔中顶出,实现减径和减壁,如图8-2e所示。顶管法适合大直径管材的生产。

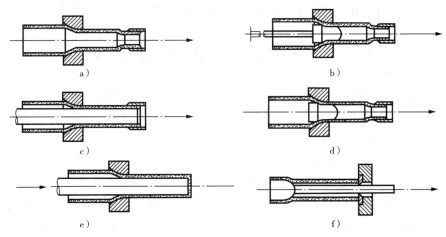

图8-2 管材拉拔的一般方法

a)空拉;b)固定芯头拉拔;c)长芯棒拉拔;d)游动芯头拉拔;e)顶管法;f)扩径拉拔

8.2.6 扩径拉拔

如图 8 - 2f 所示,管坯通过扩径后,直径增大,壁厚和长度减小。扩径拉拔主要是在当设备能力受到限制而不能生产大直径管材时采用。

8.3 拉拔法的优点、缺点

拉拔与其他塑性加工方法相比较,具有以下一些优点:

(1)拉拔制品的尺寸精确高,表面质量好。特别是对于一些内径、外径尺寸偏差要求很小的高精度管材,只有通过拉拔方法才能加工出来。

(2)设备简单,维护方便,在一台设备上只需要更换模具,就可以生产多种品种、规格的制品,且更换模具也非常方便。

(3)模具(包括模子和芯头)简单,设计、制造方便,且费用较低。

(4)适合于各种金属及合金的细丝和薄壁管生产,规格范围很大。特别是对于细丝和毛细管来说,拉拔可能是唯一的生产方法。

丝(线)材:$\phi 0.002 \sim 10mm$;管材:外径 $\phi 0.1 \sim 500mm$,壁厚最小达 0.01mm,壁厚与直径的比值可达到 1:2000。

(5)利用盘管拉拔设备可以生产长度达几千米的小规格薄壁管材,速度快,效率高,成品率高。

(6)对于不可热处理强化的合金,通过拉拔,利用加工硬化可使其强度提高。

尽管拉拔方法有以上诸多优点,但也存在如下一些明显的缺点:

(1)受拉拔力限制,道次变形量较小,往往需要多道次拉拔才能生产出成品。

(2)受加工硬化的影响,两次退火间的总变形量不能太大,从而使拉拔道次增加,退火次数增加,降低了生产效率。

(3)由于受拉应力影响,在生产低塑性、加工硬化程度大的金属时,易产生表面裂纹,甚至拉断。

(4)生产扁宽管材和一些较复杂的异形管材时,往往需要多道次成形。

8.4 拉拔技术的发展进步

拉拔具有悠久的历史,自公元前二三十世纪出现了把金块锤锻后通过小孔手工拉制细金丝开始至今,已有几千年的时间。经历了从手工作业阶段(公元前二三十世纪~公元 13 世纪初)、传统的机械及铁模拉拔阶段(13 世纪中~19 世纪中)、近代拉拔阶段(19 世纪末~20 世纪中),到现代高速拉拔阶段的发展过程。

在公元前 30~公元前 20 世纪,就出现了把金块锤锻后通过小孔手工拉制细金丝,在同一时期发现了类似于拉线模的东西。公元前 15~公元 7 世纪,在亚述、巴比伦、腓尼基等,拉制各种贵金属细线用于装饰。8~9 世纪,已能够拉制各种金属线。12 世纪,有了锻线工和拉线工之分,前者是通过锤锻加工线材,后者是通过拉拔加工线材,从此确立了拉拔加工。

13 世纪中叶,德国首先制造了水力拉拔机,并得到推广,使拉拔走上了机械化作业的道路。直到今天,德国的拉拔机仍然在世界上处于领先地位。到了 17 世纪,出现了近似于现在的单卷筒式拉线机。1871 年,出现了连续拉线机。

20 世纪 20 年代,韦森西贝尔发现反张力拉拔法,可使模具磨损大幅减少。同一时期,所使用的拉拔模也由铁模发展到合金钢模。1925 年,克鲁伯研制成功硬质合金模,使模子的使用寿命、产品尺寸精度和表面质量大为提高。1929 年,出现了游动芯头直条拉拔。但直到 1947 年,在卷筒式拉拔机上拉制紫铜管获得成功,游动芯头拉拔技术才得到迅速发展。1955 年,柯利斯托佛松研制成功强制润滑拉拔法,可大幅度减小摩擦,延长模具寿命;同年,布莱哈和拉格勒克尔发展了超声波拉拔方法,使拉拔力显著减小。1956 年,五弓等人研究成功辊模拉拔法,可使摩擦大幅度减小,道次加工率增大。

拉拔理论的建立相对较晚。1927～1929 年,西贝尔(1927)和萨克斯(1929),以不同的观点,第一次确立了拉拔理论,此后拉拔理论才得到了不断发展、进步。

近几十年来,拉拔技术得到了迅速发展,主要表现在高速拉拔机的快速发展,从而带来了生产效率的极大提高,设备的自动化程度不断提高。诞生了如多模高速连续拉拔机、多线链式拉拔机、圆盘拉拔机以及管棒材连续拉拔矫直机列等。目前,高速拉线机速度可达到 80m/s;圆盘拉拔机最大圆盘直径为 3m,生产 $\phi40\sim50$mm 以下管材,速度可达 25m/s,最大长度可达 6000m 以上。

思 考 题

1. 按照制品的断面形状,拉拔方法分为几大类? 各包括哪些方法?

2. 管材拉拔的基本方法有哪些,各自的特点及适用范围是什么?

3. 管材空拉分为哪几类? 其主要目的各是什么?

4. 管材空拉时的变形特点是什么?

5. 长芯棒拉拔时的主要优点和缺点各是什么?

6. 游动芯头拉拔的基本原理是什么? 其优点是什么?

7. 与其他塑性加工方法相比较,拉拔方法的主要优点、缺点各是什么?

第9章 拉拔时的应力与变形

9.1 圆棒材拉拔时的应力与变形

9.1.1 应力与变形状态

圆棒材拉拔时的受力与变形状态如图 9-1 所示。变形区中金属所受的外力有:拉拔力 P,来自模壁的正压力 N,摩擦力 T。

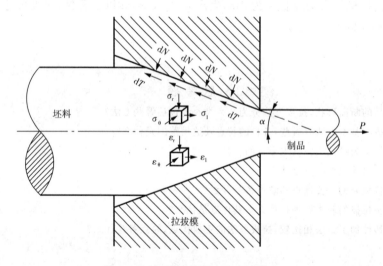

图 9-1 拉拔时的受力及变形状态

在拉拔力、正压力、摩擦力的作用下,变形区中的金属基本上处于两向压(σ_r、σ_θ)、一向拉(σ_1)的应力状态。由于被拉拔金属为圆棒材,故应力也呈轴对称状态,即 $\sigma_r \approx \sigma_\theta$。变形区中金属所处的变形状态为两向压缩($\varepsilon_r$、$\varepsilon_\theta$)、一向延伸($\varepsilon_1$)。

9.1.2 金属在变形区内的流动特点

研究圆棒材拉拔时金属在模孔内的变形流动规律通常采用坐标网格法,如图 9-2 所示。从图中可以看出,圆棒材拉拔时金属的变形流动在一定程度上与圆棒材挤压相似,其坐标网格在拉拔前后的变化情况也与挤压时基本相同。

1. 坐标网格在纵向上的变化

在纵向上,位于轴线($x-x$)上的正方形网格,拉拔后变成了长方形,内切圆变成了正椭圆,其长轴与拉拔方向一致。说明,金属在轴线上的变形是沿轴向延伸,在径向和周向上被

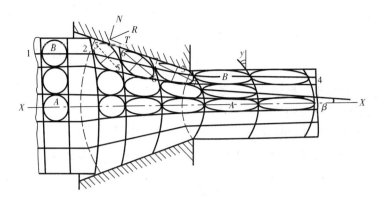

图 9-2　圆棒拉拔时的坐标网格变化

压缩。位于周边层的正方形网格则变成了平行四边形,在纵向上被拉长,径向上被压缩;方格的直角变成了锐角和钝角;其内切圆变成了斜椭圆,其长轴与拉拔轴线相交成 β 夹角,这个角度由入口端向出口端逐渐减小。这说明,周边层金属的变形,除了沿轴向延伸、径向和周向压缩外,还发生了剪切变形 γ。这主要是由于边部金属在变形区中受到了模孔壁的正压力 N 和摩擦力 T 的作用,在其合力 R 方向上产生剪切变形,沿轴向被拉长,椭圆形的长轴(5-5、6-6、7-7 等)不与 1-2 线相重合,而是与模孔中心线($x-x$)构成不同的角度,这些角度由入口到出口端逐渐减小。

2. 坐标网格在横向上的变化

在横向上,横向网格线自进入变形区开始由直线变成了中部向前凸出的弧线,且这些弧线的曲率由入口到出口端逐渐增大,到出口端后不再变化。这说明拉拔过程中周边层的金属流动速度小于中心层;并且,随着模角、摩擦系数增大,这种不均匀流动更加明显。拉拔后往往在棒材尾端出现的中心凹坑,就是由于周边层与中心层的金属流速差所造成。

由网格还可以看出,在同一横截面上椭圆长轴与拉拔轴线相交成 β 角,并由中心层向周边层逐渐增大。说明在同一横截面上的剪切变形不同,周边层的大于中心层。

综上所述,在圆棒材拉拔时,周边层的实际变形要大于中心层。这是由于在周边层除了延伸变形外,还发生了弯曲变形和剪切变形。

观察网格的变形可以证明上述结论,如图 9-3 所示。

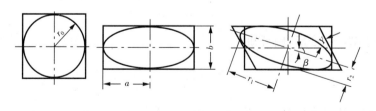

图 9-3　拉拔时网格的变化

对于位于轴线上的正方形 A 网格(见图 9-2)来说,不发生剪切变形,其延伸变形是它的最大主变形,即

$$\varepsilon_{1A} = \ln \frac{a}{r_0} \tag{9-1}$$

压缩变形为

$$\varepsilon_{2A} = \ln \frac{b}{r_0} \qquad (9-2)$$

式中：a——变形后网格中正椭圆的长半轴；

b——变形后网格中正椭圆的短半轴；

r_0——变形前网格的内切圆半径。

对于位于边部的正方形 B 网格（见图 9-2），有剪切变形，其延伸变形为

$$\varepsilon_{1B} = \ln \frac{r_{1B}}{r_0} \qquad (9-3)$$

压缩变形为

$$\varepsilon_{2B} = \ln \frac{r_{2B}}{r_0} \qquad (9-4)$$

式中：r_{1B}——变形后 B 网格中斜椭圆的长半轴；

r_{2B}——变形后 B 网格中斜椭圆的短半轴。

同样，对于相应断面上的 n 网格（介于 A、B 网格中间）来说，其延伸变形为

$$\varepsilon_{1n} = \ln \frac{r_{1n}}{r_0} \qquad (9-5)$$

压缩变形为

$$\varepsilon_{2n} = \ln \frac{r_{2n}}{r_0} \qquad (9-6)$$

式中：r_{1n}——变形后 n 网格中斜椭圆的长半轴；

r_{2n}——变形后 n 网格中斜椭圆的短半轴。

由实测得出，各层中椭圆的长、短轴变化情况如下：

$$r_{1B} > r_{1n} > a$$

$$r_{2B} < r_{2n} < b$$

对上述关系都取主变形，则可知：

$$\ln \frac{r_{1B}}{r_0} > \ln \frac{r_{1n}}{r_0} > \ln \frac{a}{r_0} \qquad (9-7)$$

这说明拉拔后边部网格延伸变形量大，中心线上的网格延伸变形量小，其他各层相应网格的延伸变形量介于二者之间，而且由周边向中心依次递减。

同样由压缩变形也可以得出，拉拔后在周边上网格的压缩变形最大，而中心轴线上的网格压缩变形最小，其他各层相应网格的压缩变形介于二者之间，而且由周边向中心依次递减。

虽然拉拔时的坐标网格变化与挤压时基本相同，但横向网格线的弯曲程度比挤压时小，

说明金属流动比挤压时均匀。这是因为,一方面拉拔时的变形量比挤压时的变形量小;另一方面拉拔时的润滑条件也比挤压时的好。

9.1.3 变形区的形状及应力分布规律

1. 变形区的形状

根据棒材拉拔时的滑移线理论,把模子看成是刚性体,按速度场可把棒材变形分为 3 个区:Ⅰ区和Ⅲ区为弹性变形区;Ⅱ区为塑性变形区,如图 9-4 所示。Ⅰ区、Ⅲ区与Ⅱ区的分界面分别为两个球面 F_1、F_2。一般情况下,F_1、F_2 为两个同心球面,其半径分别为 r_1、r_2,原点为模子锥角顶点 O。因此,塑性变形区的形状就是模子锥面与这两个球面围成的部分。

从纵向网格线的变化情况可以看出,与挤压一样,网格线在进、出模孔时发生了方向相反的两次弯曲,分别连接各条纵向线的两个拐点,也会得到两个球面。通常情况下,把这两个球面与模子锥面所围成的部分,称为拉拔棒材的塑性变形区。

根据固体变形理论,所有的塑性变形皆发生在弹性变形之后,并且伴有弹性变形,而在塑性变形之后,也必然有弹性恢复。因此,当金属进入塑性变形区(Ⅱ区)之前必然有弹性变形,在Ⅰ区内存在部分弹性变形区。若拉拔时存在后张力,则Ⅰ区就变为完全的弹性变形区。当金属从塑性变形区(Ⅱ区)出来之后进入定径区(Ⅲ区),由于弹性后效作用,表现为直径稍许增大,但这种弹性增大又会受到模子定径带的限制,故Ⅲ区也是弹性变形区。

在弹性变形区中,由于受拉拔条件和模子反作用力的影响,可能会出现下面一些异常现象。

(1)入口端非接触直径增大

在无反拉力作用情况下,在与Ⅱ区相接触的Ⅰ区部位,拉拔过程中棒材直径有弹性增大现象,如图 9-5 所示。这是由于变形金属受到来自模壁的正压力作用,产生轴向压缩变形的结果。在非接触直径增大区内,金属表面层受轴向和径向压应力,周向为拉应力,轴向为压缩变形,径向和周向为拉伸变形。

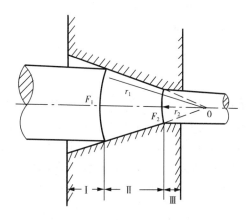

图 9-4 棒材拉拔时的变形区形状

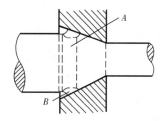

图 9-5 坯料的非接触直径增大

在实际生产中可以看到,拉拔模的入口处往往容易过早磨损和出现环行沟槽,而拉拔模的报废也往往是由这种原因所引起。这是由于棒材直径的增大,导致了该道次变形量增大,在入口处对模子的正压力和摩擦力也相应增大,加速了模子的磨损。

（2）入口段非接触直径减小

在有反拉力拉拔的过程中，在与Ⅱ区相接触的Ⅰ区部位，坯料在进入变形区前发生直径变细，即有直径弹性减小现象。而且，随着反拉力增大，非接触直径减小更明显。

在反拉力作用下，可以减小或消除非接触直径增大变形区。而且，坯料直径的减小，也使得该道次的压缩变形量减小，有利于减小模子的磨损，延长其使用寿命。

（3）出口直径增大

当拉拔过程结束，外力去除后，由于弹性后效作用，棒材直径往往大于模子定径带的直径。因此，在实际生产中，在最后一道次拉拔时，所选取的模子其定径带的直径一般都比棒材的名义尺寸小一些。

2. 变形区中的应力分布

根据用赛璐珞板拉拔时做的光弹性实验，变形区中的应力分布如图 9-6 所示。

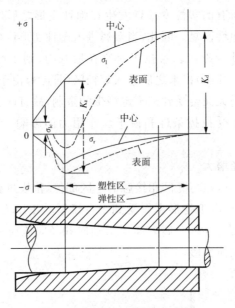

图 9-6　变形区内的应力分布

（1）应力沿轴向分布

轴向应力 σ_1 由变形区的入口端向出口端是逐渐增大的，即 $\sigma_{1r} < \sigma_{1ch}$；径向应力 σ_r 和周向应力 σ_θ 则从变形区入口端向出口端是逐渐减小的，即 $|\sigma_{rr}| > |\sigma_{rch}|$，$|\sigma_{\theta r}| > |\sigma_{\theta ch}|$。

这是因为，稳定拉拔过程中，变形区内任一横断面向模孔出口方向移动时，面积逐渐减小，而此断面与变形区入口端球面间的变形体积则不断增大。为了实现塑性变形，通过此断面作用于变形体的轴向应力 σ_1 亦必须逐渐增大。径向应力 σ_r 和周向应力 σ_θ 的分布通过两方面可得到证明：

一方面，根据塑性方程，可得：

$$\sigma_1 - (-\sigma_r) = K_{zh}$$

$$\sigma_1 + \sigma_r = K_{zh}$$

棒材拉拔时，在整个变形区内变形程度一般不大，金属硬化不剧烈，因此，变形区内任一断面上的金属变形抗力可看成是常数，这样，根据上式就可以看出，随着 σ_l 向出口方向逐渐增大，σ_r 和 σ_θ 必然逐渐减小。

另一方面，在实际生产中通过观察模子的磨损情况发现，当道次加工率大时模子出口处的磨损比道次加工率小时要轻。这是因为道次加工率大，在模子出口处的拉应力 σ_l 也大，而径向应力 σ_r 则小，从而产生的摩擦力和磨损也就小。

在实际生产中还发现，拉拔模的入口处往往容易过早磨损而出现了环行沟槽，从而也证明了 σ_r 在入口处较大。

综上所述，变形区中 σ_l 与 σ_r 的分布以及二者间的关系如图9-7所示。

（2）应力沿径向分布

径向应力 σ_r 与周向应力 σ_θ 由表面向中心逐渐减小，即 $|\sigma_{rw}|>|\sigma_{rn}|$，$|\sigma_{\theta w}|>|\sigma_{\theta n}|$。而轴向应力 σ_l 分布正好相反，中心最大，表面最小，即 $\sigma_{lw}<\sigma_{ln}$。

如图9-8所示，在变形区中任取一环形薄层，金属的每个环形的外面层上，作用着径向应力 σ_{rw}，在内表面上作用着径向应力 σ_{rn}，由于径向应力 σ_r 总是力图减小其外表面（即随着金属的延伸变形，断面积减小），这就需要 σ_{rw} 大于 σ_{rn}。距离中心层越远，表面积越大，所需要的力就越大。

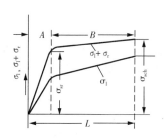

图9-7 变形区中各断面上 σ_l 与 σ_r 的间的关系
σ_{sr}—变形前金属屈服强度；σ_{sch}—变形后金属屈服强度
L—变形区全长；A—弹性区；B—塑性区

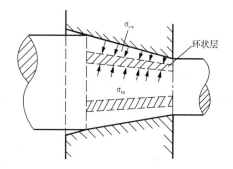

图9-8 作用在塑性变形区各圆环内、外表面上的径向应力

σ_l 沿径向的分布规律则可根据前述的塑性方程得出。另外，也可从拉拔棒材时内部有时会出现周期性裂纹得到证实。

9.2 管材拉拔时的应力与变形

拉拔管材与拉拔棒材最主要的区别是前者失去了轴对称的变形条件，其变形的不均匀性、附加剪切变形和应力都会有所增加。

9.2.1 空 拉

空拉时，虽然管坯内部不放置芯头，但其壁厚尺寸在变形区中常常是变化的。受不同因素的影响，可能变薄、变厚或基本保持不变。由于空拉在多数情况下用于成品道次，管壁的变化会影响到拉拔后管材的壁厚尺寸精度，因此，掌握空拉时管材壁厚的变化规律和计算方法，对于正确的制订拉拔工艺及选择管坯尺寸、控制成品尺寸精度是非常重要的。

1. 空拉时变形区内应力分布

管材空拉时的变形力学图如图 9-9 所示。主应力图仍为两向压、一向拉的应力状态；主变形图则根据壁厚增加或减小，可以是两向压缩、一向延伸，或一向压缩、两向延伸的变形状态。

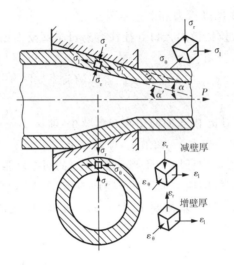

图 9-9　管材空拉时的变形力学图

(1)应力沿轴向分布

空拉时，主应力 σ_l、σ_r 和 σ_θ 在变形区中的分布规律与圆棒材拉拔时相似。轴向应力 σ_l 由变形区的入口端向出口端逐渐增大，即 $\sigma_{lr} < \sigma_{lch}$；径向应力 σ_r 和周向应力 σ_θ 则从变形区入口端向出口端逐渐减小，即 $|\sigma_{rr}| > |\sigma_{rch}|$，$|\sigma_{\theta r}| > |\sigma_{\theta ch}|$。

(2)应力沿径向分布

径向应力 σ_r 在径向上的分布规律是由管材的外表面向内表面逐渐减小，即 $|\sigma_{rw}| > |\sigma_{rn}|$，直到管材内表面处为零。这是因为管材内壁无任何支撑物以建立起反作用力之故。在管材内壁上为两向应力状态，即轴向应力 σ_l 和周向应力 σ_θ。周向应力 σ_θ 在径向上的分布规律则是由管材外表面向内表面逐渐增大，即 $|\sigma_{\theta w}| < |\sigma_{\theta n}|$。因此，空拉管材时的最大主应力是 σ_l（为正），最小主应力是 σ_θ（为负），径向应力 σ_r 居中（内表面为零），即应力的代数值为 $\sigma_l > \sigma_r > \sigma_\theta$。

2. 空拉时变形区内的变形特点

空拉时的变形状态是三维变形：轴向延伸、周向压缩、径向延伸或压缩。空拉时的变形特点就在于分析径向的变形规律，研究拉拔过程中管材壁厚的变化规律。

(1)空拉时管材壁厚的变化

空拉时在塑性变形区内引起管材壁厚变化的应力是轴向拉应力 σ_l 和周向压应力 σ_θ。在 σ_l 的作用下，管材发生延伸变形，可使其壁厚变薄，而在 σ_θ 的作用下，可使管材壁厚增厚，二者所起的作用是相反的。那么，拉拔过程中，在 σ_l 和 σ_θ 同时作用的情况下，管壁尺寸的增厚或减薄，就要看 σ_l 与 σ_θ 哪一个应力起主导作用。

根据塑性加工力学理论，应力状态可以分解为球应力分量和偏差应力分量。将空拉管材时的应力状态分解，有三种管壁变化情况，如图 9 - 10 所示。

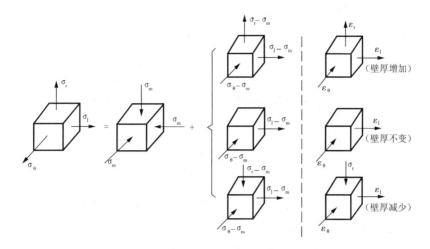

图 9 - 10　空拉管材时的应力状态分解

根据塑性流动方程，可知：

$$(\sigma_\theta - \sigma_m)/\varepsilon_\theta = (\sigma_r - \sigma_m)/\varepsilon_r \qquad (9 - 8)$$

其中，径向应变 ε_r 和周向应变 ε_θ 可分别表示如下：

$$\varepsilon_r = \ln(s_1/s_0) , \varepsilon_\theta = \ln(D_1/D_0) \qquad (9 - 9)$$

式中：s_0、s_1——拉拔前、后管子的壁厚；

D_0、D_1——拉拔前、后管子的直径。

由式(9 - 8)和式(9 - 9)得：

$$\varepsilon_r = \frac{(\sigma_r - \sigma_m)\ln(D_1/D_0)}{\sigma_\theta - \sigma_m} \qquad (9 - 10)$$

由于 $\sigma_\theta - \sigma_m$ 为负（压应力），$D_1 < D_0$（减径），即 $\ln(D_1/D_0)$ 也为负。所以，ε_r 为正还是为负，由 $\sigma_r - \sigma_m$ 决定。即某一点的径向主变形 ε_r 是延伸还是压缩或者为 0，主要取决于 $\sigma_r - \sigma_m$ 的代数值如何。σ_m 可表示如下：

$$\sigma_m = (\sigma_1 + \sigma_r + \sigma_\theta)/3 \qquad (9 - 11)$$

根据 $\sigma_r - \sigma_m$ 和式(9 - 11)可以看出：

当 $\sigma_r - \sigma_m > 0$，即 $\sigma_r > (\sigma_1 + \sigma_\theta)/2$ 时，ε_r 为正，管壁增厚。

当 $\sigma_r - \sigma_m = 0$，即 $\sigma_r = (\sigma_1 + \sigma_\theta)/2$ 时，ε_r 为 0，管壁厚不变。

当 $\sigma_r - \sigma_m < 0$，即 $\sigma_r < (\sigma_1 + \sigma_\theta)/2$ 时，ε_r 为负，管壁减薄。

(2)空拉时变形区内的管壁厚变化规律

空拉时，管壁厚沿变形区长度上也有不同的变化。由于轴向应力 σ_1 由模子入口向出口逐渐增大，而周向应力 σ_θ 逐渐减小，所以，在入口处，σ_θ 相对较大，σ_1 相对较小，容易增壁；在出口处，σ_θ 相对较小，σ_1 相对较大，容易减壁。因此，管材壁厚在变形区内的变化规律是由模子入口处开始增加，达到最大值后开始减薄，到模子出口处减薄最大。管材的最终壁厚尺寸取决于增壁与减壁幅度的大小。图 9-11 所示是外径为 $\phi20mm$、壁厚为 $2mm$ 的 6A02 铝合金管坯,采用不同角度的模子空拉到 $\phi15mm$ 时变形区内的壁厚变化情况。

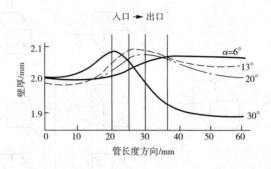

图 9-11　空拉 6A02 铝合金管材时变形区内的壁厚变化情况

3. 影响空拉时壁厚变化的因素

影响空拉时壁厚变化的因素有很多,其中首要的因素是管坯的相对壁厚 S_0/D_0 或相对外径 D_0/S_0(S_0——壁厚,D_0——外径)及相对拉拔应力 $\sigma_1/\beta\sigma_{s均}$($\sigma_1$——拉拔应力,$\beta=1.155$,$\sigma_{s均}$——平均变形抗力),前者为几何参数,后者为物理参数,凡是影响拉拔应力变化的因素(包括道次变形量、材质、拉拔道次、拉拔速度、润滑及模子参数等工艺条件)都是通过后者而起作用。在实际生产中,通常主要是根据相对壁厚的大小来进行判断。

(1)相对壁厚的影响

对于外径相同的管坯,增加壁厚将使金属向中心流动的阻力增大。对于增壁过程来说,将使管壁增厚量减小;对于减壁过程来说,将使减壁量增大。

对于壁厚相同的管坯,增加外径,减小了"曲拱"效应,使金属向中心流动的阻力减小,使管坯空拉后壁厚增加的趋势加强。当"曲拱"效应很大,即 S_0/D_0 值大时,则在变形区入口处壁厚也不增加,在同样情况下,沿变形区全长壁厚减薄。S_0/D_0 值大小对壁厚的影响尚不能从理论上准确地确定,它与变形条件和金属性质有关,需要通过实践来确定。

在实际生产中,一般是根据管坯的外径与壁厚的比值(D_0/S_0)来判断拉拔过程是增壁或减壁的。过去人们一直认为,当 $D_0/S_0=5\sim6$ 时,管坯空拉后的壁厚基本不变化,此值称为临界值;当 $D_0/S_0<5$ 时,壁厚减薄;当 $D_0/S_0>6$ 时,壁厚增加。近年来的研究发现,影响空拉管壁厚变化的因素应是管坯的径厚比以及相对拉拔应力,在生产条件下考虑二者联合影响所得到的临界系数是 $D_0/S_0=3.6\sim7.6$,比以前沿用的 $D_0/S_0=5\sim6$ 的范围宽。即当 $D_0/S_0<3.6$ 时,只有减壁;当 $D_0/S_0>7.6$ 时,只有增壁;当 $D_0/S_0=3.6\sim7.6$ 时,可能出现增壁、减壁或不变,这还与其他条件有关。过去一直沿用的临界系数 $D_0/S_0=5\sim6$,忽视了其他工艺因素的影响,与目前的研究结果有所不同。

(2)道次加工率(减径量)和加工道次的影响

道次加工率的影响是比较复杂的。道次加工率增大时,相对拉应力值增加,使得增壁空拉过程的增壁幅度减小,减壁空拉过程的减壁幅度增大。但当道次加工率 $\varepsilon>40\%$ 时,即便是 $D_0/S_0>7.6$,也可能出现减壁现象,这主要是由于相对拉拔应力增大的缘故。

减径量越大,壁厚的变化也越大。在总减径量不变的情况下,对于增壁空拉过程,多道次空拉的增壁量大于单道次的增壁量。对于减壁空拉过程,多道次空拉的减壁量小于单道次的减壁量。

（3）模角 α 的影响

模角大小不同，对拉拔应力的影响也不相同。随着模角变化，拉拔应力发生变化，并且存在着一最小值，其相应的模角称为最佳模角。如果模角变化使拉拔应力 σ_l 增大，就会导致增壁空拉过程中的增壁量减小，减壁空拉过程中的减壁量增大。

（4）模子定径带长度 h、摩擦系数 f、拉拔速度 v 的影响

增大模子定径带长度 h 值，由于接触摩擦面积增大，会使拉拔应力 σ_l 增大，导致增壁空拉过程中的增壁量减小，减壁空拉过程中的减壁量增大。

同理，如果润滑条件恶化，将使摩擦系数 f 增大，摩擦力增大，使得拉拔应力 σ_l 增大，导致增壁空拉过程中的增壁量减小，减壁空拉过程中的减壁量增大。

拉拔速度 v 对管壁尺寸变化的影响与变形抗力、摩擦系数、变形热等有关。在低速拉拔条件下，随着拉拔速度的增加，拉拔应力 σ_l 增大，同样将导致增壁空拉过程中的增壁量减小，减壁空拉过程中的减壁量增大。

（5）合金及状态的影响

不同的金属及合金，不同的状态，其变形抗力 σ_s、摩擦系数 f、加工硬化速率等往往不同。一般情况下，相同合金，硬度越高，尽管摩擦系数有所下降，但其变形抗力增大，其结果是增壁空拉过程中的增壁量减小，减壁空拉过程中的减壁量增大。

（6）拉拔方式的影响

在小规格管材空拉时，为了提高拉拔生产效率，除了采用常规的单模拉拔方法外，常常还采用倍模（或称双模）拉拔，如图 9 - 12 所示。倍模拉拔时，相当于在成品模的入口方向增加了一个与拉拔方向相反的拉力，即反拉力拉拔。采用倍模拉拔，会使增壁空拉过程中的增壁量减小，减壁空拉过程中的减壁量增大。

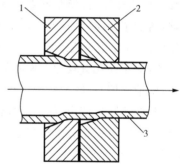

图 9 - 12　倍模拉拔示意图

4. 空拉对纠正管子偏心的作用

对于存在偏心的管坯，经过几道次空拉，可使其偏心得到一定程度的纠正。空拉道次越多，纠偏的效果越好。表 9 - 1 所示为 H96 黄铜管采用空拉和衬拉时的壁厚变化对比结果，可以看出，空拉的纠偏效果明显比衬拉的显著。

表 9 - 1　H96 黄铜管空拉与衬拉时的壁厚变化

拉拔道次	管坯外径 /mm	衬　拉			空　拉		
		壁　厚 /mm	偏　心		壁　厚 /mm	偏　心	
			偏心值 /mm	与标准壁厚偏差/%		偏心值 /mm	与标准壁厚偏差/%
0(坯料)	13.89	0.24～0.37	0.13	42.7	0.24～0.37	0.13	42.7
1	12.76	0.19～0.24	0.05	23.2	0.31～0.37	0.06	17.6

（续表）

拉拔道次	管坯外径 /mm	衬 拉			空 拉		
		壁厚 /mm	偏心		壁厚 /mm	偏心	
			偏心值 /mm	与标准壁厚偏差/%		偏心值 /mm	与标准壁厚偏差/%
2	11.84	0.18～0.23	0.05	24.4	0.33～0.38	0.05	14.1
3	10.06	0.17～0.22	0.05	25.6	0.35～0.37	0.02	5.6
4	9.02	0.15～0.19	0.04	23.5	0.37～0.38	0.01	2.7
5	8	0.14～0.175	0.035	22.3	0.395～0.40	0.005	1.2

空拉能够纠正管子偏心的原因可作如下解释：

偏心管坯空拉时，假定在同一圆周上径向压应力 σ_r 均匀分布，则在不同壁厚处产生的周向压应力 σ_θ 不同，厚壁处的 σ_θ 小于薄壁处的 σ_θ。这样，薄壁处在较大的周向压应力 σ_θ 作用下，要先发生塑性变形，即周向压缩，径向延伸，使壁增厚，轴向延伸（拉拔过程中长度是伸长的）。而此时，厚壁处由于所受到的周向压应力 σ_θ 较小，还处于弹性变形状态，将对薄壁处的轴向延伸产生阻碍作用，从而在薄壁处将有轴向附加压应力的作用；相应地，使得厚壁处受附加拉应力作用，促使厚壁处进入塑性变形状态，增大轴向延伸，显然在薄壁处减少了轴向延伸，增加了径向延伸，即增加了壁厚。周向压应力 σ_θ 值越大，壁厚增加越多。薄壁处在周向压应力 σ_θ 作用下逐渐增厚，使整个断面上的壁厚趋于均匀一致。

因此，对于存在着较严重偏心的管坯，在进行轧制、带芯头拉拔前，适当安排若干道次的空拉，对于消除偏心，减少轧制裂纹、拉拔划沟等缺陷，提高制品质量具有一定的作用。但应该注意到，在实际生产中，如果管坯经过空拉，其直径必将减小，就无法正常生产所需要规格的管材。为此，可根据具体情况采取相应的对策，如经过空拉后可改制生产直径较小的管材或增大管坯的直径来解决。

5. 空拉时管壁的失稳

虽然空拉能够纠正管子的偏心，但拉拔偏心比较严重的管坯时，不但不能纠正偏心，而且由于在薄壁处的周向压应力 σ_θ 过大，会使管壁失稳而向内凹陷（如图 9-13 所示），在管子表面出现纵向邹折。

空拉壁薄的管材时，如果道次减径量过大，也会使管壁失稳而产生凹下或产生邹折。特别当管坯的壁厚与直径的比值 $S_0/D_0 \leqslant 0.04$ 时，更易产生失稳。

为了保证拉拔过程的稳定性，当 $S_0/D_0 \leqslant 0.04$ 时，空拉时的直径变形量不得大于允许的临界变形量，即

$$\varepsilon_d \leqslant \varepsilon_{d临} \tag{9-12}$$

式中：ε_d——直径变形量，$\varepsilon_d=(1-d/D_0)\times100\%$；

D_0——管坯直径；

d——空拉后管材直径；

$\varepsilon_{d临}$——临界直径变形量，$\varepsilon_{d临}=2.8\times10^4\,(S_0/D_0)^2$；

S_0——管坯壁厚。

为了计算方便,当模角为 $10°\sim15°$ 时,满足下式要求即可实现稳定拉拔:

$$D_0 - d < 6S_0 \qquad (9-13)$$

图 9-13 所示是管材空拉时的临界变形量与拉拔前管坯相对壁厚 S_0/D_0 的关系。图中的 I 区是最容易出现邹折的危险区域,称为不稳定区。当已知 S_0/D_0 值之后,根据此图很容易找出临界变形量。

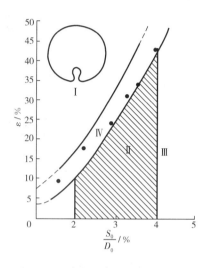

图 9-13 空拉时的临界变形量与管坯 S_0/D_0 的关系

I一不稳定区;II一稳定区;III一变形量受强度限制区;IV一波动区

6. 空拉对管材表面质量的影响

实践证明,空拉管材的内表面比带芯头衬拉的粗糙,且拉拔道次越多越粗糙。这主要是因为,空拉时,在变形区中存在着较大的附加周向压应力,在这个压应力的作用下,管壁金属将向中心方向流动。由于周向压应力分布的不均匀性,内表面层各金属质点所处的变形、力学条件不同,其向中心方向流动的快慢也就不一样,从而造成了管材内表面的粗糙化。图 9-14 所示为 $\phi3.9\times0.5\text{mm}$ 的 316L 不锈钢管坯,分别采用一道次和两道次拉拔到

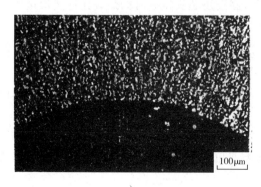

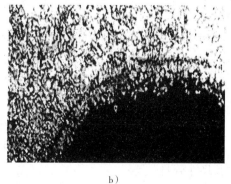

a)   b)

图 9-14 空拉管材的内壁形貌

a)单道次拉拔后;b)两道次拉拔后

$\phi3.0\text{mm}$ 的内表面照片。两道次拉拔时,第一道次拉到 $\phi3.45\text{mm}$,再拉到 $\phi3.0\text{mm}$;单道次拉拔时,则直接拉到 $\phi3.0\text{mm}$,模角 $\alpha=15°$。可见,在总变形量相同的情况下,多道次空拉后管材内表面的粗糙度大于单道次空拉的粗糙度,说明空拉道次越多,管材内表面越粗糙。

9.2.2 固定短芯头拉拔

固定短芯头拉拔时的应力与变形状态如图 9-15 所示。其变形区可分为两部分:空拉区(Ⅰ区)、减壁区及定径区(Ⅱ区)。

1. 变形区中的应力应变状态

(1)空拉区(Ⅰ区)

固定短芯头拉拔时的空拉区的应力与应变状态同管材空拉时相同。主应力图为两向压、一向拉的应力状态,主变形图则根据壁厚的增加或减小,可以是两向压缩、一向延伸,或一向压缩、两向延伸的变形状态。

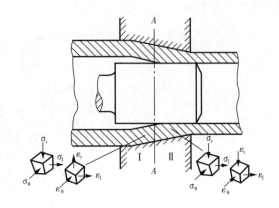

图 9-15 固定短芯头拉拔应力与变形

(2)减壁区及定径区(Ⅱ区)

管材的内壁与芯头接触,管材内径不变,外径和壁厚减小,在管材内表面上,径向应力 σ_r 不为0,有一定数值。应力与变形状态同拉拔实心圆棒材时的表面变形状态一样,主应力图为两向压、一向拉的应力状态,主变形图则是两向压缩、一向延伸的变形状态。

2. 变形区中的金属变性特点

(1)在空拉区,管坯内壁没有接触芯头,金属的变形同空拉过程一样,只减径不减壁。同样,存在着偏心的管坯,经过固定短芯头拉拔后,也能在一定程度上予以纠正,主要就是此空拉段所起作用的缘故,但纠偏的效果不如空拉显著。

(2)在减壁区,管坯内表面与芯头接触有摩擦,摩擦力的方向与拉拔方向相反,使轴向拉应力 σ_l 增加,从而限制了变形量的增加。因此,固定短芯头拉拔时的最大允许变形量比空拉时的小。

(3)由于管坯内壁有芯头的摩擦作用,外部有模壁的摩擦作用,其内外表面层金属的流速差小,变形比空拉时均匀。

(4)芯头对管子内表面有抛光作用,当芯头表面状态良好、润滑条件好时,管材内表面质量比空拉时的好。

(5)当芯杆过长、过细时,易产生弯曲,使芯头在模孔中难以固定在正确位置上。同时,由于芯杆的弹性变形,易引起"跳车",在管材表面出现"竹节"状的跳车缺陷。因此,不适合拉拔长尺寸管材。

9.2.3 长芯棒拉拔

长芯棒拉拔时的应力与变形状态与固定短芯头拉拔时基本相同,所不同的是作用在管材内表面上的摩擦力方向与拉拔方向相同。其变形区分为三部分:空拉段Ⅰ、减壁段Ⅱ和定径段Ⅲ,如图 9 - 16 所示。

长芯棒拉拔时的主要特点:

(1)与固定短芯头拉拔相比,由于作用在管子内壁上的摩擦力方向与拉拔力的方向相同,有助于减小拉拔力。变形区拉应力减小 30％～35％,拉拔力相应减小 15％～20％。

(2)可以采用较大的延伸系数。从而可减少拉拔道次和中间退火次数,提高生产效率。

(3)由于拉拔时管材的变形是沿着芯棒表面滑动,拉拔应力的大部分由芯棒所承担,所以,在拉拔低塑性合金管材和薄壁管材时,不容易出现拉裂、拉断的现象,不会出现管壁失稳现象。

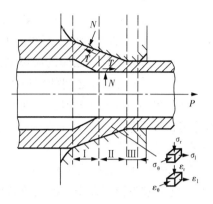

图 9 - 16　长芯棒拉拔时的应力与变形

(4)由于整个芯棒都是工作面,需要大量表面经过抛光处理的长芯棒,芯棒处理的难度较大,工具费用高。而且在拉拔结束后脱管时需要有专用的脱管设备,大量长芯棒的保管也比较麻烦。

(5)受芯棒长度限制,不适合拉拔长尺寸管材。

9.2.4　游动芯头拉拔

游动芯头拉拔时芯头在变形区中的受力情况如图 9 - 17 所示。

拉拔时,芯头不固定,依靠芯头所设计的特殊形状和芯头与管壁接触面间的力平衡,使其保持在变形区中。游动芯头主要是在圆盘拉拔机上采用盘管拉拔方式生产盘卷管材,也可以在链式直线拉拔机上生产直管。

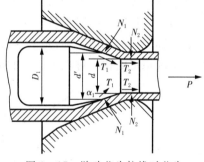

图 9 - 17　游动芯头拉拔时芯头
在变形区内的受力情况

1. 芯头在变形区中稳定的条件

游动芯头在变形区内的稳定位置,取决于作用在芯头上力的轴向平衡。

其力的平衡方程如下:

$$\sum N_1 \sin\alpha_1 - \sum T_1 \cos\alpha_1 - \sum T_2 = 0$$
$$\sum N_1 (\sin\alpha_1 - f\cos\alpha_1) = \sum T_2$$

(9 - 14)

由于 $\sum N_1 > 0, \sum T_2 > 0$,故

$$\sin\alpha_1 - f\cos\alpha_1 > 0$$

由于 $f = \tan\beta, \cos\alpha_1 > 0$,则

$$\tan\alpha_1 > \tan\beta$$
$$\alpha_1 > \beta$$

(9 - 15)

式中:N_1——作用在芯头锥面上的正压力;

T_1——作用在芯头锥面上的摩擦力，$T_1 = N_1 f$；

T_2——作用在芯头小圆柱段上的摩擦力；

α_1——芯头轴线与其锥面间的夹角；

f——芯头与管坯之间的摩擦系数，$f = \tan\beta$；

β——芯头与管坯之间的摩擦角。

式（9-15）中 $\alpha_1 > \beta$，即芯头锥面与其轴线之间的夹角必须大于芯头与管坯之间的摩擦角，这是拉拔过程中芯头稳定在变形区内的条件之一。若不符合此条件，芯头将被深深地拉入模孔，并造成断管或被拉出模孔。

为了实现稳定的拉拔过程，同时还应满足 $\alpha_1 \leqslant \alpha$，即芯头的锥角 α_1 小于或等于拉拔模的模角 α，它是芯头稳定在变形区内的条件之二。若不符合此条件，拉拔开始时，在芯头上尚未建立起与 $\sum T_2$ 方向相反的推力之前，使芯头向模子出口方向移动，其大圆柱段前端棱角部位挤压管子造成拉断。一般情况下，$\alpha - \alpha_1 \approx 3°$。

游动芯头拉拔过程中芯头轴向移动的几何范围有一定的限度。芯头向前移动超出前极限位置，其大圆柱段前端棱角部位可能切断管子；芯头后退超出后极限位置，芯头的小圆柱段将从模孔定径带退出，芯头失去稳定性，并使管材壁厚尺寸发生变化。拉拔过程中轴向上力的变化将使芯头在变形区内往复轴向运动，在管材内表面上出现明暗交替的环纹。影响这种轴向力变化的主要因素是管坯尺寸的变化、润滑条件的变化以及拉拔速度的变化等。

芯头轴向移动几何范围，是表示游动芯头拉拔过程稳定性的基本指数，该范围越大，则越容易实现稳定的拉拔过程。芯头的前、后极限位置如图 9-18 所示。

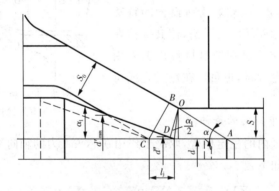

图 9-18　游动芯头轴向几何移动范围

游动芯头的轴向几何移动范围 l_j 可用下式计算：

$$l_j = \frac{S_0 \cos\dfrac{\alpha_1}{2} - S\cos\left(\alpha - \dfrac{\alpha_1}{2}\right)}{\sin\alpha\cos\dfrac{\alpha_1}{2}} \tag{9-16}$$

式中：S_0——拉拔前的管坯壁厚；

　　　S——拉拔后的管材壁厚；

　　　α_1——芯头锥角；

　　　α——模角。

管坯与芯头圆锥面最终接触处的芯头直径 d'' 为

$$d'' = 2(S+r)\tan\frac{\alpha_1}{2}\sin\alpha_1 + d \qquad (9-17)$$

芯头在前极限位置时,管坯与芯头圆锥段开始接触处的芯头直径 d'_{max} 为

$$d'_{max} = 2\left[(S+r)\tan\frac{\alpha_1}{2} + \frac{S_0 - S}{\sin(\alpha - \alpha_1)}\right]\sin\alpha_1 + d \qquad (9-18)$$

芯头在变形区内的实际位置为

$$d' = \sqrt{d\left(d + \frac{N_1}{N_2}l\,\frac{4\mu\tan\alpha_1}{\tan\alpha_1 - \mu}\right)} \qquad (9-19)$$

式中:d——芯头定径圆柱段直径;

N_1、N_2——芯头在变形区内的正压力;

S——拉拔后的成品管壁厚;

r——拉拔模的过渡圆角;

l——芯头定径圆柱段的长度。

2. 游动芯头拉拔时管子的变形过程

游动芯头拉拔时管坯在变形区的变形过程与一般衬拉不同,变形区可分为五个部分,如图 9-19 所示。

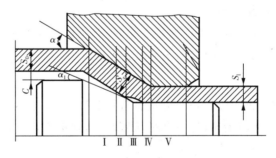

图 9-19 游动芯头拉拔时的变形区

(1)空拉区(Ⅰ区)

在此区段管坯内表面不与芯头接触,其应力与变形状态与空拉时基本相同。拉拔过程中,在管坯内壁与芯头的间隙 C、模子结构参数相同的条件下,游动芯头拉拔时的空拉区长度比固定短芯头的要长,故管坯的增壁量相对较大,纠正偏心的效果也相对较好。空拉区的长度 $L_Ⅰ$ 可近似地用下式确定:

$$L_Ⅰ = \frac{C}{\tan\alpha - \tan\alpha_1} \qquad (9-20)$$

(2)减径区(Ⅱ区)

管坯在此区段有较大的直径减缩,同时也有少量减壁,减壁量大致等于空拉区的壁厚增量。因此,可以近似地认为该区终了断面处的管坯壁厚与拉拔前的相同。

（3）第二次空拉区（Ⅲ区）

由于拉拔过程中拉应力方向的改变，以及金属的流动惯性，在芯头锥面与其小圆柱段的过渡部位，管坯内表面稍稍离开了芯头表面，形成了第二次空拉区。第二次空拉区的形成与芯头的锥角大小、拉拔速度的快慢等有关。一般来说，芯头的锥角 α_1 越大，拉拔速度越快，形成的第二次空拉区越长。

（4）减壁区（Ⅳ区）

在此区段主要实现管坯壁厚的减薄，同时，管坯的直径将减小到接近成品外径尺寸。

（5）定径区（Ⅴ区）

定径区的作用是进一步稳定管材的外径尺寸。在此区段只发生弹性变形。

在拉拔过程中，由于外界条件变化，芯头的位置以及变形区各部分的长度和位置也将改变，甚至有些区可能消失。

3. 游动芯头拉拔时变形区中应力的分布及变化

游动芯头拉拔时的变形区比较复杂，变形区中的应力分布也相对较复杂。其变形区可看成是由两个固定短芯头拉拔的变形区组合构成的，即图 9-19 中的Ⅰ区和Ⅱ区、Ⅲ区和Ⅳ区，分别与图 9-15 中的Ⅰ区、Ⅱ区相同。

在游动芯头拉拔的两个空拉区，其应力分布规律与固定短芯头拉拔的空拉区相同；在减径区和减壁区，与固定短芯头拉拔的减壁区相同。

4. 游动芯头拉拔的特点

（1）可实现盘管拉拔及生产很长的管材，生产效率高。

（2）切头尾损失少，成品率高。

（3）当来料的壁厚条件或摩擦条件发生变化时，芯头可在变形区中前后移动，有利于减小摩擦，降低拉拔力。因此，其拉拔力比固定短芯头拉拔小 15% 左右，而且内表面质量好。

9.2.5 顶管法

顶管法生产管材时金属的应力和变形状态与长芯棒拉拔时完全相同，所不同的是施加力的方式不一样，一个是从前端拉，另一个是从后端顶，这里不再重复。顶管法适合于大直径管材生产。

9.2.6 扩径拉拔

扩径拉拔是一种用小直径管坯生产大直径管材的方法。扩径有两种方法：压入扩径和拉拔扩径，如图 9-20 所示。

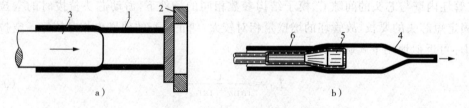

图 9-20 扩径拉拔示意图

a）压入扩径；b）拉拔扩径

1—管坯；2—固定顶头；3—扩径压杆；4—管材；5—扩径芯头；6—扩径拉杆

压入扩径法适合于管壁较厚、直径较粗、长度较短且长度与直径之比不大于10的管材。对于为了控制内径尺寸精度而进行的扩径操作,由于扩径量很小,则可以使用较长的管坯。为了在扩径后较容易从管坯中取出扩径压杆,它应有一定的锥度,在3m长度上其直径相差3～4mm。一般情况下,压入扩径操作在液压拉拔机上进行。

拉拔扩径法适合于较小断面的薄壁长管生产,可在普通的链式冷拔管机进行。

管材扩径时的变形力学图如图9-21所示。压入扩径时的应力状态为两向压应力 σ_l、σ_r 和一向拉应力 σ_θ,在管材的外表面上 σ_r 为零。变形状态为两向压缩变形 ε_l、ε_r 和一向延伸变形 ε_θ,即长度缩短、壁厚减薄、直径增大。

拉拔扩径时的应力与变形状态除轴向应力 σ_l 变为拉应力外,其他与压入扩径相同。

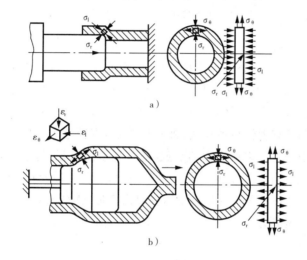

图9-21 管材扩径时的变形力学图

a)压入扩径;b)拉拔扩径

9.3 拉拔制品中的残余应力

在拉拔过程中,由于不均匀变形而在制品中产生附加应力,在拉拔结束、外力去除后残留在制品内部形成残余应力。残余应力对制品的力学性能有显著影响,对制品形状、尺寸稳定性也有不良影响。

9.3.1 拉拔棒材中的残余应力分布

在实际生产中,拉拔棒材时金属的变形情况可分为三种:第一种是变形量很大,变形能够深入到棒材内部(即整个断面),如拉制细棒和线材;第二种是变形量很小,仅发生了表面变形,内部不产生塑性变形,如用轧制或挤压的圆坯料拉制高精度棒材;第三种是塑性变形较大但未深入到棒材中心层,如拉拔一些硬度很高的材料。

1. 整个断面发生塑性变形时的残余应力分布

如果拉拔时的变形量很大,棒材整个断面都发生了塑性变形,在拉拔后棒材中的残余应力分布如图9-22所示。

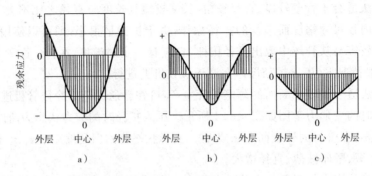

图 9-22　拉拔棒材中的残余应力分布
a)轴向;b)周向;c)径向

(1)轴向残余应力分布

轴向残余应力在棒材中的分布规律是外层拉,中心层压。这是因为,拉拔过程中,虽然棒材外层金属的延伸变形和剪切变形均比中心层大,但是外层金属在沿轴向上的流动比中心层慢。因此,在拉拔过程中,棒材外层产生附加拉应力,中心层则出现与之平衡的附加压应力。拉拔结束后,制品有弹性后效作用,即长度缩短,直径增大。棒材沿长度方向整体缩短过程中,拉拔过程中产生的附加应力的释放,对外层金属来说,等于取消了一个拉应力作用,更容易缩短;而对于中心层则是取消了一个压应力作用,容易伸长,从而造成外层较中心层缩短得较大。但是,物体的整体性妨碍了这种自由变形,其结果是棒材外层产生残余拉应力,中心层则出现残余压应力。

(2)径向残余应力

径向残余应力在棒材中的分布规律是除外表面为零外,整个断面上受压。这是因为,在径向上,由于弹性后效的作用,棒材断面上所有的同心环形薄层,都欲增大其直径。在外表面这种弹性恢复不受限制,但由外向内所有环形薄层的弹性恢复均会受到其外层的阻碍,中心层恢复的阻力最大。从而在径向上产生残余压应力,中心最大,外表面为零。

(3)周向残余应力——外层拉、中心层压

周向残余应力在棒材中的分布规律是外层拉,中心层压。由于棒材中心部分在轴向上受到残余压应力作用,故此部分金属在周向上就有涨大变形的趋势。但是,外层金属阻碍其自由涨大,从而在中心层产生周向残余压应力,外层则产生与之平衡的周向残余拉应力。

2. 表面层发生塑性变形时的残余应力分布

如果拉拔时仅在棒材表面发生塑性变形,则拉拔制品中的残余应力分布与前面的不同。在轴向上棒材表面为残余压应力,中心层为残余拉应力。在周向上残余应力的分布与轴向上基本相同。在径向上从棒材表面到中心层为残余压应力。

3. 塑性变形未深入到棒材中心层时的残余应力分布

如果塑性变形未深入到制品的中心层,则拉拔后制品中的残余应力分布是前两种情况的中间状态。在轴向上,棒材外层为残余拉应力,中心层也为残余拉应力,而中间层则为残余压应力。在周向上的残余应力分布与轴向上基本相同。在径向上,从外层到中心层均为残余压应力。

9.3.2 空拉管材中的残余应力分布

空拉时,管坯的外表面受到来自模壁的压力,如图9-23所示。在管坯横截面内沿径向取一微小区域,其外表面 X 处为压应力状态,而在其稍内的部分有如箭头所示的周向压应力作用。因此,当管坯从模孔通过时,由于其截面仅以外径减小的数量向中心逐渐收缩,这就相当于在内表面 Y 处受到如图所示的等效次生拉应力作用,从而产生趋向中心部的延伸变形。通过模孔后,由于外表面的压应力和内表面的次生拉应力消失,管材将发生弹性恢复。此时,除了不均匀塑性变形所造成的状态之外,这种弹性恢复也将使管材中的残余应力大大增加,其分布状态如图9-24所示。

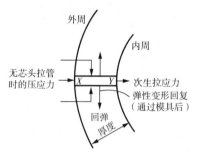

图 9-23 空拉时管坯在模孔中及
出模孔后的受力及变形示意图

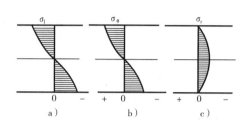

图 9-24 空拉时管壁残余应力的分布
a)轴向;b)周向;c)径向

图9-25所示为在图9-14实验中利用有限元模拟方法得出的空拉管材管壁中残余应力的分布情况。从图中可以看出,在拉拔后的管材中,轴向残余应力和周向残余应力都比较大,且在管材内壁呈现出压残余应力,在管材外壁呈现拉残余应力,而径向残余应力则很小。另外,从图9-25a、b两个图比较来看,即便是在总变形量一定的情况下,在管材外表面处,单道次拉拔后的轴向残余拉应力(最大为397MPa),明显小于两道次拉拔后的轴向残余拉应力(最大为456MPa);而在管材内表面处,单道次拉拔后的轴向残余压应力(最大约-800MPa),则明显大于两道次拉拔后的轴向残余压应力(最大约-600MPa)。造成这种差别的主要原因,与拉拔时变形区的等效应变场分布不同有关。

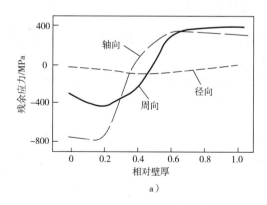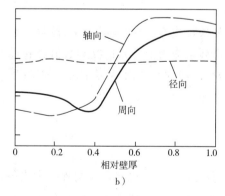

图 9-25 空拉管材中残余应力分布的有限元模拟结果
a)单道次拉拔后;b)两道次拉拔后

图9-26所示为在图9-14实验中利用有限元模拟方法得出的变形区等效应变场分布情况。从图中可以看出，采用单道次拉拔时应力场比较平缓，应变梯度较小且较均匀，而采用两道次拉拔的第二道次（中间未退火）的变形区则存在较明显的应变集中现象，其局部应变超过0.7，大于单道次拉拔变形区的最大应变。这说明将一道次拉拔改为两道次拉拔，将会使沿纵向变形的不均匀性增加，在拉拔后的管材中存在较大的轴向残余拉应力，管材在放置过程中更易发生变形，甚至出现裂纹。

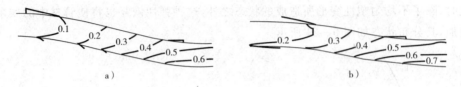

图9-26 空拉管材变形区等效应变场分布的有限元模拟结果

a)单道次空拉；b)多道次空拉

9.3.3 衬拉管材中的残余应力分布

衬拉管材时，由于管坯外表面有模子的摩擦阻力作用，内表面有芯头的摩擦阻力作用，所以管坯内、外表面的金属流速差小，比较均匀一致。就管坯壁厚来看，中心层金属的流速比内、外表面层快。因此，衬拉管材时的塑性变形也是不均匀的，从而在管壁的内、外层与中心层产生附加应力。这种附加应力在拉拔后仍残留在管材中而形成残余应力。衬拉管材时残余应力的分布规律如图9-27所示。

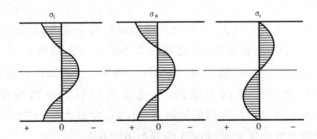

图9-27 衬拉时管壁残余应力的分布

如果拉拔方法、断面减缩率、模具形状以及制品机械性能等不同，残余应力的分布特别是周向残余应力的分布情况和数值会有很大改变。

衬拉管材时，其内、外表面的变形量是不相同的，这种变形差值Δ可以用内径减缩率和外径减缩率之差来表示，即

$$\Delta = \left(\frac{d_0 - d_1}{d_0} - \frac{D_0 - D_1}{D_0} \right) \times 100\% \qquad (9-21)$$

式中：D_0、d_0——拉拔前管坯的外径和内径；

D_1、d_1——拉拔后管材的外径和内径。

根据实验得知，变形差值Δ越大，即不均匀变形越大，则周向残余应力也越大。衬拉管材时，在减径的同时还有减壁变形，因此其变形差值Δ较小，管材外表面产生的周向残余拉

应力也较小。图 9-28 所示为用 $\phi25.4\times1.42$mm H70 黄铜管坯采用衬拉方式生产不同规格管材实测的残余应力值。周向残余应力分布曲线 a 与其他的曲线相反,管子外表面受压应力,内表面受拉应力,而曲线 b 则表明管子内、外表面的残余应力趋于零,即可实现无周向残余应力拉拔。曲线 c、d 的周向残余拉应力在管子外表面较大。这主要是在拉拔时壁厚减薄较少的缘故。图 9-29 所示为用 $\phi25.4\times1.42$mm H70 黄铜管坯采用空拉方式生产不同规格管材实测的残余应力值,空拉管材时,只有直径减缩,无减壁变形,变形差值较大,故在管材外表面产生的周向残余拉应力相对较大。

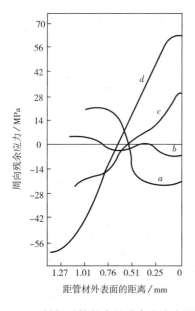

图 9-28　衬拉时管材中的残余应力实测值

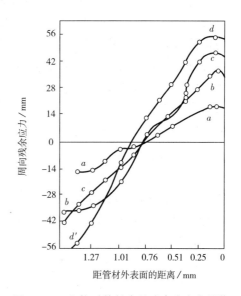

图 9-29　空拉时管材中的残余应力实测值

9.3.4　影响残余应力的因素

拉拔制品中残余应力的产生是由于拉拔时的不均匀变形所引起的。因此,凡是影响不均匀变形的因素,均对制品中残余应力的大小及分布产生一定程度的影响。主要有以下几方面:

(1)摩擦系数

空拉时的摩擦系数大,管壁内、外表面层的不均匀变形大,拉拔后制品中的残余应力大。衬拉时的摩擦系数大,管壁内、外表面与中间层的不均匀变形大,在拉拔后的制品中产生的残余应力也大。

(2)断面收缩率

一般情况下,断面收缩率大,变形的不均匀程度也会越大,残余应力增大。

(3)模具形状

模具形状对拉拔时的变形不均匀性的影响主要是模角的大小。模角过大,变性剧烈,附加的剪切变形大,残余应力大;模角过小,接触面长度大,不均匀变形大,残余应力也大。

(4)材质

被拉拔材料的弹性模量 E 越大,则残余应力也越大。

(5)拉拔道次

从图 9-25、图 9-26 所示的模拟结果可以看出,在总减径量一定的情况下,空拉时的拉拔道次越多,轴向不均匀变形增大,将导致残余应力增大。

9.3.5　残余应力的主要危害

(1)对于如硬铝、超硬铝、含 Mg 量大于 3% 的 Al-Mg 系合金等具有 scc 倾向性的合金,拉拔材料中残余应力的存在是产生应力腐蚀的根源。例如 2007 铝合金拉制棒材,当变形量超过 10% 时,拉拔后 8h 内由于残余应力的释放就可能出现表面裂纹。

(2)当拉拔材料中的残余应力较大时,某些合金在拉拔后的放置或再加工过程中会发生变形,使其形状、尺寸发生变化。如 7A04 铝合金拉拔棒材,如果内部残余应力较大,在随后进行的机械加工过程中易发生变形,甚至出现崩裂现象。

(3)拉拔材料中残余拉应力的存在,会降低材料的抗拉强度,影响材料的机械性能。

(4)有些拉拔材料加工成制品或其中的某些零部件后,随着残余应力的缓慢释放,会逐渐使制品或零部件发生变形,影响制品正常使用或不能使用。

9.3.6　残余应力的消除

1. 减少不均匀变形

残余应力的产生主要是由于不均匀变形所造成,因此,减少拉拔过程中的不均匀变形是减小或消除残余应力最根本的措施。

(1)提高模子、芯头等工具工作表面的硬度和光滑度,可减小摩擦,减少不均匀变形。如对工具表面进行渗氮、渗硼、激光热处理等,可有效地提高其表面硬度;对工具表面进行珩磨抛光、镀铬、使用过程中经常进行抛光等,都可以提高其表面光滑度。

(2)合理设计模子,特别是模角参数,对于减少不均匀变形具有重要的影响。

(3)合理分配拉拔道次及变形量,减少每一道次的变形量和两次退火间的总变形量,都可以减少拉拔时的不均匀变形。

(4)采用良好的工艺润滑,不仅可以减少不均匀变形,还可以延长工具的使用寿命。

2. 进行矫直加工

对拉拔制品进行矫直加工,可有效减小制品中的残余应力。辊式矫直是圆棒、圆管材最常用的矫直方法。在矫直过程中,在制品的表面层产生不大的塑性变形,此塑性变形力图使制品表面层在轴向上延伸,但受到了其内层金属的阻碍,从而使表面层的金属只能在径向上流动而使其直径增大,并在制品的表面形成一封闭的压应力层。但应特别注意,当矫直辊作用在制品表面的压力过大时,不仅起不到矫直作用,还会在制品(特别是圆管材)表面出现较严重的矫直螺旋线,并使其直径明显增大,长度变短。由于辊式矫直过程中对辊压下使管材断面产生弹性压扁,使与辊面接触的管材内表面产生拉伸变形,其结果,不仅不能消除残余应力,还促使管材外表面轴向残余应力增加。拉拔棒材矫直后残余应力的分布如图 9-30 所示,残余应力明显减小。

对拉拔后的棒材、管材进行张力矫直,也可以减小残余应力。但要控制合适的变形量,以免尺寸超负偏差。

3. 进行低温退火

对于拉拔后的制品,利用低温退火方法可有效地消除制品中的残余应力。但是,如果低温退火时的温度控制不当,就会使其强度降低,特别是屈服强度损失较大。直径为 30mm 的拉拔镍铜棒材退火前后的残余应力分布如图 9-31 所示。

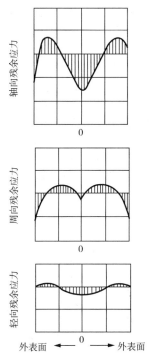

图 9-30　拉拔棒材辊矫后残余应力分布

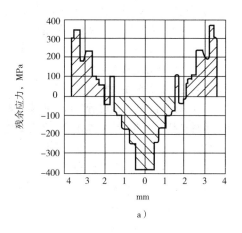

a)

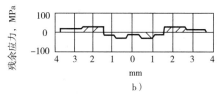

b)

图 9-31　拉拔棒材退火前、后残余应力变化
a)退火前;b)退火后

思 考 题

1. 试说明圆棒材拉拔时变形区中的应力、应变状态。

2. 圆棒材拉拔时金属在变形区内的流动特点是什么?

3. 试解释圆棒材拉拔时变形区的形状及应力分布规律。

4. 拉拔时为什么在模子入口处往往早出现环形沟槽?

5. 为什么道次加工率大时模子出口处的磨损比道次加工率小时要轻?

6. 在拉拔棒材的内部有时会出现周期性的中心裂纹,这是为什么?

7. 试解释管材空拉时变形区内应力分布规律。

8. 影响空拉过程中管壁尺寸变化的应力是什么应力?

9. 如何根据主应力大小判断管材空拉时壁厚的变化规律?

10. 试根据塑性流动方程,解释空拉过程中某一点管壁的增厚或减薄,是如何由偏差应力分量 $\sigma_r - \sigma_m$ 决定的。

11. 空拉过程中,变形区中管壁尺寸的变化规律。

12. 影响管材空拉时壁厚变化的因素有哪些? 各是如何影响的?

13. 试解释空拉为什么能够纠正管材的偏心?

14. 影响空拉时管壁失稳的主要因素有哪些? 如何防止?

15. 拉拔工艺对空拉后管材内表面粗糙度有何影响?

16. 试分析固定短芯头拉拔时变形区中的应力、应变状况。

17. 与空拉相比较,固定短芯头拉拔有什么特点?

18. 试说明固定短芯头拉拔也能够纠正管子的偏心,但纠偏效果不如空拉。

19. 试分析长芯棒拉拔时变形区中的应力、应变状况。

20. 与固定短芯头拉拔相比较,长芯棒拉拔有什么特点?

21. 游动芯头拉拔时芯头在变形区中稳定的条件是什么? 为什么?

22. 游动芯头拉拔时的变形区是如何划分的? 各部分的变形特点是什么?

23. 试分析游动芯头拉拔时变形区中的应力、应变状况。

24. 游动芯头拉拔的主要优点是什么?

25. 为什么游动芯头拉拔时管材内表面易出现明暗交替的环纹?

26. 管材扩径的主要方法有哪几种? 各自的优点、缺点是什么?

27. 什么是拉拔残余应力? 试分析圆棒材拉拔制品中残余应力的分布规律及产生原因。

28. 试分析圆管材空拉制品中残余应力的分布规律及产生原因。

29. 试分析圆管材衬拉制品中残余应力的分布规律及产生原因。

30. 影响残余应力的主要因素有哪些?

31. 残余应力的危害主要有哪些? 如何消除或减小残余应力?

第10章 拉 拔 力

10.1 影响拉拔力的主要因素

10.1.1 被拉拔金属的性质对拉拔力的影响

拉拔力与被拉拔金属的抗拉强度呈线性关系,抗拉强度越高,所需要的拉拔力就越大。图 10-1 所示的是将 $\phi2.02$mm 的线材拉到 $\phi1.64$mm(断面减缩率为 34%)时各种金属的抗拉强度与拉拔应力的关系。

10.1.2 变形程度对拉拔力的影响

拉拔力与变形程度有正比关系,随着断面减缩率的增加,拉拔应力增大。图 10-2 所示的是拉拔黄铜线时拉拔应力与断面减缩率的关系。

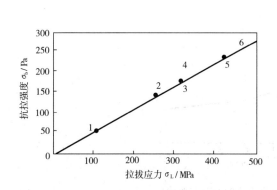

图 10-1 金属抗拉强度与拉拔应力之间的关系
1—铝;2—铜;3—青铜;4—H70;5—B3;6—B20

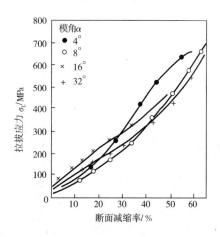

图 10-2 拉拔黄铜线时拉拔应力
与断面减缩率的关系

10.1.3 模角对拉拔力的影响

图 10-3 所示为不同变形量条件下模角与拉拔力之间的关系曲线。从中可以看出,随着模角变化,拉拔应力也发生变化,并且存在一个最小值,其相应的模角称为最佳模角。随着变形程度增加,最佳模角值逐渐增大。

图 10-4 所示是将 $\phi18\times0.71$mm 的管坯,用不同模角的模子空拉减径到 $\phi12.56$mm,采用计算机模拟的拉拔力变化曲线。当模角为 11°时,拉拔应力最小。

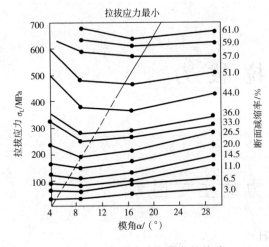

图 10 - 3　拉拔应力与模角的关系

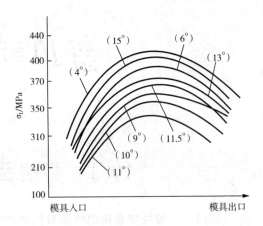

图 10 - 4　不同模角下的拉拔应力模拟曲线

10.1.4　拉拔速度对拉拔力的影响

一般情况下,在低速(5m/min 以下)拉拔时,拉拔力随拉拔速度的增加而有所增大。但是,当拉拔速度增加到 6～50m/min 时,拉拔应力下降,继续增加拉拔速度,拉拔应力变化不大。图 10 - 5 所示为拉拔钢丝时的实验曲线,当拉拔速度超过 1m/s 时,拉拔力急剧下降;当拉拔速度超过 2m/s 后,拉拔力的变化较小。

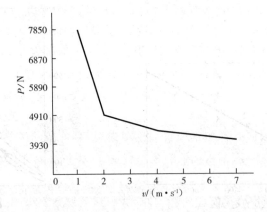

图 10 - 5　拉拔力与拉拔速度的关系曲线

10.1.5　摩擦与润滑对拉拔力的影响

在拉拔过程中,被拉拔金属与模具之间的摩擦系数大小对拉拔力有很大影响。摩擦系数越大,摩擦力越大,所需要的拉拔力也就越大。润滑剂的性质、润滑方式、模具材料、模具和被拉拔金属的表面状态对摩擦力的大小都有一定影响。表 10 - 1 所示为采用不同的润滑剂和不同材料的模子拉拔不同金属及合金线材时实测的拉拔力。在其他条件相同的情况下,模具材料越硬、抛光越良好,金属越不容易黏结工具,摩擦力就越小。从表中可以看出,使用钻石模的拉拔力最小,硬质合金模次之,钢模最大。

表 10 - 1 润滑剂和模子材料对拉拔力影响的实验结果

金属及合金	坯料直径/mm	加工率/%	模子材料	润滑剂种类	拉拔力/N
铝	2.0	23.4	硬质合金	固体肥皂	127.4
			钢	固体肥皂	235.2
黄铜	2.0	20.1	硬质合金	固体肥皂	196.0
			钢	固体肥皂	313.6
磷青铜	0.65	18.5	硬质合金	固体肥皂	147.0
			硬质合金	植物油	254.8
B20	1.12	20	硬质合金	固体肥皂	156.8
			硬质合金	植物油	196.0
			钻石	固体肥皂	147.0
			钻石	植物油	156.8

一般的润滑方法所形成的润滑膜较薄,未脱离边界润滑的范围,其摩擦力仍较大。如果在拉拔时采用流体动力润滑方法,就可使润滑膜增厚,实现液体摩擦,降低拉拔力,并减少磨损,提高制品表面质量。实现流体动力润滑的方法有许多种,图 10 - 6 所示为拉拔管材时,采用双模拉拔实现外表面流体动力润滑的示意图。

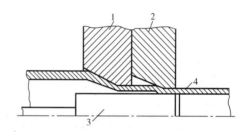

图 10 - 6 双模拉拔流体动力润滑示意图
1—倍模;2—拉拔模;3—芯头;4—管材

摩擦系数越大,所需要的拉拔力越大。

图 10 - 7 所示为两种不同合金管材、采用空拉和固定短芯头拉拔时摩擦系数与拉拔力的计算机模拟关系曲线。其中图 10 - 7a 是用 6063 合金 $\phi22 \times 2.2mm$ 管坯,带芯头拉拔为 $\phi20 \times 2.0mm$ 管材,模子与管外壁之间的摩擦系数 f_1 取为 0.09,通过改变芯头与管内壁间的摩擦系数 f_2 的大小,模拟拉拔过程中拉拔力的大小及变化。图 10 - 7b 是用 20B 钢 $\phi30 \times 3mm$ 管坯,空拉减径到 $\phi25.5mm$,模拟拉拔过程中摩擦系数大小对拉拔力大小及变化的影响。

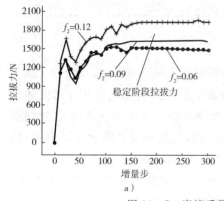

a)

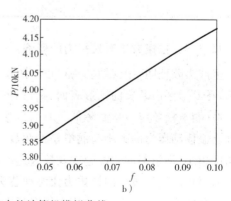

b)

图 10 - 7 摩擦系数与拉拔力的计算机模拟曲线
a)6063 合金管材带芯头拉拔;b)20B 钢管空拉

不同金属及合金、不同拉拔条件下的摩擦系数见表 10-2 和表 10-3 所示。

表 10-2　拉拔管材时平均摩擦系数

金属及合金	道　　次			
	1	2	3	4
紫铜	0.10～0.12	0.15	0.15	0.16
H62	0.11～0.12	0.11	0.11	0.11
H68	0.09	0.09	0.12	—
HSn70-1	0.10	0.11	0.12	—

表 10-3　拉拔棒材时平均摩擦系数

金属及合金	状　态	模子材料		
		钢	硬质合金	钻石
紫铜、黄铜	退火	0.08	0.07	0.06
	冷硬	0.07	0.06	0.05
青铜、白铜、镍及其合金	退火	0.07	0.06	0.05
	冷硬	0.06	0.05	0.04
铝	退火	0.11	0.10	0.09
	冷硬	0.10	0.09	0.08
硬铝	退火	0.09	0.08	0.07
	冷硬	0.08	0.07	0.06
锌及其合金		0.11	0.10	—
铅		0.15	0.12	—
钨、钼	600℃～900℃		0.25	0.20
钼	室温	—	0.15	0.12
钛及其合金	退火		0.10	
	室温		0.08	
锆	退火		0.11～0.13	
	冷硬		0.08～0.09	

10.1.6　拉拔方式对拉拔力的影响

生产实践证明,用游动芯头拉拔时的拉拔力较固定短芯头的要小 15% 左右。这主要是因为,在变形区内芯头的锥形表面与管内壁间形成狭窄的锥形缝隙可以建立起流体动力润滑条件(润滑楔效应),从而降低了芯头与管坯间的摩擦系数。流体动压力越大,则润滑效果越好。流体动压力的大小与润滑楔的角度、润滑剂性能、黏度以及拉拔速度等有关,润滑楔的角度越小、润滑剂的黏度越大及拉拔速度越高,则润滑楔效应越显著。

采用长芯棒拉拔时的拉拔力比游动芯头小 5%～10%,比固定短芯头拉拔小 25% 左右。这主要是因为拉拔过程中,芯棒作用在管内壁上的摩擦力的方向与拉拔方向一致,这个摩擦力成为使金属产生塑性变形所需要施加外力的一部分,从而使得通过拉拔小车施加在管夹头上的拉拔力明显减小。

10.1.7 反拉力对拉拔力的影响

反拉力对拉拔力的影响如图 10-8 所示。随着反拉力 Q 值的增加,模子所受到的压力 M_q 近似直线下降,拉拔力 P_q 逐渐增大。但是,在反拉力达到临界反拉力 Q_c 值之前,对拉拔力并无影响。

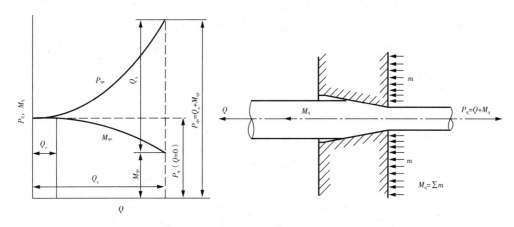

图 10-8 反拉力对拉拔力及模子压力的影响

临界反拉力值的大小主要与被拉拔材料的弹性极限和拉拔前的预先变形程度有关,而与该道次的加工率无关。弹性极限和预先变形程度越大,临界反拉应力也越大。利用这一点,将反拉应力值控制在临界反拉应力值范围之内,可以在不增大拉拔应力和不减小道次加工率的情况下,减小模子入口处金属对模壁的压力磨损,延长模子的使用寿命。这是因为,随着反拉力的增加,模子入口处的接触弹性变形区逐渐减小。与此同时,金属作用在模壁上的压力减小,继而使摩擦力也相应减小。摩擦力的减小值与此反拉力值相当,故拉拔力并不增加。但是,当反拉力值超过临界反拉力时,将改变变形区中的径向及轴向应力分布,使拉拔应力增大。

10.1.8 振动模具对拉拔力的影响

在拉拔时对拉拔工具(模子或芯头)施以振动,可显著地降低拉拔力,继而提高道次加工率。所用的振动频率分为声波($25\sim500\mathrm{Hz}$)与超声波($16\sim800\mathrm{kHz}$)两种。振动的方式有轴向、径向和周向。

通常认为,关于采用超声波振动能够降低拉拔力的原因有以下几方面:

(1)在高频振动下,拉拔应力的减小是由于变形区的变形抗力降低所引起的,其机理可解释为在晶格缺陷区吸收了振动能,继而使位错势能提高以及为了使这些位错移动所需要的剪切应力减小所致。

(2)在轴向振动下,当模子振动速度大于拉拔速度时,拉拔力的减小是由于模子和工件表面周期地脱开而使摩擦力减小(如图 10-9b 所示)。随着拉拔速度提高,此效应减小,并在一定条件下(拉拔速度与模子振动速度相等),由于模子与工件未脱离接触而消失。

(3)振动使得在某些瞬间模具相对于工件超前运动而产生一个促使工件运动的正向摩擦力,从而抵消了一部分摩擦阻力(如图 10-9b 所示)。由于这个摩擦只产生在模子定径带部位,故此作用是非常小的。

（4）模具与工件脱离接触使得润滑剂易于进入接触面（如图 10 - 9b 所示），从而提高了润滑效果，减小了摩擦。

（5）超声波振动导致工件温度升高，使得变形抗力下降。

（6）振动模接触表面对工件的频繁打击作用也可能是一个减小拉拔力的附加原因。

（7）有的作者研究认为，拉拔力的降低主要是由于模具振动而产生的冲击力所造成。在无超声波振动的时候，模子与工件完全接触（见图 10 - 9a）；当模子以超出工件拉拔速度向前振动时，模子与工件在变形区脱离接触，此时只有定径带与工件有接触（见图 10 - 9b）；当模子向回振动时，对工件产生一冲击力（见图 10 - 9c）。在一定的温度条件下，使工件金属产生塑性变形所需要施加的外力是不变的，当这个冲击力作用在工件上时，就会使所需要施加的外力减小，从而使拉拔力减小。

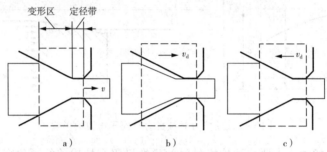

图 10 - 9　模具振动引起接触情况的变化

a)无超声波振动；b)振动产生脱离；c)振动产生冲击

10.2　拉拔力的理论计算

拉拔力的理论计算方法较多，有平均主应力法、滑移线法、上界法以及有限元法等，目前较为广泛应用的是平均主应力法。在这里，简要介绍几个利用平均主应力法推导拉拔力的计算方法。

10.2.1　棒材、线材拉拔力计算

1. 棒材、线材拉拔力计算式的推导

棒材、线材拉拔时的应力分析如图 10 - 10 所示。

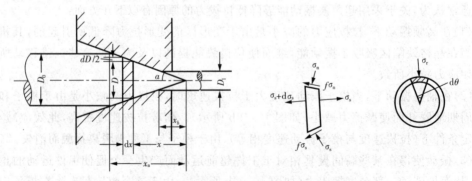

图 10 - 10　棒材、线材拉拔中的应力分析

在变形区内 x 方向上取一厚度为 $\mathrm{d}x$ 的单元体,并根据单元体上作用的 x 轴向应力分量,建立平衡微分方程式:

$$\frac{1}{4}\pi(\sigma_{lx}+\mathrm{d}\sigma_{lx})(D+\mathrm{d}D)^2=\frac{1}{4}\pi\sigma_{lx}D^2-\pi D\sigma_n(f+\tan\alpha)\mathrm{d}x \qquad (10-1)$$

整理,略去高阶微量得:

$$D\mathrm{d}\sigma_{lx}+2\sigma_{lx}\mathrm{d}D+2\sigma_n\left(\frac{f}{\tan\alpha}+1\right)\mathrm{d}D=0 \qquad (10-2)$$

当模角 α 与摩擦系数 f 很小时,在变形区内金属沿 x 方向变形均匀,可以认为 τ_k 值不大,采用近似塑性条件 $\sigma_{lx}-\sigma_n=\sigma_s$。

若将 σ_{lx} 与 σ_n 的代数值代入近似塑性条件式中得:

$$\sigma_{lx}+\sigma_n=\sigma_s \qquad (10-3)$$

将式(10-3)代入式(10-2),并设 $B=\frac{f}{\tan\alpha}$,则式(10-2)可变成:

$$\frac{\mathrm{d}\sigma_{lx}}{B\sigma_{lx}-(1+B)\sigma_s}=2\frac{\mathrm{d}D}{D} \qquad (10-4)$$

将式(10-4)积分:

$$\int\frac{\mathrm{d}\sigma_{lx}}{B\sigma_{lx}-(1+B)\sigma_s}=\int 2\frac{\mathrm{d}D}{D}$$

$$\frac{1}{B}\ln\left[B\sigma_{lx}-(1+B)\sigma_s\right]=2\ln D+C \qquad (10-5)$$

利用边界条件,当无反拉力时,在模子入口处 $D=D_0$,$\sigma_{lx}=0$。因此,$\sigma_n=\sigma_s$,将此条件代入式(10-5)得:

$$\frac{1}{B}\ln\left[-(1+B)\sigma_s\right]=2\ln D_0+C \qquad (10-6)$$

将式(10-5)与式(10-6)相减,整理后为

$$\frac{B\sigma_{lx}-(1+B)\sigma_s}{-(1+B)\sigma_s}=\left(\frac{D}{D_0}\right)^{2B} \qquad (10-7)$$

$$\frac{\sigma_{lx}}{\sigma_s}=\left[1-\left(\frac{D}{D_0}\right)^{2B}\right]\frac{1+B}{B}$$

在模子出口处,$D=D_1$,$\sigma_{lx}=\sigma_{l1}$,代入式(10-7)得:

$$\frac{\sigma_{l1}}{\sigma_s}=\frac{1+B}{B}\left[1-\left(\frac{D_1}{D_0}\right)^{2B}\right] \qquad (10-8)$$

则拉拔应力 $\sigma_L=(\sigma_{lx})_{D=D_1}=\sigma_{l1}$ 为

$$\sigma_L=\sigma_{l1}=\sigma_s\left(\frac{1+B}{B}\right)\left[1-\left(\frac{D_1}{D_0}\right)^{2B}\right] \qquad (10-9)$$

式中：σ_L——拉拔应力，即模孔出口处棒材断面上的轴向应力 σ_{11}；

　　　σ_s——金属材料的平均变形抗力，取拉拔前后材料的变形抗力平均值；

　　　B——参数；

　　　D_0——坯料的原始直径；

　　　D_1——拉拔棒材、线材出口直径。

2. 棒材、线材拉拔力计算式的修正

式(10-9)在推导过程中只考虑了模子锥面摩擦的影响，而没有考虑附加剪切变形所引起的剩余变形、模子定径带摩擦以及有反拉力作用时对拉拔应力的影响，为此，对式(10-9)提出以下修正。

(1)考虑附加剪切变形情况下的拉拔应力计算

如图10-11所示，假定在模孔内金属的变形区是以模锥顶点 O 为中心的两个球面 F_1 和 F_2，金属材料进入 F_1 球面时发生剪切变形，金属材料出 F_2 球面时也受到剪切变形，并向平行于轴线的方向移动，考虑到金属材料在两个球面受到剪切变形，在式(10-9)中应追加一项附加拉拔应力 σ'_L。

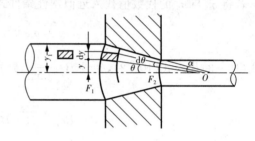

图 10-11　进出变形区的剪切变形示意图

在距离中心轴为 y 的点上，以 θ 角作为在模子入口处材料纵向纤维的方向变化，那么纯剪切变形 $\theta = \alpha y / y_1$，也可以近似地认为 $\tan\theta = \dfrac{y}{y_1}\tan\alpha$，剪切屈服强度为 τ_s，微小单元体 $\pi y_1^2 \cdot \mathrm{d}l$ 所受到的剪切功 W 为

$$W = \int_0^{y_1} 2\pi y \mathrm{d}y \cdot \tau_s \tan\theta \mathrm{d}l = \frac{2}{3}\tau_s \tan\alpha \pi y_1^2 \mathrm{d}l \qquad (10-10)$$

由于这个功等于轴向拉拔应力所做的功，

$$W = \sigma_L \cdot \pi y_1^2 \mathrm{d}l \qquad (10-11)$$

因此，由式(10-10)、式(10-11)可得：

$$\sigma_L = \frac{2}{3}\tau_s \tan\alpha \qquad (10-12)$$

金属在模子出口 F_2 处又转变为原来的方向，同时考虑到 $\tau_s = \sigma_s/\sqrt{3}$，则拉拔应力加上剪切变形而产生的附加修正值为

$$\sigma'_L = \frac{4\sigma_s}{3\sqrt{3}}\tan\alpha \qquad (10-13)$$

所以

$$\sigma_L = \sigma_s \left\{ \left(1 + \frac{1}{B}\right)\left[1 - \left(\frac{D_1}{D_0}\right)^{2B}\right] + \frac{4}{3\sqrt{3}}\tan\alpha \right\} \qquad (10-14)$$

（2）考虑有反拉力作用的拉拔应力计算

假设反拉应力为 $\sigma_q(<\sigma_s)$，利用边界条件，当 $D=D_0$，$\sigma_{lx}=\sigma_q$ 时，则 $\sigma_n=\sigma_s-\sigma_q$，将此条件代入式（10-5）可得：

$$\frac{1}{B}\ln\left[B\sigma_q-(1+B)\sigma_s\right]=2\ln D_0+C \qquad (10-15)$$

式（10-5）与式（10-15）相减，整理后为

$$\frac{B\sigma_{lx}-(1+B)\sigma_s}{B\sigma_q-(1+B)\sigma_s}=\left(\frac{D}{D_0}\right)^{2B}$$

$$\frac{\sigma_{lx}}{\sigma_s}=\frac{1+B}{B}\left[1-\left(\frac{D}{D_0}\right)^{2B}\right]+\frac{\sigma_q}{\sigma_s}\left(\frac{D}{D_0}\right)^{2B} \qquad (10-16)$$

当 $D=D_1$ 时，$\sigma_{lx}=\sigma_{l1}$，代入式（10-16）得：

$$\frac{\sigma_{l1}}{\sigma_s}=\frac{1+B}{B}\left[1-\left(\frac{D_1}{D_0}\right)^{2B}\right]+\frac{\sigma_q}{\sigma_s}\left(\frac{D_1}{D_0}\right)^{2B} \qquad (10-17)$$

则拉拔应力 $\sigma_L=(\sigma_{lx})_{D=D_1}=\sigma_{l1}$ 为

$$\sigma_L=\sigma_s\left(\frac{1+B}{B}\right)\left[1-\left(\frac{D_1}{D_0}\right)^{2B}\right]+\sigma_q\left(\frac{D_1}{D_0}\right)^{2B} \qquad (10-18)$$

（3）考虑定径带摩擦力作用的拉拔应力计算

在拉拔应力计算式（10-9）中，只是考虑了变形区出口断面处的拉拔应力，而没有考虑定径区摩擦力的影响，因此，按式（10-9）计算的拉拔应力比实际所需要的拉拔应力小。由于拉拔模定径带的长度比较短，金属在定径区的变形为弹性变形，摩擦系数也比较小，且计算定径区摩擦力时按弹性变形处理比较复杂，因此在实际工程计算中，通常忽略定径区的摩擦力，或者采用如下的近似处理方法。

① 把定径区部分金属的变形按塑性变形近似处理

从定径区取出单元体如图 10-12 所示，取轴向上微分平衡方程式：

$$(\sigma_x+\mathrm{d}\sigma_x)\cdot\frac{\pi}{4}D_1^2-\sigma_x\frac{\pi}{4}D_1^2-f\sigma_n\cdot\pi D_1\mathrm{d}x=0$$

$$\mathrm{d}\sigma_x\cdot\frac{\pi}{4}D_1^2=f\sigma_n\cdot\pi D_1\mathrm{d}x$$

$$\frac{D_1}{4}\mathrm{d}\sigma_x=f\sigma_n\mathrm{d}x \qquad (10-19)$$

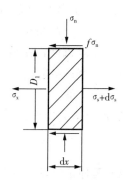

图 10-12 定径区微小

单元体的应力状态

采用近似塑性条件（与式（10-3）类似）

$$\sigma_x+\sigma_n=\sigma_s$$

并代入式（10-19）得：

$$\frac{D_1}{4}\mathrm{d}\sigma_x=f(\sigma_s-\sigma_x)\mathrm{d}x$$

$$\frac{\mathrm{d}\sigma_x}{\sigma_s - \sigma_x} = \frac{4f}{D_1}\mathrm{d}x \tag{10-20}$$

将式(10-20)在定径区($x=0$ 到 $x=l_d$)积分

$$\int_{\sigma_{11}}^{\sigma_L} \frac{\mathrm{d}\sigma_x}{\sigma_s - \sigma_x} = \int_0^{l_d} \frac{4f}{D_1}\mathrm{d}x \tag{10-21}$$

$$\ln\frac{\sigma_L - \sigma_s}{\sigma_{11} - \sigma_s} = -\frac{4f}{D_1}l_d$$

$$\frac{\sigma_L - \sigma_s}{\sigma_{11} - \sigma_s} = \mathrm{e}^{-\frac{4f}{D_1}l_d} \tag{10-22}$$

所以,

$$\sigma_L = (\sigma_{11} - \sigma_s)\mathrm{e}^{-\frac{4f}{D_1}l_d} + \sigma_s \tag{10-23}$$

式中:f——摩擦系数;

l_d——定径带长度。

② 按 С. И. 古布金算式近似计算

若按 С. И. 古布金考虑定径区摩擦力对拉拔力的影响,可将拉拔应力计算式(10-9)增加一项 σ_a,σ_a 值由经验算式求得为

$$\sigma_a = (0.1 \sim 0.2)f\frac{l_d}{D_1}\sigma_s \tag{10-24}$$

3. 其他棒材拉拔力计算式

(1)加夫里连柯算式

拉拔圆棒材

$$P = \sigma_{s均}(F_0 - F_1)(1 + f\mathrm{ctg}\alpha) \tag{10-25}$$

拉拔非圆棒材

$$P = \sigma_{s均}(F_0 - F_1)(1 + Af\mathrm{ctg}\alpha) \tag{10-26}$$

式中:$\sigma_{s均}$——拉拔前后金属材料屈服强度算术平均值,可取 $\sigma_{s均} \approx \sigma_{b均}$;

F_0、F_1——制品拉拔前后断面积;

A——非圆断面制品周长与等圆断面周长之比;

f——摩擦系数;

α——模角。

(2)彼得洛夫计算式

$$P = \sigma_{s均}F_1(1 + f\mathrm{ctg}\alpha)\ln\lambda \tag{10-27}$$

式中:λ—延伸系数,$\lambda = F_0/F_1$。

【例 10-1】 将退火的黄铜棒(平均变形抗力为 200MPa),由 ϕ11.6mm 拉到 ϕ9.0mm,模子采用硬质合金模,其摩擦系数为 0.07,模角为 8°,求拉拔力(实测拉拔力为 11760N)。

解 1 由于没有给出定径带长度,故按照没有考虑定径带摩擦力的式(10-14)进行计算。

本题中,已知 $\sigma_s = 200\text{MPa}, D_0 = 11.6\text{mm}, D_1 = 9\text{mm}, f = 0.07, \alpha = 8°$。

① 计算系数 B

$$B = f/\tan\alpha = 0.07/\tan 8 \approx 0.5$$

② 将有关数据代入式(10-14)中计算拉拔力 P

$$P = \sigma_L F_1 = 9930(\text{N})$$

解2 按照式(10-25)的加夫里连柯算式进行计算。

将有关参数代入式(10-25)中计算得:$P = 12600\text{N}$。

10.2.2 管材拉拔力计算

管材拉拔力计算式的推导方法与棒材、线材拉拔的基本相同。为了使计算式简化,有 3 个假设条件:拉拔管材壁厚不变;在一定范围内应力分布是均匀的;管材衬拉时的减壁段,其管坯内、外表面所受的法向压应力 σ_n 相等,摩擦系数 f 相同。推导过程仍然是首先对塑性变形区微小单元体建立微分平衡方程,然后采用近似塑性条件,利用边界条件推导出拉拔力计算式。下面仅对不同类型的拉拔力计算式做简要介绍。

1. 空拉管材

管材空拉时,所承受的外作用力主要是拉拔力 P、来自模壁方向的正压力 N 以及由此产生的摩擦力 T。在塑性变形区内取一微小单元体,其受力状态如图 10-13 所示。

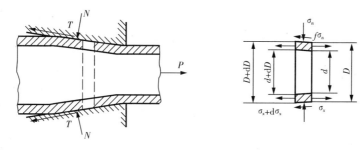

图 10-13 管材空拉时的受力状态

对微小单元体在轴向上建立微分平衡方程:

$$(\sigma_x + \mathrm{d}\sigma_x)\frac{\pi}{4}\left[(D+\mathrm{d}D)^2 - (d+\mathrm{d}D)^2\right]$$

$$-\sigma_x \frac{\pi}{4}(D^2 - d^2) + \frac{1}{2}\sigma_n \pi D\mathrm{d}D + \frac{f\sigma_n \pi D}{2\tan\alpha}\mathrm{d}D = 0$$

展开、简化并略去高阶微量,得:

$$(D^2 - d^2)\mathrm{d}\sigma_x + 2(D-d)\sigma_x \mathrm{d}D + 2\sigma_n D\mathrm{d}D + 2\sigma_n D\frac{f}{\tan\alpha}\mathrm{d}D = 0 \qquad (10-28)$$

式中:α——拉拔模的半模角。

引入塑性条件:

$$\sigma_x + \sigma_\theta = \sigma_s \qquad (10-29)$$

由图 10-14 可知,沿 r 方向建立平衡方程:

$$2\sigma_\theta \mathrm{S}\mathrm{d}x = \int_0^\pi \sigma_\mathrm{n} \cdot \frac{D}{2}\mathrm{d}\theta \mathrm{d}x \sin\theta$$

可简化为

$$\sigma_\theta = \frac{D}{D-d}\sigma_\mathrm{n} \qquad (10-30)$$

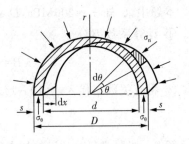

图 10-14 σ_θ 与 σ_n 的关系

将式(10-28)、式(10-29)、式(10-30)引入 $B=f/\tan\alpha$,利用边界条件求解得:

$$\frac{\sigma_{x1}}{\sigma_\mathrm{s}} = \frac{1+B}{B}\left(1-\frac{1}{\lambda^B}\right) \qquad (10-31)$$

式中:λ——管材拉拔延伸系数。

由于定径区摩擦力的作用,在模孔出口管材断面上的拉拔应力 σ_L 要比减径区(塑性变形区)出口管坯断面上的 σ_{x1} 大一些。用与棒材、线材求解相同的方法,在定径区取一微小单元体建立平衡微分方程,就可求得管材空拉时模孔出口处管材断面上的拉拔应力 σ_L,即

$$\frac{\sigma_\mathrm{L}}{\sigma_\mathrm{s}} = 1 - \frac{1-\dfrac{\sigma_{x1}}{\sigma_\mathrm{s}}}{\mathrm{e}^{c_1}} \qquad (10-32)$$

其中,

$$c_1 = \frac{2fl_\mathrm{d}}{D_\mathrm{b}-S}$$

式中:f——摩擦系数;

l_d——模子定径区长度;

D_b——模子定径区直径;

S——管材壁厚。

则拉拔力为

$$P = \sigma_\mathrm{L} \cdot \frac{\pi}{4}(D_1^2 - d_1^2) \qquad (10-33)$$

式中:D_1、d_1——拉拔后的管材外径和内径。

【例 10-2】 退火紫铜管(平均变形抗力为 289MPa),由 $\phi 25 \times 3\mathrm{mm}$ 空拉到 $\phi 19.9 \times 3.15\mathrm{mm}$,模子定径带直径为 20mm,定径带长度为 2mm,模角 $\alpha = 9°$,求拉拔力(实测拉拔力为 18.13kN)。

解 本题中已知 $\sigma_\mathrm{s} = 289\mathrm{MPa}$,$D_0 = 25\mathrm{mm}$,$D_\mathrm{b} = 20\mathrm{mm}$,$D_1 = 19.9\mathrm{mm}$,$S_0 = 3\mathrm{mm}$,$S_1 = 3.15\mathrm{mm}$,$l_\mathrm{d} = 2\mathrm{mm}$。

① 计算空拉延伸系数

$$\lambda = F_0/F_1 = 1.25$$

② 按照式(10-31)计算 $\sigma_{x1}/\sigma_\mathrm{s}$

取摩擦系数为 0.12,则 $B \approx 0.758$,代入式(10-31)中计算得:$\sigma_{x1}/\sigma_\mathrm{s} = 0.36$。

③ 计算拉拔应力 σ_L

将有关数据代入式(10-32)中,计算得:$\sigma_L = 0.378\sigma_s$。

④ 计算拉拔力

将有关数据代入式(10-33)中,计算得:$P = 18.1$kN。

2. 衬拉管材

衬拉管材时,塑性变形区可分为减径段和减壁段。对于减径段的拉应力可采用空拉时的式(10-31)计算,现在关键的问题是计算减壁段的拉应力。对于减壁段来说,减径段终了时管坯断面上的拉应力,相当于反拉力的作用。

(1)固定短芯头拉拔

如图 10-15 所示,减径段出口 b 断面上的拉应力 σ_{x2} 可按式(10-31)计算,而其中的延伸系数 λ,此时是指减径段(a—b)的延伸系数 λ_{ab},可用下式计算:

$$\lambda_{ab} = F_0/F_2 = (D_0 - S_0)S_0/(D_2 - S_2)S_2 \tag{10-34}$$

式中:D_0、S_0——管坯的外径、壁厚;

$\quad\quad D_2$、S_2——减径段出口断面管坯的外径、壁厚。

在减壁段(b—c),管坯的变形特点是内径保持不变,外径和壁厚逐渐减小。为了简化推导,设管坯内、外表面所受的法向压应力 σ_n 相等,摩擦系数 f 相同。

按照图 10-15 中所取的微小单元体建立微分平衡方程:

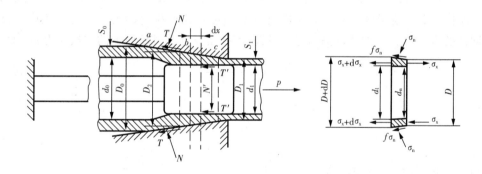

图 10-15　固定短芯头拉拔时的受力状态

$$(\sigma_x + d\sigma_x)\frac{\pi}{4}\left[(D+dD)^2 - d_1^2\right] - \sigma_x\frac{\pi}{4}(D^2 - d_1^2)$$

$$+ \frac{\pi}{2}D\sigma_n dD + \frac{f}{2\tan\alpha}\pi D\sigma_n dD + \frac{f}{2\tan\alpha}\pi d_1\sigma_n dD = 0$$

整理后得:

$$2\sigma_x DdD + (D^2 - d_1^2)d\sigma_x + 2\sigma_n DdD + \frac{2f}{\tan\alpha}\sigma_n(D + d_1)dD = 0 \tag{10-35}$$

代入塑性条件 $\sigma_x + \sigma_n = \sigma_s$,整理后得:

$$(D^2 - d_1^2)d\sigma_x + 2D\left\{\sigma_s\left[1 + \left(1 + \frac{d_1}{D}\right)\frac{f}{\tan\alpha}\right] - \sigma_x \times \left(1 + \frac{d_1}{D}\right)\frac{f}{\tan\alpha}\right\}dD = 0 \tag{10-36}$$

用减壁区的平均直径 $\overline{D}$ 代替微小单元体的直径 D,引入符号 $B=f/\tan\alpha$,将式(10-36)积分并代入边界条件得:

$$\frac{\sigma_{x1}}{\sigma_s}=\frac{1+\left(1+\dfrac{d_1}{\overline{D}}\right)B}{\left(1+\dfrac{d_1}{\overline{D}}\right)B}\left[1-\left(\frac{D_1^2-d_1^2}{D_2^2-d_2^2}\right)^{\left(1+\frac{d_1}{\overline{D}}\right)B}\right]+\frac{\sigma_{x2}}{\sigma_s}\times\left(\frac{D_1^2-d_1^2}{D_2^2-d_2^2}\right)^{\left(1+\frac{d_1}{\overline{D}}\right)B} \tag{10-37}$$

其中,

$$\overline{D}=\frac{1}{2}(D_2+D_1)$$

式中:$\dfrac{D_1^2-d_1^2}{D_2^2-d_2^2}$——减壁段延伸系数 λ_{bc} 的倒数,即 $1/\lambda_{bc}$;

D_2、d_2——减壁段入口(减径段出口)处管坯断面的外径、内径;

D_1、d_1——减壁段出口处管坯断面的外径、内径,其中 D_1 等于拉拔模定径区直径,$d_1=d_2=$ 芯头直径。

在这里设 $A=\left(1+\dfrac{d_1}{\overline{D}}\right)B$,并代入式(10-37)得:

$$\frac{\sigma_L}{\sigma_s}=\frac{1+A}{A}\left[1-\left(\frac{1}{\lambda_{bc}}\right)^A\right]+\frac{\sigma_{x2}}{\sigma_s}\left(\frac{1}{\lambda_{bc}}\right)^A \tag{10-38}$$

固定短芯头拉拔时,在定径区,除了外表面与模子定径带有摩擦外,其内表面与芯头之间也有摩擦,因此,定径区摩擦力对拉拔应力 σ_L 的影响比空拉时的大。用与上述棒材、线材拉拔同样的方法,也可求得固定短芯头拉拔时模孔出口处管材断面上的拉拔应力 σ_L,即

$$\frac{\sigma_l}{\sigma_s}=1-\frac{1-\sigma_{x1}/\sigma_s}{e^{c_2}} \tag{10-39}$$

其中,

$$c_2=\frac{4fl_d}{D_1-d_1}=\frac{2fl_d}{S_1}$$

式中:f——模子定径区摩擦系数;

l_d——模子定径带长度;

D_1——模子定径区直径;

d_1——拉拔芯头直径;

S_1——拉拔管材的壁厚。

【例10-3】 将退火的 $\phi30\times2.0$mmH62 黄铜管,采用固定短芯头拉拔到 $\phi27.2\times1.6$mm,模角 $\alpha=12°$,定径带长度 $l_d=2.0$mm,摩擦系数 $f=0.12$,求拉拔力。

解 ① 确定 a、b、c 各断面的坯料尺寸

假定减径段的壁厚不变,$D_0=30$mm,$d_0=26$mm,$S_0=2.0$mm;$D_1=27.2$mm,$d_1=24$mm,$S_1=1.6$mm;$D_2=d_1+2S_0=28$mm,$d_2=d_1=24$mm,$S_2=2.0$mm。

② 计算各段延伸系数

ab 段延伸系数:$\lambda_{ab}=F_0/F_2=1.08$;

bc 段延伸系数:$\lambda_{bc}=F_2/F_1=1.27$。

③ 计算有关系数

$$B = 0.12/\tan 12 = 0.566$$

$$A = [1 + 24/(14 + 13.6)] \times 0.566 = 1.06$$

$$c_2 = (2 \times 0.12 \times 2) \div 1.6 = 0.3$$

④ 计算各段上的拉拔应力

在 ab 段作用在 b 断面上的拉拔应力 σ_{x2} 按空拉管材时的算式计算。将有关数据代入式(10-31)中计算得:

$$\sigma_{x2}/\sigma_s = 0.11$$

在 bc 段作用在 c 断面上的拉拔应力 σ_{x1} 可根据式(10-38)进行计算。将有关数据代入式(10-38)中计算得:

$$\sigma_{x1}/\sigma_s = 0.52$$

⑤ 计算出该道次平均加工硬化程度 $\varepsilon_{均}$

$$
\begin{aligned}
\varepsilon_{均} &= (\varepsilon_r + \varepsilon_{ch})/2 \\
&= [0 + ((28-2) \times 2 - (27.2-1.6) \times 1.6) \div (30-2) \times 2] \div 2 \\
&= 15\%
\end{aligned}
$$

查 H62 黄铜硬化曲线得 $\sigma_s = 411.9\text{MPa}$。

⑥ 计算拉拔应力

将有关数据代入式(10-39)中计算得:

$$\sigma_L/\sigma_s = 0.65$$

则

$$\sigma_L = 411.9 \times 0.65 = 267.7\text{MPa}$$

⑦ 计算拉拔力

$$P = \sigma_L \pi (D_1 - S_1) \times S_1 = 34.448\text{kN}$$

(2)游动芯头拉拔

游动芯头拉拔时的受力状况如图 10-16 所示,它与固定短芯头拉拔的主要区别在于,减壁段($b-c$)外表面的法向压力 N_1 与内表面的法向压力 N_2 的水平分力的方向相反,在拉拔过程中,芯头将在一定范围内移动。下面,按芯头在前极限位置来推导游动芯头拉拔时的拉拔力计算方法。

减径段($a-b$)的拉应力计算与固定短芯头拉拔完全一样,其出口 b 断面上的拉拔应力 σ_{x2} 可按照式(10-31)计算,只需将其中的 σ_{x1} 换成 σ_{x2} 就可以了。

对于减壁段($b-c$),取一微小单元体,列出微分平衡方程:

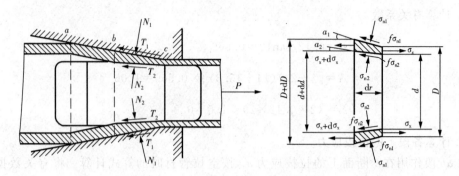

图 10-16　游动芯头拉拔时的受力状况

$$\sigma_{n1} \cdot \frac{\pi}{4}\left[(D+dD)^2-D^2\right]-\sigma_{n2} \cdot \frac{\pi}{4}\left[(d+dd)^2-d^2\right]$$

$$+f_1\sigma_{n1}\pi Ddx+f_2\sigma_{n2}\pi ddx-\sigma_x \cdot \frac{\pi}{4}(D^2-d^2) \qquad (10-40)$$

$$+(\sigma_x+d\sigma_x) \cdot \frac{\pi}{4}\left[(D+dD)^2-(d+dd)^2\right]=0$$

假设管坯减壁段内、外表面上的法向应力和摩擦系数都相等，即 $\sigma_{n1}=\sigma_{n2}$、$f_1=f_2$，并且将塑性条件 $\sigma_n=\sigma_s-\sigma_x$、$dx=dD/2\tan\alpha_1$、$dd=dD\tan\alpha_2/\tan\alpha_1$、$B=f/\tan\alpha_2$ 代入上式，略去高阶微量后得：

$$(D^2-d^2)d\sigma_x+2\sigma_s\left[D+(D-d)B-d \cdot \frac{\tan\alpha_2}{\tan\alpha_1}\right]dD-2\sigma_x(D+d)BdD=0 \qquad (10-41)$$

如果将式(10-41)与固定短芯头拉拔时的式(10-36)比较，发现两式很相似，区别仅在于增加了 $d \cdot \tan\alpha_2/\tan\alpha_1$ 项，同时式(10-36)中的常量 d_1 在式(10-41)中是变量 d。如果以减壁段的内径平均值 $d_{均}=(d_2+d_1)/2$ 代替 d，则用固定短芯头相同的计算方法，可以得到减壁段终了断面上的拉应力计算式：

$$\frac{\sigma_{x1}}{\sigma_s}=\frac{1+A-C}{A}\left[1-\left(\frac{1}{\lambda_{bc}}\right)^A\right]+\frac{\sigma_{x2}}{\sigma_s}\left(\frac{1}{\lambda_{bc}}\right)^A \qquad (10-42)$$

其中，

$$A=(1+d_{均}/D_{均})B$$

$$d_{均}=(d_2+d_1)/2$$

$$D_{均}=(D_2+D_1)/2$$

$$B=f/\tan\alpha_2$$

$$C=(d_{均}/D_{均})(\tan\alpha_2/\tan\alpha_1)$$

式中：α_1——模角；

α_2——芯头锥角。

考虑了定径区摩擦力的影响后得：

$$\frac{\sigma_L}{\sigma_s}=1-\frac{1-\sigma_{x1}/\sigma_s}{e^{c_2}} \tag{10-43}$$

式中符号的意义同前。

【例 10-4】 将退火的 $\phi 28.3\times1.32$ mm H68 黄铜管,用游动芯头拉拔到 $\phi 25\times1.0$ mm。模角 $\alpha=12°$,$f_1=f_2=0.1$,$\sigma_s=470$ MPa,计算拉拔力(实测拉拔力为 28kN)。

解 模子定径带长度取 $l_d=2$ mm,芯头锥角一般比模角小 3°,即 $\alpha_2=9°$。

① 确定 a、b、c 各断面的坯料尺寸,假定减径段的壁厚不变,$D_0=28.3$ mm,$d_0=25.66$ mm,$S_0=1.32$ mm,$D_1=25$ mm,$d_1=23$ mm,$S_1=1$ mm,$D_2=d_1+2S_0=25.64$ mm,$d_2=d_1=23$ mm,$S_2=1.32$ mm。

② 计算各段延伸系数

减径段 ab 段延伸系数:$\lambda_{ab}=1.11$;

减壁段 bc 段延伸系数:$\lambda_{bc}=1.334$。

③ 计算有关系数

$$B=0.1/\tan12=0.47$$

$$A=[1+23/25.32]\times0.47=0.897$$

$$C=(23/25.32)(\tan9/\tan12)=0.716$$

$$c_2=2\times0.1\times2\div1=0.4$$

④ 计算各段上的拉拔应力

在 ab 段作用于 b 断面上的拉拔应力 σ_{x2} 按空拉管材时的算式计算。将有关数据代入式(10-31)中计算得:

$$\sigma_{x2}/\sigma_s=0.15$$

在 bc 段作用于 c 断面上的拉拔应力 σ_{x1} 可根据式(10-42)进行计算。将有关数据代入式(10-42)中计算得:

$$\sigma_{x1}/\sigma_s=0.496$$

⑤ 计算拉拔应力

将有关数据代入式(10-43)中计算得:

$$\sigma_L/\sigma_s=0.662$$

则

$$\sigma_L=470\times0.662=311.14\text{MPa}$$

⑥ 计算拉拔力

$$P=\sigma_L\pi(D_1-S_1)\times S_1=23.45\text{kN}$$

3. 常用管材拉拔力计算式

拉拔力计算的关键是确定管材出模孔断面上的拉拔应力。目前,可用于计算拉拔应力的算式较多,这里推荐几个常用的计算式。

(1)空拉管材时的拉拔应力 $\sigma_{空拉}$ 计算

① И. Л. 别尔林算式

该算式考虑了弹性变形区对拉拔应力的影响,计算结果比较准确,但计算过程较复杂,建议在冷拔管机设计、拉拔直径较大($\geqslant 50\text{mm}$)的管材时采用。

$$\sigma_{空拉} = 1.15\sigma_P \frac{a+1}{a}\left[1-\left(\frac{D_{1P}}{D_{0P}}\right)^a\right] + \sigma_弹\left(\frac{D_{1P}}{D_{0P}}\right)^a \tag{10-44}$$

其中,

$$a = \frac{1+\mu\cot\alpha'}{1-\mu\tan\alpha'} - 1$$

$$\tan\alpha' = \frac{(D_0 - D_1)\tan\alpha}{(D_0 - D_1) + 2l_1\tan\alpha}$$

式中:α'——换算角;

μ——金属与模子间的摩擦系数;

D_0、D_1——拉拔前、后的管子外径;

D_{0P}——管坯的中性直径,$D_{0P} = d_0 + t_0$;

D_{1P}——拉拔后的管材中性直径,$D_{1P} = d_1 + t_1$;

d_0、d_1——拉拔前、后的管子内径;

t_0、t_1——拉拔前、后的管子壁厚;

α——拉拔模半锥角;

l_1——拉拔模工作带长度,一般取 $l_1 = 1.5t_1$;

σ_P——拉拔前后金属的平均屈服强度,$\sigma_P = (\sigma_{S_0} + \sigma_成)/2$;

σ_{S_0}——管坯的屈服强度;

$\sigma_成$——拉拔后的管材屈服强度;

$\sigma_弹$——作用在塑性与弹性变形区边界上的应力(如有反拉力则等于反拉力),等于管坯的弹性极限。

拉拔后的管材屈服强度 $\sigma_成$ 可根据材料屈服强度 $\sigma_{0.2}$ 与变形程度 ε 的关系曲线来确定。部分铝合金材料的屈服强度与变形程度的关系见图 10-17 所示。

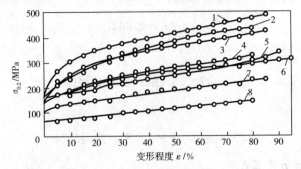

图 10-17 材料屈服强度与变形程度的关系

1—5A06;2—5A05;3—7A04;4—2A12;5—2A11、5A03;6—5A02;7—3A21;8—1A30

② Л. Е. 阿利舍夫斯基算式

$$\sigma_{空拉}=1.2\sigma_P\varepsilon_d\omega \tag{10-45}$$

式中：ε_d——直径减缩率，$\varepsilon_d=\dfrac{D_0-D_1}{D_0}\times100\%$；

ω——系数，$\omega=\dfrac{\tan\alpha+\mu}{(1-\mu\tan\alpha)\tan\alpha}$，可从表 10-4 所示中查得。

表 10-4 Л. Е. 阿利舍夫斯基算式中的 ω 值

μ	α															
	6°	6.5°	7°	7.5°	8°	8.5°	9°	9.5°	10°	10.5°	11°	11.5°	12°	12.5°	13°	14°	15°
0.02	1.191	1.174	1.166	1.155	1.145	1.136	1.131	1.123	1.117	1.112	1.107	1.103	1.098	1.094	1.091	1.085	1.080
0.04	1.389	1.362	1.334	1.310	1.292	1.282	1.260	1.247	1.235	1.225	1.215	1.206	1.198	1.194	1.184	1.172	1.161
0.06	1.588	1.539	1.499	1.467	1.439	1.420	1.392	1.372	1.354	1.338	1.324	1.310	1.298	1.287	1.277	1.259	1.243
0.08	1.776	1.716	1.667	1.623	1.593	1.553	1.524	1.497	1.474	1.452	1.433	1.421	1.400	1.385	1.372	1.347	1.326
0.10	2.170	1.900	1.837	1.782	1.737	1.693	1.657	1.624	1.606	1.568	1.544	1.522	1.503	1.484	1.466	1.437	1.411
0.12	2.436	2.088	2.006	1.942	1.886	1.842	1.791	1.751	1.722	1.684	1.657	1.629	1.605	1.583	1.563	1.527	1.495
0.14	2.754	2.267	2.177	2.102	2.037	1.977	1.926	1.880	1.840	1.802	1.786	1.743	1.709	1.682	1.660	1.618	1.581
0.16	3.047	2.446	2.350	2.262	2.188	2.121	2.062	2.007	1.963	1.921	1.882	1.846	1.814	1.785	1.758	1.710	1.669
0.18	3.354	2.633	2.521	2.425	2.339	2.264	2.198	2.139	2.087	2.039	1.996	1.957	1.924	1.887	1.856	1.803	1.756
0.20	3.676	2.828	2.696	2.593	2.492	2.410	2.336	2.271	2.212	2.159	2.111	2.067	2.026	1.990	1.956	1.896	1.845

③ M. M. 别伦什泰因经验式

$$\sigma_{空拉}=0.105\left(1-\sin\frac{\alpha}{2}\right)\times(1+\mu)\sigma_P\sqrt{\varepsilon_d} \tag{10-46}$$

(2)固定短芯头拉拔时的拉拔应力 $\sigma_{拉短}$ 计算

① И. Л. 别尔林算式

$$\sigma_{拉短}=1.1\sigma''\left(1+\frac{\tan\alpha'}{A_1\mu}\right)\left[1-\left(\frac{F_1}{F_0'}\right)^{\frac{A_1\mu}{\tan\alpha}}\right]+\sigma_{拉空}\left(\frac{F_1}{F_0'}\right)^{\frac{A_1\mu}{\tan\alpha}} \tag{10-47}$$

其中，

$$A_1=1+\frac{d_1\cos\alpha'}{d_1+t_0+t_1}$$

$$\frac{F_1}{F_0'}=\frac{(d_1+t_1)t_1}{(d_1+t_0)t_0}$$

$$\sigma''=\frac{\sigma_{空}+\sigma_{成}}{2}$$

式中：d_1——拉拔后的管材内径；

t_0——管坯壁厚；

t_1——管材壁厚；

σ''——从空拉段到成品金属的平均屈服强度；

$\sigma_{拉空}$——按照式（10-44）计算出的在空拉段出口断面上的拉应力，$\sigma_{拉空}=\sigma_{空}$。

② B. A. 柯奇金算式

$$\sigma_{拉短}=\sigma_P\times\ln\frac{F_0}{F_1}\left(1+\frac{\mu}{\sin\alpha\cos\alpha}+\frac{\mu}{\tan\alpha}\right) \qquad (10-48)$$

式中：F_0——拉拔前管坯的横断面积；

F_1——拉拔后管材的横断面积。

③ Л. E. 阿利舍夫斯基算式

$$\sigma_{拉短}=1.05\sigma_P\varepsilon\omega_1 \qquad (10-49)$$

式中：ε——断面减缩率，$\varepsilon=\dfrac{F_0-F_1}{F_0}\times100\%$；

ω_1——系数，$\omega_1=\omega+C\dfrac{\mu}{\tan\alpha}$；

C——管坯平均半径与拉拔后管材平均半径的比值。

式（10-49）中的 $\mu/\tan\alpha$ 的值，可从表 10-5 所示中查得。

表 10-5 Л. E. 阿利舍夫斯基算式中的 $\mu/\tan\alpha$ 值

α	μ									
	0.02	0.04	0.06	0.08	0.10	0.12	0.14	0.16	0.18	0.20
1°	1.143	2.286	3.429	4.572	5.715	6.858	8.001	9.144	10.287	11.430
2°	0.573	1.146	1.719	2.292	2.865	3.438	4.011	4.584	5.157	5.730
3°	0.381	0.762	1.143	1.542	1.905	2.286	2.667	3.048	3.429	3.810
4°	0.286	0.572	0.858	1.144	1.430	1.716	2.002	2.288	2.574	2.860
5°	0.228	0.456	0.684	0.912	1.140	1.368	1.596	1.824	2.052	2.280
6°	0.191	0.382	0.573	0.764	0.955	1.146	1.337	1.528	1.719	1.910
7°	0.163	0.326	0.489	0.652	0.815	0.978	1.141	1.304	1.467	1.630
8°	0.142	0.284	0.426	0.568	0.710	0.852	0.994	1.136	1.278	1.420
9°	0.126	0.252	0.378	0.504	0.630	0.756	0.882	1.008	1.134	1.260
10°	0.114	0.228	0.342	0.456	0.570	0.684	0.798	0.912	1.026	1.140
11°	0.103	0.206	0.309	0.412	0.515	0.618	0.721	0.824	0.927	1.030
12°	0.094	0.188	0.282	0.376	0.470	0.564	0.658	0.752	0.846	0.940
13°	0.087	0.174	0.261	0.348	0.435	0.522	0.609	0.696	0.783	0.870
14°	0.080	0.160	0.240	0.320	0.400	0.480	0.560	0.640	0.720	0.800
15°	0.074	0.148	0.222	0.296	0.370	0.444	0.518	0.592	0.666	0.740

（3）长芯棒拉拔时的拉拔应力 $\sigma_{拉长}$ 计算

① M. M. 别伦什泰因算式

$$\sigma_{拉长} = 0.145\left(1 - \sin\frac{\alpha}{2}\right) \times (1+\mu)\sigma_P\sqrt{\varepsilon} \tag{10-50}$$

式中：ε——断面减缩率，$\varepsilon = \dfrac{F_0 - F_1}{F_0} \times 100\%$。

② 叶麦尔亚涅恩科算式

$$\sigma_{拉长} = 1.75\sigma_P\varepsilon\omega_2 \tag{10-51}$$

式中：ω_2——系数，$\omega_2 = \omega - C\dfrac{\mu}{\tan\alpha}$。

（4）游动芯头拉拔时的拉拔应力 $\sigma_{拉游}$ 计算

游动芯头拉拔过程的变化因素较多，计算拉拔力比较麻烦，需要分段进行计算。

① 弹塑性变形区边界上的拉应力 σ_0 计算

$$\sigma_0 = (0.14 \sim 0.30)\sigma_{S_0} \tag{10-52}$$

式中：σ_{S_0}——拉拔前管坯的屈服强度。

② 空拉区终了断面上的拉应力 σ_1 计算

$$\sigma_1 = \beta\overline{\sigma_{S_1}}\frac{\omega}{\omega-1}\left[1 - \left(\frac{\overline{D_1}}{\overline{D_0}}\right)^{\omega-1}\right] + \sigma_0\left(\frac{\overline{D_1}}{\overline{D_0}}\right)^{\omega-1} \tag{10-53}$$

其中，

$$\omega = \frac{\tan\alpha + \mu_1}{(1 - \mu_1\tan\alpha)\tan\alpha}$$

$$d' = \sqrt{d\left(d + \frac{N_1}{N_2}l\frac{4\mu\tan\alpha_1}{\tan\alpha_1 - \mu}\right)}$$

式中：ω——系数，根据 μ_1、α 确定 ω 的值，可由表 10-1 直接查得；

　　　$\overline{D_0}$——1 区开始断面管坯的中性直径，$\overline{D_0} = D_0 - S_0$；

　　　$\overline{D_1}$——1 区终了断面管坯的中性直径，$\overline{D_1} = d' + S_1$；

　　　D_0、S_0——1 区开始断面管坯的外径和壁厚；

　　　d'、S_1——1 区终了断面管坯的外径和壁厚，其中 $S_1 = S_0/\cos\alpha$；

　　　α——拉拔模锥面斜角；

　　　α_1——芯头锥面与轴线的夹角；

　　　d——芯头定径圆柱段直径；

　　　l——芯头定径圆柱段长度；

　　　μ——芯头与管坯接触表面的摩擦系数；

　　　N_1、N_2——芯头在变形区内正压力；

　　　μ_1——管坯与拉拔模接触表面的摩擦系数；

β——考虑中间主应力数值影响的系数，取 $\beta=1.155$；

$\overline{\sigma_{S_1}}$——1 区开始和最终断面管坯屈服强度的平均值，$\overline{\sigma_{S_1}}=\dfrac{1}{2}(\sigma_{S_0}+\sigma_{S_1})$；

σ_{S_1}——1 区终了处管坯的屈服强度。

③ 减径区终了断面上的拉应力 σ_2 计算

$$\sigma_2=1.1\,\overline{\sigma_{S_2}}\frac{\omega_1}{\omega_1-A}\left[1-\left(\frac{F_2}{F_1}\right)^{\frac{\omega_1}{A}-1}\right]+\sigma_1\left(\frac{F_2}{F_1}\right)^{\frac{\omega_1}{A}-1} \qquad (10-54)$$

其中，

$$\omega_1=\frac{\psi(\mu_1+\tan\alpha)+(\mu_2-\tan\alpha_1)}{\psi\tan\alpha-\mu_1\tan\alpha_1}$$

$$\psi=\frac{d'+2S_1}{d'}$$

$$A=1-\frac{\mu_1\tan\alpha-\mu_2\tan\alpha_1}{2}$$

式中：$\overline{\sigma_{S_2}}$——2 区开始（1 区终了）和终了处管坯的平均屈服强度，$\overline{\sigma_{S_2}}=(\sigma_{S_1}+\sigma_{S_2})/2$；

σ_{S_2}——2 区终了处管坯的屈服强度；

ω_1——系数；

ψ——系数；

A——系数；

μ_2——管坯与芯头接触表面的摩擦系数；

F_1、F_2——2 区开始和终了断面管坯的断面积。

④ 减壁区终了断面上的拉应力 σ_3 计算

$$\sigma_3=1.1\,\overline{\sigma_{S_3}}\frac{\omega_2}{\omega_2-1}\left[1-\left(\frac{F_3}{F_2}\right)^{\omega_2-1}\right]+\sigma_2\left(\frac{F_3}{F_2}\right)^{\omega_2-1} \qquad (10-55)$$

其中，

$$\omega_2=\frac{\mu_1+\tan\alpha}{(1-\mu_1\tan\alpha)\tan\alpha}+\frac{\mu_2}{\tan\alpha}\times\frac{d}{D}$$

式中：$\overline{\sigma_{S_3}}$——3 区开始（2 区终了）和终了处管坯的平均屈服强度，$\overline{\sigma_{S_3}}=(\sigma_{S_2}+\sigma_{S_3})/2$；

ω_2——系数；

σ_{S_3}——3 区终了处管坯的屈服强度；

F_3——3 区终了处管坯断面积；

d、D——拉拔后管材的内径和外径。

根据 α、μ_1、μ_2 确定 $\dfrac{\mu_1+\tan\alpha}{(1-\mu_1\tan\alpha)\tan\alpha}$、$\dfrac{\mu_2}{\tan\alpha}$ 的值，可由表 10-4、表 10-5 所示直接查得，然后计算出 ω_2 的值。

⑤ 出模孔断面上的拉应力 σ_4 计算

$$\sigma_4 = 1.1\sigma_{s_4}(1 - e^{-4l\frac{D\mu_1 + d\mu_2}{D^2 - d^2}}) + \sigma_3 e^{-4l\frac{D\mu_1 + d\mu_2}{D^2 - d^2}} \tag{10-56}$$

式中:σ_{s_4}——4 区终了处管材的屈服强度。由于变形金属从减壁区(3 区)出来即进入定径区 (4 区),这时金属基本上不再发生塑性变形,只产生弹性变形,因此,可以认为 其强度不再发生变化,故 $\sigma_{s_4} = \sigma_{s_3}$。

上述每一步计算过程中管坯的屈服强度,可通过计算变形量的大小,然后按图 10-17 所示来确定。

(5)游动芯头拉拔时拉拔应力 $\sigma_{拉游}$ 的简化计算

$$\sigma_{拉游} = 1.6\sigma_P\omega_1\ln\lambda \tag{10-57}$$

其中,

$$\sigma_P = (\sigma_{s_0} + \sigma_{成})/2$$

$$\omega_1 = \frac{\tan\alpha + \mu}{(1 - \mu\tan\alpha)\tan\alpha} + \frac{d_1}{d} \times \frac{\mu_1}{\tan\alpha}$$

式中:σ_P——拉拔前后金属的平均屈服强度;

λ——延伸系数;

ω_1——系数;

μ、μ_1——管材与拉拔模和芯头表面的摩擦系数;

α——拉拔模角;

d_1、d——拉拔后管材的内径、外径。

思 考 题

1. 影响拉拔力大小的主要因素有哪些? 各是如何影响的?

2. 试解释模角大小变化对拉拔力的影响。

3. 什么是临界反拉力? 增加反拉力为什么对拉拔力无影响?

4. 为什么要采用带反拉力进行拉拔?

5. 试解释对模具沿拉拔方向施加以振动能减小拉拔力的主要原因。

第11章 拉拔设备及工具

11.1 拉拔设备简介

11.1.1 管棒材拉拔机

管棒材拉拔机有多种形式,按照拉出制品的形式分为直线拉拔机和圆盘拉拔机两大类。直线拉拔机有链式拉拔机、液压拉拔机和连续拉拔矫直机列等主要结构形式。圆盘拉拔机有卧式、正立式和倒立式等结构形式。目前应用最广泛的是链式拉拔机,比较先进的是液压拉拔机、连续拉拔矫直机列和倒立式圆盘管材拉拔机。

1. 链式拉拔机

链式拉拔机的结构简单,适应性强,在同一台设备上只需要更换模具就可以拉拔不同规格的管材、棒材、型材,且操作过程简单、快捷。根据链条数目的不同可将链式拉拔机分为单链式拉拔机和双链式拉拔机,最常用的是单链式拉拔机。

(1)单链式拉拔机

单链式拉拔机的结构比双链式简单,但其卸料不太方便,常用的卸料方式有人工卸料和拨料杆拨料两种方式。人工卸料一般用于小型拉拔机,在制品拉拔完毕、拉拔小车脱钩、钳口自动张开的一瞬间由人工将制品放入料架中,工人劳动强度较大。采用拨料杆拨料时,拨料杆的位置平时与拉拔机轴线平行,拉拔时逐一地在拉拔小车后面转动90°与制品垂直处于接料状态,拉拔完毕,制品落在拨料杆上被拨入拉拔机旁的料架中。

图 11-1 所示的是一台用于拉拔管材的单链式拉拔机的结构示意图。在机架 4 的一端安装有模座 9 和从动链轮 8,而在另一端有主动链轮 2,在两个链轮上挂有链条 3。链条由电动机通过减速机 1 用主动链轮 2 带动。拉拔小车 6 借助于 4 个滚轮可在机架的导轨上滚

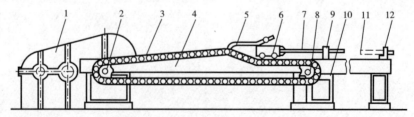

图 11-1 单链式拉拔机结构示意图

1—电动机与减速机;2—主动链轮;3—链条;4—机架;5—小车挂钩;6—拉拔小车;
7—制品;8—从动链轮;9—模座;10—机座;11—固定短芯头与芯杆;12—尾架

动。小车前端有挂钩 5、后端有钳口。拉拔时,利用杠杆原理使挂钩挂在任一节链条上,与此同时使钳口夹住坯料的夹头一端,小车借助链条传动向前运动将坯料从放在模座 9 中的模孔中拉出,获得所需要形状、尺寸的制品 7。当坯料被完全从模孔中拉出、尾部脱离模孔的一瞬间,由于链条、小车的弹性恢复使后者突然得到一冲击力产生的加速度而使挂钩脱开链条,并在平衡重的作用下抬起。与此同时,钳口自动张开,完成一个拉拔过程。

用于带芯头拉拔管材的拉拔机在机架后面安装有一尾架 12,用来固定芯杆 11,芯头安装在芯杆的前端。拉拔前,将打好夹头并润滑内表面后的管坯,从尾端套在芯头及芯杆上,并将夹头一端从模孔中穿出。拉拔棒材时不需要后部的尾架和芯杆装置。

常用单链式拉拔机的技术参数见表 11 - 1 所示。

表 11 - 1　单链式拉拔机的技术参数

拉拔机种类	性能参数	拉拔机额定能力/MN								
		0.02	0.05	0.10	0.20	0.30	0.50	0.75	1.00	1.50
管材拉拔机	拉拔速度范围 m/min	6~48	6~48	6~48	6~48	6~25	6~15	6~12	6~12	6~9
	额定拉拔速度 m/min	40	40	40	40	40	20	12	9	6
	拉拔最大直径/mm	20	30	55	80	130	150	175	200	300
	拉拔最大长度/m	9	9	9	9	9/12	9	9	9	9
	小车返回速度 m/min	60	60	60	60	60	60	60	60	60
	主电机功率/kW	21	55	100	160	250	200	200	200	200
棒材拉拔机	拉拔速度范围 m/min			6~35	6~35	6~35	6~35	6~35		
	额定拉拔速度 m/min			25	25	25	25	15		
	拉拔最大直径/mm			35	65	80	80	110		
	拉拔最大长度/m			9	9	9	9	9		
	小车返回速度 m/min			60	60	60	60	60		
	主电机功率/kW			55	100	160	160	160		

(2)双链式拉拔机

近代管棒拉拔机多为双链式拉拔机,与单链式拉拔机相比具有以下优点:

① 拉拔出的制品可以直接从两根链条之间自由下落到料框中,无需专用的拨料机构,这对于拉拔大规格、长尺寸制品来说,显示出更大的优越性。

② 拉拔制品的规格范围宽,在一台设备上可拉拔大、小规格制品,克服了单链式拉拔机的拉拔小车在拉拔力大时挂钩、脱钩比较困难的缺点。

③ 由于两根链条受力,使链条的规格大大减小,有利于中、小吨位拉拔机采用标准化链条。

④ 拉拔小车中心线与拉拔机中心线一致,克服了单链式拉拔机拉拔中心线高于拉拔机中心线的弊端。因此拉拔小车运行平稳,拉拔制品的尺寸精度、表面质量和平直度高,不容易出现椭圆。

双链式拉拔机的工作机架采用C形机架,在机架内装有两条水平横梁,其底面支承拉链和小车,侧面装有小车导轨,两根链条从两侧连在小车上。C形机架之间的下部装有滑料架,链条由导轮导向。除了拉拔机本体外,一般还包括以下机构:受料-分配机构、管子套芯杆机构和向模孔送管子与芯杆的机构。双链式拉拔机的C形机架及装卸架的结构如图11-2所示;多线回转式双链拉拔机平面图如图11-3所示。

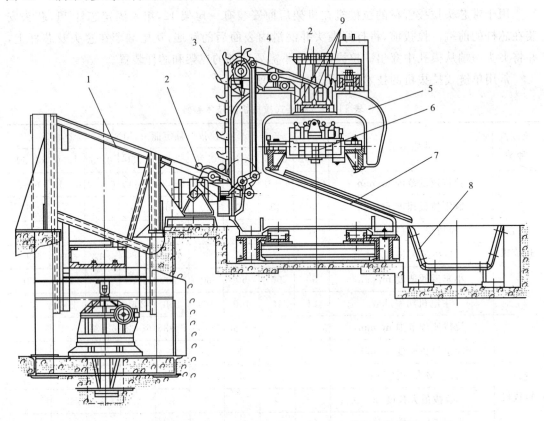

图 11-2　管材双链式拉拔机的C形机架和装卸架结构图

1—可动料架;2—管坯;3—链式管坯提升装置;4—斜梁;5—C形机架;6—拉拔小车;7—滑料架;8—制品料架;9—滚轮

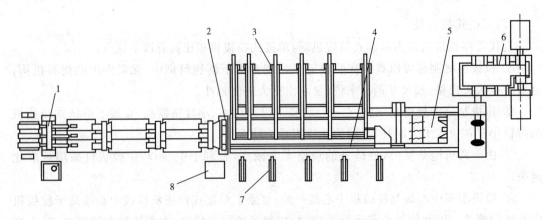

图 11-3　多线回转式双链拉拔机平面图

1—回转盘;2—模架;3—上料架;4—床身;5—拉拔小车;6—传动装置;7—制品料架;8—操作台

目前采用的部分高速双链式拉拔机的技术参数见表 11-2 所示,部分双链式冷拔管机的技术参数见表 11-3 所示,部分棒材冷拔机的技术参数见表 11-4 所示。

表 11-2　高速双链式拉拔机的技术参数

拉拔机性能		拉拔机额定能力/MN					
		0.20	0.30	0.50	0.75	1.00	1.50
额定拉拔速度 m/min		60	60	60	60	60	60
拉拔速度范围 m/min		3~120	3~120	3~120	3~120	3~100	3~100
小车返回速度 m/min		120	120	120	120	120	120
拉拔最大直径 /mm	黑色金属	30	40	50	60	80	90
	有色金属	40	50	60	75	85	100
最大拉拔长度/m		30	30	25	25	20	20
拉拔根数		3	3	3	3	3	3
主电机功率/kW		125×3	200×2	400×2	400×2	400×2	630×2

表 11-3　双链冷拔管机的技术参数

序号	拉拔机型号	额定拉拔力/kN	额定拉拔速度 m/min	拉拔速度范围 m/min	小车返回速度 m/min	拉拔最大直径/mm 黑色金属	有色金属	最大拉拔长度/m	拉拔根数	主电机功率/kW
1	LBG-0.5	5	40	3~80	80	5	8	8~15	1~3	4.5
2	LBG-1	10	40	3~80	80	10	15	8~15	1~3	9
3	LBG-3	30	40	3~80	80	15	20	8~15	1~3	30
4	LBG-5	50	40	3~80	80	20	30	8~15	1~3	55
5	LBG-10	100	60	3~100	100	40	55	9~28	1~3	126
6	LBG-20	200	60	3~100	100	60	80	9~28	1~3	250
7	LBG-30	300	60	3~100	100	89	130	9~28	1~3	360
8	LBG-50	500	60	3~100	100	127	150	9~28	1~3	630
9	LBG-75	750	40	3~60	60	146	175	12~18	1	630
10	LBG-100	1000	30	3~60	60	168	200	12~18	1	630
11	LBG-150	1500	30	3~60	50	180	300	12~18	1	2×470
12	LBG-200	2000	20	3~40	40	219	400	12~18	1	2×420
13	LBG-300	3000	20	3~40	40	273	500	12~18	1	2×630
14	LBG-450	4500	12	3~20	20	351	550	12~18	1	2×560
15	LBG-600	6000	12	3~20	20	450	600	12~18	1	2×750

表 11 - 4　双链棒材拉拔机的技术参数

序号	拉拔机型号	额定拉拔力/kN	额定拉拔速度 m/min	拉拔速度范围 m/min	小车返回速度 m/min	拉拔最大直径/mm		最大拉拔长度/m	拉拔根数	主电机功率/kW
						黑色金属	有色金属			
1	LBB-5	50	30	3~60	60	16	25	13	1~3	31
2	LBB-10	100	30	3~60	60	25	35	13	1~3	63
3	LBB-20	200	30	3~60	60	50	65	13	1~3	126
4	LBB-30	300	25	3~50	50	65	80	13	1~3	160
5	LBB-50	500	25	3~50	50	90	110	13	1~3	263

　　作为管棒材拉拔最常用的设备,链式拉拔机正向高速、多线、自动化方向发展。目前,链式拉拔机的拉拔力最大的已达 6MN 以上,机身长度一般可达 50~60m,有些达到 120m,拉拔速度通常是 120m/min,最高可达 190m/min,同时最多可拉拔 9 根管子。

　　2. 液压拉拔机

　　液压拉拔机具有传动平稳、拉拔速度调整容易、停点控制准确等优点,非常适合拉拔难变形合金,高精度、高表面质量的管材、异型管和型材。图 11 - 4 所示为液压拉拔机的结构示意图。部分常用液压拉拔机的技术参数见表 11 - 5 所示。

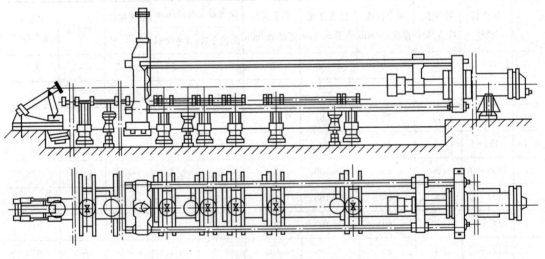

图 11 - 4　液压拉拔机的结构示意图

表 11 - 5　液压拉拔机的技术参数

拉拔机性能	拉拔机额定能力/kN			
	300	500	500	750
拉拔速度范围 m/min	2~28	4~24	1~24	16~23
额定拉拔速度 m/min	28	12	20	16
小车返回速度 m/min	40	40	40	40

（续表）

拉拔机性能	拉拔机额定能力/kN			
	300	500	500	750
同时拉拔根数		1～3	1	1
坯料长度/mm	2500～7500	3500～6000	3500～6000	2500～8500
坯料直径/mm	40～130	35～100	75～120	110～200
成品长度/mm	9000	8000	8000	2800～9000
成品直径/mm	35～120	30～98	60～110	100～180
主电机型号	Js-125-6	Jo-92-6	Js-126-6	Js-125-6
主电机功率/kW	2×130	2×75	2×155	2×130

3. 联合拉拔机列

对于 $\phi4\sim95mm$ 管材，$\phi3\sim40mm$ 棒材，则趋向于将拉拔、矫直、锯切、抛光以及探伤等组合在一起形成一个机列，以提高生产效率和产品质量。

图 11-5 所示是一棒材联合拉拔机列的示意图。成卷的坯料放在放料架 1 上，经过轧尖机 2 碾头后，通过导轮 3 进入预矫直机 4 进行初步矫直后，通过导路 9，其夹头部分从放在模座 5 中的模孔中穿出，被拉拔小车 6 的钳口 15 夹住并从模孔拉出。拉拔后的制品经过矫直机前端的导路 9，先、后进入矫直机 10 和 11 进行矫直，然后通过中间位置的导轮 3 进入剪切装置 12 切成品。切完成品的制品，如果需要抛光，再通过最后面的导轮 3 进入抛光机 14 进行抛光处理。如果需要盘卷供货时，不需要进行剪切，可通过在机列的尾部安装一卷取机构来实现。连续拉拔矫直机列既可以拉拔棒材，也可以利用游动芯头拉拔管材。

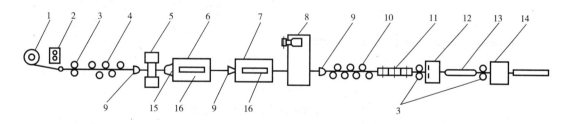

图 11-5　棒材联合拉拔机列示意图

1—放料架；2—轧尖机；3—导轮；4—预矫直机；5—模座；6,7—拉拔小车；8—主电动机；9—导路；
10—水平矫直机；11—垂直矫直机；12—剪切装置；13—料槽；14—抛光机；15—小车钳口；16—小车中间夹板

（1）轧尖机

轧尖机用于制作夹头，是由具有相同辊径并带有一系列变断面轧槽的两对辊子组成，两对辊子分别水平和垂直地安装在同一个机架上。制作夹头时，将棒料头部依次在两对辊子中轧细以便于穿模。

（2）预矫直机构

使盘卷坯料在进入机列之前变直。机座上面装有三个固定辊和两个可移动的辊子，能够适应各种规格棒材的矫直。

(3)拉拔机构

如图 11-6 所示,从减速机出来的主轴上,设有两个位置相差 180°的端面凸轮。当凸轮位于图 11-6a 中的 a 位置时,小车Ⅰ的钳口靠近床头且对准拉拔模。当主轴开始转动,带动两个凸轮转动。小车Ⅰ由凸轮Ⅰ带动并夹住棒材沿凸轮曲线向后运动。同时,小车Ⅱ借助于弹簧沿凸轮Ⅱ的曲线向前返回。当主轴转到 180°时,凸轮小车位于图 11-6a 中的 b 位置,再继续转动时,小车Ⅰ借助于弹簧沿凸轮Ⅰ的曲线向前返回,同时小车Ⅱ由凸轮Ⅱ带动沿其曲线向后运动。当主轴转到 360°时,小车和凸轮又恢复到图 11-6a 中的 a 位置。凸轮转动一圈,小车往返一个行程,其距离等于 s。

如图 11-6b 所示,拉拔小车中间各装有一对夹板,小车Ⅰ的前面还带有一个装有板牙的钳口,小车Ⅱ前面装有一个喇叭形导路。棒材的夹头通过拉拔模进入小车Ⅰ的钳口中。拉拔时,当小车Ⅰ的钳口夹住棒材从左端向右运动时,小车Ⅱ从右端同时向左运动。当小车Ⅰ运行到其右极限位置时,小车Ⅱ也运行到了它的左极限位置,被小车Ⅰ夹持的棒材送到了小车Ⅱ的钳口中。当小车Ⅱ的钳口夹住棒材并向右端返回时,小车Ⅰ的钳口松开,并开始向左返回。由于夹板套是带斜度的,这时其钳口不起作用,小车Ⅰ可从棒材上自由通过。当小车Ⅱ夹住棒材返回到右极限位置时,小车Ⅰ也回到了其左极限位置,其钳口又夹住棒材开始向右运行,而小车Ⅱ的钳口则同时松开棒材并开始向左运行,进入下一个工作循环,实现连续拉拔过程。

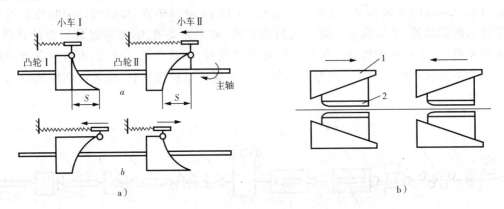

图 11-6　连续拉拔机拉拔机构示意图

a)拉拔机构;b)夹持机构

1—夹板;2—钳口

(4)矫直与剪切机构

矫直机一般是由 7 个水平辊和 6 个垂直辊组成,对拉拔后的棒材进行矫直。矫直后的棒材,由剪切装置切成需要的定尺长度。

(5)抛光装置

图 11-7 所示为抛光机的工作示意图。图中的 4、7 为固定抛光盘,5、8 为可调整抛光盘。棒材通过导向板 3 进入第一对抛光盘,然后通过三个矫直喇叭筒,再进入第二对抛光盘。抛光盘带有一定的角度,使棒材旋转前进。

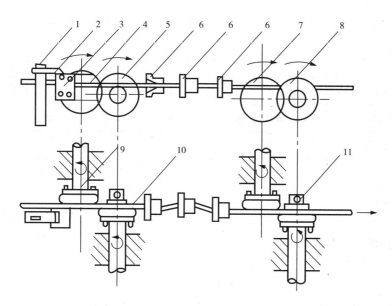

图 11-7　抛光机工作示意图

1一立柱；2一夹板；3、11一导向板；4、7一固定抛光盘；

5、8一可调整抛光盘；6一矫直喇叭筒；9一轴；10一棒材

联合拉拔机列具有如下优点：机械化、自动化程度高，所需要的操作人员少，生产周期短，生产效率高；产品质量好，表面光洁度高；切头尾损失少，成品率高；设备重量轻，结构紧凑，占地面积小；等等。如果将在线探伤设备组合在一起，则可构成一个从坯料到出成品较为完整的生产线。

部分联合拉拔机列的主要技术参数见表 11-6 所示。

表 11-6　联合拉拔机列的主要技术参数

技术参数	设备型号		
	DC-SP-Ⅰ型	DC-SP-Ⅱ型	DS-CP-Ⅰ型
圆盘外形尺寸/mm	外径1000,内径950	外径1200,内径950	外径1000,内径950
材质	高合金钢	高合金钢	高合金钢
盘料最大重量/kg	400	400	400
原材料抗拉强度/MPa	<980	<980	<980
硬度/RC	30~20	30~20	30~20
成品尺寸/mm	$\phi5.5\sim12$	$\phi9\sim25$	$\phi5.5\sim12$
直径误差/mm	<0.1	<0.1	<0.1
成品剪切长度/m	3.3~6	2.3~6	3.3~6
成品剪切长度误差/mm	±15	±15	±15

（续表）

技术参数	设备型号		
	DC‐SP‐Ⅰ型	DC‐SP‐Ⅱ型	DS‐CP‐Ⅰ型
拉拔速度 m/min	高速40,低速32	高速30,低速22.5	高速40,低速32
拉拔力/kN	高速29.4,低速34.3	高速76.4,低速98	高速29.4,低速34.3
夹持能力/kN	196.1		
夹持规格/mm	$\phi 9 \sim 25$		
夹持行程/mm	最大60		

4. 圆盘拉拔机

圆盘拉拔机主要用于生产长尺寸、盘卷管材。圆盘拉拔机具有很高的生产效率和成品率,能充分发挥游动芯头拉拔工艺的优越性。

圆盘拉拔机一般用圆盘的直径来表示其能力的大小,并且多与一些辅助工序如开卷、矫直、制作夹头、盘卷存放和运输等所用设备组成一个完整机列。圆盘拉拔机的结构形式较多,根据圆盘轴线与地面的关系分为立式和卧式两大类。对于立式圆盘拉拔机来说,主传动装置配置在卷筒上部的称为倒立式圆盘拉拔机,主传动装置配置在卷筒下部的称为正立式圆盘拉拔机。倒立式圆盘拉拔机按卸料方式可分为连续卸料式和非连续卸料式两种。在现代生产中,以连续卸料的倒立式圆盘拉拔机应用最为广泛。

图11-8所示为一连续卸料倒立式圆盘拉拔机的结构示意图。在拉拔前,将成卷管坯放到放料架4上,从头端向管坯中灌入一定量的润滑油,并将游动芯头从头端装入其中,为防止出现较长的空拉段,应在距离头端一定长度的管坯外表面上,从外向内打一小坑,以阻止芯头后退。管坯打头后从模子2中穿过,被与卷筒连接的钳口夹住,随着卷筒1转动被拉出模孔缠绕在卷筒上。在卷筒的下方有一个与其同速转动的受料盘3,在拉拔过程中可边拉

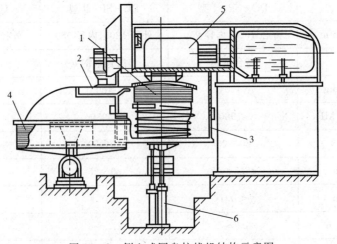

图11-8 倒立式圆盘拉拔机结构示意图

1—卷筒;2—模子;3—受料盘;4—放料架;5—驱动装置;6—液压缸

拔边卸料,拉拔管材的长度可不受卷筒长度的限制。

目前,用圆盘拉拔机衬拉毛细管的长度可达数千米,拉拔速度高达 2400m/min,管材卷重为 700kg 左右。圆盘的直径一般为 550～2900mm,最大的已达 3500mm。

部分立式圆盘拉拔机的技术参数见表 11-7 所示。

表 11-7　立式圆盘拉拔机的主要技术参数

技术参数	圆盘拉拔机型号			
	750 型	1000 型	1500 型	2800 型
拉拔速度 m/min	100～540	85～540	40～575	40～400
在 100(80)m/min 时的拉拔力/kN	15	25	80	(150)
卷筒直径/mm	750	1000	1500	2800
卷筒工作长度/mm	1200	1500	1500	
管材直径/mm	8～12	5～15	8～45	25～70
管材长度/m	350～2300	280～800	130～600	100～500
主电机功率/kW	32	42	70	250
设备重量/t	22.15	30.98	40.6	

圆盘拉拔机非常适合拉拔紫铜、铝等塑性良好的管材。对于需要经常退火、酸洗的高锌黄铜管不太适用,因管子内表面的处理比较困难。另外,拉拔时,管材除了承受拉应力外,在管材接触卷筒的瞬间还受到附加的弯曲应力。当道次变形量和弯曲应力达到一定程度时,会造成管材椭圆。椭圆度的大小主要与变形金属的强度、卷筒直径、管材直径与壁厚的比值以及道次加工率有关。

11.1.2　拉线机

拉线机的种类很多,按拉拔工作制度可分为单模拉线机和多模连续拉线机,按同时拉拔的根数可分为单线拉线机和多线拉线机,按绞盘放置方向可分为卧式拉线机和立式拉线机,等等。

1. 单模拉线机

单模拉线机只配置一个模座和一个绞盘,只能拉拔某一根线的某一道次,故也称一次拉线机。根据拉线机卷筒轴的配置又分为立式和卧式两类。单模拉线机有以下特点:

(1)结构简单,造价低;

(2)拉拔速度较慢;

(3)自动化程度较低,劳动轻度较大;

(4)辅助时间较长,生产效率较低;

(5)适合拉拔长度较短、强度高、塑性低且中间退火次数较多的合金线材。

图 11-9 所示为某厂一单模拉线机的外形图。部分单模拉线机的主要技术参数见表 11-8 所示。

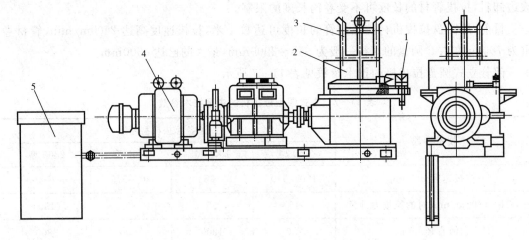

图 11-9 LDL-700/1 型单模拉线机外形图

1—模座;2—绞盘;3—下线架;4—电机;5—油箱

表 11-8 单模拉线机的主要技术参数

拉线机 型号	绞盘直径 /mm	进线最大 直径/mm	出线最小 直径/mm	拉拔速度 m/min	拉拔力 /kN	主电机 功率/kW	总重 /t	生产厂家
600/1	550/600	8	3.5	81,115,164,226		115	10.8	东方电工 机械厂
700/1	700	12	5	64.5,89,126,173.7		80	10.65	
450/1	450	3.4	1.6	69,80,120		7,9,12	2.2	西安拉拔 设备厂
560/1	560	8	2	67.7		18.5	1.87	
610/1	610	12	5	83.4		75	6.8	
750/1	750	12	6	58.8		80	7.06	
800/1	800	14	6	61		80	7.06	
850/1	850	14	6	61		80	7.2	
900/1	900	20	6	48		95	7.4	
200/1	200	1.6	0.4	30~270	0.3			
250/1	250	2	0.6	30~270	0.6			
350/1	350	3	1	30~270	2.5			
450/1	450	6	2	60~180	5.0			
550/1	550	8	3	30~180	10			
650/1	650	16	6	30~180	20			
750/1	750	20	8	30~90	40			
1000/1	1000	25	10	30~90	80			

2. 多模连续拉线机

多模连续拉线机又称为多次拉线机,其工作特点是,线材在拉拔时连续同时通过多个模子,而在每两个模子之间有绞盘,线以一定的圈数缠绕在绞盘上,借以建立起拉拔力。根据拉拔时绞盘与缠绕在其上的线的运动速度关系,可将多模连续拉线机分为滑动式多模连续拉线机和无滑动式多模连续拉线机。无滑动式多模连续拉线机又分为储线式无滑动多模连续拉线机和非储线式无滑动多模连续拉线机。

(1)滑动式多模连续拉线机

滑动式多模连续拉线机的特点是,除了最后的收线盘外,缠绕在绞盘上的线与绞盘圆周的线速度不相等,二者之间存在着滑动,即在拉拔过程中存在打滑现象。滑动式多模连续拉线机的模子数目一般为 5~21 个,用于粗拉的是 5、7、11、13 和 15 个,用于中拉和细拉的是 9~21 个。滑动式多模连续拉线机按其绞盘的结构、布置形式以及润滑方式大致可分为以下 4 种。

① 立式圆柱形绞盘连续多模拉线机

立式圆柱形绞盘连续多模拉线机的结构如图 11-10 所示。这种拉线机的绞盘轴是垂直安装的,模子、绞盘和线都浸在润滑剂中进行拉拔,所以润滑和冷却效果比较好。但由于运动着的线材和绞盘不断搅动润滑剂,将沉积在润滑剂中的金属屑搅动起来,影响线材的拉拔质量并加速模孔的磨损。另外,由于穿线等操作是在润滑剂中进行,工作不方便;停车后只能测量拉拔后的线材尺寸而不能测量各道次的线材尺寸,即不知道每个模子的磨损情况和各道次的变形量,不利于生产过程控制。这种拉线机主要用于拉拔 2mm 以上的线材,拉拔速度一般为 2.8~5.5m/s。

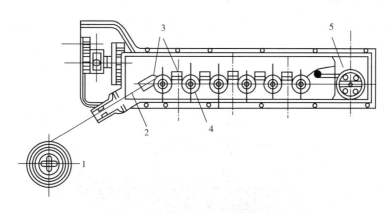

图 11-10 立式圆柱形绞盘连续多模拉线机
1—坯料;2—线;3—模盒;4—绞盘;5—卷筒

② 卧式圆柱形绞盘连续多模拉线机

卧式圆柱形绞盘连续多模拉线机的结构形式如图 11-11 所示。这种拉线机的绞盘轴水平方向布置,绞盘的下部浸在润滑剂中,而模子由绕在绞盘上的线所带起来的润滑剂进行润滑,目前大多数采用向模孔喷注润滑剂的结构。与立式圆柱形绞盘连续多模拉线机相比较,穿线方便,停车后可测量各道次的线材尺寸以控制整个生产过程。这种拉线机主要用于粗线和异型线拉拔。

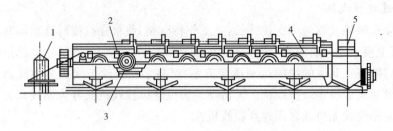

图 11 - 11　卧式圆柱形绞盘连续多模拉线机

1—坯料；2—模盒；3—绞盘；4—线；5—卷筒

　　圆柱形绞盘连续多模拉线机的机身较长，其拉拔模子数目一般不宜多于 9 个。为克服此缺点，可将绞盘排成两层或将绞盘排列成圆形布置。图 11 - 12 所示为一个圆形布置的 12 模连续拉线机的示意图，这种拉线机可拉细线。为了提高生产效率，还可以在一个轴上安装数个直径相同的绞盘，将几个轴水平排列，同时拉几根线。

　　③ 卧式塔形绞盘连续多模拉线机

　　卧式塔形绞盘连续多模拉线机的结构形式如图 11 - 13 所示，它是滑动式拉线机中应用最广泛的现代拉线机，主要用于拉细线。

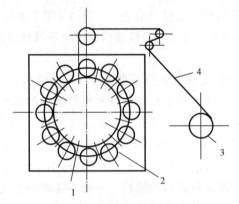

图 11 - 12　圆环形串联连续 12 模拉线机

1—模子；2—绞盘；3—卷筒；4—线

根据工作层数的多少，塔形绞盘可分为两级和多级。拉线机中的绞盘有拉拔绞盘和导向绞盘。拉拔绞盘的作用是建立拉拔力，使线材通过模子进行拉拔。导向绞盘的作用是使线材正确进入下一个模孔。在不同的设备中，有的成对的两个绞盘都是拉拔绞盘，有的是一个导向绞盘，有的是两个既做拉拔绞盘又做导向绞盘。

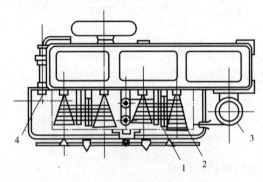

图 11 - 13　塔形绞盘连续多模拉线机

1—模子；2—绞盘；3—卷筒；4—线

　　拉拔时将乳液槽中充满乳液，使线、模座与绞盘浸在乳液中达到充分润滑。

　　立式塔形绞盘连续多模拉线机的结构与卧式的相同，它的缺点是占地面积较大，拉拔速度低，故很少采用。

④ 多头连续多模拉线机

多头连续多模拉线机可同时拉几根线,且每根线通过多个模子连续拉拔。多头连续多模拉线机的拉拔速度可高达 25～30m/s,使生产效率大大提高。例如一台 8 头连续多模拉线机,采用 25～30m/s 的速度拉拔时的生产量相当于 4～6 台单头连续多模拉线机。

滑动式多模连续拉线机的优点是总延伸系数大,拉拔速度快,生产效率高,易于实现机械化、自动化。但由于线材与绞盘之间存在滑动,绞盘磨损大。

滑动式多模连续拉线机适用于拉拔圆断面和异形线材,拉拔承受较大的拉力和表面耐磨的低强度金属和合金,拉拔塑性好、总加工率较大的金属和合金。其主要用于铜、铝线拉拔,也常用于钢、不锈钢及铜合金细线拉拔。

部分滑动式多模拉线机的主要技术参数见表 11-9 所示,拉拔异形线用滑动式多模连续拉线机的主要技术参数见表 11-10 所示。

表 11-9 滑动式多模连续拉线机主要技术参数

最大绞盘直径 mm/道次	拉拔材料	最大进线直径/mm	出线直径范围/mm	最多拉拔道次	道次延伸系数	绞盘形式	最大绞盘直径/mm	收线盘直径/mm
400/13	铜	8	4.0～1.2	13	1.42～1.22 递减	等直径	400	630/400
	铝合金	10(12)	4.6～1.6		1.33			
280/17	铜	3.5	1.2～0.3	17	1.24	塔轮式	280	500/250
	铝合金	4.0	1.6～0.5					
200/19	铜	2.0	0.4～0.1	19	1.21	塔轮式	200	400/500
	铝合金	2.5	0.6～0.3					
120/17	铜	0.5	0.12～0.05	17	1.18/1.16	塔轮式	120	250/160
80/16	铜	0.08	0.04～0.02	16	1.12/1.06	塔轮式	80	80

表 11-10 异形线用滑动式多模连续拉线机主要技术参数

最大绞盘直径 mm/道次	拉拔材料	最大进线直径/mm	出线直径范围/mm	最多拉拔道次	道次延伸系数	绞盘形式	最大绞盘直径/mm	收线盘直径/mm
700/5	铜、铝型线	17 (260mm²)	12～5.5 (120～25mm²)	5	1.26	等直径	700	1600/800
450/9	铜、铝型线	10 (80mm²)	5.5～3.0 (25～5mm²)	9	1.26	等直径	450	1000/630
650/2	铜线扒皮	12	10	2	1.34	等直径	650	1600/800

(2)储线式无滑动多模连续拉线机

储线式无滑动多模连续拉线机是由若干台(2～13 台)立式单模拉线机组合而成。每个拉拔绞盘皆由独立的电动机驱动,且带有自动控制装置,能够在任一个绞盘停止工作时,同时停止其前面的所有绞盘,而其后面的所有绞盘和收线盘仍然能够继续工作。图 11-14 所示为 LFD450/8 型储线式多模拉线机的外形图。

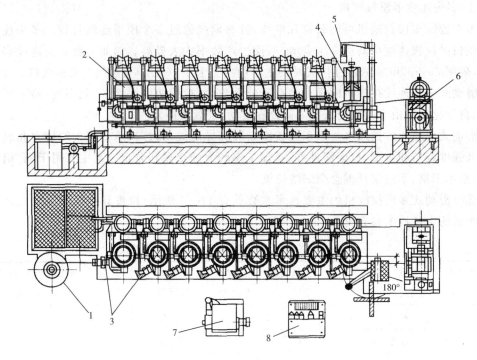

图 11-14　LFD450/8 型储线式多模拉线机外形图

1—放线架；2—绞盘；3—模座；4—下线吊钩；5—下线吊车；6—收线机；7—碾头机；8—操作台

储线式无滑动多模连续拉线机的工作原理如图 11-15 所示。线材从上一个绞盘的引线滑环中引出，经上导向轮和下导向轮，进入下一道次模子和绞盘，进行下一道次的拉拔。这种拉线机，为保证线与绞盘之间不产生滑动，每个绞盘上至少需要绕 10 圈线以上外，还需要存储若干圈数的线，以防由于延伸系数和绞盘转速可能发生变化而引起的各绞盘间秒流量不相适应的情况。在拉拔过程中，根据拉拔条件的变化，线圈数可以自动增加或减少。

储线式无滑动多模连续拉线机拉拔过程中线材的行程复杂，故不能采用高速拉拔，其拉拔速度一般为 11m/s 左右。在拉拔时常产生张力和活套，故不适合拉拔细线。制品在拉拔时会受到扭转，故不适宜拉拔异形线和双金属线。

为了解决拉拔过程线材的扭转问题，发展了一种双绞盘储线式拉线机，其结构如图 11-16

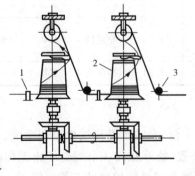

图 11-15　储线式多模连续拉线机工作原理图

1—模子；2—绞盘；3—导向轮

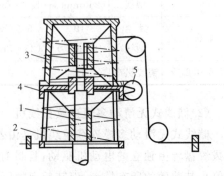

图 11-16　双绞盘储线式拉线机结构示意图

1—轴；2—下绞盘；3—上绞盘；4—摩擦环；5—导轮

所示。线材在张力作用下从一个绞盘以切线方向进入拉拔模,出模后又从切线方向进入另一个绞盘,不会发生扭转。同时,线材在绞盘上积蓄的热量几乎可全部被冷却绞盘的水和风带走,故可采用很高的拉拔速度,提高生产效率。

对于变形抗力较低的金属,还发展了一种双层拉线机,并获得了较为广泛的应用,如图 11-17 所示。与单层的相比较,具有设备费用低,动力消耗少的优点,缺点是制品易划伤且配模较困难。

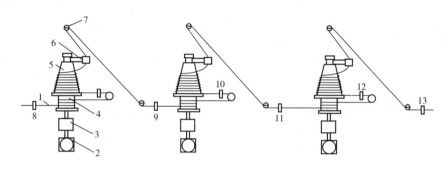

图 11-17　双层拉线机示意图

1—线坯;2—电动机;3—减速机;4—下绞盘;5—上绞盘;6—滑环;7—导轮;8~13—模子

储线式多模拉线机的主要技术参数见表 11-11 所示。

表 11-11　储线式多模拉线机主要技术参数

拉线机类型	拉拔材料	最大进线直径/mm	出线直径范围/mm	最多拉拔道次	道次延伸系数	绞盘形式	最大绞盘直径/mm	收线盘范围/mm
450/6	铝	10	4.6~3.0	6	~1.35	单绞盘	450	630/400
450/8	铝	10	3.5~2.0	8	~1.35	单绞盘	450	630/400
450/10	铝	10	2.5~1.5	10	~1.35	单绞盘	450	630/400
560/8	铝合金双金属	10	4.6~2.0	8	~1.35	双绞盘	560	630/400
560/10	铝合金双金属	10	3.6~1.7	10	~1.35	双绞盘	560	630/400

(3)非储线式无滑动多模连续拉线机

非储线式无滑动多模连续拉线机的拉拔绞盘与线材之间无滑动。在拉拔过程中不允许任何一个中间绞盘上有线材积累或减少。为了消除线与绞盘间的滑动,一般在绞盘上绕上 7~10 圈线。

非储线式无滑动多模连续拉线机有两种形式:活套式与直线式。

① 活套式无滑动多模连续拉线机

活套式无滑动多模连续拉线机的主要特点是在拉拔过程中可借助张力轮自动调节绞盘速度,并且借助一平衡杠杆的弹簧建立反拉力。为了保证拉拔条件变化时线与绞盘间不产生滑动,拉线机的各绞盘分别用单独的直流电动机带动,并有绞盘的速度调节装置。

活套式无滑动多模连续拉线机的绞盘速度自动调节装置的工作原理如图 11-18 所示。从前一个绞盘 A 出来的线材经过张力轮 1 和下面的导向轮进入下一个模子 M_B，然后到达下一个绞盘 B 上。在拉拔过程中，如果两个相邻绞盘的拉拔速度不相适应时，就会在张力轮上产生活套。

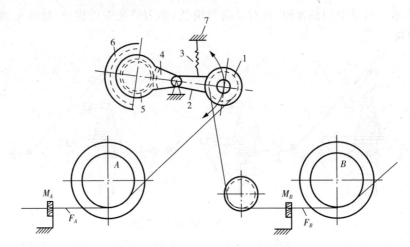

图 11-18　绞盘速度自动调节机构工作示意图
1—张力轮;2—平衡杠杆;3—拉力弹簧;4—扇形齿轮;5—齿轮;6—变阻器;7—挡块

当拉拔绞盘的速度完全与线材的实际延伸系数相适应时，扇形齿轮 4 和齿轮 5 处于平衡位置。当绞盘 B 的速度较快而使线受到张力时，平衡杠杆 2 将离开平衡位置绕轴顺时针转动，通过扇形齿轮 4 和齿轮 5 使控制绞盘 A 的电动机的速度变阻器 6 改变电阻值，于是绞盘 A 的速度提高，使作用在线上的张力下降，以满足秒流量相等的原则。当绞盘 B 的速度较慢而使线的张力减小时，则发生相反的自动调节。

活套式无滑动多模连续拉线机的优点是：线材由一个绞盘到另一个绞盘没有扭转；带有反拉力，使模子磨损和线材温升显著减小，从而改善了线材的表面质量，并可以采用较高的拉拔速度。其缺点是：在拉拔粗的高强度线材时，在张力轮和导向轮上绕线困难；张力调整范围不大，调整麻烦；需要采用直流电机，设备较复杂。

② 直线式无滑动多模连续拉线机

图 11-19 所示为直线式无滑动多模连续拉线机的示意图。这种拉线机是由电动机本身来建立反拉力，它允许采用较大的反拉力和在较大的范围内调整反拉力的大小。拉拔绞盘由依次互相联系的直流电动机单独传动。每个电动机可以帮助前一个电动机，在这种情况下，下一个电动机所增加的过剩转矩可建立反拉力。

直线式无滑动多模连续拉线机的线材由一个拉拔绞盘出来，不经过任何张力轮和导向轮立即进入下一个拉拔模，因而线材不可能构成任何活套，从而消除了线材由某一个绞盘过渡到另一个绞盘时产生扭曲的可能性，而且在拉拔粗线及强度较高的线材时容易穿模。

直线式无滑动多模连续拉线机的拉拔绞盘速度的自动调整范围大，适应性强，既可拉拔有色金属线材，也可拉拔黑色金属线材，应用非常广泛。它的主要优点是：线材无扭转，可以拉拔各种异形线；反拉力调整范围大；穿模容易；线材受到的弯曲次数少，这对其质量是有好处的。

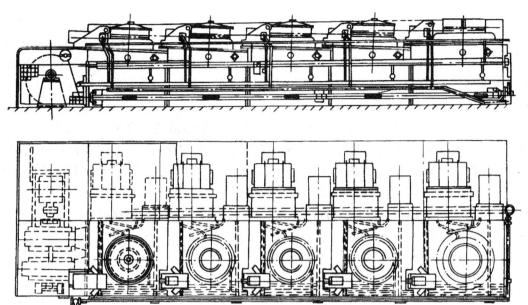

图 11-19　直线式无滑动多模连续拉线机结构示意图

11.2　拉拔工具

拉拔工具主要包括模子和芯头（芯棒）。其结构、形状尺寸、表面质量和材质，对于拉拔制品的质量、产量、能耗及成本等有很大影响。模子主要分为拉拔模和整径模。芯头（芯棒）主要分为固定短芯头、长芯棒、游动芯头、扩径用短芯头以及拉拔波导管用芯头等。

11.2.1　拉拔模的结构尺寸

1.普通拉拔模

普通的拉拔模根据模孔纵断面形状可分为锥形模和弧线形模两种，其结构如图 11-20 所示。弧线模一般只用于直径小于 1.0mm 的细线拉拔。拉拔管、棒、型及粗线时，通常采用锥形模。锥形模的结构如图 11-20a 所示，其模孔一般可分为四个带：润滑带、压缩带、定径带和出口带。

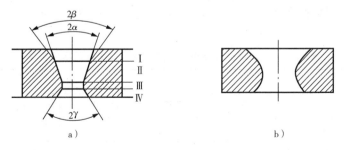

图 11-20　模孔的几何形状

a)锥形模；b)弧线形模

Ⅰ—润滑带；Ⅱ—压缩带；Ⅲ—定径带；Ⅳ—出口带

（1）润滑带

润滑带通常也称为入口锥或润滑锥，其作用是在拉拔时便于润滑剂进入模孔，以保证制品能够得到充分的润滑，减少摩擦；随着润滑剂从模孔流出，可带走由于金属变形和摩擦所产生的部分热量，并带走拉拔过程中由于磨损而产生的金属粉末；还可防止坯料进入模孔时可能产生的划伤。

润滑带锥角的选择要适当，角度过大，润滑剂不易储存，造成润滑不良；角度过小，拉拔过程中产生的金属屑、粉末不易随润滑剂从模孔流出，堆积在模孔中，将导致制品表面划伤、夹灰、尺寸变化、拉断等。在实际生产中，一般取锥角 β 值为 $40°\sim60°$。对于不同材质的模子，其 β 值也有变化，硬质合金模的润滑锥角一般取 $40°$，而钢模一般取 $50°\sim60°$。

润滑带的长度 L_1 一般可取制品直径的 $1.1\sim1.5$ 倍，对于管棒材拉拔模通常也可用 $R=5\sim15mm$ 的圆弧代替，大规格制品取上限，小规格制品取下限。

（2）压缩带

压缩带也称为压缩锥，其主要作用是使金属实现塑性变形，并获得所需要的形状与尺寸。

压缩带的形状除锥形之外还可以是弧线形。弧线形的压缩带对大变形率（35%）和小变形率（10%）都适合，在此种情况下被拉拔的金属与模子压缩锥面均具有足够的接触面积。锥形压缩带适合大变形率，当采用小变形率时，金属与模子的接触面积不够大，易导致模孔很快磨损超差。

压缩带的锥角（通常称为模角）α 是拉拔模最主要的参数之一。如果模角 α 过小，将使坯料与模壁的接触面积增大，使摩擦增大。但如果 α 角过大，一方面使金属在变形区中的流线急剧转弯，导致附加剪切变形增大，继而使拉拔力和非接触变形增大，空拉管材时易造成尺寸不稳定；另一方面，还会使单位正压力增大，润滑剂很容易从模孔中被挤出，从而恶化润滑条件。因此，实际上，拉拔模的模角 α 存在着一个最佳区间，在此区间内的拉拔力最小。根据实验，拉拔棒材时的最佳模角 $\alpha=6°\sim9°$。应该指出，最佳模角区间随着不同的条件将会发生改变。随着变形程度增加，最佳模角值增大。因为随着变形程度增加，不仅使单位正压力增大，还会使接触面积增大，继而使摩擦增大，故为了减小接触面积，必须相应地增大模角。

对于管材拉拔模，其最佳模角比棒材拉拔模的大。这是由于管壁与芯头接触面间的润滑条件较差，摩擦力较大。为了减小摩擦力，必须减小作用在此接触面上的径向压力，而增大模角可达到此目的。拉拔管材时的最佳模角 $\alpha=11°\sim12°$。

表 11-12 所列数据为采用碳化钨模拉拔不同金属棒材（线材）时最佳模角随道次加工率的变化。

表 11-12　拉拔不同材料时最佳模角与道次加工率的关系

道次加工率 /%	$2\alpha/(°)$					
	纯铁	软钢	硬钢	铝	铜	黄铜
10	5	3	2	7	5	4
15	7	5	4	11	8	6
20	9	7	6	16	11	9
25	12	9	8	21	15	12

道次加工率/%	$2\alpha/(°)$					
	纯铁	软钢	硬钢	铝	铜	黄铜
30	15	12	10	26	18	15
35	19	15	12	32	22	18
40	23	18	15			

压缩带的长度 L_{II} 一般情况下可按下式计算：

$$L_{II} = a(D_{0\max} - d_0)/(2\tan\alpha) \tag{11-1}$$

式中：$D_{0\max}$——坯料可能的最大直径；

　　　d_0——模孔定径带直径；

　　　a——不同心系数，取 1.05～1.3，细制品用上限。

对于整径模来说，由于拉拔时的减径量比较小，不需要过长的锥形压缩带。

（3）定径带

定径带的主要作用是使制品进一步获得稳定而精确的形状与尺寸，并可减少模子的磨损，提高其使用寿命。

定径带的合理形状是柱形。定径带直径 d 的确定应考虑制品的外径允许偏差、弹性变形和模子的使用寿命。在实际生产中，多数情况下标准规定拉拔管棒材制品的外径尺寸为负偏差，故定径带的直径应稍小于制品的公称外径尺寸。

定径带长度 L_{III} 的确定应保证模子耐磨、寿命长、拉断次数少、拉拔能耗低、制品尺寸稳定且表面质量好。定径带的长度与拉拔制品的品种、规格、拉拔的目的和方法等有关。一般情况下，定径带长度可按下面方法确定：

① 线材

$$L_{III} = (0.25 \sim 0.5)d_1$$

② 棒材

$$L_{III} = (0.15 \sim 0.25)d_1$$

③ 空拉管材

$$L_{III} = (0.25 \sim 0.5)d_1$$

④ 衬拉管材

$$L_{III} = (0.1 \sim 0.2)d_1$$

对于模孔直径不同的模子，其定径带长度也不一样，直径越大，定径带应越长。表 11-13 和表 11-14 所列数据分别为棒材和管材拉拔模定径带长度与模孔直径的关系。

表 11-13　棒材拉拔模的定径带长度与模孔直径间的关系

模孔直径/mm	5～15	15.1～25	25.1～40	40～60
定径带长度/mm	3.5～5	4.5～6.5	6～8	10

表 11 - 14　管材拉拔模的定径带长度与模孔直径间的关系

模孔直径/mm	3～20	20.1～40	40.1～60	60.1～100	101～400
定径带长度/mm	1～1.5	1.5～2	2～3	3～4	5～6

（4）出口带

出口带也称为出口锥,其作用是防止金属出模孔时被划伤和模子定径带出口端因受力而引起剥落。

出口带的锥角 γ 一般取 $30°\sim45°$。对于拉制细线用的模子,有时将出口部分做成凹球面。出口带的长度 L_{N} 一般取 $(0.2\sim0.3)d_1$。在通常情况下也可用 $R=3\sim5\text{mm}$ 的圆弧代替。

下面的图 11 - 21 和图 11 - 22 所示分别是实际生产中铝合金衬拉管材所使用的拉拔模和空拉管材所使用的整径模的结构参数图,所对应的尺寸分别见表 11 - 15 和表 11 - 16 所示。

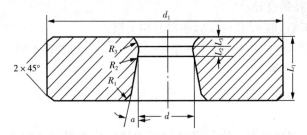

图 11 - 21　管材拉拔模结构参数图

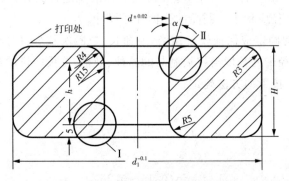

图 11 - 22　管材整径模的结构参数图

表 11 - 15　管材拉拔模尺寸

拉拔机 /kN	定径带直径 $d^{-0.05}$/mm	模子外圆直径 $d_1^{-0.1}$/mm	模子厚度 L_1/mm	定径带长度 L_2/mm	出口带长度 L_3/mm	模角 α/(°)	入口圆弧半径 R_1/mm	压缩锥与定径带过渡圆弧半径 R_2/mm	出口圆弧半径 R_3/mm
15,30	3～18	45	25	3	3	11.5	5	均匀过渡	3
30,50	18.1～30	74.1	30	5	4	11	10	4	4
80	30.1～60	124.1	30	5	4	11	11	4	4
300	60.1～80	165	40	5	5	11	15	15	5
300	80.1～120	225	40	5	5	11	15	15	5
300	120.1～160	299	40	5	5	11	15	15	5

表 11-16　管材整径模尺寸

定径带直径 $d^{\pm 0.02}/mm$	模子外圆直径 $d_1^{-0.1}/mm$	模子厚度 H/mm	定径带长度 h/mm	模角 $\alpha/(°)$
15~18	45	30	15	11
19~30	74	30	15	11
31~59	124	30	17	11
60~79	165	40	25	11
80~120	225	60	40	11

2. 辊式拉拔模

辊式拉拔模的模子是由若干个表面刻有孔槽、能够自由转动的辊子所组成,辊子本身是被动的,在拉拔时辊子随着坯料的拉拔而转动,二者之间没有相对运动。辊式模主要用于生产型材。图 11-23 所示为生产型材的 3 个辊子的辊式拉拔模的示意图。

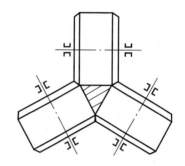

辊式拉拔模有以下优点:

(1)坯料与模子间的摩擦小,拉拔力小,模子寿命长;

(2)可增大道次加工率,一般可达 30%~40%;

(3)拉拔速度较高;

图 11-23　用于生产型材的辊式模示意图

(4)在拉拔过程中,通过改变辊间的距离可获得变断面型材。

但是,由于各辊子上孔槽对正比较困难,难以保证制品精度,故在实际中尚未得到广泛应用。

3. 旋转拉拔模

旋转模的结构如图 11-24 所示。模子的内套中放有模子,外套与内套之间有滚动轴承,通过蜗轮机构带动内套和模子旋转。

采用旋转模拉拔,可以使模面压力分布均匀,模孔均匀磨损,从而延长其使用寿命。拉拔线材时,可减小其椭圆度,故多用于连续拉线机的成品模上。

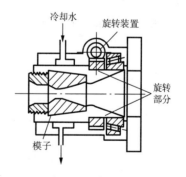

图 11-24　旋转模示意图

11.2.2　芯头(芯棒)的结构尺寸

芯头是用来控制管材的内孔形状、尺寸及表面质量的主要工具。在不同的拉拔过程中,芯头所起的作用是不完全相同的,在固定短芯头拉拔、游动芯头拉拔、长芯棒拉拔过程中,芯头的主要作用是与模子配合实现管坯的减壁变形;在扩径拉拔、波导管拉拔过程中,芯头的主要作用是控制管材内孔形状及尺寸精度。

为了拉拔出不同壁厚的管材,芯头与模子的尺寸应合理配合。芯头与模子的配合有两种形式:一种是模子定径带直径为小数,其间隔通常为 0.1mm,而芯头直径为整数;另一种是芯头直径为小数,间隔为 0.1mm,而模子定径带直径为整数。具体采用哪一种配合形式,应根据拉拔生产方法来确定。采用固定短芯头和游动芯头拉拔方法时,一般都是将芯头直径设计成小数,而模子定径带直径则采用整数;采用长芯棒拉拔方法时,宜将模子定径带直径设计成小数,而长芯棒直径则设计成整数。这主要是因为,采用固定短芯头和游动芯头拉拔方法时,一个芯头所用的钢材远比一个模子所用的钢材少,且模孔的加工比芯头的加工要复杂得多。对于长芯棒拉拔方法来说,准备许多表面经过抛光处理的长芯棒是比较困难且不经济的,芯棒的妥善保管也是很困难的。

1. 固定短芯头

根据短芯头在芯杆上的固定方式不同,可将芯头设计成实心的和空心的。实心的芯头常用于 ϕ12mm 以下规格管材拉拔,空心的芯头常用于 ϕ12mm 以上规格管材拉拔。芯头的形状一般是圆柱形的,也可以略带 $0.1 \sim 0.3$mm 的锥度。带锥度芯头的主要优点是有利于调整管材的壁厚精度,并可减少摩擦。拉拔直径小于 5mm 的管材时,常用细钢丝代替芯头。芯头的结构形式如图 11-25 所示。

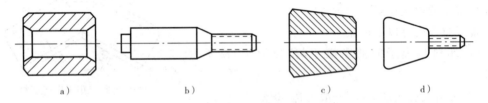

图 11-25　各种固定芯头的结构形式

a)空心圆柱形芯头;b)实心圆柱形芯头;c)空心锥形芯头;d)实心锥形芯头

固定短芯头是与相应的拉拔模配合使用的,其工作段的总长度应包括(见图 11-26 所示):用于调整芯头在变形区中前后位置的长度 l_1、保证润滑剂带入的长度 l_2、减壁段长度 l_3、定径段长度 l_4 和防止管材由于脱离定径带产生非接触变形使其内径尺寸变小的长度($l_5 + l_6$)。

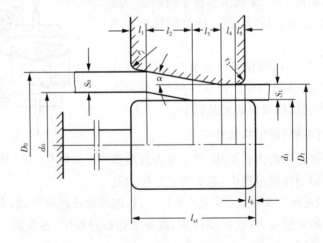

图 11-26　确定固定短芯头长度的示意图

芯头的总长度 l_{xi} 为

$$l_{xi} = l_1 + l_2 + l_3 + l_4 + l_5 + l_6 \qquad (11-2)$$

其中，

$$l_1 = r_1 = (0.05 \sim 0.2)D_{xi}$$

$$l_2 = 0.05D_0 + [(D_0 - 2S_0) - (D_1 - 2S_1)]/(2\tan\alpha)$$

$$l_3 = (S_0 - S_1)\cot\alpha$$

$$l_4 = l_6 = (0.1 \sim 0.2)D_1$$

$$l_5 = r_2 = (0.05 \sim 0.2)D_{xi}$$

式中：D_{xi}——芯头外径，等于拉拔后管材的内径 d_1。

实心芯头是通过螺纹与芯杆连接。常用实心芯头的结构尺寸见图 11-27 和表 11-17 所示。

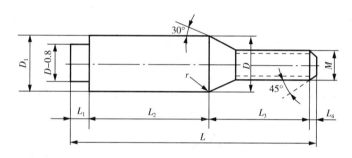

图 11-27　实心短芯头的结构参数

表 11-17　常用实心短芯头的尺寸(mm)

芯头直径 D	D_1	L_1	L_2	L_3	L_4	L	r	标准螺纹
8～10	$D-0.05$	5	30	32	1.5	67	1.5	M6×0.7
10.1～13	$D-0.05$	5	30	32	1.5	67	1.5	M8×1.0
13.1～18	$D-0.05$	5	30	32	1.5	67	1.5	M10×1.0
18.1～24	$D-0.05$	5	35	40	1.5	80	1.5	M14×1.5
24.1～32	$D-0.05$	5	35	40	1.5	80	1.5	M18×1.5
32.1～41	$D-0.05$	7	35	49	2	91	2	M24×2.0

直径小于 ϕ36mm 的空心芯头其内孔带有螺纹，直接拧在头部有丝扣的芯杆上。直径在 ϕ36～120mm 的芯头做成单体空心式，大于 ϕ120mm 的多做成镶套组合式，将芯头套在芯杆的一端用螺母固定。常用空心芯头的结构尺寸见图 11-28 和表 11-18 所示。

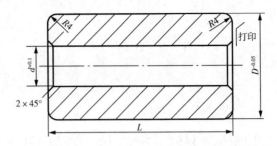

图 11-28　空心短芯头的结构参数

表 11-18　空心短芯头的主要尺寸(mm)

芯头直径 D	芯头内孔尺寸 d	芯头长度 L
10～13.5	M6	40
14～23.0	M10	40
23.5～35.5	11	50
36.0～49.5	20	60
50.0～80.5	24	60
81.0～120.0	24	90
121.0～160.0	90	100

2. 游动芯头

游动芯头一般是由两个圆柱段和中间圆锥体组成,如图 11-29 所示。管壁的变化和管材内径的确定是借助于圆锥部分和前端的小圆柱段实现的,后端大圆柱段的主要作用是防止芯头被拉出模孔,并保持芯头在管坯中的稳定。芯头的尺寸包括芯头锥角和各段长度和直径。

(1)芯头的锥角 α_1

为了实现稳定的拉拔过程,根据前面对芯头在变形区中的稳定条件知,芯头的锥角 α_1 应大于芯头与管坯之间的摩擦角 β 而小于或等于模角 α,即

$$\alpha \geqslant \alpha_1 > \beta \tag{11-3}$$

图 11-29　游动芯头结构参数图

为了使拉拔过程保持稳定并能得到良好的流体润滑,模角 α 与芯头锥角 α_1 之间的差值可取为 $1° \sim 3°$,即

$$\alpha - \alpha_1 = 1° \sim 3° \tag{11-4}$$

在实际生产中,通常取 $\alpha = 12°$,$\alpha_1 = 9°$。

在盘管拉拔时,芯头是完全自由的,其纵向及横向的稳定性必须由管坯与芯头圆锥段比较大的接触长度来保证,这时芯头锥角与模角之差不能过大。

(2)芯头定径圆柱段直径 d

芯头前端的定径小圆柱段直径与拉拔管材的内径及尺寸允许偏差有关。在多数情况下,管材的外径尺寸允许负偏差,壁厚允许正负偏差,即管材的内径是通过外径和壁厚来保证。一般可按:

$$d=管材内径+正偏差 \tag{11-5}$$

(3)芯头定径圆柱段长度 l

游动芯头的小圆柱段是其定径段,其长度可在较大的范围内波动而对拉拔力和拉拔过程的稳定性影响不大。定径圆柱段长度 l 可用下式确定:

$$l=l_j+L_2+\Delta \tag{11-6}$$

式中:l_j——芯头轴向移动几何范围,按式(9-16)计算;当 $\alpha=12°$,$\alpha_1=9°$ 时,可简化为

$$l_j=4.8(S_0-0.995S)$$

L_2——模孔定径带的长度;

Δ——芯头在后极限位置时伸出模孔定径带的长度,一般为 2～5mm。

在通常情况下,芯头定径圆柱段长度可取模孔定径带长度加 6～10mm。

(4)芯头圆锥段长度 l_1

当芯头锥角确定时,芯头的圆锥段长度 l_1 按下式计算:

$$l_1=\frac{D_1-d}{2\tan\alpha_1} \tag{11-7}$$

式中:D_1——芯头后端大圆柱段直径;

d——芯头定径圆柱段直径。

(5)芯头后端大圆柱段直径 D_1

芯头后端大圆柱段直径应小于拉拔前管坯的内径 d_0,即

$$D_1=d_0-\Delta_1 \tag{11-8}$$

式中:Δ_1——管坯内孔与芯头大圆柱段之间的间隙,其值与管坯的规格、状态及拉拔方式有关。对于盘管和中等规格的冷硬直管,$\Delta_1 \geqslant 0.4$mm;退火后的直管,$\Delta_1 \geqslant 0.8$mm;毛细管,$\Delta_1 \geqslant 0.1$mm。

盘管拉拔时,为了使芯头与管尾分离,防止芯头随同管材一同被拉出模孔,芯头大圆柱段的直径应比模孔直径大 0.1～0.2mm。

(6)芯头后端大圆柱段长度

芯头大圆柱段在拉拔过程中主要起导向作用,其长度一般取 $(0.4～0.7)d_0$。如果长度过短,芯头易偏斜;过长,在盘管拉拔时易卡断管子。

游动芯头有多种结构形式,常用游动芯头的形状及尺寸参数见图 11-30 所示。其中芯头 a、b 用于直线拉拔;双向游动芯头 a 可换向使用,但不适合大直径管材和盘管拉拔;c、d、e 主要用于盘管拉拔。各种芯头的主要尺寸见表 11-19 所示。

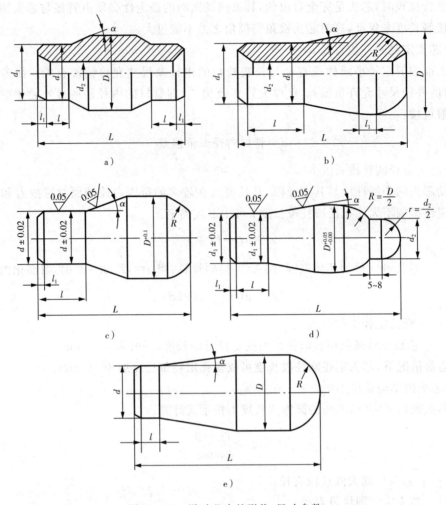

图 11-30　游动芯头的形状、尺寸参数

表 11-19　游动芯头的结构尺寸

芯头类型	d	d_1	D	d_2	l	l_1	L	R	α
a	10~14	$d-0.05$	$d+1$	5	7.5	2	24		9°
			$d+1.5$	5	7.5	2	24		9°
			$d+2$	5	7.5	2	28		9°
			$d+2.5$	5	7.5	2	28		9°
	14.1~18	$d-0.1$	$d+1$	8	7.5	2	24		9°
			$d+1.5$	8	7.5	2	24		9°
			$d+2$	8	7.5	2	28		9°
			$d+2.5$	8	7.5	2	28		9°

（续表）

芯头 类型	d	d_1	D	d_2	l	l_1	L	R	α
b	18.1~23	$d-0.1$	$d+1$	10	7.5	2	30		9°
			$d+2$	10	10	2	45		9°
			$d+3$	10	10	2	55		9°
	23.1~28	$d-0.1$	$d+2$	12	10	3	45		9°
			$d+3$	12	10	3	55		9°
	28.1~35	$d-0.7$	$d+2$	14	10	3	45		9°
			$d+3$	14	10	3	55		9°
			$d+4$	14	10	3	60		9°
c	12	$d-0.1$	14.2		10	2	45	5	9°30′
	15		17.5		10	2	45	5	9°30′
	18.5		21.4		10	2	45	7	9°30′
	22.5		25.8		15	3	50	10	9°30′
	27		31		15	3	50	10	9°30′
	33		37.7		15	3	50	10	9°30′
d	2.0~8.0	$d-0.1$			5.0	1.5	25		9°
	8.01~13.0				6.0	2.0	35		9°
	13.01~20.0				10.0	2.0	45		9°
	20.01~20.5				12.0	3.0	50		9°
	25.01~32.0				12.0	3.0	55		9°
e	3.00		3.60		1.5		10	$D/2$	5°
	3.70		4.10		2		10	$D/2$	5°
	4.25		4.75		2.5		12.5	$D/2$	6°
	4.85		5.45		2.5		12.5	$D/2$	6°

3. 波导管芯头

矩形波导管在最后一道次成品拉拔时，需要采用带芯头拉拔的方法。芯头设计的形状、尺寸，对于保证拉后波导管的质量有很大影响。波导管的截面形状为矩形，所使用芯头的横截面也是矩形。芯头有实心和空心两种，截面较小的芯头一般为实心的，截面较大的芯头一般焊接成空心的。矩形波导管拉拔用芯头的形状、尺寸见图 11 - 31 和表 11 - 20 所示。

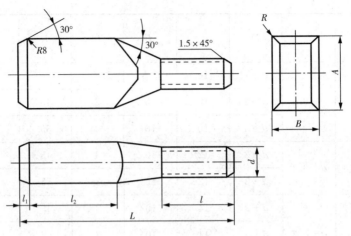

图 11-31　波导管芯头的形状、尺寸参数

表 11-20　波导管芯头的结构尺寸(mm)

短边 B	l	l_1	l_2	L	d	R	备　注
8～8.5	25	6	30	90	M6×0.75	0.35～0.4	A>20 焊接芯头
8.6～11	25～30	6～8	30～36	90～100	M8×1.0	0.35～0.4	A>25 焊接芯头
11.1～13	30	8	35	110	M10×1.5	0.35～0.55	A>35 焊接芯头
13.1～16	35	8	35～40	115	M612×1.75	0.40～0.6	A>45 焊接芯头
16.1～24	35	8～10	40	120～125	M16×2.0	0.40～0.6	A>50 焊接芯头
24.1～30	40	10	60	125	M20×2.0	0.7～0.8	
30.1～41	45	12	70	130	M25×2.0	1.0～1.2	

11.2.3　拉拔工模具材料

1. 拉拔模的材料

在拉拔过程中,模子受到较大的摩擦,特别是拉细线时,拉拔速度很高,模子的磨损很快。因此,要求模子材料具有高的硬度、高的耐磨性和足够高的强度。常用的拉拔模材料主要有以下 5 种。

(1)金刚石

金刚石是目前已知物质中硬度最高的材料,其显微硬度可高达 $1×10^6～1.1×10^6$ MPa,而且物理、化学性能稳定,耐磨性好。但金刚石非常脆,只有在孔很小时才能承受住拉拔金属的压力,且加工困难。因此,一般在拉拔直径为 $0.3～0.5$ mm 的细线时使用。

金刚石模的模芯由金刚石加工而成,然后镶入钢制模套中,如图 11-32 所示。

金刚石制造拉丝模已有悠久的历史,但天然金刚石的储量极少,价格非常昂贵。人造金刚石不仅具有天然金刚石的耐磨性,而且还兼有硬质合金的高强度和韧

图 11-32　金刚石模

1—金刚石模芯;2—模框;3—模套

性,用它制造的拉拔模寿命长,生产效率高,在大批量细线拉拔中的经济效益显著。

(2)硬质合金

硬质合金的硬度仅次于金刚石,具有较高的硬度,足够高的韧性、耐磨性和耐蚀性,且价格较便宜。一般用于拉拔 φ40mm 以下的制品。对于一些精度要求高、批量大的大规格产品,有些生产厂家逐渐采用硬质合金模。

拉拔模所用的硬质合金以碳化钨为基,用钴为黏结剂在高温下压制和烧结而成。硬质合金的牌号、成分、性能如表 11-21 所示。为了提高硬质合金的使用性能,有时在碳化钨硬质合金中加入一定量的 Ti、Ta、Nb 等元素,也有的添加一些稀有金属的碳化物如 TiC、TaC、NbC 等。含有微量碳化物的拉拔模硬度和耐磨性有所提高,但抗弯强度降低。

表 11-21　硬质合金的牌号、成分和性能

合金牌号	成分/%		密　度	性　　能	
	WC	Co		抗弯强度/MPa	硬度/HRA
YG3	97	3	14.9~15.3	1030	89.5
YG6	94	6	14.6~15.0	1324	88.5
YG8	92	8	14.0~14.8	1422	88.0
YG10	90	10	14.2~14.6		
YG15	85	15	13.9~14.1	1716	86.0

同金刚石模一样,硬质合金模也是由硬质合金模芯和钢制模套组装而成,如图 11-33 所示。

(3)工具钢

对于大、中规格制品,一般采用工具钢制作拉拔模。拉拔模的材质常用 T8A、T10A 优质工具钢,经热处理后硬度可达 HRC58~65。为了提高工具钢的耐磨性,减少黏结金属,通常在其模孔工作面上镀铬,其厚度为 0.02~0.05mm。镀铬后的模子,其寿命可提高 4~5 倍。

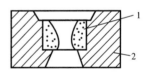

图 11-33　硬质合金模
1—硬质合金模芯;2—模套

(4)铸铁

用铸铁制作拉拔模比较容易,价格低廉,但模子的硬度低、耐磨性差、寿命短,适合于拉拔规格大、批量小的制品。

(5)刚玉陶瓷

刚玉陶瓷是 Al_2O_3、MgO 混合烧结制得的一种金属陶瓷,它的硬度和耐磨性很高,可代替硬质合金,但材质脆、易碎裂。刚玉陶瓷模可用来拉拔直径为 0.37~2mm 的线材。

2. 芯头的材质

芯头的材质一般为钢或硬质合金。

(1)钢

对于中、小规格芯头,其材质一般用 35 号钢、T8A、30CrMnSi 等,表面镀铬,以增强耐磨性。大规格的芯头,多采用含碳量为 0.8%~1.0% 的钢,淬火后硬度 HRC 为 60 左右。

（2）硬质合金

硬质合金主要用于制作中、小规格芯头，常用 YG15。

思 考 题

1. 按拉拔装置不同，拉拔设备可分哪几类？其主要用途是什么？

2. 链式拉拔机的主要结构由哪几部分组成，其主要特点是什么？

3. 联合拉拔机列的主要优点是什么？

4. 联合拉拔机构是如何实现连续拉拔的？

5. 圆盘拉拔机的主要结构有哪些？各自的优缺点是什么？

6. 拉线机通常分哪几类？各自的主要特点是什么？

7. 滑动式多模连续拉线机的主要特点是什么？大致可分为哪几种，主要用于生产什么产品？

8. 无滑动多模连续拉线机的特点是什么？大致可分为哪几种，其工作特点是什么？

9. 拉拔模按模孔断面形状分为哪几种？各自的适用范围是什么？

10. 锥模模孔由哪几部分组成，各部分的主要作用是什么？

11. 如何确定锥模各部分的形状尺寸？

12. 整径模的工作带长度与拉拔模有何不同？为什么？

13. 固定短芯头的结构、形状主要有哪几种？各自的特点及用途是什么？

14. 游动芯头的结构形式主要有哪几种？各自的主要用途是什么？

15. 如何设计游动芯头各部位的尺寸？

第12章 拉拔工艺

12.1　拉拔时的主要变形指数

拉拔时的主要变形指数有拉伸系数(延伸系数)、加工率(断面减缩率)和延伸率。

(1)拉伸系数

拉伸系数是实际生产中最常用的变形指数,表示拉拔后材料长度增加的倍数。拉伸系数通常可用 λ 表示,即

$$\lambda = L_1/L_0 = F_0/F_1 \tag{12-1}$$

式中:L_0、L_1——拉拔前、后的长度;

　F_0、F_1——拉拔前、后的断面积。

(2)加工率(断面减缩率)

加工率也是实际生产中常用的变形指数,表示拉拔变形量的大小。加工率通常可用 ε 表示,即

$$\varepsilon = (1 - F_1/F_0) \times 100\% \tag{12-2}$$

(3)延伸率

延伸率表示拉拔后材料长度的相对增量。延伸率通常可用 μ 表示,即

$$\mu = (L_1/L_0 - 1) \times 100\% \tag{12-3}$$

12.2　拉拔生产工艺流程

不同的金属及合金、不同品种、不同状态、不同形状及规格的制品,其拉拔生产工艺流程往往不同,有时甚至相差很大。图 12-1、图 12-2 分别是铝合金、铜合金管材拉拔的典型工艺流程图;图 12-3 是钢管拉拔典型工艺流程图。

下面以铝合金管材拉拔为例,对其工艺流程简述如下:

(1)管坯准备

通常情况下,铝合金管材拉拔时所使用的管坯,有挤压管坯和冷轧管坯。带芯头拉拔时,一般使用挤压管坯。冷轧的管坯,一般情况下其壁厚尺寸已达到或接近成品管的尺寸,通过空拉减(整)径使其达到成品管的外径尺寸精度要求。

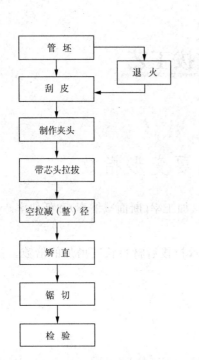

图 12-1　铝合金管材拉拔典型工艺流程　　　图 12-2　铜合金管材拉拔典型工艺流程

（2）退火

铝合金管材带芯头拉拔使用的挤压管坯，除纯铝外，一般都要进行毛料退火。3A21、6A02、6063 等合金，当道次加工率较小时，也可以不进行毛料退火。

对于冷轧后进行空拉减（整）径的管坯，一般情况下不需要进行退火。但是，对于 2A11、2A12、2A14、5A03、5083 等硬合金，当减径系数大于 1.3 时，应进行低温退火；5A05、5A06 等合金，一般必须进行退火。

（3）刮皮

挤压管坯，如果表面存在有较明显的缺陷（擦伤、划伤、磕碰伤、起皮、表面局部微裂纹等），在拉拔前应用刮刀进行清除。冷轧管坯的表面质量较好，无须刮皮。

（4）制作夹头

制作夹头的目的是为了将管坯从模孔中穿出以便拉拔小车钳口夹持。制作夹头的方法主要有锻打和碾轧。对于大、中规格管坯，一般用压力机或空气锤锻打方法制作夹头；小规格管坯则适合用碾轧方法制作夹头。

为了提高夹头制作质量，纯铝、3A21、6A02、6063 合金管坯可直接进行打头；经过退火的 2A11、2A12、2A14、5A03、5A05、5A06 等硬合金管坯可在冷状态下打头；未经退火的硬合金管坯应在端头加热炉加热后趁热打头，加热温度一般为 220℃～420℃。

（5）润滑

带芯头拉拔的管坯，在拉拔前必须充分润滑其内表面，管坯的外表面在拉拔过程中进行润滑。空拉减（整）径的管坯只需要在拉拔过程中对外表面进行润滑。常用润滑油有 38 号、

52 号汽缸油,20 号机油。使用什么样的润滑油,应根据气温的变化、被拉拔金属的变形抗力大小、拉拔方式、道次变形量大小及管材的质量要求等来选择。

（6）带芯头拉拔

采用固定短芯头方式拉拔时,将管坯套在带有芯头的芯杆上并从模孔中伸出,被拉拔小车的钳口夹住从模孔中拉出,实现减径和减壁。游动芯头拉拔时,则需要先在管坯内注入足够的润滑油,将芯头从前端装入并打上止退坑,然后再制作夹头并进行拉拔。

根据合金性质、制品规格以及总变形量的大小不同,带芯头拉拔可能需要多个道次,有时在两道次拉拔中间还需要进行中间退火。

（7）减（整）径

减（整）径是采用空拉的方式控制管材的外径尺寸精度,只减径,不减壁。空拉时,只需要将夹头从模孔中伸出被拉拔小车钳口夹住即可实现拉拔。

采用固定短芯头方式拉拔管材时,往往在最后会安排一个道次的空拉整径,以便能够准确控制管材的外径尺寸精度。

由于受轧管机孔型或芯头拉拔最小规格的限制,一些小规格管材,在轧制或带芯头拉拔后,还需要采用空拉的方式,将直径减小到所需要的成品尺寸。当空拉减径量较大、需要多道次拉拔时,有时可能还需要中途将原有的夹头切除,再重新制作夹头后继续进行拉拔。

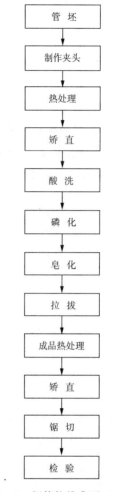

图 12 - 3　钢管拉拔典型工艺流程

12.3　拉拔配模设计

拉拔配模设计也称为拉拔道次计算,就是根据成品的尺寸、形状、机械性能、表面质量及其他要求,确定坯料尺寸（有时坯料尺寸是确定的）、拉拔方式、拉拔道次及其所使用的工模具的形状和尺寸。

正确的配模设计是在保证产品质量要求和拉拔过程顺利进行的前提下,尽可能减少拉拔道次以提高生产效率。由于被拉拔制品的合金、品种、规格以及实现拉拔的方式不同,其拉拔配模设计的内容也不完全相同。在实际生产中,应根据企业的具体设备、工艺条件,合理进行拉拔配模设计。

12.3.1　实现拉拔过程的必要条件

拉拔过程中金属的变形是借助于在被拉拔金属坯料的前端施加以拉力使其从模孔中拉出来实现的。如果施加的拉拔应力过大,超过了金属出模孔的屈服强度,则制品出模孔后还

会发生变形,出现细颈,甚至拉断。因此,为了实现稳定的拉拔过程,必须满足下列条件:

$$\sigma_L = \frac{P_L}{F_L} < \sigma_s \qquad\qquad (12-4)$$

式中:σ_L——作用在被拉拔金属出模孔断面上的拉拔应力;

$\quad$ P_L——拉拔力;

$\quad$ F_L——制品出模孔断面积;

$\quad$ σ_s——金属出模孔后的屈服强度。

对于某些有色金属来说,由于屈服强度不是很明显,确定较困难,加之在加工硬化后与其抗拉强度 σ_b 比较接近,则可以表示为

$$\sigma_L < \sigma_b$$

通常把被拉拔金属出模孔的抗拉强度 σ_b 与拉拔应力 σ_L 的比值称为拉拔安全系数 K,即

$$K = \frac{\sigma_b}{\sigma_L} \qquad\qquad (12-5)$$

因此,要实现稳定的拉拔过程,则必须满足安全系数 $K>1$,这就是实现拉拔过程的必要条件。安全系数与被拉拔金属的尺寸、状态(退火或硬化)以及变形条件(温度、速度、反拉力)有关。一般情况下,K 值为 $1.40\sim2.00$,即 $\sigma_L = (0.5\sim0.7)\sigma_b$。安全系数的意义在于,当 K 值过小时,说明加工率大,拉拔过程中易出现断头、拉断;当 K 值过大时,则表示道次加工率偏小,未能充分发挥金属的塑性。拉拔制品的直径越小、壁厚越薄,被拉拔金属对表面微裂纹和其他缺陷、设备的振动、速度的变化等因素的敏感性越大,则 K 值应大些。

安全系数 K 值的选取与制品的品种、直径等有关。有色金属拉拔时安全系数见表 12-1 所示。

表 12-1 有色金属拉拔时的安全系数

安全系数	厚壁管材、型材和棒材	薄壁管材和型材	线材直径/mm				
			≥1.0	1.0~0.4	0.4~0.1	0.1~0.05	0.05~0.015
K	>1.35~1.4	1.6	≥1.4	≥1.5	≥1.6	≥1.8	≥2.0

对于钢材来说,σ_s 的确定也不是很方便,σ_s 是变量,它取决于变形量的大小。习惯上采用拉拔钢材头部的断面强度(即拉拔前材料的强度极限)确定拉拔必要条件,实际上拉拔条件被破坏主要是断头问题。因此,在配模计算时拉拔应力 σ_L 的确定主要是根据实际经验取,即

$$\sigma_L < (0.8\sim0.9)\sigma_b$$

则安全系数 $K>1.1\sim1.25$。

拉拔配模设计的原则就是在保证实现拉拔过程的必要条件下,尽可能增大每道次的延伸量,以提高生产效率。

12.3.2　圆断面管材空拉配模设计

圆断面管材空拉配模设计,就是在总减径量一定的情况下,确定每道次的减径量和拉拔道次,特别是空拉前所需要的管坯壁厚尺寸的确定,对保证成品管的壁厚尺寸精度具有重要的影响。圆断面管材空拉主要用于管材的减径和整径。整径的目的是控制管材的外径尺寸精度,减径量小,拉拔道次少,拉拔后管壁尺寸的变化小,配模设计简单。减径主要是用于拉拔那些受工具尺寸和生产效率影响不宜直接用轧制或带芯头拉拔方法生产的小规格管材,如外径小于 16mm 的管材,通常都是由冷轧或带芯头拉拔方法提供最小外径为 16～20mm 的管坯,然后通过空拉减径方法加工出成品。可见,所要生产的管材直径越小,空拉时的减径量就越大,拉拔的道次就越多,拉拔后管壁尺寸的变化也就越大,配模设计的难度就大。因此,圆断面管材空拉配模设计的任务,主要是小规格管材的空拉减径配模设计。

1. 空拉配模设计应注意的几个问题

空拉配模设计时,除了要考虑金属出模孔处的强度以防拉断外,还应注意以下几个方面的问题:

(1)管壁的稳定性。对于管壁较薄的圆形管坯,当其壁厚与直径的比值 $t_0/D_0 \leqslant 0.04$ 时,道次减径量不能大于临界变形量 $\varepsilon_{d临}$,否则易出现管壁失稳现象,在拉拔后的管材表面出现纵向皱折或凹下。空拉时的临界变形量 $\varepsilon_{d临}$ 的值可按式(9-12)中的方法进行计算。

但应指出的是,临界变形量不是一个固定的值,拉拔夹头制作的质量和不同的拉拔方法对临界变形量有很大影响。夹头制作质量好,过渡圆滑的“瓶”式夹头,可以使临界变形量提高 10%～40%;当 $t_0/D_0 = 0.018～0.02$ 时,使用倍模拉拔,由于变形量分散到几个模子上,也可以使临界变形量提高 10%～25%。

(2)合理的延伸系数。例如,对于纯铝、5A02、6063、6061、3A21、5052 等软铝合金管材,可在冷轧后不经退火直接空拉,其总延伸系数可达 3.5。对于 2A11、2A12、2A14、5A03 等硬铝合金管材,当减径延伸系数较大(大于 1.3)时,冷轧后通常需要增加中间退火工艺,消除了加工硬化,使金属的塑性得以恢复,增大道次变形量。管材规格、合金及状态不同,拉拔道次及各道次的减径量也不相同。

在此值得注意的是,如果空拉时的变形量太小,不仅会使拉拔道次增多,降低生产效率,而且由于拉拔力和弹力小,拉拔后小车不易脱钩,制品易发生弯曲。

空拉时的最大道次延伸系数(变形量)除了与管坯壁厚与直径的比值 t_0/D_0 有关外,还与模角大小有关,在拉拔小直径管材时,当模角 $\alpha = 12°$ 时最为有利,如图 12-4 所示。

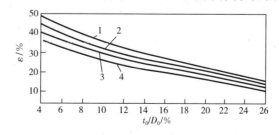

图 12-4　最大道次变形量与模角及管坯的厚径比的关系
$1-\alpha=12°;2-\alpha=20°;3-\alpha=8°;4-\alpha=3°$

（3）管壁的变化。管材空拉过程中其管壁通常是变化的，空拉减径量越大，壁厚尺寸的变化也越大。管材壁厚的变化与拉拔前管坯外径与其壁厚的比值、拉拔道次和道次变形量大小、变形金属的材质、状态、拉拔速度、润滑状况以及模子参数等多种因素有关。只有掌握了管壁的变化规律以及较为准确的变化量，才能够对管坯的壁厚尺寸提出正确的要求，从而保证空拉后的管材壁厚尺寸不超差。

（4）拉拔方式。在小规格管材空拉减径时，除了采用常规的单模拉拔方法外，常常还采用倍模拉拔方法。倍模拉拔与单模拉拔时的变形力学条件不同，对拉拔工艺及管壁尺寸变化的影响也不同。

2. 圆断面管材空拉配模设计方法

（1）计算法配模

根据变形量大小和壁厚变化的配模计算式进行配模设计。这种方法适用于小直径管材的空拉配模设计，主要有三种计算方法。

① M. M. 别伦什泰因算式

当模角 $\alpha = 12°$，道次直径减缩率 $\varepsilon_d = 10\%$ 时，管坯壁厚按下式计算：

$$t_0 = \frac{t_1}{1 + 0.191 \dfrac{D_0 - D_1}{D_0 + D_1}\left[4.5 - 11.5\left(\dfrac{t_1}{D_0} + \dfrac{t_1}{D_1}\right)\right]} \tag{12-6}$$

当模角 $\alpha = 12°$，道次直径减缩率 $\varepsilon_d = 20\%$ 时，管坯壁厚按下式计算：

$$t_0 = \frac{t_1}{1 + 0.09 \dfrac{D_0 - D_1}{D_0 + D_1}\left[8.0 - 22.8\left(\dfrac{t_1}{D_0} + \dfrac{t_1}{D_1}\right)\right]} \tag{12-7}$$

当模角 $\alpha = 12°$，道次直径减缩率 $\varepsilon_d = 30\%$ 时，管坯壁厚按下式计算：

$$t_0 = \frac{t_1}{1 + 0.056 \dfrac{D_0 - D_1}{D_0 + D_1}\left[12.2 - 37\left(\dfrac{t_1}{D_0} + \dfrac{t_1}{D_1}\right)\right]} \tag{12-8}$$

式中：t_0——管坯壁厚；

t_1——成品管壁厚；

D_0——管坯直径；

D_1——成品管直径。

② Г. А. 斯米尔诺夫——阿利亚耶夫算式

$$\ln \frac{S_1}{S_0} = \frac{\ln\left(\dfrac{D_0}{D_1}\right)^{2\theta} - (1+\Delta)\ln\left[3\Delta^2 + \left(\dfrac{D_0}{D_1}\right)^{2\theta}/3\Delta^2 + 1\right]}{2\theta\Delta} \tag{12-9}$$

其中，

$$\theta = 1 + f\cot\alpha$$

$$\Delta = 1 - 2S_0/D_0$$

式中：D_0、S_0——拉拔前管坯的外径和壁厚；

D_1、S_1——拉拔后管材的外径和壁厚；

f——摩擦系数；

α——模角。

③ Ю. Ф. 舍瓦金简便算式

$$\frac{\Delta S}{S_0} = \frac{1}{6}\left[3 - 10\left(\frac{S_0}{D_0}\right)^2 - 13\left(\frac{S_0}{D_0}\right)\right]\frac{\Delta D}{D_0 - S_0} \qquad (12-10)$$

式中：ΔS——空拉前后管子的壁厚差；

　　　　ΔD——空拉前后管子的外径差；

　　　　D_0、S_0——空拉前管坯的外径和壁厚。

（2）图算法配模

图 12-5 所示为管材空拉时管壁变化与减径变形量的关系图，其横坐标 t/D 表示空拉前管坯的相对壁厚（即壁厚 t 与外径 D 的比值），纵坐标则表示管壁厚的增减率。进行配模设计时，只要计算出管坯的相对壁厚和空拉时减径变形量的大小，可以很方便地找到不同变形量时的壁厚增减情况。从图中可以看出，当 t/D 的值为 $10\%\sim20\%$ 时，由于算图上的曲线过于密集，不能够区分清楚，给读图带来困难，易造成误差增大，甚至将壁厚增减的性质判断错，这是其主要缺点。

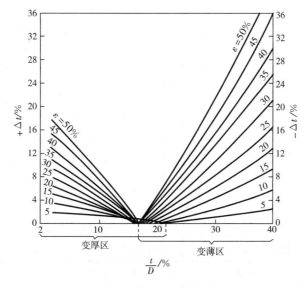

图 12-5　空拉时管壁变化与变形量的关系（模角 $\alpha=12°$）

（3）经验配模法

以上两种方法的最大缺点是没有把合金的材质与状态等影响因素考虑进去，所得出的结果具有一定的局限性。在实际生产中，各生产厂家根据自己的设备、工具及工艺条件，摸索出了一些行之有效的配模方法。表 12-2 列出了某厂空拉铝合金管材时，在管坯的厚径比小于 0.2（即 $t/D<0.20$），不同合金、状态管坯空拉减径 $1mm$ 时的壁厚增加值。需要指出的是，由于各生产厂家的设备条件、工艺条件、模具参数、润滑条件以及拉拔速度等不同，管壁尺寸的变化也会有所差别，表 12-2 中所示的数值也只能作为参考。部分小直径铝合金管材的空拉减径工艺见表 12-3、表 12-4 所示。

表 12-2 空拉减径 1mm 时圆管壁厚增加值(mm)

合　金	不退火管坯	退火管坯
6063、6A02	0.0222	0.0222
5A02、5052	0.0163	0.0195
3004、3A21	0.02～0.03	
纯铝	0.0132	0.0131
2024、2A11、2A12、5A03	0.0203	0.0205

表 12-3 壁厚 1.0～2.5mm 小直径铝合金管材空拉减径配模

成品管外径 /mm	合　金	成品管壁厚 /mm	拉拔道次及配模直径/mm			
			1	2	3	4
6	2A11、2A12、5A02、5A03	1.0～1.5	16.5/12.5	9.5	7.2	6.0
	纯铝、3A21、6063		15.5/11.5	8.0	6.0	
8	2A11、2A12、5A02、5A03、3A21	2.0	16.5/14	11.5	9.5	8.0
	纯铝	2.0				
	2A11、2A12、5A02、5A03	1.0～1.5	16.5/12.5	9.5	8.0	
	3A21	1.5				
	纯铝	1.0～1.5	15.5/11.5	8.0		
	3A21	1.0				
10	2A11、2A12、5A02、5A03、3003	2.0	16.5/14	11.5	10	
	2A11、2A12、5A02、5A03、3003	1.0～1.5	16.5/12.5	10		
	纯铝	1.5～2.0				
	纯铝	1.0	15.5/10.0			
12	2A11、2A12、5A02、5A03	1.0～2.5	16.5/14	12.0		
	纯铝、3A21	2.0～2.5				
	纯铝、3A21	1.0～1.5	15.5/12.0			
14	所有合金	1.0～2.5	16.5/14			
15			16.5/15			

注:管坯外径为 φ18mm;表中带"/"者为倍模拉拔。

表 12-4 壁厚 0.5～0.75mm 小直径铝合金管材空拉减径配模

成品管材直径 /mm	各道次配模直径/mm				
	1	2	3	4	5
6	15.5/15.0	12.5/11.5	10.5/9.5	7.5	6.0
8	15.5/15.0	12.5/11.5	10.5/9.5	8.0	

（续表）

成品管材直径 /mm	各道次配模直径/mm				
	1	2	3	4	5
10	15.5/15.0	12.5/11.5	10.0		
12	15.5/15.0	13.0/12.0			
14	15.5/14.0				
15	15.5/15.0				

注：管坯外径为 $\phi16mm$；表中带"/"者为倍模拉拔。

【例 12-1】 生产 2A12 合金 $\phi6\times1.0mm$ 管材时，是用 LG30 轧管机的 $\phi31\sim18mm$ 孔型生产的 $\phi18mm$ 冷轧管经 4 道次空拉制成的，进行空拉配模设计。

解　管材空拉配模设计就是确定空拉前的管坯壁厚，在这里就是确定冷轧管的壁厚。用 M. M. 别伦什泰因算式通过计算确定冷轧管的壁厚。根据表 12-3 可以看出，虽然管材是由 $\phi18mm$ 经 4 道次拉拔到 $\phi6mm$，但实际上第一道次采用的是倍模拉拔，金属是两次变形。因此，可看成是经过了 5 道次变形，即 $\phi18\rightarrow\phi16.5\rightarrow\phi12.5\rightarrow\phi9.5\rightarrow\phi7.2\rightarrow\phi6$。

（1）计算每道次的直径减缩率

第一道次，由 $\phi18mm$ 空拉减径到 $\phi16.5mm$，直径减缩率为 8.33%。

第二道次，由 $\phi16.5mm$ 空拉减径到 $\phi12.5mm$，直径减缩率为 24.24%。

第三道次，由 $\phi12.5mm$ 空拉减径到 $\phi9.5mm$，直径减缩率为 24%。

第四道次，由 $\phi9.5mm$ 空拉减径到 $\phi7.2mm$，直径减缩率为 24.21%。

第五道次，由 $\phi7.2mm$ 空拉减径到 $\phi6mm$，直径减缩率为 16.67%。

（2）采用倒推法求出每道次空拉前的管坯壁厚

除了第一道次因变形量较小采用式（12-6）计算外，其他道次均采用式（12-7）计算。

① 第五道次由 $\phi7.2mm$ 空拉到 $\phi6mm$，所需 $\phi7.2mm$ 管坯的壁厚为 0.992mm。

② 第四道次由 $\phi9.5mm$ 空拉到 $\phi7.2mm$，所需 $\phi9.5mm$ 管坯的壁厚为 0.962mm。

③ 第三道次由 $\phi12.5mm$ 空拉到 $\phi9.5mm$，所需 $\phi12.5mm$ 管坯的壁厚为 0.918mm。

④ 第二道次由 $\phi16.5mm$ 空拉到 $\phi12.5mm$，所需 $\phi16.5mm$ 管坯的壁厚为 0.864mm。

⑤ 第一道次由 $\phi18mm$ 空拉到 $\phi16.5mm$，所需 $\phi18mm$ 管坯的壁厚为 0.84mm。

即为了生产出 $\phi6\times1.0mm$ 管材，空拉前的冷轧管的尺寸应控制为 $\phi18\times0.84mm$。

12.3.3　异形断面管材拉拔配模设计

等壁厚异形断面管材的拉拔通常都是用圆管作坯料。将管坯的外径尺寸加工到一定程度后，根据成品管的断面形状及尺寸精度要求，经过 $1\sim2$ 道次过渡拉拔使其形状逐渐向成品形状过渡，最后进行一道次成形拉拔出成品；或者直接用成形模一道次拉拔出成品。

冷拉矩形、正方形、梯形或其他带有棱角的异形管材时，如果过渡前的圆管直径过大，则易出现平面凹下，平面间隙过大。但如果过渡前的圆管直径偏小，则易造成角部不能充满，圆角过大，平面凸出。

一般情况下，用拉拔方法生产普通异形断面管材时，都是采用空拉成形。对于断面形状和尺寸偏差要求很严格的管材（如波导管），在最后一道次成形拉拔时采用带芯头方式拉拔。

1. 普通异形断面管材空拉配模设计

异形断面管材拉拔配模设计,主要是确定拉拔前所用圆管的尺寸。由于在过渡拉拔及成形拉拔过程中的变形量很小,所以,要求不是很严格的普通异形断面管材所用圆管坯的壁厚,应等于异形断面管材的壁厚。这样,确定拉拔前所用圆管的尺寸,主要就是确定其直径。图 12 - 6 所示的异形管材拉拔时所使用圆形管坯的直径 D_0 可分别按下面方法近似计算。

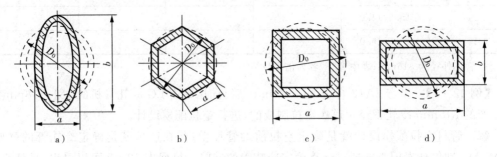

图 12 - 6 异形管断面形状及所用管坯
a)椭圆形;b)正六边形;c)正方形;d)矩形

(1)椭圆形

$$D_0 = \frac{a+b}{2} \tag{12-11}$$

式中:a、b——椭圆断面的短轴和长轴。

(2)正六边形

$$D_0 = \frac{6}{\pi}a = 1.91a \tag{12-12}$$

式中:a——六边形的边长。

(3)正方形

$$D_0 = \frac{4}{\pi}a = 1.27a \tag{12-13}$$

式中:a——正方形的边长。

(4)矩形

$$D_0 = \frac{2}{\pi}(a+b) \tag{12-14}$$

式中:a、b——矩形的长边和短边。

实际上,由于成形拉拔时金属变形是不均匀的,管壁内层金属比外层金属的变形量大,同时,变形的不均匀性随着壁厚与直径的比值 t_0/D_0 的增大而增加,故外层金属受到附加拉应力,导致金属不能良好地充满模子角部。因而对正方形和矩形管来说,为了保证空拉成形时管材的棱角部位能够充满,实际所使用的管坯直径应比用上述算式计算的值大 3%～5%,其中管壁薄的取下限,管壁厚的取上限。但是,如果使用的管坯直径增大,又会造成正方形、矩形管的平面凹下,使平面间隙不合格,且管壁越厚,凹下越严重,因此管坯的直径不能太大,管壁越厚,成形前的圆管直径应越小。所以,在进行拉拔配模设计时,还应根据制品的壁厚尺寸以及对圆角的要求不同,合理确定其成形前的圆管直径。另外,对于长宽比较大的矩形管,最好增加1~2次过渡道次,既可以减少平面凹下,又能保证角部尺寸。

2. 矩形波导管拉拔配模设计

对于内表面光滑度及内部尺寸精度要求很高的矩形波导管,一般都是经过1~2道次由过渡圆管空拉成过渡矩形管,在最后一道次的成形拉拔时则采用固定短芯头拉拔,借以精确地控制制品的内形尺寸精度和内表面光滑度。下面简要介绍此类管材的拉拔配模设计。

（1）过渡矩形的形状及尺寸

由圆管空拉成矩形管的过程中,在周向压应力的作用下易发生管壁凹下,特别是长边更加突出,给后道次成形拉拔时套芯头带来了困难。为此,在设计过渡矩形的形状时,不应设计成规整的矩形,而应设计成带凸度的近似矩形,如图12-7所示。此时,长边上所受的周向压应力 σ_θ 可分解为水平分力和垂直分力,垂直分力的方向与径向压应力 σ_r 的方向相反,可抵消一部分径向压应力的作用,减少管壁的凹下。凸度的大小,一般根据现场经验确定,见表12-5所示。

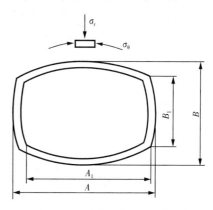

图 12-7 过渡近似矩形示意图

表 12-5 矩形波导管拉拔时的近似矩形凸度值

长边长度 A/mm	长边凸度（弦高）/mm	短边长度 B/mm	短边凸度（弦高）/mm
7~20	0.7~1.1	3~35	0.2~0.30
21~30	1.2~1.5	36~50	0.31~0.40
31~50	1.6~2.0	51~80	0.41~0.50
51~72	2.1~3.5	81~120	0.51~0.60
73~100	3.6~4.5		
101~130	4.6~7.0		
131~160	7.1~11		

除此之外,过渡矩形与拉成品的短芯头之间还应留有一定的间隙,间隙值大小应根据波导管的规格、长短边的不同以及拉拔时金属流动的具体条件而定。一般来说,对于大规格波导管,其短边的间隙要比长边的大,以便于成品拉拔时金属充分发生横向流动以减小不均匀变形。对于中小规格波导管,短边与长边的间隙应接近或相等。这是因为,在成形拉拔时,四角往往由于卡死而限制了金属的横向流动,金属的塑性越差、制品的规格越小就越明显。因此,对于中小规格波导管,取长边和短边的间隙相等较为合理。

间隙值的正确选择对制品的质量有重要影响。间隙过大,将迫使管坯尺寸增大,使成品拉拔时的加工率、缩径增大,对成品质量和尺寸偏差的影响大;间隙过小,成品拉拔时套芯头困难,而且缩径小,成品外角不易充满。表12-6所示为部分规格波导管拉拔时过渡矩形与芯头之间的间隙值。

表12-6 过渡矩形与芯头的间隙值

序 号	波导管规格/mm	短边间隙/mm	长边间隙/mm
1	165.1×82.55×2.0	11.25	9.95
2	110×55×2.5	7.0	4.5
3	110×41×2.5	5.75	3.0
4	72×34×6.0	5.0	3.0
5	72×72×2.0	3.2	3.2
6	72×44×2.0	2.15	2.15
7	72×34×2.0	2.15	2.15
8	72×20×2.0	2.3	2.3
9	72×10×2.0	2.25	2.5
10	72.14×8.6×2.0	2.05	2.53
11	40×20×1.5	1.75	1.75
12	28.5×12.6×1.5	0.7	0.7
13	23×10×1.0	0.85	0.85
14	15.8×7.9×1.0	0.85	0.85
15	28.5×6×1.0	0.6	0.63

过渡矩形管的周长应近似等于过渡圆管的周长,以缓和空拉时金属的硬化,给成品管成形拉拔时的变形创造有利条件。若以矩形过渡模的直角边计算其周长,一般为过渡圆管外径周长的1.0~1.10倍。部分规格波导管拉拔时的过渡模直角边周长与过渡圆管外径周长之比值 n_3 见表12-7所示。

表12-7 过渡模直角边周长与过渡圆管外径周长的比值

序 号	波导管规格/mm	过渡模直角边周长/过渡圆管外径周长(n_3)
1	165.1×82.55×2.0	1.11
2	110×55×2.5	1.09
3	110×41×2.5	1.065
4	72×20×2.0	1.03
5	72.14×8.6×2.0	1.04
6	40×20×1.5	1.04

（续表）

序　号	波导管规格/mm	过渡模直角边周长/过渡圆管外径周长(n_3)
7	28.5×12.6×1.5	1.005
8	23×10×1.0	1.0
9	72×34×2.0	1.03
10	28.5×6×1.0	1.06
11	15.8×7.9×1.0	1.035

过渡圆管周长不宜选得过大,否则在成品拉拔时减径太大容易超差。一般过渡圆管内周长与成品管内周长的比值 n_1 应为 1.05～1.15,其中大规格的取下限,小规格的和长宽比大的取上限;同类规格管壁较厚的取大一些,否则角部不易充满,成品拉拔套芯头困难。

（2）加工率的确定

矩形波导管过渡圆管的周长及壁厚应比成品管大一些,以便在成形拉拔时使金属获得一定的变形量。为了获得尺寸精确的成品管,选择适当的加工率很重要。若加工率过大,则拉拔力增大,金属不易充满模孔,同时也会使残余应力增大,甚至在拉出模孔后制品还会变形;但是也不能过小,否则不能获得优质表面。由过渡圆管计算加工率,一般为15%～20%,其中长宽比大的取下限,小的取上限。

（3）矩形波导管拉拔配模设计

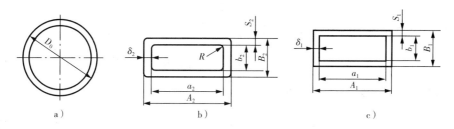

图 12-8　矩形波导管拉拔配模设计参数图
a)过渡圆管坯;b)矩形过渡模;c)矩形波导管

① 过渡圆管坯内径 d_0 的确定

$$d_0 = l_0/\pi = n_1 l_1/\pi \tag{12-15}$$

式中:l_0——过渡圆管坯内周长;

　　l_1——成品管内周长,$l_1 = 2(a_1 + b_1)$;

　　a_1——成品管长边内部尺寸;

　　b_1——成品管短边内部尺寸;

　　n_1——参数,为 1.05～1.15。

② 过渡圆管坯外径 D_0 的确定

$$D_0 = d_0 + 2S_0 = d_0 + 2(1 + n_2)S_1 \tag{12-16}$$

式中：S_0——过渡圆管坯壁厚，可取 $S_0=(1+n_2)S_1$；

　　　S_1——成品管长边壁厚；

　　　n_2——壁厚余量（减缩）系数，为 $8\%\sim20\%$。

③ 过渡模短边尺寸 B_2 的确定

$$B_2=b_2+2S_2=b_1+2C_2+2S_2 \tag{12-17}$$

式中：b_2——过渡矩形管坯短边内部尺寸；

　　　S_2——过渡矩形管坯长边壁厚，$S_2=(1+n_2)S_1$；

　　　C_2——过渡矩形长边与芯棒之间的间隙。

④ 过渡模长边尺寸 A_2 的确定

$$A_2=a_2+2\delta_2=a_1+2C_2'+2\delta_2 \tag{12-18}$$

式中：a_2——过渡矩形管坯长边内部尺寸；

　　　δ_2——过渡矩形管坯短边壁厚，$\delta_2=(1+n_2)\delta_1$；

　　　δ_1——成品管短边壁厚；

　　　C_2'——过渡矩形短边与芯棒之间的间隙。

⑤ 过渡矩形管套芯头时卡角的验算

第一步：根据过渡矩形管的周长应近似等于过渡圆管周长的原则，确定过渡矩形管坯的内圆角 R_2；

$$R_2=[(a_2+b_2)-n_1l_1/2]/(4-\pi) \tag{12-19}$$

第二步：计算过渡矩形内对角线长度 M_2；

$$M_2=\sqrt{a_2^2+b_2^2}-0.828R_2 \tag{12-20}$$

第三步：计算芯头对角线长度 M_1。

$$M_1=\sqrt{a_1^2+b_1^2} \tag{12-21}$$

只要满足 $M_2>M_1$，过渡矩形管坯套芯头就没有困难。

⑥ 过渡模尺寸与过渡圆管坯周长关系的验算

$$n_3=2(A_2+B_2)/\pi D_0 \tag{12-22}$$

计算出的 n_3 值应符合表 12-7 所示要求，否则表示设计不合理。

【例 12-2】　生产 H96 黄铜 $110\times41\times2.5$mm 矩形波导管，进行配模设计。

解　（1）过渡圆管坯尺寸确定

① 过渡圆管坯内径 d_0 的确定

根据式(12-15)，取 $n_1=1.06$，代入相关数字，则

$$d_0=1.06\times2(110+41)/\pi=101.9(\text{mm})$$

② 过渡圆管坯外径 D_0 的确定

根据式(12-16)，取 $n_2=18\%$，代入相关数字，则

$$D_0 = 101.9 + 2(1 + 18\%) \times 2.5 = 107.8 \text{(mm)}$$

则过渡圆管坯的尺寸为 $\phi 107.8 \times 2.95$mm。

(2)过渡模尺寸确定

① 过渡模短边尺寸 B_2 的确定

根据式(12-17),取过渡矩形管坯短轴方向与芯头的间隙 $C_2 = 3$mm,代入相关数字,则

$$B_2 = 41 + 2 \times 3 + 2 \times 2.95 = 52.9 \text{(mm)}$$

② 过渡模长边尺寸 A_2 的确定

根据式(12-18),取过渡矩形管坯长轴方向与芯头的间隙 $C_2' = 4.5$mm,代入相关数字,则

$$A_2 = 110 + 2 \times 4.5 + 2 \times 2.95 = 124.9 \text{(mm)}$$

(3)过渡矩形管套芯头时卡角的验算

① 确定过渡矩形管坯的内圆角 R_2

根据式(12-19),代入相关数字计算得:$R_2 = 6.98$mm。

② 计算过渡矩形内对角线长度 M_2

根据式(12-20),代入相关数字计算得:$M_2 = 122.2$mm。

③ 计算芯头对角线长度 M_1

根据式(12-21),代入相关数字计算得:$M_1 = 119.6$mm。

因为 $M_2 > M_1$,故套芯头没有困难。

(4)过渡模尺寸与过渡圆管坯周长关系的验算

根据式(12-22),代入相关数字计算得:$n_3 = 1.05$。

因为计算得 $n_3 > 1$,说明设计合理。

因此,H96 黄铜 $110 \times 41 \times 2.5$mm 矩形波导管的最后三道次拉拔工艺流程为 $\phi 107.8 \times 2.95$mm 过渡圆拉拔、124.9×52.9mm 的过渡成形以及 110×41mm 的成品定径拉拔。

12.3.4　固定短芯头拉拔配模设计

与空拉配模设计不同的是,固定短芯头拉拔时所使用的管坯,一般是由热挤压或热轧直接提供。在固定短芯头拉拔时,配模设计的任务主要是根据制品的尺寸和要求,确定所需要管坯的尺寸、中间退火次数、拉拔道次及道次变形量。

1. 总加工率的确定

冷加工时的总加工率大小,对于保证制品的质量,提高拉拔生产的效率和成品率,延长工具的使用寿命等具有重要的意义。在确定总加工率时,不仅要考虑制品的性能和表面质量的要求,还要考虑管坯的状况及生产操作上的要求。

拉拔时的总加工率大小通常用总延伸系数 λ_Σ 来表示,确定总延伸系数时应考虑以下因素的影响:

(1)制品性能的要求。拉拔时的加工率对制品的机械性能和物理性能有很大影响,特别是通过冷变形方式控制制品最终力学性能的产品,退火后的总加工率直接决定着制品的性能。

拉拔的总延伸系数 λ_Σ 可表示为如下形式：

$$\lambda_\Sigma = \lambda_\text{中} \lambda_\text{成} \tag{12-23}$$

式中：$\lambda_\text{中}$——中间道次延伸系数；

$\lambda_\text{成}$——成品道次延伸系数。

中间道次的延伸系数 $\lambda_\text{中}$ 一般不控制，在保证制品的表面质量、拉拔过程顺利进行的前提下，应尽可能增大中间道次的变形量，以减少加工道次，提高生产效率。

成品道次的延伸系数 $\lambda_\text{成}$ 应根据产品的交货状态及性能要求来确定，不同的交货状态对制品力学性能的要求是不同的。例如：对于退火状态（O）、5A03、5A05、5A06 等铝合金半冷作硬化状态（HX4），以及淬火自然时效状态（T4）和淬火人工时效状态（T6）交货的其他铝合金制品来说，其最终性能由热处理工艺及方法来控制，对总加工率一般没有严格要求，但为了不产生粗晶组织，应避免采用临界变形程度进行加工。对于通过冷变形控制其最终力学性能的纯铝、3A21、5A02 铝合金硬状态（HX8）和 5A02 铝合金半冷作硬化状态（HX4）的制品来说，如果不进行中间退火，其总加工率应满足表 12-8 所示要求，或根据加工硬化曲线查出保证规定性能所需的总加工率，并以此为依据，推算出管坯的尺寸；如果需要进行中间退火，则最后一次退火后的冷加工变形量也应满足表 12-8 所示要求。对于力学性能要求较高的 1A30、8A06 铝合金硬状态（HX8）管材，其冷变形量应更大一些。另外，还必须注意，即便是合金、状态和规格相同的制品，不同的产品标准对其力学性能的要求有时也不一样，在确定加工率时要给予重视。

表 12-8　硬状态、半冷作硬化状态铝合金管材的冷加工率

合　金	总的冷加工（或最后一次退火后的冷加工）变形量	
	S_0/S_K	$\delta/\%$
1060、1050、3A21	$\geqslant 1.35$	$\geqslant 25$
1A30、8A06	$\geqslant 2.0$	$\geqslant 55$
5A02	$\geqslant 1.25$	$\geqslant 25$

（2）操作上的要求

固定短芯头拉拔时，每一道次减壁的同时也要减径，否则，只减壁不减径将导致芯头无法装入，即在每一道次拉拔前，芯头的直径必须比管坯的内径小，以便能够将芯头顺利地装入管坯中。另外，为了精确控制管材的外径尺寸，在管壁减薄到成品尺寸或规定的尺寸后，通常还要采用空拉的方式再进行一道次整径拉拔；生产小直径管材时，还要进行多道次的空拉减径。因此，固定短芯头拉拔时，管坯的断面尺寸应保证减径所需要的道次必须大于或等于（管材直径尺寸精度要求不是很高时可不单独进行整径空拉）减壁所需要的道次。

（3）成品管表面质量要求

用不同方法生产的管坯和每一批次生产的管坯，其表面质量是有差别的。例如，挤压管坯的表面经常会存在一些擦伤、划伤、磕碰伤等缺陷；热轧管表面存在有螺旋道、划道等缺陷。这些缺陷的存在必然会影响到最终管材的表面质量，因此在拉拔前通常需要进行刮皮或打磨修理。刮皮后的管坯表面不可避免地会留下刮刀痕迹，打磨后的表面会留下磨痕，另

外在管坯表面上还会存在一些不便于通过刮皮、打磨清除的其他浅而小的缺陷。为了消除坯料表面上的或多或少的这些缺陷,必须有一定的冷加工变形量。因此,为了保证冷加工后的管材表面质量,从管坯到成品的壁厚减薄量一般不得小于1mm。

(4)管坯的供给条件

通常情况下,热挤压和热轧制品的偏心相对较大,在选择管坯尺寸时应考虑到这一点,即通过拉拔,管材的偏心要能够纠正到允许的偏差范围之内。要纠正管壁的偏心,较好的办法是增加空拉的变形量,即增加空拉道次,这就需要适当地增大管坯的直径。或者是增加管坯的壁厚,增加拉拔道次(同样也要增大管坯的直径)。管坯壁厚越薄,拉拔时的减壁道次越少,生产效率就越高,但如果其壁厚较薄时,不仅要考虑偏心的影响,还要考虑在现有条件下能否正常供应。例如,对于用挤压方法生产坯料时,当管壁较薄时,挤压比增大,要考虑挤压机能否挤得动;对于用热轧管作为拉拔管坯来说,则要考虑热轧成品管的最小壁厚尺寸。

表12-9所示为国内企业采用固定短芯头拉拔有色金属管材时常用的总延伸系数。

表12-9 固定短芯头拉拔管材时常用的总延伸系数

金属及合金	两次退火间		
	总延伸系数	拉拔道次	道次延伸系数
紫铜、H96	不限	不限	1.2~1.7
H68、HSn70-1、HAl70-1.5、HAl77-2	1.67~3.3	2~3	1.25~1.60
H62	1.25~2.23	1~2	1.18~1.43
QSn4-0.2、QSn7-0.2、QSn6.5-0.1、B10、B30	1.67~3.3	3~4	1.18~1.43
1070A、1060、1050A、1034、1200	1.2~2.8	2~3	1.2~1.40
6A02、3A21	1.2~2.2	2~3	1.2~1.35
5A02	1.1~2.0	2~3	1.1~1.30
2A11	1.1~2.0	1~2	1.1~1.30
2A12	1.1~1.7	1~2	1.1~1.25

2. 管坯断面尺寸确定

在进行配模设计时,如果能够确定出总加工率,那么根据成品所要求的尺寸就可确定出所需要管坯的断面尺寸。管坯的断面尺寸可按照下式来确定:

$$F_0 = \lambda_\Sigma \cdot F_1 \tag{12-24}$$

式中:F_0、F_1——管坯和成品管的断面积;

λ_Σ——总延伸系数。

在实际生产中,确定管坯尺寸时,通常是先确定管坯的壁厚尺寸,根据管坯与成品管的壁厚计算出减壁所需要的道次,然后确定减径道次及每道次的直径减缩量,最后计算出所需要的管坯断面尺寸。

(1)管坯壁厚的确定

一般情况下,拉拔铝合金、铜合金管材所用的管坯基本上都是由热挤压提供;拉拔钢管所用的管坯有热轧成品管、用轧管机生产的管坯和穿孔毛管生产的管坯。不同方法生产的管坯,其表面质量和尺寸精度是有差别的。

管坯的壁厚尺寸越大,减壁所需要的拉拔道次就越多,特别是拉拔塑性较低的硬合金管材时,还会使中间退火次数增加,不仅使生产效率明显降低,而且出现拉拔划沟的机会也增多。减小管坯的壁厚尺寸,可减少拉拔道次,提高拉拔的生产效率。但正如前面所述,如果管坯的壁厚尺寸接近成品尺寸,存在于管坯表面上的一些缺陷不易完全消除;当管坯的壁厚尺寸过小时,可能在供应上也会出现困难。因此,在确定管坯壁厚尺寸时,应根据合金的性质、管材的规格大小以及表面质量和性能要求,并综合考虑管坯的供应方式、拉拔的生产效率等各方面因素的影响。

一般情况下,从管坯到成品管的壁厚减薄量可取 $1.0\sim2.0$mm,软合金、大规格管材可取上限,硬合金、小规格管材可取下限;表面质量和尺寸精度要求高的取上限,一般的取下限。对于力学性能要求较高的 1A30、8A06 铝合金硬状态管材,为了保证其力学性能,应适当增大冷加工变形量,其壁厚减薄量可取 $2.0\sim5.0$mm。紫铜管的壁厚减薄量可取 $1\sim3.5$mm。

(2)减壁道次的确定

由管坯及成品管壁厚计算减壁所需要的道次数有下面两种方法:

$$n_s = \ln\frac{S_0}{S_K} / \ln\overline{\lambda}_s \qquad (12-25)$$

或者

$$n_s = (S_0 - S_K)/\Delta\overline{S} \qquad (12-26)$$

式中: n_s——减壁所需要的道次数;

S_0、S_K——管坯及成品管壁厚;

$\overline{\lambda}_s$——平均道次壁厚延伸系数;

$\Delta\overline{S}$——平均道次减壁量。

对于变形抗力低、塑性好的纯铝、3A21、6063、6A02 等铝合金,在满足实现拉拔过程必要条件的前提下,应给予较大的道次变形量以提高生产效率。对于变形抗力较高、塑性差、变形比较困难的 5A05、5A06 等含镁量高的铝合金,应控制较小的道次变形量及总变形量,除了满足实现拉拔过程必要条件外,还必须保证制品的表面质量。这是因为,对于高镁铝合金,当变形量增大时,变形热和摩擦热会使金属与工具接触面上的温度迅速升高,导致润滑条件恶化,工具易黏金属,划伤管材表面。

根据实际经验,铝合金管材拉拔时按平均道次延伸系数 $\overline{\lambda}_s$(或平均道次减壁量 $\Delta\overline{S}$)由小到大的顺序为:5A06、5A05、2A12、5A03、2A11、5A02、3A21、6A02、6063、纯铝。这就是说,在这些合金中,如果用相同规格的管坯拉拔相同规格的管材时,5A06 合金所需要的拉拔道次最多,生产效率最低;而纯铝所需要的拉拔道次最少,生产效率最高。

铝合金管材固定短芯头拉拔时的壁厚总延伸系数(S_0/S_K)、常用的减壁道次及道次延伸系数见表 12-10 所示。铜合金管材固定短芯头拉拔时壁厚总延伸系数、减壁道次及道次延伸系数见表 12-11 所示。

表 12 - 10　铝合金管材固定短芯头拉拔时采用的延伸系数

合　金	壁厚总延伸系数	减壁道次	道次延伸系数
纯铝	1.25～2.0	1～2	1.25～1.45
3A21、6A02	1.25～1.8	1～2	1.25～1.35
5A02、2A11	1.20～1.6	1～2	1.20～1.35
2A12、5A03	1.20～1.5	2	1.10～1.25
5A05、5A06	1.1～1.25	3	1.05～1.10

表 12 - 11　铜合金管材固定短芯头拉拔时采用的延伸系数

合　金	壁厚总延伸系数	减壁道次	道次延伸系数
T2、TU1、TUP、H96	不限	不限	1.12～1.43
H90、H85、H80	1.67～5.0	3～5	1.18～1.54
H68、HAl77 - 2	1.67～3.3	2～3	1.25～1.83
H62、HPb63 - 0.1	1.25～2.23	1～2	1.18～1.43
HSn70 - 1	1.67～2.23	1～2	1.25～1.67
HSn62 - 1	1.25～1.83	1～2	1.18～1.33
HPb59 - 1	1.18～1.54	1～2	1.18～1.25
B30、BFe30 - 1 - 1、BZn15 - 20、BFe5 - 1、QSn4 - 0.3	1.67～3.3	3～4	1.18～1.43
Ncu28 - 2.5 - 1.5、Ncu40 - 2 - 1	1.43～2.23	2～3	1.18～1.33

（3）减径量的确定

除了整径道次外，每一道次带芯头拉拔时的内径减缩量大小与管坯的合金、规格、状态、弯曲程度等有关。一般情况下，每道次带芯头拉拔时的内径减缩量为 2～8mm。大规格、退火状态和弯曲度较大的管坯取上限，小规格、冷硬状态和弯曲度较小的取下限。在不影响芯头装入的情况下，应尽量减小内径减缩量，以减小管材内表面的粗糙度。

（4）管坯断面尺寸确定

对于带芯头拉拔后不需要整径拉拔的一般管材，根据拉拔道次和道次减径量，就可以确定管坯的内径尺寸为

$$d_0 = d_k + (2～8)n_s \qquad (12 - 27)$$

对于表面质量和外径尺寸精度要求较高的管材，带芯头拉拔后还需要进行一道次整径空拉，其管坯内径还应加上整径时的直径减缩量。整径时的直径减缩量一般为 1.0～2.0mm。则

$$d_0 = d_k + (2～8)n_s + 1～2 \qquad (12 - 28)$$

式中：d_0——管坯内径，mm；

d_k——成品管内径，mm；

n_s——减壁道次数；

2～8——减壁道次的内径减缩量，mm；

1～2——空拉整径量，mm。

根据管坯的内径和壁厚减缩量，可求得管坯的外径尺寸为

$$D_0 = d_0 + 2(\Delta S + S_K) \qquad (12-29)$$

式中：D_0——管坯外径，mm；

ΔS——壁厚减缩量，$\Delta S = S_0 - S_K$，mm；

S_0、S_K——管坯及成品管壁厚，mm。

3. 管坯长度的确定

管坯的长度对拉拔管材的质量、成品率及生产效率有重要影响。从提高成品率和生产效率的角度来看，应尽量选择长一些。但如果管坯过长，在拉拔后期，由于润滑油的减少以及芯头的温升使润滑条件恶化，会造成管材内表面质量下降；还会因制品过长在表面产生"跳车"缺陷。管坯的长度可按下式确定：

$$L_0 = \frac{L_1 + L_{余}}{\lambda} + L_{夹} \qquad (12-30)$$

式中：L_0——管坯长度，mm；

L_1——成品管长度，mm；

$L_{余}$——定尺管材长度余量，可取 500～700mm；

λ——延伸系数；

$L_{夹}$——制作夹头余量，一般取 150～300mm，大规格取上限，小规格取下限。

4. 中间退火次数的确定

管坯在拉拔过程中会产生加工硬化，塑性降低，使道次加工率减小，拉拔道次增多，甚至频繁出现断头、拉断现象。为此，需要对管坯进行中间退火以恢复其塑性，提高继续进行冷变形的能力。中间退火的次数可用下式确定：

$$N = \frac{\ln \lambda_{\Sigma}}{\ln \lambda'} - 1 \qquad (12-31)$$

或者

$$N = \frac{S_0 - S_K}{\Delta \bar{S}'} - 1 \qquad (12-32)$$

或者

$$N = n/n_{均} - 1 \qquad (12-33)$$

式中：N——中间退火次数；

λ_{Σ}——总延伸系数；

$\bar{\lambda}'$——两次退火间的总平均延伸系数；

$\Delta \bar{S}'$——两次退火间的总平均减壁量；

S_0、S_K——管坯和成品管的壁厚；

n——总拉拔道次;

$n_{均}$——两次退火间的平均拉拔道次。

确定中间退火次数的关键是确定 $\bar{\lambda}'$(或 $\Delta \bar{S}'$、$n_{均}$)值。若 $\bar{\lambda}'$ 值太小,金属的塑性不能得到充分利用,使中间退火次数增加,降低生产效率;但若 $\bar{\lambda}'$ 太大,虽然中间退火次数减少了,但易造成断头、拉断等。部分铝合金管材拉拔时两次退火间的平均总延伸系数的确定可参照表 12-12 所示。部分铜合金管材拉拔时两次退火间的平均拉拔道次见表 12-13 所示。

表 12-12　铝合金管材拉拔两次退火间的平均总延伸系数和总平均减壁量的经验值

合　金	两次退火间的平均总延伸系数 $\bar{\lambda}'$	平均道次减壁量 $\Delta \bar{S}'$		
		第一道次	第二道次	第三道次
纯铝、3A21、6A02	1.42～1.5	0.8	0.7	
2A11、5A02[①]	1.33～1.45	1.0		
2A12、5A03[②]	1.25～1.43	0.7	0.3	
5A05、5A06[③]	1.1～1.2	0.20	0.15	0.15

注:① 5A02、2A11 合金当总延伸系数超过 1.4 时,第一道次减壁拉拔后应进行中间退火;

② 2A12、5A03 合金当总延伸系数超过 1.35 时,第一道次减壁拉拔后应进行中间退火;

③ 5A05、5A06 合金每一道次拉拔前均应进行退火。

表 12-13　铜合金管材带芯头拉拔两次退火间的平均拉拔道次

合　金	两次退火间的平均拉拔道次 $n_{均}$
紫铜、H96	不限
H62	1～2(空拉管材除外)
H68、HSn70-1	1～3(空拉管材除外)
QSn7-0.2、QSn6.5-0.1	3～4(空拉管材除外)
直径大于 100mm 的铜管材	1～5

【例 12-3】　拉拔 2A12 铝合金 $\phi 70 \times 5.0$mm 管材配模设计。

解　(1)确定管坯尺寸

① 确定总减壁量为 1mm,即管坯壁厚 $S_0 = 6.0$mm。

② 确定带芯头拉拔道次为 2 道次,每道次内径减缩量为 3mm;空拉整径 1 道次,整径量为 1mm。

③ 确定管坯的内径 $d_0 = 60 + 3 \times 2 + 1 = 67$mm。

④ 确定管坯的外径 $D_0 = 67 + 2 \times 6 = 79$mm。

则管坯尺寸为 $\phi 79 \times 6.0$mm。

(2)确定道次减壁量

第一道次减壁 0.7mm,拉拔后的尺寸为 $\phi 74.6 \times 5.3$mm,道次延伸系数为 1.19。

第二道次减壁 0.3mm,拉拔后的尺寸为 $\phi 71.0 \times 5.0$mm,道次延伸系数为 1.11。

第三道次空拉只减径不减壁,减径量 1mm,空拉后即为成品规格 $\phi 70 \times 5.0$mm,延伸系数为 1.015。

拉拔的总延伸系数为 1.35，只需要对坯料进行退火，不需要安排中间退火。

因此，2A12 铝合金 $\phi70\times5.0$mm 管材的拉拔工艺流程是：用 $\phi79\times6.0$mm 管坯经坯料退火后，第一道次拉拔到 $\phi74.6\times5.3$mm，第二道次拉拔到 $\phi71.0\times5.0$mm，最后第三道次空拉整径到 $\phi70\times5.0$mm。

【例 12-4】 拉拔 20 号碳素钢 $\phi25\times2.0$mm 锅炉管配模设计。

解 （1）选择配料

根据热轧减径后的钢管的最小规格为 $\phi57\times3.5$mm，故采用 $\phi57\times3.5$mm 的热轧钢管作为拉拔这种规格成品管的坯料。

（2）确定总延伸系数 λ_Σ 及拉拔道次 n

$$\lambda_\Sigma=F_0/F_1=[(57-3.5)\times3.5]/[(25-2)\times2]=588\div144=4.08\approx4.0$$

$$n=\ln\lambda_\Sigma/\ln\lambda=\ln4.0/\ln1.35=4.6$$

则取 $n=5$。

（3）分配各道次的延伸系数

根据

$$\lambda_\Sigma=\lambda_1\cdot\lambda_2\cdot\lambda_3\cdot\cdots\cdot\lambda_n$$

则

$$\lambda_\Sigma=1.30\times1.35\times1.35\times1.32\times1.30\approx4.08$$

（4）确定各道次的钢管断面尺寸

用固定短芯头拉拔时，第一道次拉拔后钢管的断面积

$$F_1=F_0/\lambda_1=588\div1.30=450(\text{mm}^2)$$

根据经验，固定短芯头拉拔钢管时一道次的壁厚减缩量为 $0.3\sim0.8$mm。考虑到热轧管坯壁厚可能存在正偏差，取第一道次减壁 0.6mm，则第一道次拉拔后钢管的壁厚为 2.9mm。

根据 $F_1=\pi(D_1-S_1)S_1$，确定第一道次拉拔后管坯的外径 D_1，将有关数字代入其中

$$450=3.14\times(D_1-2.9)\times2.9$$

$$D_1=52.4\approx52(\text{mm})$$

这样，第一道次拉拔后钢管的尺寸为 $\phi52\times2.9$mm。

然后按照上述方法依次可求得后几道次固定短芯头拉拔后钢管的尺寸。

第二道次拉拔后钢管的尺寸为 $\phi45\times2.4$mm；

第三道次拉拔后钢管的尺寸为 $\phi40\times2.1$mm；

第四道次拉拔后钢管的尺寸为 $\phi33\times1.9$mm；

第五道次采用空拉后钢管的尺寸为成品尺寸 $\phi 25 \times 2.0$mm。

(5)计算拉拔力、选择拉拔机

在冷拔钢管生产中,国内许多企业都采用下面的经验式计算拉拔力:

$$P = K \cdot \Delta F \qquad (12-34)$$

式中:P——拉拔力,t;

ΔF——拉拔前后钢管截面积之差,mm^2;

K——拉拔力系数(见表 12-14 所示),t/mm^2。

表 12-14　K 值表

钢　　种	衬　拉		空　拉	
	第一道次	第二道次	第一道次	第二道次
10、15、20、20G、20CrNiMo	0.11~0.12	0.12~0.13	0.10	0.11
35、45、15CrMoG、42MnMo7、12Cr1MoVG、37Mn5	0.14	0.16	0.12	0.14

关于 K 值:

① K 值与钢种有关,随 σ_b、σ_s 的提高而加大;

② 在同一工艺制度下,空拉的 K 值比衬拉的小;

③ 由于摩擦的影响,在其他工艺条件相同的情况下,K 值按磷化、镀铜、草酸盐处理的顺序增大;

④ 硬质合金模拉拔时 K 值比 Y8 小;

⑤ 双模拉拔时选用 K 值比单模拉拔时的大;

⑥ 连拔时选用的 K 值比不连拔的大。20 号钢空拉时连拔的 K 值比不连拔的大 16.5%;

⑦ 由于热轧管坯的表面质量没有经过加工后的中间管坯的好,故拉拔管坯时选用的 K 值应比加工后的中间管坯的大;

⑧ 快速拉拔时的 K 值较慢速拉拔时的小。拉拔 20 号钢时,快速拉拔的 K 值比慢速拉拔的小 13%~16%。

按照式(12-34)计算拉拔力如下:

第一道次拉拔,取 $K=0.12$,则 $P_1=0.12 \times (588-447)=16.9$(t);

第二道次拉拔,取 $K=0.13$,则 $P_2=0.13 \times (447-321)=16.4$(t)(拉拔后中间退火);

第三道次拉拔,取 $K=0.11$,则 $P_3=0.11 \times (321-250)=7.8$(t);

第四道次拉拔,取 $K=0.12$,则 $P_4=0.12 \times (250-185)=7.8$(t)(拉拔后中间退火);

第五道次空拉,取 $K=0.11$,则 $P_5=0.11 \times (185-144)=4.5$(t)。

故可选择在 20t 拉拔机上进行拉拔;或者,前 2 道次拉拔在 20t 拉拔机上进行,后 3 道次拉拔在 10t 拉拔机上进行。

(6)确定相应的中间工序

在多道次拉拔钢管过程中,中间工序是不可少的。下面介绍几个中间工序的应用情况:

第一,钢管的连拔。凡是经过磷酸盐处理后的钢管在拉拔 1 道次后,可重新涂皂后再进行连拔 1～2 次;镀铜后钢管在固定短芯头拉拔 1 次后可连续拉拔 1 次(空拉),但是空拉时的压缩率不能太大,同样在连拔前应重新涂皂。

连拔可省去退火及酸洗等工序,可提高产量,降低成本。连拔适合一般用途的钢管,压缩率较小时较为合适。对于一些合金钢及重要用途钢管,为保证其表面质量不采用连拔的方法。

第二,退火。由于钢管经 1～3 道次拉拔后产生加工硬化需中间退火,或者为了控制钢管的组织及性能需成品退火。钢管空拉时两次退火间的延伸系数为 1.1～1.5,衬拉时为 1.2～2.0。在此例题中,钢管由 $\phi57\times3.5$mm 拉拔到 $\phi25\times2.0$mm,需要 2 次中间退火和 1 次成品退火。

第三,打头及切头。每打一次头,基本上应能保证 2 次拉拔,在拉拔 2 次后应切头重新打头。下次为空拉时则可重新打头。厚壁钢管拉拔时,拉拔 1 次后就应切头。

第四,中间矫直。凡是下一道次为衬拉时,钢管在退火后需经中间矫直。

第五,切断。一般当钢管长度超过了拉拔机的允许长度或退火炉的允许长度时,需切断。在生产时,应计算好坯料长度,尽量减少中间切断。

12.3.5 游动芯头拉拔配模设计

游动芯头拉拔与固定短芯头拉拔相比较,可以降低芯头与管坯之间的摩擦,减少工具黏结金属和工模具磨损,改善管材的内表面质量;既可以进行直拉,也可以进行盘拉,扩大产品品种;可以大大提高拉拔速度;降低了拉拔力,可增大道次加工率,紫铜管采用固定短芯头拉拔时的延伸系数不超过 1.5,而采用游动芯头拉拔时可达 1.9;可大幅度减少辅助时间和夹头损失,提高生产效率和成品率;有利于实现生产过程的机械化和自动化。

游动芯头拉拔配模时除了应遵守第 9 章和第 11 章中所规定的原则外,还应注意减壁量必须有相应的减径量配合,否则将导致管内壁在拉拔时与大圆柱段接触,破坏了力平衡条件,使拉拔过程无法正常进行。

当模角 $\alpha=12°$,芯头锥角 $\alpha_1=9°$ 时,减径量与减壁量应满足以下关系:

$$D_1-d\geqslant6\Delta S \tag{12-35}$$

式中: D_1——芯头大圆柱段直径;

   d——芯头小圆柱段直径;

   ΔS——减壁量。

实际上,由于在正常拉拔时芯头不处于前极限位置,通常在 $D_1-d<6\Delta S$ 时仍可拉拔。D_1-d 与 ΔS 之间的关系取决于工艺条件,根据现场经验,$\alpha=12°$、$\alpha_1=9°$,用乳液润滑拉拔铜及铜合金管材时,式(12-35)可改为

$$D_1-d\geqslant(3\sim4)\Delta S \tag{12-36}$$

游动芯头拉拔铝、铜及合金管材的延伸系数分别见表 12-15、表 12-16 所示。

表 12 - 15　φ20~30mm 铝管游动芯头直线与盘管拉拔时的最佳延伸系数

道　次	14.7kN 链式直线拉拔机		φ1525mm 圆盘拉拔机	
	道次延伸系数	总延伸系数	道次延伸系数	总延伸系数
1	1.92		1.71	
2	1.83	3.51	1.67	2.85
3	1.76	6.20	1.61	4.60

表 12 - 16　铜及合金管材游动芯头直线拉拔的延伸系数

合　金	道次最大延伸系数		平均道次延伸系数	两次退火间延伸系数
	第一道	第二道		
紫铜	1.72	1.90	1.65~1.75	不限
HAl 77 - 2	1.92	1.58	1.70	3
H68、HSn70 - 1	1.80	1.50	1.65	2.5
H62	1.65	1.40	1.50	2.2

【例 12 - 5】　拉拔 HAl 77 - 2φ30×1.2mm，长度为 14m 冷凝管配模设计。

解　(1)选择配料

根据工厂生产条件及成品管长度要求，选择拉拔前的坯料规格为 φ45×3mm，它是由 φ65×7.5mm 的挤压管坯，经轧管机冷轧到 φ45×3mm，然后经过退火生产的。

(2)确定拉拔道次及中间退火次数

查表 12 - 15，平均道次延伸系数为 1.7，两次退火间的平均延伸系数为 3，则可确定拉拔道次 n 和中间退火次数 N。

$$\lambda_{\Sigma} = F_0/F_1 = [(45-3)\times3]/[(30-1.2)\times1.2] = 3.65$$

$$n = \ln3.65/\ln1.7 = 2.44$$

$$N = \ln3.65/\ln3 - 1 = 0.17$$

取 $n=3$，则平均道次延伸系数为

$$\ln\lambda_p = \ln3.65/3 = 0.43$$

$$\lambda_p = 1.54$$

取中间退火次数 $N=1$，安排在第一道次拉拔后进行退火。

(3)确定各道次拉拔后管材的尺寸、芯头小圆柱段及大圆柱段的直径

① 道次减壁量分配。各道次拉拔时的减壁量初步分配为：0.9→0.6→0.3。计算各道次的壁厚见表 12 - 17 所示。

表 12 - 17　游动芯头拉拔时各道次的参数计算

工　序	拉拔后管材尺寸/mm			减壁量	间隙	游动芯头尺寸/mm			延伸系数	拉拔后管材长度/m
	D	d	S	ΔS/mm	a/mm	D_1	d	D_1-d	λ	
坯料	45	39	3							4.3
第一道次	38.4	34.2	2.1	0.9	0.8	38.2	34.2	4	1.65	6.9
第二道次	33.2	30.2	1.5	0.6	1.0	33.2	30.2	3	1.615	10.7
第三道次	30	27.6	1.2	0.3	0.6	29.6	27.6	2	1.38	14.8

② 选取模角为 $\alpha=12°$,芯头锥角 $\alpha_1=9°$,确定芯头小圆柱段直径 d_1、大圆柱段直径 D_1 (见表 12 - 16)。计算 D_1-d,按式(12 - 35)进行检查,D_1-d 均满足各道次减壁量的要求。

③ 游动芯头大圆柱段直径与管坯内径的间隙为 0.8→1.0→0.6mm。因为第二道次前进行了退火,为便于装入芯头,间隙取 1.0mm,比第一道次稍大。从而可以计算各道次拉拔后管材的尺寸。

④ 计算各道次延伸系数,对各道次进行验算,检查其是否在允许范围内及其分配的合理性,并根据情况进行必要的调整。

12.3.6　棒材拉拔配模设计

圆棒材拉拔配模通常有三种情况:

(1)给定成品尺寸和坯料尺寸,计算各道次的拉拔尺寸;

(2)给定成品尺寸并要求获得一定的力学性能,确定坯料尺寸及拉拔道次等;

(3)只要求控制成品尺寸。

在实际生产中,绝大多数情况下,采用拉拔方法生产圆棒材的目的是为了获得更高的尺寸精度并提高其表面质量,即控制成品尺寸精度。为了减少拉拔道次,配模设计时,所使用的坯料尺寸应尽可能接近成品尺寸。但由于拉拔棒材所使用的坯料,通常都是由挤压或轧制所提供,其表面往往会存在一些缺陷,为了保证拉拔后制品的表面质量,必须给予足够的变形量以消除这些表面缺陷。

异型棒材拉拔较少,其目的一般都是要求控制成品尺寸精度并获得更高的表面质量。

棒材拉拔时的变形量大小视合金的塑性、规格、坯料的表面状况等而定。表 12 - 18 所示为铜合金圆棒材拉拔时的平均道次延伸系数。表 12 - 19 所示为拉拔铜合金圆棒材时的成品加工率和延伸系数的实际数据。

【例 12 - 6】　拉拔生产 2007 铝合金 $\phi 30^{-0.13}$ mm 棒材,要求热处理后的力学性能指标为 $\sigma_b \geqslant 370$MPa,$\sigma_{0.2} \geqslant 250$MPa,$\delta \geqslant 7\%$。

解　根据对 2007 铝合金典型室温力学性能的了解,挤压制品 T_4 状态就可以满足其力学性能要求。因此,在拉拔配模设计时只需要考虑满足制品的尺寸精度和表面质量要求,而不必考虑对力学性能的影响。

采用挤压圆棒材作为拉拔用坯料,经碾头后一道次拉拔到成品尺寸,然后进行热处理。根据现场挤压模具实际规格,考虑到 2007 铝合金的变形抗力较大,拉拔延伸系数不宜过大,选择直径为 31mm 的挤压棒材作为拉拔坯料,其延伸系数为 1.07。

表 12 - 18　拉拔铜合金圆棒材的平均道次延伸系数

合　金	平均道次延伸系数
紫铜	1.15～1.40
黄铜	1.10～1.20

表 12 - 19　拉拔铜合金圆棒材时的成品加工率和延伸系数范围

合　金	规格/mm	加工率/%	延伸系数/λ
T2、T4	≤40	25～55	1.34～2.23
	>40	15～28	1.18～1.39
H62、HMn58 - 2 HPb63 - 3	5～40	10～30	1.11～1.43
	41～80	10～20	1.11～1.25
HPb59 - 1、HSn62 - 1 HFe59 - 1 - 1、HFe58 - 1 - 1	5～40	10～30	1.11～1.43
	41～80	8～15	1.09～1.18
H68	5～40	24～36	1.16～1.56
	40～80	17～25	1.2～1.34
HPb63 - 3	5～9.5	43～50	1.75～2.0
	9.5～14	40～45	1.67～1.82
	14～20	35～40	1.54～1.67
	20～30	30～36	1.43～1.56
BZn15 - 20	5～20	24～30	1.32～1.43
	21～30	21～30	1.26～1.43
	31～40	18～25	1.22～1.34
	5～40	15～30	1.18～1.43
QSi3 - 1、QSn6.5 - 0.1	5～40	18～36	1.22～1.56
QSn6.5 - 0.4、QSn7 - 0.2	6～60	32～40	1.47～1.67
QSn4 - 3	5～40	20～36	1.25～1.56
QBe2.0	5～40	22～36	1.28～1.56
QBe2.15	5～40	12～20	1.14～1.25
QAl9 - 2、QCd1.0	5～60	40～62	1.67～2.64

12.3.7　型材拉拔配模设计

在实际生产中,型材拉拔的目的绝大多数也是为了生产高精度型材。例如,某小轿车的锂电池外壳是外形尺寸为 145.5×57mm、壁厚为 1.4mm 的 3003 铝合金矩形管,由于其尺寸允许偏差很小,采用挤压矩形管不能满足使用要求,必须经过一道次带芯头拉拔才能生产出符合要求的产品。在多数情况下,型材拉拔通常为一个道次,配模设计时,所使用的坯料尺寸应尽可能接近成品尺寸。

型材拉拔配模设计的难度远大于管材和棒材,其关键是尽可能做到各部位的变形量均匀一致。型材模孔设计时应考虑如下原则:

(1)成品型材的外形应包括在坯料外形之中。

(2)为了变形均匀,坯料各部位应尽可能受到相等的延伸变形。

(3)拉拔时要求坯料与模孔各部位同时接触,避免未接触模壁部分的强迫延伸而影响制品形状的精确性。为了使坯料进模孔后能同时变形,各部位的模角亦应不同。

(4)对带有锐角的型材,只能在拉拔过程中逐渐减小到所要求的角度。不允许中间带有锐角,更不得由锐角转变成钝角。

由于型材断面的复杂性和品种规格的多样性,型材各部位的尺寸精度要求不完全相同,而所提供的型材坯料的各部位尺寸与成品尺寸的偏差也不完全相同,使得型材拉拔配模设计的难度非常大。因此,应根据实际生产的具体情况,合理地进行拉拔配模设计。

以前,在实际生产中,通常采用 B. B. 兹维列夫提出的"图解设计法"进行拉拔型材配模设计,其步骤如下(见图 12-9 所示):

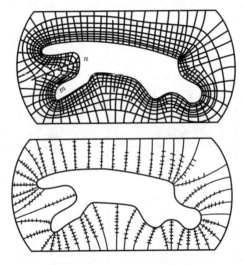

图 12-9　用图解法设计空心导线用的型线配模

(1)选择与成品形状相近,但又简单的坯料,坯料的断面尺寸应满足制品的力学性能和表面质量的要求。

(2)参考与成品同种金属、断面积相等的圆断面制品的配模设计,初步确定拉拔道次,道次延伸系数以及各道次的断面积(F_1,F_2,F_3…)。

(3)将坯料和成品断面的形状放大 10~20 倍,然后将成品的图形置于坯料的断面外形轮廓中,在使它们的重心尽可能重合的同时,力求坯料与型材轮廓之间的最短距离在各部位相差不大,以便使变形均匀。

(4)根据型材断面的复杂程度,在坯料外形轮廓上分 30~60 个等距离的点。通过这些点作垂直于坯料与型材外形轮廓且长度最短的曲线。这些曲线应该就是金属在变形时的流线。在画金属流线时应注意到这样的特点:金属质点在向型材外形轮廓凸起部位流动时彼此逐渐靠近,而在向其凹陷部位流动时彼此逐渐散开(见图中的 m 与 n 处)。

（5）按照 $\sqrt{F_0}-\sqrt{F_1},\sqrt{F_1}-\sqrt{F_2},\cdots,\sqrt{F_{k-1}}-\sqrt{F_k}$ 值比例将各金属流线分段。然后将相同的段用曲线圆滑地连接起来,就画出了各模子的定径区的断面形状。为了获得正确的正交网,在金属流线比较疏的部位可作补助的金属流线。

（6）设计模孔,计算拉拔应力和校核安全系数。

目前,随着计算机应用技术的不断发展,采用数值模拟方法,则可以较好地完成上述"图解设计法"所进行的工作,且效率更高,效果更好。

【例 12－7】 用圆线坯拉拔断面积为 85mm² 的紫铜电车线（如图 12－10 所示）,其断面积允许偏差±2%,最低抗拉强度不小于 362.8MPa,计算各道次的配模。

解 利用"图解设计法"进行配模设计,具体如下:

（1）查 $\sigma_b-\lambda$ 曲线（如图 12－11 所示）,为了保证最低抗拉强度 σ_b 不小于 362.8MPa,最小延伸系数约为 2.0。根据电车线的偏差,其最大断面积为 86.7mm²,故线杆最小断面积应为 86.7×2.0≈174mm²。

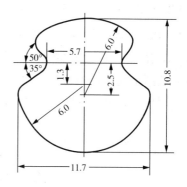

图 12－10　断面 85mm² 电车线的形状尺寸

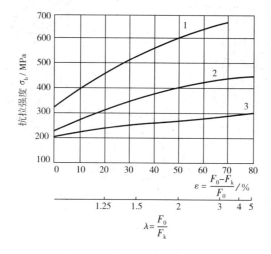

图 12－11　抗拉强度与变形程度之间的关系
1－H62;2－紫铜;3－2A12

根据电车线断面形状选用圆线杆最为适宜,则线杆最小直径约为 14.9mm。根据工厂供给的线杆规格,选用 $\phi 16.5$mm。考虑正偏差,线杆直径为 17mm（$F_0=227$mm²）。

（2）考虑成品的偏差,则电车线的最小断面积为 $F_k=83.3$mm²。其可能的最大延伸系数为

$$\lambda_\Sigma=227\div 83.3=2.73$$

为了避免拉拔时在焊头处断裂,平均道次延伸系数取 1.25,则道次数为

$$n = \ln 2.73 \div \ln 1.25 = 4.5$$

取 5 道次。

由于道次增加,其平均道次延伸系数为

$$\bar{\lambda} = \sqrt[5]{2.73} = 1.222$$

(3)根据铜的加工性能,按道次延伸系数的分配原则,参照平均道次延伸系数,将各道次延伸系数分配为:$\lambda_1 = 1.24$,$\lambda_2 = 1.26$,$\lambda_3 = 1.25$,$\lambda_4 = 1.19$,$\lambda_5 = 1.17$;$F_1 = 183\,\mathrm{mm}^2$,$F_2 = 145\,\mathrm{mm}^2$,$F_3 = 116\,\mathrm{mm}^2$,$F_4 = 97.5\,\mathrm{mm}^2$;$F_5$ 为成品;$\sqrt{F_0} - \sqrt{F_1} = 1.54\,\mathrm{mm}$,$\sqrt{F_1} - \sqrt{F_2} = 1.49\,\mathrm{mm}$,$\sqrt{F_2} - \sqrt{F_3} = 1.27\,\mathrm{mm}$,$\sqrt{F_3} - \sqrt{F_4} = 0.90\,\mathrm{mm}$,$\sqrt{F_4} - \sqrt{F_5} = 0.74\,\mathrm{mm}$。

(4)按照上面所得到的各道次线段数值,将所有金属流线按比例分段,把相同道次的线段连接,即构成各道次的断面形状(如图 12-12 所示)。

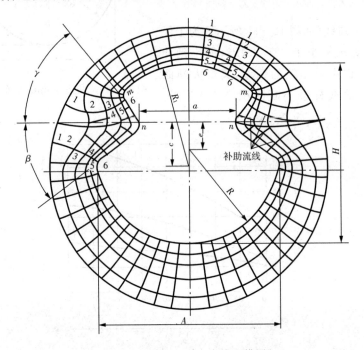

图 12-12　85mm² 电车线配模图

表 12-20 所示为各道次不同部位的尺寸及大、小扇形断面的延伸系数。由表可知,各道次的大、小扇形断面的延伸系数相差较小,故不致引起较大的不均匀变形;可以认为设计是合理的。

表 12-20　85mm² 电车线各道次的断面参数

道次	线尺寸/mm							角度/°		断面积/mm²			延伸系数 λ		
	A	H	a	c	e	R	R_1	γ	β	总面积	大扇形	小扇形	总面积	大扇形	小扇形
1	15.6	15.6	12.1	2.5	2.5	7.8	7.25	78	53	183	131	52	1.24	1.22	1.29
2	14.0	13.9	9.6	2.5	2.3	7.0	7.15	68	46	145	105	40	1.26	1.25	1.30

道次	线尺寸/mm							角度/°		断面积/mm²			延伸系数 λ		
	A	H	a	c	e	R	R_1	γ	β	总面积	大扇形	小扇形	总面积	大扇形	小扇形
3	12.8	12.6	7.8	2.5	2.1	6.5	6.65	62	43	116	84	32	1.25	1.25	1.25
4	12.0	11.5	6.8	2.5	1.7	6.2	6.28	57	41	97.5	70.5	27	1.19	1.195	1.18
5	11.7	10.8	5.7	2.5	1.3	6.0	6.0	50	35	83.3	60.7	22.6	1.17	1.16	1.19

(5)确定各道次的模孔尺寸,计算拉拔力并校核安全系数(从略)。

12.3.8 线材连续拉拔配模设计

线材拉拔分为单模一次拉拔和多模连续拉拔。一次拉拔配模比较简单,主要考虑安全系数和两次退火间道次加工率的合理分配。这里,主要介绍多模连续拉拔的原理及配模设计。

1. 带滑动多模连续拉拔原理

带滑动多模连续拉拔过程如图 12-13 所示。由放线盘 1 放出的线,首先通过模子 2 的第一个模子,然后在绞盘 4 上绕 2~4 圈,再进入第二个模子。依次类推,最后通过成品模到收线盘 3 上。

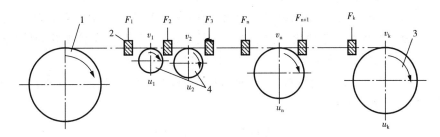

图 12-13 带滑动多模连续拉拔过程示意图

1—放线盘;2—模子;3—收线盘;4—绞盘

在拉拔过程中,所有绞盘与线之间都有滑动,线的运动速度 v_n 小于绞盘的圆周线速度 u_n,即 $v_n < u_n$。但在收线盘上没有滑动,即 $v_k = u_k$。

下面对实现带滑动多模连续拉拔的条件进行分析。

(1)拉拔力建立的条件

带滑动多模连续拉拔时的拉拔力是靠绞盘转动带动线产生的,如果没有中间绞盘,线同时通过几个模子的变形量很大,只靠收线盘施加拉力,则作用在成品线断面上的拉拔应力很大,易引起断线,无法进行拉拔。下面任取第 n 个绞盘进行受力分析(如图 12-14 所示)。

为了使 n 绞盘对通过 n 模的线建立起拉拔力 P_n,必须对 n 绞盘上线的放线端施加拉力 Q_n,该力使线紧紧压在绞盘上,产生正压力 N。当绞盘转动时,绞盘与线之间产生摩擦力,借以建立起拉拔力 P_n。这个力 Q_n 也是第 $n+1$ 模子上的反拉力。

根据柔性物体绕圆柱体表面摩擦定律(欧拉公式),Q_n 与 P_n 的关系为

$$Q_n = P_n / e^{2\pi m f} \tag{12-37}$$

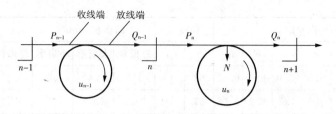

图 12 - 14   带滑动多模连续拉拔受力分析图

式中:m——绕线圈数,一般取 2~4;

$\quad\;\;f$——线与绞盘之间的摩擦系数,取 0.1。

这样,$e^{2\pi mf}=3.5\sim6.6$,$Q_n=(0.3\sim0.15)P_n$。由式(12 - 37)可知,m、f 值越大,则 Q_n 值越小,以致可趋近于 0。

(2)实现带滑动拉拔的基本条件

由于线与绞盘之间存在着滑动,在拉拔过程中,绕在绞盘上的线的运动速度 v_n 与绞盘的圆周线速度 u_n 之间的关系,就可能有以下三种情况:

① $u_n<v_n$。当 $u_n<v_n$ 时,摩擦力的作用方向与线的运动方向相反,这时绞盘起制动作用,绞盘上的线的放线端由松边变为紧边,从而使第 $n+1$ 模子上的反拉力 Q_n 急剧增大,必将引起 $n+1$ 绞盘上的拉拔力 P_{n+1} 增加,继而使拉拔应力增大而发生断线。

② $u_n=v_n$。当 $u_n=v_n$ 时,线与绞盘之间无滑动,绞盘作用给线的摩擦力方向与绞盘转动方向相同,为静摩擦状态。这种状态往往是不能持久的,一旦某些条件变化,就可能使放线端的线速度大于绞盘的转动速度,出现 $u_n<v_n$ 的情况。

③ $u_n>v_n$。当 $u_n>v_n$ 时,拉拔过程是相对稳定的,故 $u_n>v_n$ 是带滑动连续拉拔过程的基本条件,经过适当变换后可以表示为

$$v_n/u_n<1 \text{ 或 } R=(u_n-v_n)/u_n>0 \qquad (12-38)$$

式中:R——滑动率。

(3)在拉拔过程中如何保持 $u_n>v_n$

每台拉线机各绞盘的圆周线速度 u_n 是一定的,是在设计时确定的。因此,要想在拉拔过程中一直保持 $u_n>v_n$,只能考虑 v_n,使其小于 u_n。下面分析影响 v_n 的因素。

在稳定拉拔过程中,每个绞盘上的绕线圈数是不变的,线通过各模子的秒体积相等,即

$$v_0F_0=v_1F_1=v_2F_2=\cdots=v_nF_n=\cdots=v_kF_k$$

则

$$v_n=v_kF_k/F_n \qquad (12-39)$$

式中:v_k——收线盘的线速度;

$\quad\;\;F_k$——成品线材断面积;

$\quad\;\;F_n$——n 绞盘上线的断面积。

此式说明:在稳定拉拔过程中,从任一个模子拉出的线的速度 v_n 只与从该模子拉出线的断面积 F_n、成品线断面积 F_k 及收线盘的收线速度 v_k 有关,而与其他中间绞盘上的线的速度

及断面积无关。其中,v_k 是主导的,v_k 大,则 v_n 也增大;$v_k=0$,则 $v_n=0$。这也就是说,当收线盘不工作时,尽管中间绞盘转动也不可能实现拉拔。

在拉拔过程中,模孔的磨损是不可避免的。模孔的磨损,可能会引起上述关系的破坏,从而影响拉拔过程的稳定。

① 第 n 个模子磨损。当第 n 个模子模孔磨损后,F_n 增大,就会使 v_n 变小,导致 n 绞盘上的滑动率 R_n 增加,不等式 $u_n>v_n$ 容易成立。对其他绞盘上线的速度无影响,因为要保持秒体积不变。

② 成品模磨损。

v_k 是收线盘的线速度,在拉拔过程中不变化。当成品模磨损使模孔增大时,F_k 增大,就会使 v_n 增大,则各绞盘的滑动率 R_n 就会减小,不等式 $u_n>v_n$ 就不容易成立,易造成断线。

因此,为了实现稳定拉拔,还应保证成品模磨损后不等式 $u_n>v_n$ 仍然成立。即

$$v_n=v_k F_k / F_n < u_n$$

进行变换后得:

$$F_n / F_k > v_k / u_n$$

由于在收线盘上 $v_k=u_k$,则

$$F_n / F_k > u_k / u_n$$

由于 $F_n / F_k = \lambda_{n \to k}$,$u_k / u_n = \gamma_{k \to n}$,故

$$\lambda_{n \to k} > \gamma_{k \to n} \tag{12-40}$$

式中:λ——延伸系数;

　　γ——绞盘的速比。

此式说明:当第 n 道次以后的总延伸系数 $\lambda_{n \to k}$ 大于收线盘与第 n 个绞盘圆周线速度之比 $\gamma_{k \to n}$,才能保证成品模磨损后不等式 $u_n>v_n$ 仍然成立,保证拉拔过程的正常进行。这就是带滑动多模连续拉拔配模的必要条件。

(4)防止线与绞盘黏结的条件

在拉拔过程中,当使用的润滑剂较黏稠或者线、绞盘局部有缺陷时,可能会产生线与某绞盘在瞬间产生局部黏结,即瞬间不产生滑动,使线的速度增大。由于 v_n 增大,使得该道次之前所有的线与绞盘间的滑动率减小,即 v_{n-1}、v_{n-2}、v_{n-3}、$\cdots$、v_1 均增加。这种情况与成品模磨损后引起所有绞盘与线之间的滑动率减小不同,它只是暂时的。因为当 n 道次的滑动率减小后,线速加快,但进 $n+1$ 模子的线速没有变化。这样,绞盘 n 上的线必然松弛,使拉拔过程又恢复正常。

对于强度较高和尺寸较粗大的线材,遇到这种情况容易恢复正常而不产生断线。但拉拔强度低而细的线材时,就有可能在瞬间造成断线。这种情况在穿线时也可能发生。

为了防止断线,在 n 绞盘上的线与绞盘发生黏结($u_n=v_n$)的情况下,要使 $u_{n-1}>v_{n-1}$ 仍然成立,则

$$v_{n-1}=F_n u_n / F_{n-1} < u_{n-1}$$

进行变换后得:

$$F_{n-1}/F_n > u_n/u_{n-1}$$

由于 $F_{n-1}/F_n = \lambda_n$，$u_n/u_{n-1} = \gamma_n$，故

$$\lambda_n > \gamma_n \tag{12-41}$$

即任一道次的延伸系数应大于相邻两个绞盘的速比。这就是带滑动多模连续拉拔配模的充分条件。

中间绞盘的速比 u_n/u_{n-1} 可以设计成等值的，也可以是递减的，目前趋向于用等值的。中间绞盘的速比一般为 $1.15 \sim 1.35$。但最后的两个绞盘的速比 u_k/u_{k-1} 为 $1.05 \sim 1.15$，以便能采取较小的延伸系数，从而精确控制线材的尺寸。

由此可知，绞盘的速比越小，则拉线机的通用性越大。因为根据这个条件可知，延伸系数 λ_n 可在较大的范围内选择。这样，对于塑性好的与差的金属皆可在同一台设备上拉拔。此外，绞盘速比小，可以采用小延伸系数配模，减小绞盘磨损和断线率，为实现高速拉拔创造条件。

(5)滑动系数、滑动率的确定及分配

为保证拉拔过程中 $u_n > v_n$，各道次均应按照 $\lambda_n > \gamma_n$ 来配模。此条件可改写为

$$\tau_n = \lambda_n/\gamma_n > 1 \tag{12-42}$$

式中：τ_n——滑动系数。

一般情况下，滑动系数 τ_n 不宜过大，否则将使能耗增大和使绞盘过早磨损；对软金属则易划伤表面。τ_n 是根据线坯的偏差大小确定的。当模孔由线材的负偏差增大到正偏差时应更换新模子，即

$$\tau_n = 1.00 + (F_{n\max} - F_{n\min})/F_{n\min} \tag{12-43}$$

一般，取 $\tau_n = 1.015 \sim 1.04$。τ_n 的值较大，则 λ_n 可以大一些。但在确定 τ_n 时必须考虑加工硬化和线材的尺寸精度，使 λ_n 逐渐减小，即 τ_n 也应逐渐减小。下面对各绞盘上的滑动率分配进行分析。

将所有的线与绞盘的速度分别用下式表示：

$$v_1 = \frac{v_1}{v_2}\frac{v_2}{v_3}\cdots\frac{v_{k-1}}{v_k}v_k = \frac{1}{\lambda_2\lambda_3\cdots\lambda_k}v_k$$

$$v_2 = \frac{1}{\lambda_3\lambda_4\cdots\lambda_k}v_k$$

$$\cdots\cdots\cdots\cdots$$

$$v_n = \frac{1}{\lambda_{n+1}\lambda_{n+2}\cdots\lambda_k}v_k \tag{12-44}$$

$$u_1 = \frac{u_1}{u_2}\frac{u_2}{u_3}\cdots\frac{u_{k-1}}{u_k}u_k = \frac{1}{\gamma_2\gamma_3\cdots\gamma_k}u_k$$

$$u_2 = \frac{1}{\gamma_3\gamma_4\cdots\gamma_k}u_k$$

· · · · · · · · · · · ·

$$u_n = \frac{1}{\gamma_{n+1} \gamma_{n+2} \cdots \gamma_k} u_k \qquad (12-45)$$

根据式(12-44)、式(12-45)可得：

$$\frac{u_n}{v_n} = \frac{u_k \lambda_{n+1} \cdots \lambda_k}{v_k \gamma_{n+1} \cdots \gamma_k} = \frac{u_k}{v_k} \left(\frac{\lambda_{n+1}}{\gamma_{n+1}}\right) \left(\frac{\lambda_{n+2}}{\gamma_{n+2}}\right) \cdots \left(\frac{\lambda_k}{\gamma_k}\right) \qquad (12-46)$$

因 $\lambda_n/\gamma_n > 1$, $\lambda_{n+1}/\gamma_{n+1}$, $\lambda_{n+2}/\gamma_{n+2}$, $\cdots$, λ_k/γ_k 皆大于 1，则当 $n=1$ 时，项数最多，数值最大；$n=k$ 时，项数最少，数值最小。从而得：

$$\frac{u_1}{v_1} > \frac{u_2}{v_2} > \frac{u_3}{v_3} > \cdots > \frac{u_n}{v_n} > \cdots > \frac{u_k}{v_k} \qquad (12-47)$$

既然 $\frac{u_{n-1}}{v_{n-1}} > \frac{u_n}{v_n}$，则

$$1 - \frac{v_{n-1}}{u_{n-1}} > 1 - \frac{v_n}{u_n}$$

或者

$$\frac{u_{n-1} - v_{n-1}}{u_{n-1}} > \frac{u_n - v_n}{u_n}$$

从而可得

$$\frac{u_1 - v_1}{u_1} > \frac{u_2 - v_2}{u_2} > \cdots > \frac{u_n - v_n}{u_n} > \cdots > \frac{u_k - v_k}{u_k} \qquad (12-48)$$

即滑动率也应该是逐渐减小的：

$$R_1 > R_2 > R_3 > \cdots > R_n > \cdots > R_k \qquad (12-49)$$

根据以上可知，滑动式多模连续拉拔的实质是在速比 γ_n 确定的拉线机上（延伸系数 λ_n 为变量，由模孔磨损引起），确定合理的滑动系数或滑动率，使 v_n 的波动在 $v_n < u_n$ 的范围内，并适应秒体积流量的变化，使拉拔过程顺利进行。

2. 储线式无滑动多模连续拉拔原理

储线式无滑动多模连续拉线机的工作原理如图 12-15 所示。

(1)储线式无滑动多模连续拉拔过程的特点

拉线机每个绞盘可单独控制。线在绞盘上绕 20~25 圈，其中的 7~12 圈是为了防止线在绞盘上产生滑动实现无滑动拉拔所需要的，另外的圈数为储线用。在此情况下，绞盘圆周线速度 u_n 与线材进线速度 v_n 相等，即 $u_n = v_n$，但任意一个中间绞盘上的进线速度 v_n 可不等于放线速度 v_n'，即 $v_n F_n \neq v_n' F_n$。这表明，在储线式无滑动多模连续拉拔时，两个模子之间线的秒流量可以不相等，或者说，一个绞盘的进线和放线速度可不相等。这样，任一个中间绞盘的线圈数可以增多，也可以减少。但是，两个绞盘之间线的进模和出模速度应遵守秒流量相等原则，即

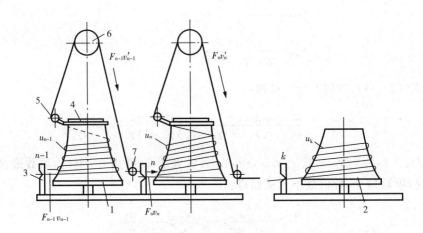

图 12-15　储线式连续拉拔过程示意图

1—中间绞盘；2—收线盘；3—模子；4—滑动圆盘；5、6、7—导轮

$$v'_{n-1}F_{n-1}=v_nF_n$$

（2）拉拔力的建立

储线式无滑动多模连续拉拔过程中拉拔力的建立与前述带滑动多模连续拉拔一样，所不同是绕在绞盘上的线圈数由 2～4 圈增加到 7～12 圈，线与绞盘之间由有滑动变为无滑动。这样，需要在放线端施加的力更小，$Q_n=(0.012\sim0.00053)P_n$。换句话说，只要施加的这个力能够将线压紧在绞盘上，就能够使拉拔过程得以实现。

（3）绞盘绕线与放线对拉拔过程的影响

在储线式无滑动多模连续拉拔过程中，绞盘的绕线和放线速度的关系有下列三种情况：

① 绕线速度等于放线速度（$v_n=v'_n$）。当绞盘的绕线速度等于放线速度时，绞盘上的线圈数不变。在此种情况下，遵守秒流量相等原则。因此，绞盘上的滑动圆盘不动，线不受扭转。

② 绕线速度大于放线速度（$v_n>v'_n$）。当绞盘的绕线速度大于放线速度时，绞盘上的线圈数增多，滑动圆盘转动方向与绞盘的相同，线受到顺绞盘转动方向的扭转。

③ 绕线速度小于放线速度（$v_n<v'_n$）。如果绞盘的绕线速度小于放线速度，绞盘上的线圈数减少，滑动圆盘转动方向与绞盘的相反，线受到逆绞盘转动方向的扭转。

上述三种情况，第一种最理想，但不稳定。因为，随着模子磨损，秒流量会随时发生变化，当第 $n+1$ 个模子磨损后，根据 $v'_nF_n=v_{n+1}F_{n+1}$ 可知，F_{n+1} 增大，必然使 v'_n 增大，因 $v_{n+1}=u_{n+1}$ 是不变的。这样，就造成 $v'_n>v_n$，即上述的第三种情况，使第 n 个绞盘上的线圈数不断减少。为了保证该绞盘上有足够的线圈数以防产生滑动，就不得不暂时停止第 $n+1$ 个绞盘，甚至停止其后的所有绞盘（包括收线盘），这样就影响了拉线机的工作效率。

因此，为了克服此缺点，要控制 $v_n>v'_n$，即第 n 个绞盘上的线圈数在拉拔过程中是不断增加的。当该绞盘上的线圈数越来越多时，可停止该绞盘，不会影响其他绞盘和收线盘的正常运转。

（4）实现合理拉拔过程的配模条件

根据 $v_n>v'_n$，有 $v_{n-1}>v'_{n-1}$。将 $v_{n-1}>v'_{n-1}$ 改写为

$$v_{n-1}F_{n-1} > v'_{n-1}F_{n-1} \qquad (12-50)$$

又由于 $v'_{n-1}F_{n-1} = v_n F_n$,则

$$v_{n-1}F_{n-1} > v_n F_n \quad \text{或} \quad F_{n-1}/F_n > v_n/v_{n-1} \qquad (12-51)$$

又因为 $v_{n-1} = u_{n-1}$,$v_n = u_n$,代入式(12-51)后,得:

$$\frac{F_{n-1}}{F_n} > \frac{u_n}{u_{n-1}} \quad \text{或} \quad \lambda_n > \gamma_n \qquad (12-52)$$

也可以将它用下式表示:

$$\tau_n = \frac{\lambda_n}{\gamma_n} \qquad (12-53)$$

式中:τ_n——储线系数,一般取 1.02~1.05。

绞盘的储线速度确定如下:

$$v_{n-1} - v'_{n-1} = u_{n-1} - u'_{n-1} \qquad (12-54)$$

又

$$\frac{u_n}{u_{n-1}} = \gamma_n \quad \text{和} \quad v'_{n-1} = u_n \frac{F_n}{F_{n-1}} = u_n \frac{1}{\lambda_n}$$

将上式代入式(12-54)整理,得:

$$v_{n-1} - v'_{n-1} = \frac{u_n}{\gamma_n} - \frac{u_n}{\lambda_n} = \frac{u_n(\lambda_n - \gamma_n)}{\gamma_n \lambda_n} \qquad (12-55)$$

最后,将式(12-53)代入式(12-55)得

$$v_{n-1} - v'_{n-1} = \frac{u_n(\tau_n - 1)}{\gamma_n \tau_n} \qquad (12-56)$$

3. 线材连续拉拔配模方法

(1)滑动式拉线机配模方法

对于滑动式拉线机,应根据 $\lambda_n > \gamma_n$ 条件按一定的滑动系数进行配模。延伸系数的分配有等值的和递减的两种。目前在大拉机上对铜合金多采用递减的延伸系数,对铝合金则用等值的延伸系数;在中、小、细与微拉机上也采用等值延伸系数,道次延伸系数一般为 1.26。但是,由于拉线速度的不断提高,为了减少断线次数将道次延伸系数降至 1.24 左右。对于大拉机,由于拉拔的线较粗,速度又低,故道次延伸系数可达 1.43 左右。为了控制出线尺寸的精度,一些拉线机,例如小拉机和细拉机上最后一道的延伸系数很小,为 1.16~1.06。此外,为了提高线材的质量和减少绞盘的磨损,趋向于采用百分之几到 15% 的滑动率配模。

线材连续拉拔配模的具体方法如下:

① 根据坯料和所要拉拔线材的直径选择拉线机。在正常情况下,拉线消耗的功率不会超过拉线机的功率。

② 计算由线坯到成品总的延伸系数 λ_Σ、拉拔道次及延伸系数的分配。

③ 根据拉线机说明书查得各道次绞盘速比,并计算总的速比 γ_Σ。

$$\gamma_\Sigma = v_k / v_1 = \gamma_2 \gamma_3 \gamma_4 \cdots \gamma_k$$

④ 根据总延伸系数 λ_Σ 和总的速比 γ_Σ，计算总的相对滑动系数 τ_Σ。

$$\tau_\Sigma = \lambda_\Sigma / (\lambda_1 \gamma_\Sigma) = (\lambda_2 \lambda_3 \cdots \lambda_k) / (\gamma_2 \gamma_3 \cdots \gamma_k) = \tau_2 \tau_3 \cdots \tau_k$$

⑤ 确定平均相对滑动系数 τ_p。

$$\tau_p = \sqrt[k-1]{\tau_\Sigma}$$

⑥ 根据 τ_p 值的大小，按照前面的各道次延伸系数分配原则分配 $\tau_1, \tau_2, \tau_3, \cdots, \tau_k$ 的值，并计算 $\lambda_1, \lambda_2, \lambda_3, \cdots, \lambda_k$ 的值。有时还应计算拉拔应力及安全系数，一般情况下就可直接上机使用。

⑦ 按照延伸系数 λ_n 确定各道次的模孔尺寸 d_n，即可完成配模。

【例 12-8】 用 $\phi 7.2^{\pm 0.5}$ mm 铜线坯，拉拔 $\phi 1.2^{\pm 0.02}$ mm 线材，试计算拉拔配模。

解 根据上述配模原则及步骤，分三步计算，并将计算结果列于表 12-21 中。拉拔力计算及安全系数校核略。

表 12-21 紫铜线 $\phi 7.2^{+0.5}$ mm 拉拔到 $\phi 1.2^{-0.02}$ mm 配模计算表

项　目	0	1	2	3	4	5	6	7	8	9	10	11	12	13
绞盘线速度 $u/$(m/s)		0.92	1.15	1.44	1.80	2.24	2.81	3.51	4.39	5.48	6.85	8.56	10.70	12.0
绞盘速比 γ			1.25	1.25	1.25	1.25	1.25	1.25	1.25	1.25	1.25	1.25	1.25	1.12
滑动系数 τ		1.076	1.076	1.076	1.076	1.076	1.076	1.076	1.076	1.076	1.076	1.076	1.076	0
各道次延伸系数 λ		1.346	1.346	1.346	1.346	1.346	1.346	1.346	1.346	1.346	1.346	1.346	1.346	1.20
线断面积 $F/$(mm²)	46.57	34.30	25.50	18.94	14.06	10.46	7.78	5.78	4.30	3.20	2.375	1.765	1.31	1.094
线径 $d/$mm	7.70	6.60	5.70	4.91	4.23	3.65	3.15	2.71	2.34	2.02	1.74	1.50	1.30	1.18
线速 $v/$(m/s)	0.281	0.382	0.514	0.69	0.93	1.25	1.685	2.27	3.05	4.10	5.52	7.44	10.0	12.0
绝对滑动值 $u-v/$(m/s)		0.44	0.64	0.75	0.87	0.99	1.12	1.24	1.34	1.38	1.33	1.12	0.70	0
相对滑动率 $R/$%		47.8	55.6	52.0	48.3	44.2	39.8	35.3	30.5	25.2	19.7	13.1	6.5	0

第一步：确定拉拔道次与选用拉线机。

首先计算总延伸系数 λ_Σ，按照线坯正偏差、成品负偏差进行计算：

$$\lambda_\Sigma = (7.2 + 0.5)^2 / (1.2 - 0.02)^2 = 42.6$$

取平均延伸系数 $\lambda_p = 1.35$，则拉拔道次为

$$N = \ln 42.6 / \ln 1.35 = 12.5$$

故取 13 道次。

根据道次数和进、出线径尺寸，选用 13 模大拉机。拉线机的各绞盘线速度和绞盘速比见表 12-20 所示。

第二步：确定各道次延伸系数、线断面积与直径。

取绞盘 12 上的滑动系数 $\tau_{12} = 1.07$，则延伸系数 λ_{13} 为

$$\lambda_{13} = \tau_{12} \gamma_{12 \sim 13} = 1.07 \times 1.12 = 1.20$$

第十二道的线断面积 F_{12} 为

$$F_{12} = \lambda_{13} F_{13} = 1.20 \times 1.09 = 1.31 (\text{mm}^2)$$

计算 $1 \sim 12$ 道的总延伸系数：

$$\lambda_{\Sigma 1 \sim 12} = 46.57 \div 1.31 = 35.6$$

则 $1 \sim 12$ 道的平均延伸系数为

$$\lambda_{p1 \sim 12} = \lambda_{\Sigma 1 \sim 12}^{1/12} = 35.6^{1/12} = 1.346$$

各道次滑动系数为

$$\tau_n = \lambda_n / \gamma_n = 1.346 \div 1.25 = 1.076$$

根据 $F_n = \lambda_n F_{n-1}$ 逐一求出 $1 \sim 11$ 道线的断面积及直径。

第三步：计算各道次线速、绝对滑动率。

根据 $v_{n-1} = v_n / \lambda_n$ 计算各道的线速，继而求出绝对滑动值与滑动率。

(2) 储线式无滑动拉线机配模方法

对于储线式无滑动拉线机，由于各绞盘上的线圈储存量可以调节拉拔过程，故对配模的要求不是太严格。可按等值和递减分配延伸系数两种方法分别进行配模。

① 按等值法分配延伸系数

当各道次的延伸系数相等时，所需拉拔道次按下式确定：

$$N = \ln \lambda_{\Sigma} / \ln \lambda_p \qquad (12-57)$$

式中：N——所需拉拔道次；

λ_{Σ}——从线坯到成品的总延伸系数；

λ_p——平均延伸系数。

确定拉拔道次或平均延伸系数可以查图 12-16。例如图中，当 $\lambda_{\Sigma} = 20.7$，$N = 9$ 时，$\lambda_p = 1.4$。

各道次延伸系数相等时确定各道次的拉拔配模直径可查图 12-17。例如图中，直径为 7.2mm 的线坯，经过 13 道次拉到 1.0mm 时，各道次的模子直径为：$d_1 = 6.19$，$d_2 = 5.31$，$d_3 = 4.57$，$d_4 = 3.92$，$d_5 = 3.37$，$d_6 = 2.90$，$d_7 = 2.49$，$d_8 = 2.13$，$d_9 = 1.83$，$d_{10} = 1.57$，$d_{11} = 1.35$，$d_{12} = 1.16$，$d_{13} = 1.00$。

② 按递减法分配延伸系数

道次延伸系数递减时，所需拉拔道次按下式确定：

$$N = \lambda_{\Sigma} / (C' - a' \lg \lambda_{\Sigma}) \qquad (12-58)$$

式中：N——所需拉拔道次；

λ_{Σ}——总延伸系数；

C'、a'——相关系数，见表 12-22 所示。

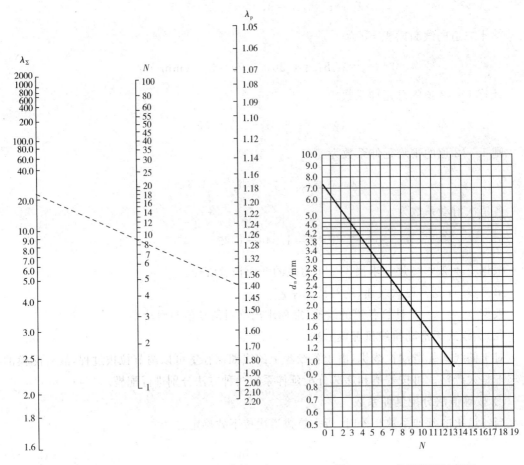

图 12-16　确定拉拔道次和平均延伸系数计算图　　　　图 12-17　拉拔配模计算图

表 12-22　道次延伸系数递减时 C'、a' 值

拉线级别	拉线种类	被拉线材直径/mm	a'	C'
1	特粗	16.00～4.50	0.03	0.18
2	粗	4.49～1.00	0.03	0.16
3	中	0.99～0.40	0.02	0.12
4	细	0.39～0.20	0.01	0.11
5	特细	0.19～0.10	0.01	0.10

各道次延伸系数递减时确定各道次的拉拔配模直径可查图 12-18。例如图中,已知 d_0 = 7.20, d_k = 1.00mm,经过 13 道次拉拔,查得 d_0 = 7.20, d_1 = 5.87, d_2 = 4.84, d_3 = 4.03, d_4 = 3.39, d_5 = 2.88, d_6 = 2.46, d_7 = 2.12, d_8 = 1.85, d_9 = 1.61, d_{10} = 1.42, d_{11} = 1.26, d_{12} = 1.12, d_{13} = 1.00。

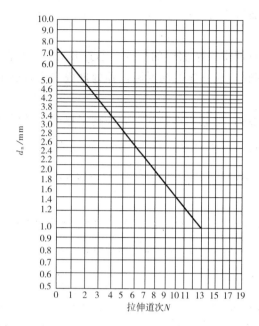

图 12-18　延伸系数递减时各道次的配模直径

12.4　拉拔时的润滑

12.4.1　拉拔润滑剂的要求

拉拔润滑剂应满足拉拔工艺、经济与环保等方面的要求。由于拉拔的方式、条件、变形金属及产品品种的不同,对润滑剂的要求也不完全相同。但是,对润滑剂的基本要求是相同的,主要有以下几点:

（1）对工具与变形金属表面有较强的黏附能力和耐压性能,在高压下能形成稳定的润滑膜。

（2）要有适当的黏度,保证润滑膜有一定的厚度,并且有较小的流动剪切应力。

（3）对工具及变形金属有一定的化学稳定性。

（4）温度对润滑剂的性能影响较小,且能有效地冷却模具与金属。

（5）对人体无害,环境污染小。

（6）应保证使用与清理方便。

（7）有适当的闪点及着火点。

（8）成本低,资源丰富。

12.4.2　拉拔润滑剂的种类

拉拔润滑剂包括在拉拔时使用的润滑剂和为了形成润滑膜在拉拔前对金属表面进行预处理时所用的预处理剂。某些金属构成润滑膜的吸附层很慢或者要求采用大量的措施(如钢),或者根本不形成吸附层(如铝及铝合金、银、白金等)。在此种情况下,可对金属表面进行预先处理(打底),其中包括有镀铜、阳极氧化,以及用磷酸盐、硼砂、草酸盐处理和树脂涂层等。在不允许或不可能形成吸附层时,所采用的润滑剂必须具有附着性能和足够的黏度。

1. 预处理剂

预处理剂具有把润滑剂带入摩擦面的功能。通过预处理,在金属表面预先形成一个预处理膜,润滑剂与预处理膜构成整体的润滑膜。预处理膜主要有以下几种:

(1)碳酸钙肥皂

碳酸钙肥皂是由碳酸钙、肥皂和水制成。碳酸钙肥皂的化学反应式为

$$Ga(OH)_2 + 2NaRCOO + 2H_2O \Longleftrightarrow Ga(OH)_2 + 2NaOH$$

$$+ 2RCOOH \Longleftrightarrow Ca(RCOO)_2 + 2NaOH + 2H_2O$$

(2)磷酸盐膜

磷酸盐预处理液的主要成分是磷酸锌及磷酸。在预处理液中钢材表面发生如下化学反应:

$$Fe + 2H_3PO_4 \rightarrow Fe(H_2PO_4)_2 + H_2 \uparrow$$

$$3Zn(H_2PO_4)_2 \rightarrow Zn_3(PO_4)_2 + 4H_3PO_4$$

前式先起反应,若磷酸减少,那么后式进行分解,不溶于水的磷酸锌的结晶成长,覆盖于钢材的表面,形成紧密黏附的皮膜。溶解的磷酸亚铁,在催化剂作用下,使磷酸铁以泥浆形式沉淀。

$$Fe(H_2PO_4)_2 + NaNO_2 \rightarrow FePO_4 + NaH_2PO_4 + NO \uparrow + H_2O$$

实际磷酸盐膜的组成是多孔的 $Zn_3(PO_4)_2 \cdot 4H_2O$ 和 $Zn_2Fe(PO_4) \cdot 4H_2O$ 的混合物。当溶液中的磷酸铁含量较多而影响膜的形成时可更换预处理液。

(3)硼砂膜

硼砂($Na_2B_2O_7 \cdot 10H_2O$)制成 80℃ 的饱和溶液,将钢材浸渍、干燥而形成黏合性好的硼砂膜。

(4)草酸盐膜、金属膜、树脂膜

对含 Cr、Ni 较高的不锈钢及镍铬合金,磷化处理不能很好形成磷酸盐膜,故一般采用草酸处理,形成草酸盐膜。另外,不锈钢及镍合金有时也采用铜作为预处理剂,使其表面形成金属膜,或者采用的预处理剂为氯和氟的树脂而形成树脂膜等。

2. 润滑剂

润滑剂按其形态可分为湿式润滑剂和干式润滑剂。

(1)湿式润滑剂

湿式润滑剂的使用比较广泛,大致有以下几种:

① 矿物油。矿物油是非极性羟类,通式为 C_nH_{2n+2}。常用的矿物油有锭子油、机械油、汽缸油、变压器油以及工业齿轮油等。

矿物油与金属表面接触时只发生非极性分子与金属表面瞬时偶极的相互吸引,在金属表面形成的油膜纯属物理吸附,吸附作用很弱,不耐高压与高温,油膜极易破坏。因此,纯矿物油只适合有色金属细线的拉拔。

矿物油的润滑性质可以通过添加剂改变,扩大其应用范围。

② 脂肪酸、脂肪酸皂、动植物油脂、高级醇类和松香。它们是含有氧元素的有机化合物,在其分子内部,一端为非极性的羟基,另一端则是极性基。这些化合物的分子中极性端

与金属表面吸引,非极性端朝外定向地排列在金属表面上。由于极性分子间的相互吸引而形成几个定向层,组成润滑膜。润滑膜在金属表面上的黏附较牢固,润滑能力较矿物油强。因此,在金属拉拔时,可作为油性良好的添加剂添加到矿物油中,增强矿物油的润滑能力。

③ 乳液。乳液通常由水、矿物油和乳化剂所组成。其中水主要起冷却作用;矿物油起润滑作用;乳化剂使油水乳化,并在一定程度上增加润滑性能。

目前有色金属拉拔使用的乳液是由 80%～85%机油或变压器油、10%～15%油酸、5%的三乙醇胺,把它们配制成乳剂之后,再与 90%～97%的水搅拌成乳化液供生产使用。

（2）干式润滑剂

与湿式润滑剂相比,干式润滑剂有承载能力强、使用温度范围宽的优点,并且在低速或高真空中也能发挥良好的润滑作用。干式润滑剂种类很多,但最常用的是层状的石墨与二硫化钼等。

① 二硫化钼。二硫化钼从外观上看是灰黑色,无光泽,其晶体结构为六方晶系的层状结构。

二硫化钼具有良好的附着性能、挤压性能和减摩性能,摩擦系数为 0.03～0.15。二硫化钼在常态下,$-60℃～349℃$ 时的润滑性能良好,温度达到 $400℃$ 时,才开始逐渐氧化分解,$540℃$ 以后氧化速度急剧增加,氧化产物为 MoS_2 和 SO_2。但在不活泼的气氛中至少可使用到 $1090℃$。此外,MoS_2 还具有较好的抗腐蚀性和化学稳定性。

② 石墨。石墨和二硫化钼相似,也是六方晶系层状结构。

石墨的摩擦系数为 0.05～0.19。石墨在常压中,温度为 $540℃$ 时可短期使用,$426℃$ 时可长期使用,氧化产物为 CO、CO_2。石墨具有很高的耐磨、耐压性能以及良好的化学稳定性,是一种较好的固体润滑剂。

③ 二硫化钨、肥皂粉等其他润滑剂。二硫化钨（WS_2）也是一种良好的固体润滑材料,比二硫化钼的润滑性能稍好,比石墨稍差。肥皂粉（硬脂酸钙、硬脂酸钠等）作润滑剂,有较好的润滑性能、黏附性能和洗涤性能。以脂肪酸皂为基础,再添加一定数量的各种添加剂（如极压添加剂、防锈剂等等）,可作专用干式拉拔润滑剂。

12.4.3　不同金属材料拉拔时的润滑

1. 钢材拉拔时的润滑

钢材拉拔润滑方法一般有化学处理法、树脂膜法、油润滑法。各种润滑方法的特点见表 12-23 所示,其中以化学处理法应用最为广泛。

表 12-23　钢材拉拔润滑方法的特点

润滑方法	润滑膜的种类	适合钢种	特　点
化学处理法	磷酸盐+硬质酸盐	碳素钢、低合金钢	抗黏结性好,润滑性好,工序繁多,废液需处理。
	草酸盐+硬质酸盐	不锈钢、高温合金钢	
树脂膜法	氯化树脂+高压润滑油	高温合金钢	抗黏结性好,工序多,需要有机溶剂,费用高。
油润滑法	高压润滑油	所有钢种	抗黏结性差,工序简单。

拉拔钢管酸洗后的化学处理润滑工艺如图 12-19 所示。钢丝和型钢拉拔的润滑工艺与钢管拉拔基本相同。

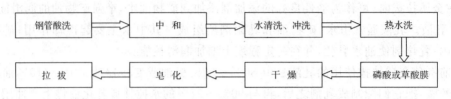

图 12-19　钢管的化学处理润滑工艺流程图

（1）中和

钢管的酸洗一般是采用浓度为 8%～20% 的硫酸。酸洗后，钢管的内外表面附着部分硫酸水溶液，若将管捆直接放入冷水槽内清洗及冲洗，残酸随水排放出去会造成环境污染。另外，还会因冲洗不干净使管捆将残酸带入磷化槽内形成 $ZnSO_4$（因 H_2SO_4 比 H_3PO_4 化合力强），影响磷酸盐涂层质量，延长磷化时间。

常用的中和溶液有两种：0.3%～0.9% 的 $NaCO_3$ 和过滤后的石灰水溶液。中和溶液的温度一般为 60℃～80℃，中和时间为 1～2min。

（2）清洗和冲洗

将中和后的管捆浸入冷水槽内，待管内灌满水后吊起，反复倾倒 2～3 次，使沉积在管内的氧化铁皮和污垢随水流出。然后再用高压水将管坯表面逐层冲洗。

（3）热水洗

清洗后的管坯再放入 75℃～80℃ 的热水槽中进行清洗，使管捆预热，以防冷管捆浸入磷化槽内使溶液温度大幅度下降而影响磷酸盐涂层质量和降低磷化速度。

（4）磷酸盐涂层

目前，冷拔钢管的磷化处理通常都采用化学法中的快速法。快速磷酸盐处理中，是在磷化母液中配入一定比例的 H_3PO_4、HNO_3、ZnO 和水，或 H_3PO_4、$Zn(NO_3)_2$ 和水，经搅拌后生成 $Zn(H_2PO_4)_2$。$Zn(H_2PO_4)_2$ 溶解于水中之后呈透明的磷酸盐水溶液。当母液配入磷化槽内经加热之后 $Zn(H_2PO_4)_2$ 发生离解。其化学反应式为

$$Zn(H_2PO_4)_2 \rightarrow Zn^{2+} + 2H_2PO_4^-$$

$$H_2PO_4^- \rightarrow H^+ + HPO_4^{2-}$$

$$HPO_4^{2-} \rightarrow H^+ + PO_4^{3-}$$

当钢管浸入磷酸盐溶液内，因溶液中含有 H^+ 离子，钢管含有夹杂，二者则发生电化学反应。

在钢管的阳极区域：

$$Fe - 2e \rightarrow Fe^{2+}$$

在钢管的阴极区域：

$$2H^+ + 2e \rightarrow 2H$$

$$2H \rightarrow H_2 \uparrow$$

反应时,溶液中的 H^+ 离子被消耗,在钢管表面的附近区域溶液的酸度逐渐下降。由于磷酸盐溶液酸度的变化和 $Zn(H_2PO_4)_2$ 的离解作用,在钢管内外表面附近区域,Zn^{2+}、HPO_4^{2-}、PO_4^{3-} 增多,Zn^{2+} 离子的浓度与 HPO_4^{2-} 根的浓度、Zn^{2+} 离子的浓度与 PO_4^{3-} 根的浓度的乘积(离子积)将分别达到它们相应盐类的溶度积:

$$[Zn^{2+}] \times [HPO_4^{2-}] = n ZnHPO_4$$

$$[Zn^{2+}]^3 \times [PO_4^{2-}]^2 = n Zn_3(PO_4)_2$$

则 $Zn_3(PO_4)_2$、$ZnHPO_4$ 相继结晶沉积在钢管内外表面阴极区而逐渐形成磷酸盐薄膜。

$$Zn^{2+} + HPO_4^{2-} \rightarrow ZnHPO_4 \downarrow$$

$$3Zn^{2+} + 2PO_4^{3-} \rightarrow Zn_3(PO_4)_2 \downarrow$$

对 Zn 来说,$ZnHPO_4$ 的溶度积比 $Zn_3(PO_4)_2$ 的大,所以在钢管表面上析出的主要是 $Zn_3(PO_4)_2$,其次是 $ZnHPO_4$。

反应时,H^+ 离子浓度减少,Fe^{2+} 离子增加,在析出 $Zn_3(PO_4)_2$ 的同时,由于 Zn 和 Fe 的原子半径相近,也会有 $Fe_3(PO_4)_2$ 和 $FeHPO_4$ 的微量结晶沉积于钢管表面上。

磷酸盐处理过程中,不断地放出氢气,磷酸盐晶体逐渐增长,金属表面的阳极区域逐渐减小。磷酸盐薄膜形成完毕时,氢气即停止逸出。

钢管经过磷酸盐处理后,在其表面形成的磷酸盐薄膜是片状、细孔的晶体结构。它有两个性质:具有一定的硬度,比铜高,比铁低;具有塑性的组织和吸收润滑剂的特性。例如,吸收肥皂后生成一种具有高度润滑性和耐压性的薄膜,摩擦系数约为 0.08,钢管拉拔时,这种薄膜不会被拉破,而被拉长和拉薄,并且很牢固地覆盖在金属表面上,继续起着润滑作用。

钢管磷酸盐处理时,新配制工作液各组成的含量为(以纯度 100% 计算):

$$ZnO \qquad 15g/L$$

$$HNO_3 \qquad 18g/L$$

$$H_3PO_4 \qquad 8g/L$$

溶液配制好后,仔细搅拌均匀,溶液的加热温度为 65℃～75℃;磷化时间为 5～10min。

(5)干燥

钢管在酸洗时,基体中的铁与 H_2SO_4 反应后分解出氢的大部分经化和后生成 H_2,氢气的膨胀压力将使氧化铁皮机械剥离。但由于氢原子半径很小,总会有少量的氢原子钻入金属晶格内;如果不驱出,就会在拉拔时形成氢脆现象。同时,片状多毛细孔的涂层中含有水分,如不将其烘出,水分便占据了毛细孔的空间,肥皂溶液就难于充入,从而影响了磷酸盐涂层的润滑性能。

实践证明,磷化后立即涂肥皂拉拔,道次冷变形率下降,断头严重。当存放 24h,待部分氢和水分子逸出后再涂肥皂拉拔,其塑性有明显改善。表 12-24 所示为钢管经磷化后烘烤干燥与不烘烤拉拔时的力学性能。从表中可以看出,未经烘烤干燥的钢管,随着酸洗时间的延长,延伸率随之下降,这是由于酸洗时间越长,氢原子钻入晶格的数量越多,氢脆性也越严重。而酸洗时间相同,管捆烘烤干燥后的延伸率比不烘烤的提高了 148％以上。

表 12 - 24　钢管磷化后烘烤与不烘烤的力学性能

酸洗时间 /min	未　烘　烤			烘　烤		
	δ_5/％	σ_b/MPa	σ_s/MPa	δ_5/％	σ_b/MPa	σ_s/MPa
20	18.4	404	288	45.7	373	262
40	17.8	402	288	45.6	373	260
60	17.6	397	284	41.4	388	255
80	14.5	394	274	44.3	377	265
120	12.7	387	264	42.5	384	270

生产实践还证明,同一酸洗和磷化的管捆,烘烤与不烘烤以及热水洗后存放一昼夜,效果大不一样,烘烤后涂肥皂的钢管道次变形率可提高 15％以上。

管捆的烘烤温度一般以 450℃～500℃为宜,烘烤时间一般为 20～30min。

(6)皂化

经过磷酸盐处理后的钢管,所生成的磷酸盐涂层是钢管拉拔时的次润滑层,虽然也具有一定的润滑作用,但一般不单独使用,还应该和其他润滑剂配合,通常是涂上肥皂。

磷化后涂肥皂的目的是使肥皂溶液浸入磷酸盐涂层的毛细孔中,附在磷酸盐涂层表面上发生复分解反应,生成一种摩擦系数大为减小的耐压性薄膜,以提高涂层的韧性和承压能力。一方面可大大减小钢管拉拔时的摩擦,另一方面还使其塑性显著提高,增大拉拔时的冷变形量。

配制好的肥皂溶液:

脂肪酸　　　70～120g/L

游离碱　　　＜4g/L

管捆的皂化温度为 40℃～50℃,皂化时间为 15～20min。

2. 有色金属拉拔时的润滑

拉拔不同的有色金属与合金的各种制品所采用的润滑剂是不同的。表 12 - 25 所示为有色金属拉拔时常用的润滑剂。

表 12 - 25　有色金属拉拔时常用润滑剂

制　品	金属及合金	润滑剂成分
管材	铝及合金	38 号、52 号汽缸油;汽缸油＋适量机油
	铜及合金	1％肥皂＋4％切削油＋0.2％火碱＋水
	镍及合金	1％肥皂＋4％切削油＋0.2％火碱＋适量油酸＋水
线材	铝及合金	38 号汽缸油;38 号汽缸油＋10％锭子油或 11 号汽缸油
	铜及合金	机油;切削油;切削油水溶液;菜油
	钽、铌	蜂蜡;石蜡
	钨、钼	石墨乳

有色金属拉拔不一定需要百分之百的表面活性物质作为润滑剂,只需要在矿物油中加入一定量的表面活性物质作为油性添加剂即可。例如,由油酸、三乙醇胺、变压器油以及水配制的乳液可用于铜及其合金、铝及其合金等管棒线拉拔润滑。用5%脂肪酸钠皂与水调成乳脂液,也可作为铜及其合金、铝及其合金的拉拔润滑剂。皂化油就是用脂肪酸钠皂和松香钠皂与20号、30号机油调成的油膏,使用时加水配成5%的乳化液可作为铝及其合金管棒线拉拔润滑剂。

　　润滑脂多数是由脂肪酸皂稠化矿物油而成,有时还添加少量其他物质,以改变其润滑和抗磨性质。润滑脂本身黏稠,润滑性能好,可作为有色金属管棒低速拉拔时的润滑剂。

　　镍及其合金拉拔可以做表面预处理,在产生润滑底层之后,用75%干肥皂粉和20%硫黄粉以及5%石墨作润滑剂进行干式拉拔。

　　钨、钼丝拉拔往往是在高温下进行,即使拉拔细丝其温度也在400℃以上。在此温度下,钨、钼表面易生成氧化钨或氧化钼,这些氧化物在400℃以上就是润滑基膜,可采用石墨或二硫化钼干式润滑剂。

　　综上所述,金属拉拔所使用润滑剂种类有:油类、乳液、皂溶液、粉状润滑剂及固体润滑剂等。这些润滑剂的特性及应用范围如表12-26、表12-27所示,在拉拔时可选择合适的润滑剂。

表 12-26　拉拔用润滑剂特性

项　目	乳　液	皂溶液	油	润滑脂	肥皂粉	固体润滑剂
润滑作用	(＋)	(＋)	＋	＋	＋	＋
冷却作用	＋	＋	(＋)	－	－	－
黏附性	＋	(＋)	＋	＋	(＋)	－
防锈性	(＋)	(＋)	＋	＋	－	(＋)
过滤性	(＋)	＋	＋	－	－	－

　　注:＋——推荐使用;(＋)——限制使用;－——不能用。

表 12-27　不同金属拉拔时适用的润滑剂

润滑剂种类	钢	铜与黄铜	青　铜	轻金属	钨、钼
油	＋	＋	＋	＋	－
乳液	＋	＋	(＋)	＋	－
皂溶液	＋	＋	－	－	－
润滑脂	＋	＋	＋	＋	－
肥皂粉	＋		＋	(＋)	－
石墨、二硫化钼	＋				＋

　　注:＋——推荐使用;(＋)——限制使用;－——不能用。

12.5 特殊拉拔方法简介

12.5.1 无模拉拔

无模拉拔是把坯料的局部一边急速加热一边拉拔,用来代替普通拉拔工艺中所使用的模具,使材料直径均匀减小,无模拉拔方法的原理如图 12-20 所示。拉拔时,坯料的一端由固定夹头夹住,坯料的另一端用可移动的夹头夹住,并以一定的速度 v_1 拉拔,同时使加热线圈以一定的速度 v_2 向与拉拔方向相反的方向移动。由于材料被加热部分的变形抗力减小,则只在加热部位产生变形,其他部位不变形。加热线圈以一定的速度移动,变形连续扩展,最后就可得到直径均匀的制品。

无模拉拔棒材断面收缩率 ψ 决定于拉拔速度与加热线圈的移动速度。若棒材变形前后的断面积分别为 F_1、F_2,那么棒材的原始断面 F_1 以 v_1 速度移入变形区,拉拔后的 F_2 断面以 v_1+v_2 速度离开变形区。根据秒体积不变原理,则 $F_1 v_2 = F_2(v_1+v_2)$,断面收缩率 $\psi = 1 - F_2/F_1$,则

$$\psi = v_1/(v_1+v_2) \tag{12-59}$$

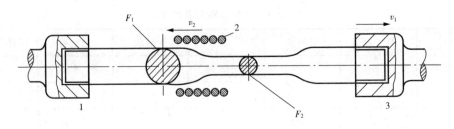

图 12-20 无模拉拔示意图

1—固定夹头;2—加热线圈;3—可移动拉拔夹头

无模拉拔的特点是不需要普通拉拔时的拉拔模,无摩擦,拉拔力较小,一次加工可获得很大的断面收缩率。适用于低温下强度高塑性低、高温下因摩擦大而难以加工的材料拉拔。这种加工方法能够实现普通拉拔方法无法进行的加工。例如,可以制造像锥形棒和阶梯形棒那样的变断面棒材,而且还可以进行被加工材的材质调整。

无模拉拔的速度低,它取决于在变形区内保持稳定的热平衡状态,此状态与材料的物理性能和电、热操作过程有关。为了提高生产率,可以用多夹头和多加热线圈同时拉拔多根制品。无模拉拔时的拉拔负荷很低,故不必用笨重的设备,制品的加工精度可达±0.013mm。这种拉拔方法特别适合于具有超塑性的金属材料,根据对钛合金超塑性材料的实验,其断面减缩率可达 80% 以上。

12.5.2 集束拉拔

集束拉拔是将两根以上断面为圆形或异形的坯料,同时通过圆形或异形模孔进行拉拔,以获得特殊形状的异型材的加工方法。例如将多根圆线装入管子中进行拉拔,可获得六角形的蜂窝形断面型材。图 12-21 所示为不锈钢超细丝的集束拉拔方法示意图。

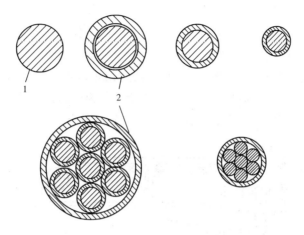

图 12-21　超细丝集束拉拔方法

1—线坯；2—包套

　　将不锈钢线坯放入低碳钢管中反复拉拔，可得到双金属线。然后将数十根这种双金属线集束在一起，再装入一根低碳钢管中进行多次拉拔。最后将包覆材料溶解掉，可得到直径为 $0.5\mu m$ 的超细不锈钢丝。

　　集束拉拔所用的包覆管的材料价格低廉，变形特性和退火条件与线坯的相似，并且易于用化学方法去除。管子的壁厚为其外径的 $10\%\sim20\%$。线坯的纯度要高，非金属夹杂物尽可能少。

　　用集束拉拔方法制得的超细丝虽然价格低廉，但是将这些细丝一根一根分开后使用是很困难的，另外这些细丝的断面形状不是圆形，这也是其缺点之一。

12.5.3　玻璃膜金属液抽丝

　　玻璃膜金属液抽丝是利用玻璃的可抽丝性，由熔融状态的金属一次制得超细丝的方法，其原理如图 12-22 所示。首先将一定量的金属块或粉末 3，通过送料机构 1 装入玻璃管 2 内，用高频感应线圈 4 加热，使金属熔化，玻璃管产生软化。然后，利用玻璃的可抽丝性，从下方引出，经水冷 6、干冰 7 冷却后缠绕在卷取机 10 上，得到表面覆有玻璃膜 8 的超细金属丝 9。

　　玻璃膜超细金属丝是精密仪器和微型电子器件必不可少的材料。当不需要玻璃膜时，可在抽丝后用化学或机械方法除去。用此方法可生产铜、锰铜、金、银、铸铁和不锈钢等金属丝，通过调整玻璃的成分，还可能生产高熔点金属的超细丝。

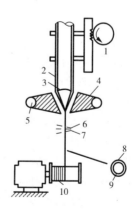

图 12-22　玻璃膜金属液抽丝工作原理

1—送料机构；2—玻璃管；3—金属坯料；

4—高频感应加热；5—冷却水；6—水冷；

7—干冰；8—玻璃膜；9—金属丝；10—卷取机

12.5.4 静液挤压拉线

通常的拉拔方法，由于拉拔应力较大，故道次延伸系数很小。为了获得大的道次加工率，发展了静液挤压拉线的方法，其原理如图 12-23 所示。将绕成螺旋管状的线坯放在高压容器中，并施以比纯挤压时低一些的压力；在线材出模端加一拉拔力进行静液挤压拉线，用此方法生产的线材直径最细可达 $20\mu m$。由于金属与模子间很容易得到流体润滑状态，故适用于易黏结模子的材料和铅、金、银、铜、铝这一类软的材料拉拔。

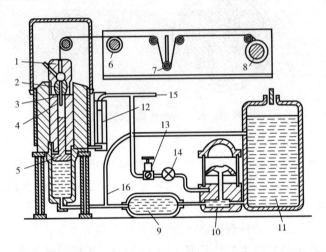

图 12-23 静液挤压拉线装置

1—末端螺栓连接；2—模支承；3—模子；4—螺旋状线坯；5—增压活塞；6—绞盘；

7—张力调节装置；8—收线盘；9—缓冲罐；10—风动液泵；11—液罐；

12—行程指示板；13—调压阀；14—截止阀；15—进气口；16—液体排出阀

思 考 题

1. 简述铝合金管材、铜合金管材、钢管等典型拉拔工艺流程。

2. 什么是拉拔配模设计？

3. 实现拉拔过程的必要条件是什么？

4. 根据实现拉拔过程的必要条件可知，拉拔应力应小于出模孔断面制品的屈服强度，那么，金属在拉拔过程中是如何实现变形的？

5. 什么是拉拔安全系数，它的意义是什么？

6. 圆断面管材空拉配模设计时应注意哪些问题？为什么？

7. 异型管材空拉配模设计时为什么成形前圆管的外形尺寸要稍大于异型管的外形尺寸？

8. 大规格矩形波导管最后一道次带芯头拉拔前，过渡矩形的短边与芯头之间的间隙要大于长边与芯头的间隙，试根据金属的变形流动情况解释其原因？

9. 确定管材拉拔总加工率时要考虑哪些因素的影响？

10. 固定短芯头拉拔时，道次减径量如何确定？减径量过大或过小会出现什么问题？

11. 固定短芯头拉拔时，为什么减壁道次要小于或等于减径道次？

12. 管材带芯头拉拔时的减壁量越小，拉拔道次越少，生产效率越高；但减壁量不能太小，为什么？要考虑哪些因素的影响？

13. 带芯头拉拔管材时的减壁道次如何确定？

14. 管材拉拔时的中间退火次数如何确定？

15. 固定短芯头拉拔时坯料的断面尺寸如何确定？

16. 管材拉拔时坯料的长度如何确定？

17. 确定圆棒材拉拔时的坯料尺寸主要应考虑哪些方面因素的影响？

18. 型材拉拔设计模孔时应遵循哪些原则？

19. 用"图解设计法"进行型材拉拔配模设计的步骤是什么？

20. 试利用计算机模拟方法，对书中的紫铜电车线进行配模设计，并与"图解设计法"进行比较。

21. 多模连续拉拔时拉拔力建立的条件是什么？滑动式与无滑动式多模连续拉拔时所需要施加的拉拔力有何不同？

22. 滑动式多模连续拉拔过程建立的基本条件是什么？

23. 在滑动式多模连续拉拔过程中，当成品模发生磨损时，会出现什么情况？拉拔过程能否继续进行？若中间任意一个模孔发生磨损，拉拔过程能否继续进行？

24. 实现滑动式多模连续拉拔过程的必要条件是什么？

25. 在滑动式多模连续拉拔过程中，当线与绞盘发生瞬间黏结现象时，拉拔过程能否正常进行？

26. 实现滑动式多模连续拉拔过程的充分条件是什么？

27. 何为滑动率、滑动系数？如何确定？

28. 储线式无滑动多模连续拉拔时，绞盘的储线与放线速度大小对拉拔过程有何影响？

29. 储线式无滑动多模连续拉拔时，在什么情况下可以不遵守秒流量相等原则，什么情况下必须遵守秒流量相等原则？

30. 试说明滑动式与非滑动式多模连续拉线机的 $\lambda_n > \gamma_n$ 的意义及二者的区别。

31. 线材连续拉拔的配模方法是什么？

32. 对拉拔用润滑剂的基本要求是什么？

33. 拉拔用润滑剂的种类有哪些？其适用范围是什么？

34. 简述钢材拉拔润滑时的化学处理工艺流程。

第13章 拉拔制品的主要缺陷及预防

13.1 拉拔管材的主要缺陷及预防

13.1.1 跳　车

跳车也称为颤环,是管材拉拔生产中常见的表面缺陷之一。轻微的跳车缺陷反映到管材外表面上出现明暗交替的环纹,对成品管材的质量和实际使用影响不大;严重的跳车缺陷造成管材表面沿纵向凹凸不平,呈现出"竹节状"环形棱子。造成跳车的主要原因有以下几方面:

(1)拉拔的管材太长

无论是空拉或是带芯头衬拉,当拉拔的管材太长时,在其中部、尾部表面上,经常都会出现较明显的跳车缺陷。这是因为,在拉拔过程中,随着拉拔管材长度增加,一方面,其本身的自重增大,会产生重心下移,造成管材中心线与模孔中心线不一致,并且是随时变化的,从而在管材表面出现跳车痕迹;另一方面,由于拉拔小车运行的不平稳,会造成管材抖动,管材的抖动会造成其与模孔定径带瞬时脱离接触,从而造成管材尺寸发生变化,拉拔管材越长,抖动幅度就越大,跳车就越严重。另外,拉拔管材越长,所需要的管坯长,则所使用的芯杆必然也长,芯杆在拉拔过程中的弹性变形会造成芯头在模孔中前后窜动,芯杆越长,芯头的窜动量越大。由于实际生产中的芯头不是绝对的圆柱形,芯头的窜动造成管材壁厚尺寸不均匀,从而反映到管材外表面上出现跳车痕迹。

(2)空拉时的减径量过大或过小

在拉拔过程中,管坯在模壁正压力的作用下,发生轴向延伸变形的同时,其直径减小。空拉时,由于管坯内部没有芯头支撑,在径向分压力的作用下,金属在向管材中心径向流动时不受限制。空拉时的减径量越大,模壁对管坯所产生的正压力就越大,则金属向中心流动的可能性就越大,易造成非接触变形,引起管材直径尺寸不稳定,出现跳车缺陷。

但是,如果减径量过小,仅仅只发生表面变形,甚至是弹性变形,在拉拔后的管材表面上也容易出现跳车缺陷。另外,空拉小直径管材时,如果减径量过小,所需要的拉拔力小,与之平衡的模壁作用在管材上的反作用力也小,这时,拉拔小车的轻微颤动都会传递到二者接触部位,出现管材与模孔定径带的瞬时脱离现象,造成跳车缺陷。

(3)道次加工率过大

道次加工率越大,作用在模壁上的压力就越大,模子的弹性变形也越大;作用在芯头上的正压力大,其摩擦力就大,拉拔过程中芯杆所承受的拉应力也就越大,其弹性变形也就越大,从而易产生跳车缺陷。

(4)整径模定径带过短或用错模子

在模具设计时,整径模采用较长的工作带是为了稳定制品的尺寸并减少弯曲。如果整径模定径带短,或使用拉拔模进行空拉整径,拉拔过程中管材尺寸的稳定性差,特别是在拉拔小车运行不稳定的情况下,非常容易出现跳车缺陷。

(5)芯杆弯曲大、直径过细

如果芯杆弯曲大,芯头在模孔中的稳定性就差;如果芯杆直径过细,易发生弹性变形,这些都造成了短芯头在模孔中不稳定,从而在管材表面上产生跳车缺陷。

(6)拉拔速度过快

空拉时的拉拔速度过快,由于金属在变形过程中来不及急转弯,易发生非接触变形,使管材直径尺寸不稳定,出现跳车缺陷。

(7)润滑油太稀

润滑油稀,易从模孔中流出,影响润滑效果;润滑油稀,形成的油膜薄、强度低,在拉拔过程中易出现油膜破裂,从而易造成制品与模壁瞬时发生直接接触,摩擦增大,使拉拔力增大,变形金属作用在模壁上的正压力增大,使模孔尺寸发生变化,造成管材直径发生变化,出现跳车缺陷。

轻微的跳车缺陷可用肉眼观察到,但手感不明显,对管材的质量影响不大。跳车缺陷较严重时,不仅用肉眼能够很清楚的看出来,而且用手摸也能够清楚地感觉到,对管材质量带来不利影响,应尽可能避免或消除。

在实际生产中,可从以下几方面采取措施避免或减轻跳车缺陷:

(1)控制合适的管材长度。一般情况下,成品管材的定尺长度为 1000～5500mm,应根据具体的定尺长度要求,确定合适的拉拔管材长度以及所需要的管坯长度。如长度超过 4000mm 的定尺管材,一次只拉拔一个定尺的成品;长度小于 3500mm 时,可采用倍尺拉拔,一次拉拔两个或两个以上定尺的成品。

(2)根据合金的性质、制品的规格及具体质量要求,确定合适的道次变形量。

(3)在整径空拉时要使用定径带较长的整径模,不要使用定径带短的拉拔模子,不要用错模子。

(4)如果芯杆弯曲度较大时,在使用前应进行矫直;当使用细芯杆时,应减小拉拔管材的长度。

(5)小规格管材减径时,采用倍模拉拔。

(6)空拉时,避免拉拔速度过快。

(7)选用黏度合适的润滑油。

13.1.2　表面擦伤、划沟

表面擦伤、划沟也是管材拉拔生产中常见的主要缺陷。造成管材表面擦伤、划沟的主要原因有以下几方面:

(1)工具黏金属或有损伤

如果模子、芯头表面黏有金属,这些金属凸起物就会破坏润滑膜的连续性,与管坯表面直接接触。由于黏结在工具表面的金属与被拉拔管材是同一种金属，二者之间很容易发生黏结，造成管材表面划沟。

如果模子、芯头表面有损伤，其凹下部分容易黏金属，划伤管材表面；棱角部分则直接击穿润滑膜，在管材表面产生划沟。

如果芯杆、卷筒内壁不光滑，则容易划伤管坯表面，从而造成拉出管材表面产生划沟。

（2）夹头制作不圆滑

制作夹头的主要方法有压力机打头、空气锤打头、旋转打头和轧尖机碾头等，前两种方法用于大、中规格管坯的夹头制作，而后两种方法则用于小规格管坯的夹头制作。用压力机打头的质量好，夹头制作圆滑且长度较短，而用空气锤打头的质量较差，容易产生棱角，且长度较长；旋转打头法制作的夹头光滑，而用轧尖机碾轧的夹头较粗糙。如果夹头制作不圆滑，特别是与管坯过渡部分有棱角，不仅会破坏润滑膜的连续性，而且容易划伤模子，造成管材表面划沟。

另外，如果夹头不光滑，打头后的管坯放置在一起，在生产吊运、操作过程中，管坯之间相互串动容易产生擦伤。

（3）退火后的管坯表面油斑严重

拉拔中间毛料、轧制后的管坯，在进行低温退火前，如果表面上的润滑油较多，在卧式退火炉退火时，这些黏附在管材表面上的润滑油，受热向其下方流动，从而在管坯内表面的下方和两根管坯外表面接触面处积聚了较多的润滑油。由于中间工序一般都采用低温退火工艺，在退火温度下这些润滑油难以完全挥发掉，在退火后容易形成胶质状油斑。油斑的存在，影响了拉拔时的润滑效果，在拉拔过程中易出现表面划沟。

（4）管坯偏心过大

当管坯偏心度过大时，在带芯头拉拔过程中必然会出现变形不均，壁厚的部位减壁变形量大，壁薄的部位减壁变形量小。变形量大的部位，热效应大，温升大；变形量小的部位，热效应小，其温升也小。温升大的部位，润滑油变稀，油膜变薄、强度降低，润滑效果变差，从而易产生工具与管坯的直接接触，造成表面划沟。

（5）润滑不均匀

管坯在拉拔前需要对其进行润滑，外表面的润滑是通过在拉拔进行过程中不停地涂抹润滑油实现的；内表面的润滑则需要在拉拔前向管坯内灌入一定量的润滑油，并在芯头上涂抹润滑油实现。如果向管坯内灌入的润滑油少，管坯内壁润滑不均匀，特别是在有些部位甚至没有涂抹上润滑油，则这些部位是仅靠涂抹在芯头上的润滑油实现润滑的，在拉拔进行过程中，由于润滑油的消耗，这些部位易较早发生干摩擦，从而造成管材内表面擦伤。

（6）润滑油过稀

如果润滑油的黏度小、稀，所形成的油膜薄、强度低，在拉拔过程中油膜易破裂，造成变形金属与工具直接接触，易产生擦伤、划沟缺陷。

（7）润滑油质量不合格

如果润滑油使用时间长，其中的金属屑含量过多，特别是大颗粒的金属屑，不仅影响润滑效果，而且还会直接划伤制品表面；润滑油中的其他杂质以及水分的含量如果超标，将会影响油膜的形成及油膜强度，明显降低润滑效果，从而造成擦伤、划沟缺陷。

在实际生产中,可从以下几方面采取措施减少或消除管材表面的擦伤、划沟缺陷:

(1)在拉拔前,应仔细检查工具的表面质量。对于芯杆、卷筒内壁存在的金属毛刺或凸起部分应进行打磨,保持光滑;对于芯头、模壁表面应经常进行抛光。特别是模孔压缩带的入口端,是最容易产生磨损的部位,在实际生产中常常因为该部位磨损黏金属而造成管材外表面擦伤、划沟。因此,一旦发现该部位磨损变粗糙,应及时打磨、抛光。如果模壁、芯头表面存在明显缺陷,应及时更换。

(2)制作夹头时,对于大、中规格管坯,尽可能采用压力机打头,对于小规格管坯则采用旋转打头法,保证夹头部位过渡圆滑。为了保证打头质量,对于 2A11、2A12、2A14、5A02、5A03、5A05、5A06 等铝合金管坯,应在退火或端部加热后打头。打头后的管坯,应将头端对齐放在料筐中,避免吊运过程中划伤表面。

(3)管坯在退火前,应将其表面上残留的润滑油拭擦干净,必要时,要用煤油进行清洗。

(4)润滑油进厂时要严格按要求进行检验,保证其质量合格。润滑油在使用过程中应有过滤装置,及时将其中的金属屑过滤干净。润滑油使用一段时间后,要及时进行更换。

(5)使用闪点较低的润滑油。

(6)在保证管材表面质量的前提下,可适当提高退火温度。

13.1.3　金属及非金属压入、压坑

管材表面的金属及非金属压入、压坑缺陷,是拉拔管材较常见的缺陷之一,特别是在拉拔软铝合金薄壁管时,常常因压入、压坑缺陷而报废。造成压入、压坑缺陷的主要原因有以下几方面:

(1)润滑油不干净

如果润滑油不干净,里面存在较大颗粒的金属及非金属杂质,在拉拔过程中被压入到管材表面就形成了压入缺陷;如果从管材表面上脱落下来,就形成了压坑缺陷。这种情况在没有润滑油循环过滤系统的拉拔机上,当润滑油使用时间较长、黏度大、其中的金属屑含量多时特别容易出现。

(2)管坯表面黏附有金属屑

如果锯切时黏附在管坯表面上的金属屑没有清除干净,在拉拔时就容易造成金属压入、压坑缺陷。特别是对于冷轧后的管坯,由于表面有润滑油,锯切时产生的金属屑黏附在其表面上不容易清除干净;拉拔小规格管材时,在中间工序需要切除原来的夹头重新进行打头时,产生的金属屑也因为其表面有润滑油而不容易清除干净。如果打头不光滑,在拉拔过程中掉下的金属屑黏附在管坯上,也容易造成金属压入、压坑缺陷。

(3)管坯内表面有较严重的擦伤、起皮缺陷

如果管坯内表面有较严重的擦伤、起皮缺陷,在拉拔过程中被芯头压入到管材内表面上形成压入、压坑缺陷。特别是较严重的螺旋纹状擦伤和纵向直条状擦伤缺陷,很容易造成管材内表面产生金属压入、压坑缺陷。

(4)芯头、模子黏金属

如果芯头、模子工作带上黏有金属而未及时清除干净,则很容易在管材表面上产生压坑缺陷。如果芯头表面局部有损伤,也容易造成管材内表面压坑缺陷。

消除或减少管材表面金属及非金属压入、压坑缺陷的主要措施:

（1）有良好的润滑油循环过滤系统，并定期更换润滑油。

（2）无论是挤压管坯，或是冷轧管坯，在拉拔前一定要清除干净黏附在其表面上的金属屑。

（3）夹头制作要圆滑、光滑。

（4）内表面有擦伤的管坯，使用前要进行蚀洗。

（5）保持芯头、模子工作带表面光滑，及时清除其上黏附的金属。对有缺陷的工具，应及时更换。

13.1.4　表面裂纹

拉拔管材表面裂纹产生的主要原因有以下几方面：

（1）加工率过大

在空拉管材时，所受的外力为拉拔力、模壁对管坯的正压力和摩擦力。受摩擦力的影响，金属在变形流动过程中，其外表面层沿纵向的流动速度比内层的慢，从而使得外层金属受到附加拉应力作用，而内层金属则受到附加压应力作用。加工率越大，内外层金属的流动速度差越大，外层金属所受到的附加拉应力就越大，越容易产生裂纹。拉拔结束后，附加应力消失，管材将产生弹性恢复，内层金属有纵向延伸的趋势，而外层金属有缩短的趋势，但外层金属的收缩受到了内层金属的限制，内层金属的延伸也同样受到了外层金属的限制，从而使外层金属受到残余拉应力作用，相应的内层金属受到残余压应力作用。外层金属所受到的残余拉应力作用，是管材拉拔后在放置过程中出现裂纹的主要根源。

在衬拉管材时，由于受芯头和模壁两方面摩擦的影响，管坯内、外表面层金属的流动速度比中间层的流速慢，从而使得内、外表面层金属同时受到附加拉应力作用，当管壁较薄、合金塑性较差时，更容易产生裂纹。在拉拔结束后，制品中的残余应力使管材的内、外表面层受到残余拉应力作用，中间层则受到残余压应力作用。由于内、外表面层金属同时受到残余拉应力作用，因此，衬拉薄壁管在放置过程中也更容易出现裂纹。

（2）管坯表面有较深的横向划伤

如果管坯外表面有较深的横向划伤，就会产生应力集中，无论是在拉拔过程中，或是拉拔后的放置过程中，都容易产生裂纹。

（3）管坯退火不充分

如果管坯退火不充分，就会出现内生外熟现象，即内、外表面层强度低，容易塑性变形，而管壁中间层强度高，不容易变形。由于拉拔过程中管坯横断面金属沿纵向的变形流动本身就是不均匀的，这种强度分布的不均匀又加剧了变形的不均匀性，从而使得在拉拔过程中易出现裂纹缺陷。

在实际生产中，可采取以下措施减少或消除表面裂纹：

（1）对管坯进行充分退火。

（2）根据拉拔管材的规格、合金，控制合适的冷加工变形量。

（3）对于塑性较差的薄壁管材，采用长芯棒拉拔方法，不仅可防止产生裂纹，还可以提高拉拔生产效率。

（4）在拉拔前，认真检查管坯的表面质量，通过刮皮等方法，及时清除影响管材质量的各种表面缺陷。

（5）对于某些在放置过程中易出现裂纹的制品，在拉拔结束后进行短时低温退火，消除残余应力。

13.1.5　断　头

断头是拉拔过程中较常出现的一种现象，其产生原因与以下因素有关：

（1）夹头制作质量不高。如果夹头过渡部位不圆滑，夹头制作不光滑、粗糙，在拉应力的作用下易产生应力集中，很容易造成断头现象。

（2）加工率过大。拉拔时的加工率过大，所需要的拉拔力大，作用在夹头上的轴向拉应力大，即便是夹头制作质量较好，也容易出现断头现象。

（3）管坯退火不充分。如果管坯退火不充分，一方面会影响到夹头制作的质量，即打头时容易碎裂，夹头不光滑、粗糙，甚至有裂纹，从而易出现断头。另一方面，管坯退火不充分，其强度高，变形抗力大，所需要的拉拔力大，则作用在夹头上的拉力大，也易出现断头现象。

（4）对于某些合金，铸造坯料的均匀化退火质量也会影响到打头的质量，从而影响到断头发生。如 2A12 铝合金铸造坯料如果不进行均匀化退火，或均匀化退火不充分，挤压管坯经退火后，打头困难，夹头质量差，拉拔时易断头。

提高管坯的打头质量是减少断头的有效方法，为此可采取以下措施：

（1）对于大、中规格管坯，采用压力机打头，其质量比空气锤打头质量好，几何损失少，成品率高。对于小规格管坯采用旋转打头法。

（2）为了保证打头质量，对于 2A11、2A12、2A14、5A02、5A03、5A05、5A06 等铝合金管坯，应在退火或端部加热后打头。

（3）根据合金性质及管材规格大小，控制合适的道次变形量。

13.1.6　椭　圆

拉拔后的管材，不同程度几乎都存在一定的椭圆，即存在着椭圆度。对于普通管材，当椭圆度较小时（在标准规定的范围内），对其正常使用一般不会带来明显影响。但对于使用要求较严格、精度要求高的管材，即便是符合国家标准要求，有时也不能使用，从而造成废品。产生椭圆现象的主要原因有以下几方面：

（1）拉拔力的作用线与模孔轴线不一致

常规的链式拉拔机，其拉拔小车钳口作用在夹头上力的作用线与模孔轴线往往不重合，存在着一个夹角。这个夹角在拉拔过程中是变化的，拉拔小车靠近模孔时夹角最大，随着拉拔小车远离模孔而逐渐减小。在拉拔力的作用下，拉出管材的轴线与拉拔力的作用线一致，而与模孔轴线之间产生夹角，使得管材不是正着从模孔出来，而是斜着从模孔拉出，造成椭圆。这种现象在管材空拉时较明显。

（2）芯头过于靠后或靠前

固定短芯头拉拔时，如果芯头安装过于靠后，其前端面与模孔定径带出口断面平行，甚至还没有达到定径带的出口断面位置。这时，如果拉拔力的轴线与模孔轴线不一致，也会造成拉出管材产生椭圆。但如果芯头过于靠前，管材出模孔后其内壁仍与芯头接触，当拉拔力作用线与芯头轴线不一致时，同样也会造成管材椭圆。

（3）模子安装不正

如果模子安装不正，出现倾斜，必然会造成拉拔力作用线与模孔轴线不一致，从而造成拉出管材产生椭圆。

（4）摩擦及润滑不均匀

如果管坯内表面润滑不均匀，会造成芯头周围的摩擦不均匀；如果芯头及模孔工作带各部位的磨损情况不同，会造成摩擦状况不同，这些都会使得拉拔时管材出现弯曲，造成管材椭圆。

（5）模孔制造椭圆

如果加工出来的模孔本身出现椭圆，则拉出管材必然会出现椭圆。

椭圆现象在普通管材生产中不是主要问题，但随着高精度管材的应用越来越普遍，管材的椭圆已经成为影响其尺寸精度的主要因素之一，必须在生产中给予重视和控制。

（1）在拉拔机的设计、制造和安装调试过程中，要尽可能使拉拔力的作用线与模孔轴线重合，这是减小或消除管材椭圆的前提。

（2）要始终保持模孔、芯头工作带表面光滑。

（3）模子放入模座要正，避免倾斜；合理调整芯头位置，避免芯头过于靠后或靠前。

（4）均匀润滑管坯、芯头及模孔工作带表面，避免出现润滑不均匀现象。

13.1.7　空拉段过长

在管材拉拔生产中，经常会发现靠近夹头的一端，有一段管材的内径尺寸偏小，其壁厚尺寸与拉拔前的管坯基本相同，即只发生了减径而没有发生减壁变形，产生了空拉。空拉段较短时，只要在切夹头时将其切去就可以了，对生产过程及成品率、管材的质量及使用不会带来明显影响。但是，如果空拉段较长或过长，在生产定尺管材时，有可能造成短尺而报废；如果在锯切及检验时不注意而交货，会造成用户无法正常使用，甚至出现事故。

造成空拉段过长的主要原因是：

（1）芯头前进不及时

通常情况下，固定短芯头拉拔时的操作过程是：先将调节好位置的芯杆，后退到后极限位置，带动短芯头从模孔退出。将打头并对内壁进行润滑后的管坯，从后端（未打头一端）套在芯头上。芯杆前进，推动管坯将夹头一端从模孔中穿出，由于受夹头的影响，这时芯头还不能前进到指定位置，芯杆还应该继续保持向前的推力。当夹头从模孔中穿出后，被拉拔小车钳口夹住，随着拉拔小车前进而从模孔中拉出。然而，在实际生产中，拉拔中、小规格管材时，将管坯套在芯头上后，操作者会顺手将夹头从模孔中穿出，然后芯杆向前移动推动芯头进入模孔。在操作过程中，有时芯杆还没有开始向前移动，伸出模孔的夹头就已经被小车钳口夹住向前移动，从而造成较长一段空拉段。

（2）芯头位置过后

如果芯头位置调整不合适，过于靠后，在拉拔开始时芯头不易顺利进入模孔，甚至在整个拉拔过程中都进入不了模孔，造成较长一段空拉段，甚至整根管材全部空拉。

（3）芯头固定不好

在固定短芯头拉拔时，由于芯头和管坯内表面上都有润滑油，要完全依靠管坯内壁与芯头的摩擦将其带入模孔是比较困难的,后端还要有一个推力。如果芯头固定不好,芯头还没有进入模孔而后面的推力消失,就有可能被挤出,造成空拉。

(4)芯头与管坯之间的间隙过大

游动芯头拉拔时,如果芯头与管坯之间的间隙过大,特别是拉拔小规格管材时,在拉拔刚开始,芯头在管坯中不稳定,很难进入变形区中,从而造成空拉。

(5)管坯上未打止退坑

游动芯头拉拔小规格薄壁管时,装入芯头后,要在芯头后面管坯表面上,由外向内打一凹坑,限制芯头向后窜动。如果没有在管坯上打止退坑,芯头不容易进入变形区,从而易出现较长的空拉段。

减少空拉段的主要措施:

(1)规范操作过程。当管坯夹头穿出模孔后,先将芯头推向模孔,然后再进行拉拔。用液压缸控制芯头移动时,在整个拉拔过程中不要后退;用踏板方式控制时,芯头在进入模孔前不要松动踏板。

(2)调整好芯头的位置,不要过于靠后,但也不要过于向前。

(3)采用游动芯头拉拔时,芯头大圆柱段与管坯的间隙不能太大,在不影响芯头装入的情况下应尽可能减小此间隙。芯头装入管坯后,应打上止退小坑,防止芯头向后窜动。

13.1.8　邹折

软合金薄壁管空拉减径时,在其表面上常常会出现沿纵向连续或不连续分布的长条状折叠痕,通常称为邹折或折叠。邹折产生的主要原因是空拉时的道次减径量过大,引起管壁失稳所造成。防止邹折的主要措施是减小道次减径量,或采用倍模拉拔。

13.1.9　拉　断

管材在拉拔过程中,不仅会出现断头,有时在拉出一段管材后也会出现从中部拉断的现象,其产生原因与断头不完全一样,主要有以下原因:

(1)管坯上有缺陷

由于各种原因,在管坯的表面或内部有时会存在着一些缺陷,如磕碰伤、夹渣、夹杂、变形后的气孔气眼等。这些缺陷的存在,在一定程度上破坏了金属组织的连续性。拉拔管壁较厚的管材时,如果道次变形量不是很大,而上述这些缺陷又不是很严重,一般不会发生拉断现象。但是,如果管壁较薄,即便是上述缺陷不严重,也容易出现拉断现象。这种拉断现象在拉拔小规格薄壁管材时非常容易发生。

(2)加工率过大

一方面,加工率大,所需要的拉拔力大,作用在管材横断面上的拉应力大,当这个拉应力超过管材的强度极限时,就会出现拉断现象。另一方面,加工率增大,变形的热效应大,使润滑条件恶化,摩擦增大,会使得作用在管材横断面上的拉应力进一步增大,从而更易造成管材拉断。

(3)润滑不良

如前所述,如果管坯内壁润滑不均匀,特别是在有些部位甚至没有涂抹上润滑油,则这些部位易较早发生干摩擦,使拉拔力增大,作用在管材横断面上的拉应力增大,不仅容易出现拉断现象,还会造成管材内表面擦伤。

(4)工具设计不合理

如果模子润滑带的锥角过大,拉拔过程中润滑油不易储存,易造成润滑不良,使摩擦增大,拉拔应力增大,易产生拉断现象。但如果锥角过小,带入的润滑油少,不能及时带走由于摩擦、变形所产生的热量,从而使润滑条件恶化,摩擦增大,也易产生拉断现象。

在游动芯头拉拔时,如果芯头斜面锥角大于模角,当摩擦较大时,芯头向前运动,其大头棱角部位会挤伤或挤断管坯,造成拉断现象。如果芯头的大圆柱段长度过短,而芯头与管坯之间间隙较大,芯头不稳定,易发生偏斜而卡断管材。

(5)模座与卷筒配合不当

游动芯头盘管拉拔时,如果模座与卷筒的配合设计不当,模孔轴线不与卷筒的切线平行,或拉出管材外圆母线不是卷筒的切线,就会造成芯头倾斜,其棱角部位顶断管材。

13.2　拉拔棒材、线材的主要缺陷及预防

13.2.1　中心裂纹

拉拔棒材的中心裂纹如图 13-1 所示。拉拔棒材的中心裂纹通常是很难发现的,只有特别大时,才能在制品表面上发现有细颈。因此,对于某些质量要求较高的产品,需要进行内部超声波探伤检查。

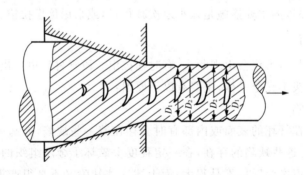

图 13-1　拉拔棒材的中心裂纹

产生中心裂纹的主要原因与变形区中的应力分布有关。如前所述,拉拔棒材时,在变形区中,轴向应力沿径向的分布规律是中心层大,表面层小。而拉拔制品的强度往往是中心部位低,表面高。因此,当中心层上的拉应力超过了材料的强度极限时就会造成制品的中心出现裂纹。

拉拔棒材时,中心层金属的流动速度大于周边层,轴向应力由变形区入口到出口是逐渐增大的,故一旦出现裂纹,裂纹的长度就会越来越长,宽度越来越宽,其中心部分最宽。由于在轴向上前一个裂纹形成后,使拉应力松弛,裂纹后面金属的拉应力减小,再经过一段长度后,拉应力又重新达到极限强度,将再次出现拉裂,这样拉裂—松弛—再拉裂的过程继续下去,就出现了周期性的中心裂纹。

为了防止产生中心裂纹,可从以下方面采取措施:

(1)尽可能减少铸造坯料中心部分疏松及气孔等缺陷。对于铸造坯料,疏松缺陷往往是不可避免的,而疏松大多数分布在坯料的中心部位。疏松的存在,降低了材料的强度和塑性,使得坯料中心部位的强度和塑性降低。因此,在熔炼过程中加强除气精炼,对于减少坯料的疏松及气孔缺陷至关重要。

(2)尽可能使坯料内外层力学性能均匀。对于挤压坯料,其内外层的力学性能是不均匀的,为此,一方面,应尽可能减少挤压时的不均匀变形;另一方面,可对坯料进行完全退火处理,获得晶粒较细小的再结晶组织,既可以减小内外层力学性能的不均匀性,同时可提高塑性。

(3)在拉拔过程中进行中间退火。

(4)减少拉拔时的总变形量和道次变形量。

13.2.2 表面裂纹

表面裂纹(三角口)是拉拔圆棒材、线材时,特别是拉拔铝合金线材时经常出现的表面缺陷,如图13-2所示。

图13-2 棒材、线材表面裂纹示意图

表面裂纹的产生是由于拉拔过程中的不均匀变形引起的。在定径区中,被拉金属所受的轴向基本应力沿径向上的分布是表面层的拉应力大,中心层的小。另外,在拉拔过程中,由于不均匀变形,使得表面层受到较大的附加拉应力作用,从而使金属周边层所受的实际工作拉应力比中心层大得多,当这种拉应力超过材料的表面强度时就会出现表面裂纹。当模角与摩擦系数增大时,这种内、外层间的应力差值也随之增大,更容易出现表面裂纹。在实际生产中,坯料表面更容易出现划伤、磕碰伤等其他缺陷,这也是产生表面裂纹的一个主要因素。

减少表面裂纹的主要措施:

(1)减小拉拔时的道次变形量和两次退火间的总变形量,对于防止表面裂纹是至关重要的。

(2)对坯料进行充分退火,提高塑性。在拉拔过程中进行中间退火,恢复塑性,减小加工硬化的影响。

(3)加强润滑,减小摩擦。

(4)在拉拔前通过修磨、刮皮等方法除去坯料表面存在的缺陷。修磨、刮皮部位应圆滑过渡。

(5)对于加工硬化程度较高的材料,为防止制品放置过程中可能出现裂纹,在拉拔后应及时进行消除应力退火。

13.2.3 拉 道

线材拉拔时表面出现的纵向沟纹、擦伤称为拉道。产生拉道缺陷的主要原因有以下几方面：

(1)润滑剂中有砂子、金属屑、水及其他杂质。

(2)模子工作带不光滑，黏有金属（挂蜡）。

(3)坯料表面质量不好，有缺陷。

(4)退火后的坯料表面有残焦。

对于制品表面出现的拉道缺陷，可通过以下措施加以防止：

(1)加强对润滑剂的质量检验，合格者方能使用。润滑剂在使用过程中要加强过滤，避免有较大颗粒的金属屑进入其中。润滑剂应定期更换。

(2)模子在使用前应认真检查工作带是否黏有金属。模子在使用中应经常进行检查、抛光。模子使用一段时间后，应重新进行镀铬等处理。

(3)拉拔前应认真检查坯料的表面质量，对于存在的可能会影响到拉拔后制品表面质量的缺陷应进行清除。

(4)坯料中间退火前应清除表面残留的润滑油，防止出现明显的残焦。

13.2.4　跳　车

拉拔棒材时出现的跳车缺陷主要与以下方面有关：

(1)加工率过大，造成制品表面硬化程度增加。

(2)模子工作带太短，而加工率又较大，模子发生弹性变形。

(3)拉拔小车运行不稳，出现跳动。

(4)制品太长。

拉拔线材时的跳车缺陷主要由以下原因所造成：

(1)加工率过大，线材的硬化程度很大。

(2)卷筒工作区锥度太大，产生很大的迫使线材跳出卷筒工作区的垂直分力。

(3)卷筒过于光滑，使线材出模后发生跳动。

13.2.5　内外层性能不均匀

在拉拔棒材时，如果变形量过小，材料只发生表面变形，就会出现制品内外层的力学性能不均匀。

思 考 题

1. 拉拔棒材中心裂纹的产生原因是什么？如何防止？

2. 铝线材表面裂纹的产生原因是什么？如何防止？

3. 影响圆棒材拉拔时纵向划沟的主要因素有哪些？如何避免？

4. 造成棒材跳车缺陷的主要原因是什么？如何消除或减轻跳车痕？

5. 在卷筒式拉线机上拉拔线材时，产生跳车缺陷的主要原因是什么？如何消除？

6. 造成拉拔棒材内层、外层性能不均匀的主要原因是什么？如何减小这种不均匀性？

7. 造成管材内、外表面擦伤、划沟缺陷的主要原因是什么？如何减少？

8. 管材跳车缺陷产生的主要原因是什么？怎样防止或减轻跳车痕？

9. 造成管材内表面、外表面金属及非金属压入、压坑缺陷的主要原因是什么？如何采取措施加以防止？

10. 造成管材表面裂纹的主要原因是什么？怎样避免出现裂纹？

11. 带芯头拉拔管材时,造成空拉段过长的主要原因是什么？如何尽可能缩短空拉段长度？

12. 薄壁管材表面邹折缺陷产生的主要原因是什么？怎样防止？

13. 造成拉拔后的管材出现较严重弯曲现象的主要原因是什么？如何减小弯曲？

14. 拉拔管材椭圆度超差是什么原因造成的？如何减少管材的椭圆度？

参考文献

[1] 谢建新,刘静安.金属挤压理论与技术.北京:冶金工业出版社,2001.

[2] 邓小民.铝合金无缝管生产原理与工艺.北京:冶金工业出版社,2007.

[3] 肖亚庆,谢水生,刘静安,等.铝加工技术实用手册.北京:冶金工业出版社,2005.

[4] 马怀宪.金属塑性加工学——挤压、拉拔与管材冷轧.北京:冶金工业出版社,1991.

[5] 杨如柏,张胜华.CONFORM 连续挤压译文集.长沙:中南工业大学出版社,1989.

[6] 严荣庆.浅谈微通道扁管挤压技术的集成和应用.长三角地区铝型材专业技术与发展研讨会文集.上海铝业行业协会,2013,1-4.

[7] 温景林.金属挤压与拉拔工艺学.沈阳:东北大学出版社,2003.

[8] 邓小民.反向挤压时的挤压力变化规律.中国有色金属学报,2002,1(12):96-100.

[9] 金相图谱编写组.变形铝合金金相图谱.北京:冶金工业出版社,1975.

[10] 重有色金属材料加工手册编写组.重有色金属材料加工手册(第四分册).北京:冶金工业出版社,1980.

[11] В.И.多巴特金,В.И.耶拉金,Ф.В.图良金,等.铝合金半成品的组织与性能.洪永先,谢继三,关学丰,等,译.北京:冶金工业出版社,1984.

[12] 刘静安,谢水生.铝合金材料的应用与技术开发.北京:冶金工业出版社,2004.

[13] 王祝堂,田荣璋.铝合金及其加工手册.长沙:中南工业大学出版社,1989.

[14] 邓小民.挤压温度对 2A12 铝合金 T4 状态管材力学性能的影响.轻合金加工技术,2004,2:33-34.

[15] 崛茂德,时尺贡,室洽和雄.轻金属(日文),1971,21(8):520.

[16] 竹内宽司,小林启行.轻金属(日文),1971,21(10):628.

[17] 竹内宽司ほか.轻金属(日文),1965,15(6):10.

[18] Robbins M O,Krim J. Energy Dissipation in Interfacial Friction. MRS Bulletin,1998,23(6):23-26.

[19] 刘静安,匡永祥,梁世斌,等.铝合金型材生产实用技术.重庆国际信息咨询中心,1994.

[20] Laue K,Stenger H. Americal Society for Metals,1981.

[21] 邓小民,孙中建,李胜祇,等.铝合金挤压时的摩擦与摩擦因素.中国有色金属学报,2003,13(3):599-605.

[22] 邓小民.反向挤压力计算式的误差分析与实践.中国有色金属学报,2002,12(3):539-543.

[23] 邓小民.润滑挤压时的穿孔针摩擦拉力.有色金属加工,2003,12:17-18.

［24］邓小民.无润滑挤压铝合金管材时铸锭长度的确定.重型机械,2001,4:39-40.

［25］邓小民.铝合金管材无润滑挤压穿孔针拉力计算.中国有色金属学报,2000,10(增刊):257-260.

［26］樊刚.热挤压模具设计与制造基础.重庆:重庆大学出版社,2001.

［27］刘静安.铝型材挤压模具设计、制造、使用及维修.北京:冶金工业出版社,2002.

［28］刘静安,黄凯,谭炽东.铝合金挤压工模具技术.北京:冶金工业出版社,2009.

［29］王明亮.提高6063合金挤压速度的生产实践.河南冶金,2000,6:24-25.

［30］郭志斌,杨素珍.Al-Mg-Si系合金中Mg_2Si含量及铸锭均匀化对挤压速度的影响.轻合金加工技术,1996,3:25-27.

［31］张君,杨合,何养民,等.铝合金型材等温挤压关键技术研究进展.重型机械,2003,6:1-5.

［32］日本塑性加工学会.押出し加工—基礎から先端技術まで—.東京:コロナ社,1992.

［33］暨调和.铸锭质量对铝型材氧化着色质量的影响.轻合金加工技术,1999,2:13.

［34］丁道廉,梁宝仁.析出退火对LY12挤压性和制品性能的影响.轻合金加工技术,1997,2:17-21.

［35］FRANCO BERTAZZOLI(意大利).铝合金挤压模的氮冷.轻合金加工技术,1995,7:20-22.

［36］Joeri Lif. Developments in Finite Element and Simulations of Aluminium Extrusion. Twente :University of Twente,The Netherlands,2000.

［37］Castle A F. Temperature Changes in Extrusive of Aluminium Alloys,Proc. Third International Aluminium Extrusion Technology Seminar,Voll,Aluminium Association and Aluminium Extruders Council,1984,101-106.

［38］J. Zasadzinki(波兰).铝挤压的温度-速度参数模式.毕宇虹,译.铝加工技术,1993,3:36-42.

［39］Pandit M,Kaiserslautern. Trends and Perspectives Conecerning Temperature Measurement and Control Aluminium Extrusin. Aluminium. 2000,76(7/8):564-573.

［40］Selines R J,Lauricella F D. Proc. 3rd Int. Al. Extru. Tech. Semi,1984,1:221.

［41］Marchese M A,Coston J J. Proc. 4th Int. Al. Extru. Tech. Semi,1988,2:83.

［42］Fiorention R J,Smith E G. Proc. 4th Int. Al. Extru. Tech. Semi,1988,2:79.

［43］田中数则.アルミニゥム合金押出形材の生産性と品質の向上.日本軽金属学会,1992.

［44］Ruppin D,Strehmel W. Aluminium,1983,59:E285.

［45］邓小民.金属挤压加工实用技术手册.合肥:合肥工业大学出版社,2013.

［46］李虎兴.压力加工过程的摩擦与润滑.北京:冶金工业出版社,1993.

［47］邓小民.铝合金挤压材麻面缺陷产生机制的研究.轻合金加工技术,2001,12:25-27.

［48］邓小民.铝合金管材内表面纵向直条擦伤缺陷研究.轻合金加工技术,2000,10:28-31.

［49］邓小民. 铝合金挤压管内表面螺旋纹状擦伤缺陷研究. 轻合金加工技术，2000，11：26－29.

［50］邓小民. 铝合金管挤压时内表面点状擦伤缺陷研究. 轻合金加工技术，2001，2：28－30.

［51］邓小民. 铝合金管挤压时内表面石墨压入缺陷的研究. 轻合金加工技术，2000，12：22－24.

［52］邓小民. 铝管材挤压过程中的偏心问题. 有色金属加工，2003，32(4)：27－29.

［53］邓小民. 模具对挤压型材表面质量的影响. 长三角地区铝型材专业技术与发展研讨会文集. 上海铝业行业协会，2013，53－60.

［54］叶金铎，温殿英. 空拉管成形过程的非线性有限元模拟. 重型机械，2001，6：41－44.

［55］黄成江，李殿中，戎利建，等. 多道次拉拔管的三维弹塑性有限元模拟. 钢铁研究学报，2000，12(3)：27－30.

［56］王继周，石路，邰振中. 冷拉拔管棒材的残余应力测试与分析. 理化检验—物理分册，1999，35(9)：387－389.

［57］胡龙飞，刘全坤，王强，等. 管材拉拔三维弹塑性有限元数值模拟. 锻压设备与制造技术，2004，3：70－72.

［58］肖东平. 钢丝拉拔速度对拉拔力的影响因素分析. 金属制品，1996，12：27－30.

［59］王德广. 高精度管材拉拔工艺研究与开发. 安徽工业大学硕士论文，2005.

［60］蒋明义，温殿英，叶金铎. 空拉管拉拔力的有限元分析. 天津理工学院学报，2003，9：19－21.

［61］李玉芝，谭树青，丁道廉，等. 铝管材游动芯头盘管拉伸工艺研究. 轻合金加工技术，1989，8：1－5.

［62］谭树青，李玉芝，邓小民. 用长芯棒拉拔薄壁软铝管的试验研究. 轻合金加工技术，1997，2：25－27.

［63］森敏彦，妹尾允史. 表面进行波を利用する引拔ま加工. 日本塑性加工学会春季讲演会论文集，1989.

［64］孟永钢，刘新忠，陈军. 超声波在拔丝加工中减摩降载作用的研究. 清华大学学报（自然科学版），1998，38(4)：28－32.

［65］王捷，周紫箭，周宜森. 空拔铝及铝合金圆管壁厚计算. 轻合金加工技术，2001，5：30－38.

［66］周良. 钢丝的连续生产. 北京：冶金工业出版社，1988.

［67］王柯，王凤翔. 冷拔钢材生产. 北京：冶金工业出版社，1981.

［68］张才安. 无缝钢管生产技术. 重庆：重庆大学出版社，1997.

［69］张才安，樊韬. 冷拔钢管质量. 重庆：重庆大学出版社，1994.